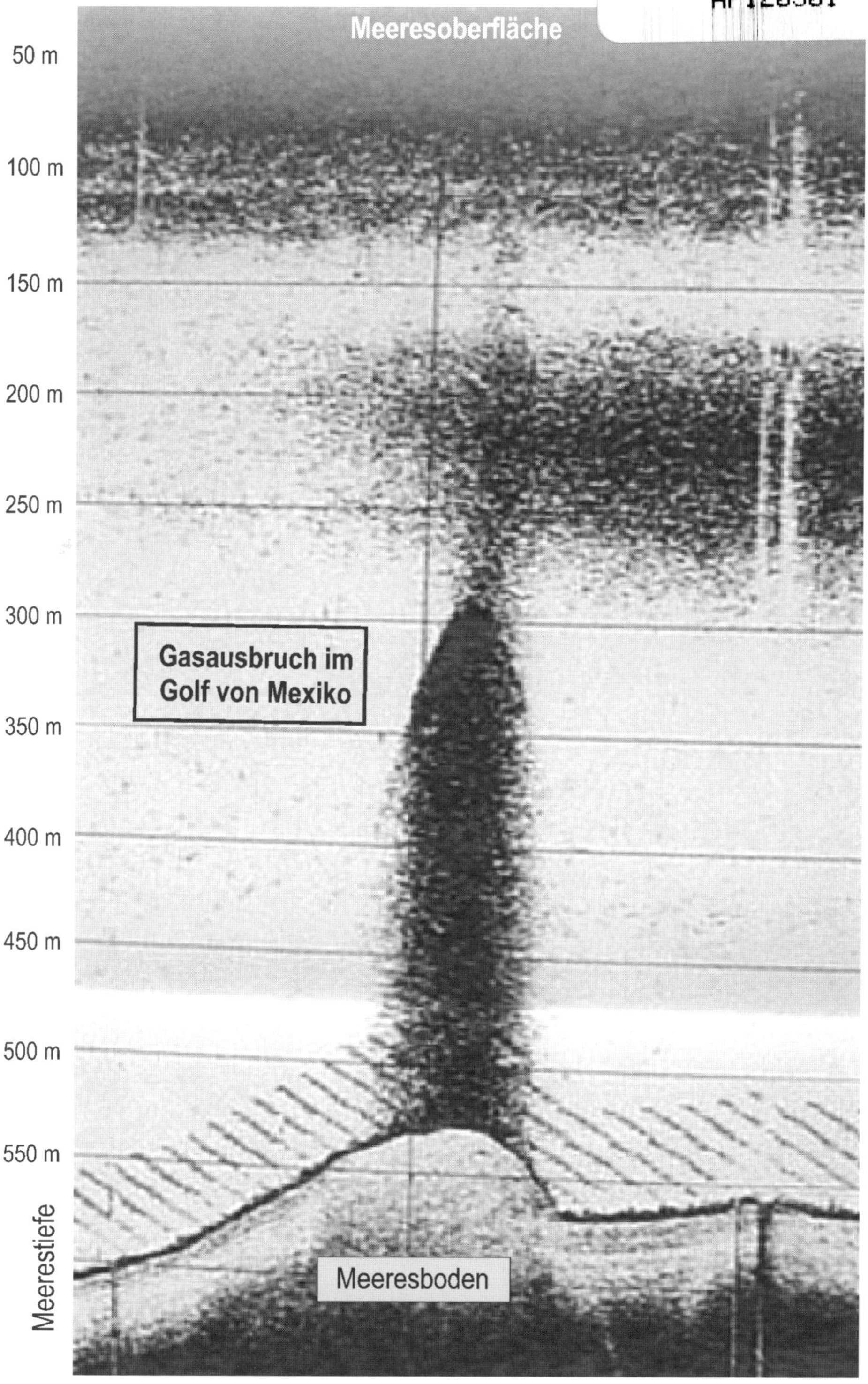

Meeresoberfläche
50 m
100 m
150 m
200 m
250 m
300 m
350 m
400 m
450 m
500 m
550 m
Meerestiefe
Gasausbruch im
Golf von Mexiko
Meeresboden

Hans-Joachim Zillmer · Der Energie-Irrtum

Hans Joachim Zillmer

Der Energie-Irrtum

Warum Erdöl und Erdgas
unerschöpflich sind

Mit 32 teilweise farbigen Fotos
und 113 Abbildungen

LANGENMÜLLER

Überarbeitete und ergänzte Neuauflage
3. Auflage 2023

© 2009 F.A. Herbig Verlagsbuchhandlung GmbH, München
© 2020 Langen Müller GmbH, München
überarbeitete und ergänzte Auflage
Alle Rechte vorbehalten
Umschlaggestaltung: Sabine Schröder
Umschlagillustration: Shutterstock, Kolonka
Satz: VerlagsService Dietmar Schmitz GmbH, Heimstetten
Druck und Binden: Print Consult GmbH, München
Printed in Slovakia

ISBN: 978-3-7844-3556-5

Inhalt

1. Massenhaft Kohlenstoff und Methan   7

Dinosaurier und weiche Steinkohle 7 · Und plötzlich geht es abwärts 15 · Massenhaft Methanhydrat 19 · Schockgefrorene Mammuts 26 · Ausschließlich biologisch? 30 · Methan im Sonnensystem 32 · Anorganische Herkunft 43 · Methan-Vulkane und Treibhausklima 46

2. Umformung der Landschaft   52

Seismische Ferndiagnose 52 · Rätselhafte Schlammvulkane 60 · Von Pocken und Pingos 67 · Fehlinterpretation Drumlin 72 · Erdbebenlöcher und Erdverflüssigung 77 · Plötzlich und unerwartet 80

3. Das elektrische Sonnensystem   85

Mondbeben 85 · Der ganz andere Merkur 91 · Mythos Schmutziger Schneeball 97 · Schwarze Kerne 100 · Elektrische Gasentladungen 103 · Der nicht-mechanische Äther 104 · Die Sonne als Glimmentladung 109 · Das Rätsel Leuchtkraft 113 · Kalte Kometen 117 · Die kalte Sonne 119 · Elektrische Gewitter 131 · Kobolde und Elfen 133 · Phänomen Kugelblitz 138 · Stromfluss in der Erde 140 · Strukturbildung der Erdkruste 147

4. Die Erde wird gespeist   153

Die Neutralkugelschale der Erde 153 · Solare Energieversorgung 157 · Expansionstempo 166 · Elektrische Wechselwirkung 172 · Elektrodynamik kontra Raumzeit 175

5. Chemische Energie und das Leben   180

Nur teilweise aufgeschmolzen 180 · Überraschende Explosion 189 · Extremer Ausbruch 194 · Unterirdisches Leben 205 · Überholte Geologie-Lehrbücher 223 · Verschleimte Tiefe 230

6. Die Gasquellen in der Tiefe   235

Alte Überzeugungen 235 · Helium mit Methan 241 · Karbonat-Zement 245 · Kein Öl in Arabien? 250 · Zu heiß? 262 · Kohle über Erdöl 267 · Ausnahme Torf und Braunkohle 273 · Strahlende Steinkohle 286 · Todesfalle Asphaltgruben 289

7. Der Energie- und Klima-Betrug   292

Der Kohlendioxidskandal 292 · Pseudowissenschaft Global-klimatologie 296 · Gefälschter Kohlendioxidverlauf und Klima-wandel 300 · Frühzeitiges Temperaturhoch 308 · Rätsel Meeresspiegel? 310 · Raus aus der Sackgasse 314

Zitierte Literatur   319
Bildnachweis   331
Nachwort von Prof. Dr. Gerhard Gerlich   332

1. Massenhaft Kohlenstoff und Methan

Falsche Dogmen blockieren die Entwicklung der menschlichen Gesellschaft. Die Menschheit steckt in einer Sackgasse, und nur ein wahres Weltbild kann sie noch retten! Die Energie wird immer teurer, weil angeblich die Vorräte als fossil angesehener Brennstoffe demnächst zur Neige gehen. Der dramatische Preisanstieg der fossilen Brennstoffe führt zu Verschiebungen im Reichtum der Nationen, und es werden Kriege geführt, um den Zugang zu den Ölfeldern zu gewährleisten.
All dies resultiert aus der Voraussage einer Verknappung von »fossilen« Energieträgern. Jedoch haben Raumsonden-Daten aus den letzten Jahren bewiesen, dass Kohlenwasserstoffe wie Methan und Ethan in unserem Sonnensystem massenhaft vorkommen. Diese entstanden aber ohne biologische Prozesse. Trotzdem werden Kohlenwasserstoffe auf der Erde noch immer als rein biologische Produkte angesehen.

Dinosaurier und weiche Steinkohle

In meinen bisherigen Büchern wurden Versteinerungsprozesse kontrovers diskutiert. Diese können sich nur in relativ kurzen Zeiträumen, aber nicht in Millionen von Jahren vollziehen, da biologisches Material während einer langsamen Konservierungsphase schon lange zerfallen wäre, falls kein absoluter Luftabschluss vorhanden war. Derartige Versteinerungen müssen schnell vor sich gehen, ansonsten könnte es zum Beispiel keine versteinerten Eier mit komplett erhaltenen, nicht verrotteten Embryos im Inneren oder aber versteinerte Kothaufen, sogenannte Koprolithe, geben – ausführlich diskutiert in meinem Buch »Irrtümer der Erdgeschichte«.

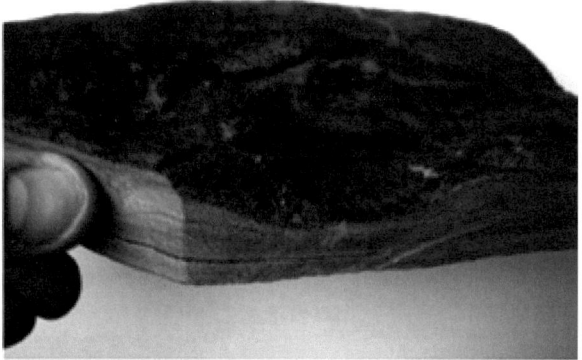
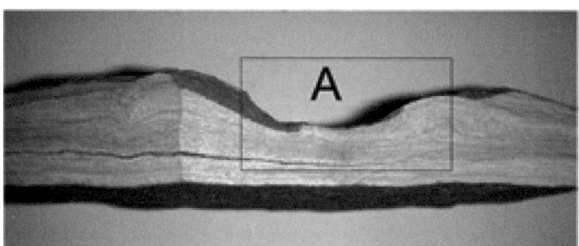
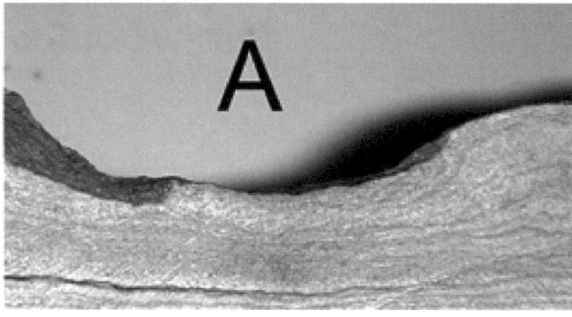

Ähnlich verhält es sich mit Gesteinsschichten, die Körnchen für Körnchen über Jahrmillionen hinweg entstanden sein sollen. Aber, Millionen Fußspuren findet man versteinert in diesen Schichten, u. a. weltweit von Dinosauriern hinterlassen. Zum Zeitpunkt des Hinterlassens derartiger Fußabdrücke, Trittsiegel genannt, muss das Gestein aber zwingend weich gewesen sein. Dies bedeutet, dass entsprechende geologische Schichten in einem kurzen Zeitraum, der höchstens Monate aber nicht Jahrmillionen umfasst, erhärtet sein müssen, da das vormals im weichen Matsch erzeugte Trittsiegel ansonsten durch Erosion oder Witterungseinflüsse zerstört worden wäre. Wir haben ein solches Trittsiegel aus der geologischen Schicht herausgeschnitten. Man erkennt, dass unter dem in den Schlamm eingesunkenen Dinosaurier-Fuß die gebänderten Schichten des Gesteins mehrfach untereinander verformt worden sind. Derartige Bänderungen sind aus geologischer Sicht Zeugnisse für ein hohes Alter des Gesteins, da die ein-

Abb. 1: **VERFORMTE GEOLOGISCHE SCHICHTEN.** Dieses fossile Trittsiegel (im Besitz des Autors) zeigt im Schnitt »Detail A«, dass mehrere geologische Schichten in einem noch elastischen Zustand gleichzeitig verformt wurden.

zelnen Schichten allesamt nacheinander und sehr langsam entstanden sein sollen. Dies bedeutet, dass Tiere wie Dinosaurier Zeugen von der Entstehung mehrfach übereinanderliegender, geologischer Schichten waren! Die Folge ist auch, dass die langen geologischen Zeiträume sich wie ein sich zusammenziehendes Gummiband drastisch verkürzen.

Sehen wir uns jetzt Fossilien unmittelbar an, z. B. solche welche in der Steinkohle zu finden sind. Im Allgemeinen stellen die in Steinkohle enthaltenen Fossilien »Infusionsfossilien« dar. Dies bedeutet, dass die Struktur von einem Organismus erhalten geblieben ist, die Substanz aber weitgehend durch Feststoffe ersetzt wurde, die als Flüssigkeiten oder Gase in die Struktur eingedrungen sein müssen. Im Prinzip bestehen Fossilien dann zu etwa 90 Prozent aus Kohlenstoff – wie die Steinkohle selbst. Das derart erhaltene Fossil kann strukturell fast vollkommen sein, kaum zusammengepresst, und man erkennt manchmal unter dem Mikroskop noch immer deutlich feine Einzelheiten, sogar bis in die Zellstruktur hinein. Trotzdem ist diese Struktur von demselben Kohlenkonzentrat ausgefüllt wie das die Fossilien umgebende Material, soweit man dies erkennen kann.

Der deutsche Botaniker Henry Potonié (1905) schloss aus fossil erhaltenen höheren Pflanzen auf die biologische Herkunft der Steinkohle, da »sofort ohne weiteres und ohne besondere Präparation die pflanzlichen Zellen zu erkennen« sind (ebd., S. 9). Dies war eine Kehrtwende, da Wissenschaftler zuvor glaubten, »die Steinkohle sei ein Mineral in dem Sinne etwa wie Quarz, Feldspat, Glimmer und dergleichen; also auch ebenso entstanden« (ebd., S. 8).

Falls aber Steinkohle ebenso wie Torf und Braunkohle entstanden sein soll (ebd., S. 10), ergibt sich ein Kohle-Paradoxon. Warum bleibt ein einzelnes fein gegliedertes Blatt eines Baumes innerhalb einer kohligen Masse erhalten, während von den restlichen Blättern kein einziges übrigbleibt? Warum ist nichts vom kompakten Stamm des Baumes erhalten geblieben? In struktureller Hinsicht unterscheidet sich Steinkohle deshalb scharf von Torf und Braunkohle, die sicherlich aus organischen Resten entstanden sind.

Wie kann ein derartiges Steinkohlenfossil entstehen? Da die fein gegliederte Struktur erhalten blieb, muss die heutzutage homogene Steinkohle einmal flüssig oder gasförmig gewesen sein! Allgemein gesehen sollte ein kohlenstoff- oder aber silizium- bzw. mineralhaltiges Fluid die organische

Struktur durch eine Art Infusionsprozess ausfüllen und auf diese Weise versteinern. Dieser Prozess muss schnell vonstattengegangen sein, da ansonsten ein Blatt, Baum oder auch Ei vorher verrottet wäre.

Wichtig ist festzustellen, dass auch versteinerte Fußspuren nur in weichen, matschartigen Schichten erzeugt werden konnten, nicht in festem Gestein, in dem sich diese heutzutage befinden. Dieser weiche, die Fußspuren beinhaltende Matsch muss dann, wie eine Gehwegplatte mit Hand- und Fußabdrücken von Prominenten in Beverly Hills, schnell ausgehärtet sein, da die Abdrücke sonst durch Erosionseinflüsse schnell zerstört worden wären.

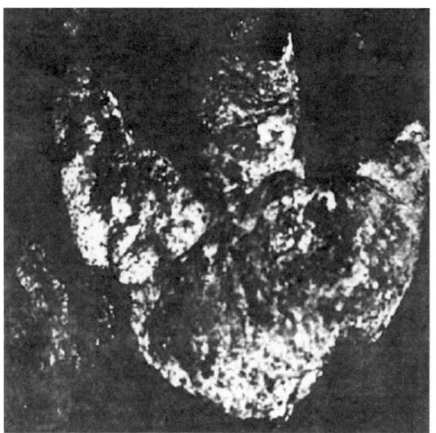

Abb. 2: **KOHLE-TRITTSIEGEL.** In der Castle Gate Mine befinden sich dreizehige Trittsiegel von Dinosauriern an der Decke der Flöze. Dort, wo die Saurier einsanken, können Abgüsse mit dem Trittsiegel aus der Decke des Flözes entfernt werden, wie das rechte Bild zeigt.

Versteinerte Trittsiegel (Fußspuren) von Dinosauriern findet man seltsamerweise an der Decke vieler Kohlenminen im Westen der USA – ein weithin unbekanntes Phänomen. Allein in Utah gibt es mehrere Kohlenminen in der Nähe von Helper und Price, in denen Trittsiegel gefunden wurden. In vier Minen entdeckte man sogar jeweils mehrere tausend Trittsiegel, die teils kreuz und quer verlaufen, übereinander liegen und deshalb teils andere verdecken (u. a. Balsley/Parker, 1983, S. 279).

Auch in anderen Kohlenminen wurden Trittsiegel von Dinosauriern häufig dokumentiert, u. a. in der Castle Gate Mine im Gebiet der Rocky Mountains (Peterson, 1924), in Wyoming, im westlichen Teil Colorados, in Utah nahe Rock Springs und in New Mexico nahe Cuba (Gillette/Lockley, 1989). Die sehr unterschiedlich großen Trittsiegel stammen sowohl von Fleisch fressenden, offiziell als zweifüßig angesehenen Theropoden, als auch von Pflanzen fressenden vierfüßigen Sauropoden, die sich gemeinsam in ein und demselben Gebiet bewegten. Seltener sind einzelne isolierte Trittsiegel dokumentiert, die teils unwahrscheinlich groß sind. Das größte mir bekannte misst eine Länge von 1,36 Metern, aber man hat mir vor Ort sogar von noch größeren berichtet. Interessant sind aber auch 50 etwa 15 Zentimeter lange Trittsiegel von einem großen Vogel, die in einem etwa fünf Quadratmeter großen Bereich entdeckt wurden (Gillette/Lockley, 1989). Vögel sollen sich erst nach den Dinosauriern entwickelt haben!

Die zuvor beschriebenen Kohlenlager sollen insgesamt von Wyoming über Utah und Colorado bis hin nach New Mexico zu den seltenen, weil geologisch jungen Steinkohle-Vorkommen (Blackhawk-Formation) gehören, die aus der Kreidezeit stammen, der »Blütezeit« der Dinosaurier bis hin zu deren Aussterbezeitpunkt. »Normalerweise« soll Steinkohle im Karbon-Zeitalter entstanden sein, lange vor Beginn der Dinosaurier-Ära.

Da Steinkohle nach konventioneller Lesart definitiv aus biologischem Material entstanden sein soll, ist es verwunderlich, dass manche Kohlen sehr wenige Fossilien oder sogar überhaupt keine enthalten. Fossilfreie Kohle findet man zum Beispiel in Alaska. Überall dort, wo es mehr Fossilien in der Steinkohle gibt, sind große Schwankungen in der Menge zu verzeichnen. Auch die Verteilung von Fossilien in den Flözen selbst ist nicht homogen, sondern innerhalb des Höhenprofils sind Fossilien selten im Inneren, jedoch häufig an der Decke des Flözes zu finden. Dort, sozusagen auf dem Flöz, sind ja auch die Trittsiegel von Dinosauriern und vogelartigen Tieren vorhanden.

Diese Tiere liefen damals auf einer dünnen Schicht aus Torf und Sand eines Frischwassersumpfes, darunter befand sich die noch weiche, in Bildung befindliche Kohle. In diese sanken die Tiere bis zu 30 Zentimeter tief ein. Dabei wurden die Füße senkrecht wieder herausgezogen, wie die Form der Trittsiegel belegt. Es gibt längere Pfade von Trittsiegeln, wo der Dinosaurier nur bei einem von mehreren Tritten einsank. Zurück blieben Vertiefungen in der Kohle als eine Art Abguss. Diese bestehen größtenteils aus sandigen Sedimenten, die durch fließendes Wasser in die entstandenen

Vertiefungen eingeschlämmt wurden. Deshalb fallen diese Trittsiegel auch leicht von der Decke abgebauter Flöze herab (Abb. 2).

Entstanden nun die Steinkohlenflöze einheitlich in Form eines sich sehr langsam bildenden, mit der Zeit immer mächtiger werdenden Sumpfes? Oder bildeten sie sich relativ schnell und einheitlich? In der Kenilworth-Kohlenmine in Utah fand man an der Decke der Kohlenschicht versteinerte Fußabdrücke, die ein kleines Tier hinterlassen hatte. Genau dieselben fand man aber auch am Boden des Flözes (Gillette/Lockley, 1989). Diese Spezies existierte also zu Beginn und am Ende der Bildungsdauer dieser Kohlenschicht.

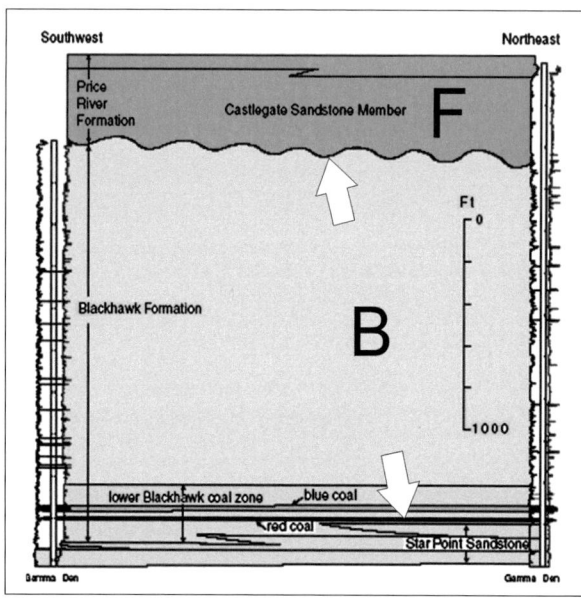

Abb. 3: **HOMOGENE KOHLE**. Dieser Schnitt durch einen südlichen Bereich des Wasatch-Plateaus in Utah zeigt eine homogene Blackhawk-Steinkohlenschicht (B) mit einer Mächtigkeit von über 400 Metern. Darüber befindet sich der aus fluvialen Sedimenten (F) bestehende Sandstein des Price River, auf dessen ehemaligem Flussgrund bzw. auf der darunter befindlichen Kohlenschicht die Dinosaurier liefen und darin Spuren hinterließen, ebenso wie in der Sandsteinschicht unmittelbar unterhalb der Blackhawk-Steinkohlenschicht (Pfeile). Innerhalb der homogenen Kohlenschicht (B) wurden keine Trittsiegel entdeckt.

Damit kommen wir zu der kaum bekannten Tatsache, dass man Trittsiegel von Dinosauriern nicht nur an der Decke, sondern auch am *Boden* von Steinkohlenflözen findet. Diese Trittsiegel befinden sich dort unten aber gar nicht *im* Flöz selbst, sondern an der Oberfläche der unmittelbar unter der Kohlenschicht liegenden Sedimentschicht, und die Kohle füllt diese Trittsiegel aus. Die Dinosaurier liefen also auf einer damals noch weichen, meist aus Sand bestehenden, allerdings mit kohlenartigen Bestandteilen bzw. Kohlenstoff durchmengten Sedimentschicht. Diese Schichten sind meist nach oben hin in das Kohlenflöz in Form von Buckeln aufgewölbt. Dies zeigt meines Erachtens, dass der Druck nicht von oben, sondern von unten kam, verursacht durch ein *aufsteigendes* Fluidum.

An der Oberseite der Sandsteinschicht, also unter dem Kohlenflöz, sind im Westen Amerikas neben Fußspuren auch Pflanzenreste versteinert erhalten, u. a. Fragmente von Palmen. Man glaubt, dass der Sandstein am Grunde eines brackigen Wassers im Küstenvorland entstand (Gillette/Lockley, 1989). Dann bildete sich das Kohlenflöz als Kohlenstoffablagerung in seiner ganzen Höhe durch einen *einheitlichen* Prozess, der noch diskutiert werden soll. Auf dieser Kohlenschicht liefen wiederum Dinosaurier umher, und dort findet man auch die meisten pflanzlichen Fossilien. Darüber entstanden oft dünne Schichten von Sedimenten, die kurz hintereinander gebildet worden sein müssen, da diese *gleichzeitig* elastisch-plastisch verformt wurden, denn die heutzutage spröd-harten Schichten weisen keine Risse auf. Aufgrund der Zusammensetzung scheinen diese Schichten schnell übereinander geschüttet worden zu sein, ähnlich wie es beim Ausbruch des Vulkans Mount St. Helens am 19. März 1982 nachgewiesen wurde: Unzählige dünne Schichten entstanden übereinander in nur wenigen Stunden und bildeten schlagartig u. a. ein acht Meter mächtiges, fein gebändertes Schichtpaket, dokumentiert in »Die Evolutions-Lüge« (Zillmer, 2017, S. 114). Dinosaurier konnten deshalb beim Auftreten mehrere übereinanderliegende, weiche Schichten gleichzeitig verformen.

Wir können das Fazit ziehen, dass Steinkohleflöze sich während der Lebensdauer einer bestimmten Spezies bildeten, da solche Tiere vor und nach der Ablagerung der kohleartigen Masse existierten. Die Kohle- und die darunter befindliche Sandsteinschicht, waren weich, sodass Dinosaurier teils in diese einsanken. Die Kohleschicht bildete mit einer dünnen Überdeckung von Sedimenten den urzeitlichen Seeboden in dieser Region – eine fast unbekannte und *nicht in die konventionelle Theorie passende Tatsache*.

Wie entstand jetzt das ehemals weiche Kohleflöz? Sicherlich nicht aus Pflanzen- und Holzresten in Form eines Torfmoors. Für diesen Fall sollte man auch Trittsiegel und Blätter in mehreren Höhenlagen finden. Gemäß der konventionellen Theorie soll das organische Ausgangsmaterial unter *Luftabschluss*, hohem Druck und hohen Temperaturen solange verdichtet und umgewandelt worden sein, bis ein fester Verbund aus Kohlenstoff, Wasser und unbrennbaren Einschlüssen in Form von Asche entstand. Tatsächlich findet man innerhalb der Steinkohle manchmal Holzkohle. Aber da sich Steinkohle unter *Luftabschluss* bilden soll, fragt sich, wie eine solche Schicht gleichzeitig einen Seeboden bilden konnte, über den Tiere liefen? Von Luftabschluss keine Spur, da der Sandboden auf der Kohleschicht nur eine Mächtigkeit von wenigen Zentimetern aufwies. Auch von großem Druck, der angeblich für einen Inkohlungsprozess erforderlich ist – keine Spur. Der Druck war fast lächerlich gering, denn falls Dinosaurier und Vögel Spuren im Seeboden hinterlassen, kann dieser See nicht tief gewesen sein, und die später die Kohleschicht überlagernden Sedimentschichten waren ja noch vorhanden! Auch die erforderliche Hitze wird sich kaum entwickelt haben können, denn ansonsten wären kaum Palmblätter und andere Pflanzenteile erhalten geblieben: Die Kohlebildung kann sich nur bei geringen Temperaturen vollzogen haben.

Fazit: Wie die Trittsiegel der Dinosaurier und Vögel beweisen, konnte sich mangels Abdeckschicht kein Luftabschluss ausbilden, und auch die erforderlichen Druck- und Temperaturbedingungen für einen Inkohlungsprozess lagen nicht vor. Also kann dieser nicht stattgefunden haben. Diese kreidezeitlichen Steinkohlen entstanden deshalb nicht aus organischem Material.

Auch aus rein biogeografischen Gründen kann das pflanzliche Material für die Bildung von Steinkohle-Vorkommen nicht von tropischen Wäldern stammen. Welche Fläche müssen diese bedeckt haben, damit sich die uns bekannten Steinkohlen-Flöze theoretisch hätten bilden können? Geht man von einem Urwald aus, der vielleicht 700 Festmeter (= Kubikmeter) Holz pro Hektar liefert, dann kann man über den darin enthaltenen Energie-Inhalt ausrechnen, welche Fläche die Wälder bedeckt haben müssten, um das Material für die Steinkohlelager liefern zu können. Das Ergebnis ergibt erwartungsgemäß eine riesige Fläche, *doppelt so groß* wie gegenwärtig die gesamte Festlandsfläche auf unserer Erde. Immer unter der Voraussetzung, dass *alle* Landflächen mit Wäldern bedeckt waren, Kohlevorkommen in ihrer Gesamtheit unter Luftabschluss vergraben wurden, genügend Druck entstand und sich genügend Hitze bildete. Lagen nicht überall diese »idealen« Bedingungen vor, erhöht sich die erforderliche Landfläche entsprechend.

Es gibt aber noch weitere kontroverse Aspekte, denn Steinkohle enthält Substanzen, deren Anwesenheit durch biologische Herkunft nicht erklärt werden kann. So enthalten Kohle und Erdölprodukte bis zu vier Prozent Schwefel, und es existiert ein kaum diskutierter, da nicht zu erklärender Bestandteil der Kohle: Uran! Wie kommt dieses weltweit in nicht unerheblicher Menge in die Flöze bzw. Kohleschichten und warum enthalten diese außerdem oft sehr viel Methan, das über Jahrmillionen Jahre hinweg schon lange ausgegast sein müsste?

Und plötzlich geht es abwärts

Vor der amerikanischen Nordostküste ereigneten sich mehrere mysteriöse Flugzeugabstürze. Am 17. Juli 1996 startete der Trans-World-Airline-Flug TWA 800 am *JFK International Airport* in New York zu einem Flug nach Paris. Gut zwölf Minuten später explodierte das Flugzeug, brach in der Mitte auseinander und stürzte südlich von Long Island ins Meer. Alle 230 Insassen kamen bei dem Unglück ums Leben.

Vom selben Flughafen brach am 2. September 1998 der Swissair-Flug 111 in nördlicher Richtung auf. Nach 14 Minuten brach der Funkkontakt ab, aber etwas später kam es noch zu einem Kontakt mit einem kanadischen Fluglotsen. Es wurde Rauch im Cockpit gemeldet, bevor das Flugzeug vom Typ McDonnell Douglas MD-11 in den Atlantik stürzte. Alle 215 Passagiere und 14 Besatzungsmitglieder kamen bei dem Absturz ums Leben.

Auch der Egypt-Air-Flug 990 startete vom JFK International Airport. Der Flug sollte am 31. Oktober 1999 nach Kairo in Ägypten führen. Über internationalen Gewässern, ungefähr 100 Kilometer südlich von Nantucket Island, Massachusetts, stürzte die Maschine vom Typ Boeing 767-366ER aus der normalen, 33 000 Fuß betragenden Flughöhe dramatisch ab, und die Turbinen fielen bei ungefähr 20 000 Fuß Restflughöhe aus. Alle 203 Passagiere und 14 Besatzungsmitglieder kamen ums Leben, aber es gab kein Anzeichen für eine Explosion an Bord. Da man keine Erklärung für diesen Unfall hatte, wurde die Schuld dem Kopiloten gegeben. Dann wurden im März 2000 einige Kontrollinstrumente aus dem Cockpit geborgen. Der Funkkontakt mit der Maschine war 30 Minuten nach dem Start abgerissen. Der Rekorder im Cockpit zeichnete auf, dass der Erste Offizier während des Absturzes elf Mal wiederholte: »Ich vertraue auf Gott!« Währenddessen fragte der Flugkapitän mehrfach: »Was ist das?«.

In den geschilderten Fällen muss jeweils ein plötzlich auftretendes Ereignis zum Absturz geführt haben, sodass die Piloten keine Möglichkeit hatten, einen Funkkontakt herzustellen. Zum Zeitpunkt der Abstürze im Juli 1996 und Oktober 1999 wurden Gasflammen und Feuerbälle in der Nähe der Küste beobachtet. Thomas Gold (1999) sieht als Grund für diese Flugzeugabstürze an, dass leichte Erdbeben Methan aus dem Untergrund freigesetzt hatten. In dieser Region lagert eine bis zu 500 Meter mächtige Schicht von

Methanhydrat (Methaneis) auf dem Meeresboden. Kritiker bezweifeln, ob Methangas diese dicke Eisschicht durchdringen kann. Aber man muss von einer großen und eben nicht kleinen Menge von Methan ausgehen. Dieses tritt ständig aus dem Ozeanboden aus und wird bei entsprechend hohem Wasserdruck in das gefrierende Wasser eingelagert: Es entsteht Methanhydrat, auch Methaneis genannt.

Erreicht das Methaneis eine gewisse Mächtigkeit, staut sich darunter das Methan auf, genauso wie unter Permafrostböden, zum Beispiel in Sibirien. Durch den im Gestein entstehenden Überdruck entstehen Risse in der Ozeankruste, durch die große Gasmengen plötzlich austreten können. Für diesen Fall wird das Methan durch Wassermoleküle nicht vollständig umschlossen, also kein Methaneis gebildet, sodass überschüssiges Gas aufsteigt. Immerhin ist in einem Kubikmeter Methanhydrat mehr Energie gespeichert als in einem Kubikmeter Erdgas, unter den gleichen Druckbedingungen. Verringert sich der Druck, so vergrößert sich das Volumen des im Methanhydrat eingeschlossenen Methangases gewaltig; bei den Druckverhältnissen in unserer Atmosphäre um das 164-Fache. Eine Destabilisierung von Methanhydrat-Polstern könnte quasi explosiv entstehende Gasblasen immensen Ausmaßes zur Folge haben. Das gasförmige Methan steigt bei zu niedrigem Druck und/oder zu hohen Temperaturen in unzähligen Blasen auf. Dieser Vorgang gleicht dem Aufsteigen von Kohlendioxidblasen in einer Sprudelflasche, die heftig gerüttelt wird. Da die mittlere Dichte des Gas-Wasser-Gemisches wesentlich geringer als die des Wassers ist, wird ein Auftrieb stark verringert oder ganz außer Kraft gesetzt: Ein in eine Methanwolke eintauchendes Flugzeug muss im Sturzflug abstürzen. Schiffe können wegen des fehlenden Auftriebs untergehen, ohne ein Wrackteil zu hinterlassen, auch wenn Gas fontänenartig nur am Bug oder am Heck aufsteigt. Bei geringeren Mengen von aufsteigendem Methan können Schiffe eventuell nur tiefer unter das normale Schwimmniveau einsinken. Auch Unterseeboote sacken ab und schlagen eventuell auf dem Meeresboden auf (vgl. Abb. 4).

Beim Aufsteigen der Gasblasen entstehen durch Reibung mit dem Wasser elektrische Ströme, durch die Magnetfelder erzeugt werden, denn jedes elektrische Feld erzeugt auch ein Magnetfeld. Dieses kann zu Ausfällen elektrischer und magnetischer Instrumente führen, oder haben solche Phäno-

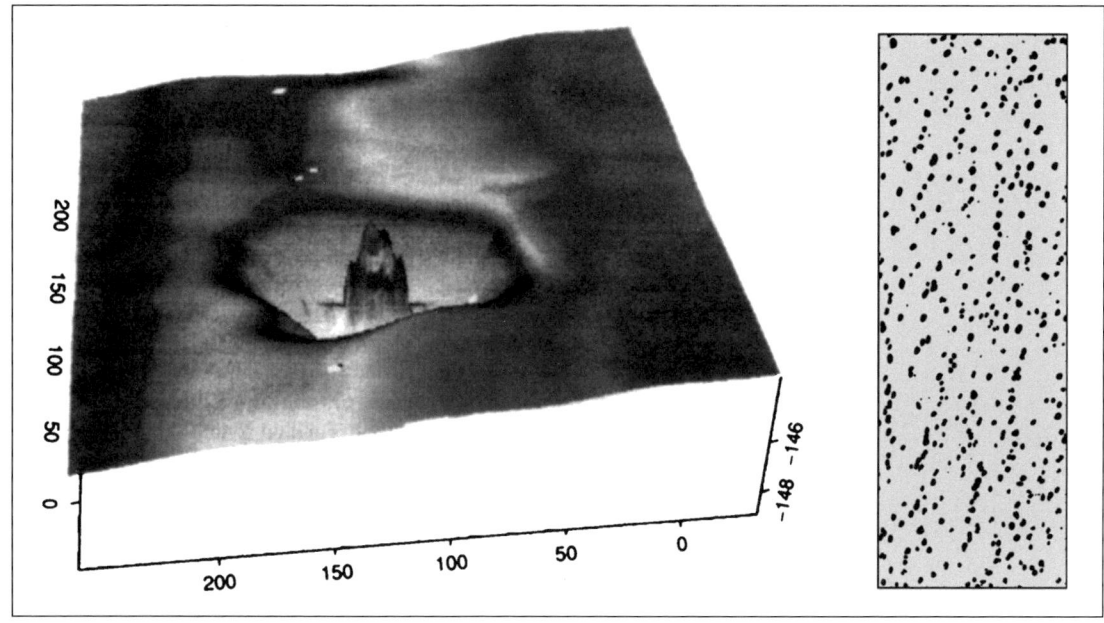

Abb. 4: **NASSES GRAB.** Rechtes Bild: Vor der schottischen Küste ist der Boden der Nordsee im »South Fladen« genannten Gebiet massenhaft mit Kratern übersät. Das rechte Bild zeigt ein Gebiet von etwa drei mal neun Kilometern (Judd/Hovland, 2007, S. 21). Linkes Bild: Rund 150 Kilometer nördlich von Aberdeen befindet sich das von »Pockmarks« umgebene »Witch Hole« (Hexenloch). Im zentralen Bereich des 120 Meter durchmessenden Kraters befindet sich in aufrechter Position ein unversehrter Dampfkutter aus dem frühen 20. Jahrhundert (ebd., S. 373). Nichts deutet auf einen Unfall oder eine Kollision hin. Alan Judd (1990) vermutet, dass dem Schiff ein schlagartiger Methanausbruch zum Verhängnis geworden sein könnte. Derartige Eruptionen sind für diesen Bereich typisch.

mene eine noch tiefere Ursache? Stehen solche Ausgasungsprozesse mit elektrischen Entladungen aus dem Erdinneren in Zusammenhang?

Diese durch aufsteigendes Methangas und eventuell elektromagnetische Entladungen verursachten Phänomene könnten im berühmten Bermuda-Dreieck für zahlreiche ungeklärte Vorfälle verantwortlich sein, bei denen Schiffe und Flugzeuge spurlos verschwanden. Gerade in diesem Gebiet wurden riesige Methan-Vorkommen entdeckt. Bei einer Destabilisierung des Gashydrates kann es zu einem rasanten Aufstieg dieses Methans (*englisch:* Blow-out) kommen. Erst seit 1971 hat man Kenntnis von Methanhydrat, als man solches zum Erstaunen der Fachleute im Schwarzen Meer entdeckte.

Auf Expeditionen in der arktischen Laptewsee und vor Pakistan – beides Gebiete, in denen reichlich Methanhydrat vorkommt – fand man am Meeresboden ringförmige Pockennarben (Pockmarks): Krater von 20 bis 30 Metern Durchmesser, die offenbar durch Gasausbrüche entstanden sind (Kehse, 2000, S. 16). Auch viele andere, teils mehrere hundert Quadratkilometer große Flächen sind mit solchen Kratern übersät. Die Dichte solcher Krater wurde in der Belfast Bay, Maine, also vor der amerikanischen Nordostküste, mit 160 Stück pro Quadratkilometer angegeben (Kelley, 1994). Der Titel dieser im Fachmagazin »Geology« (Bd. 22, 1994, S. 59) veröffentlichten Untersuchung lautet: »Gigantische Pockennarben am Meeresgrund: Beweise für Gasausstoß in der Belfast Bay, Maine.«

Es soll konische Vertiefungen mit einem Durchmesser von 350 Metern und einer Tiefe von 35 Metern in den Meeresböden geben, die auf Methangas-Ausstöße zurückgeführt werden. Meines Erachtens sind weltweit solche geologischen Formationen, auch an Land, noch gar nicht richtig, also im Sinne von Ausgasungsprozessen, gedeutet worden.

Wie im Fachmagazin »Geology« (Bd. 23, 1995, S. 89) berichtet wird, steigen vor der ostamerikanischen Küste aus einer Tiefe von 2167 Meter regelrechte Fontänen aus Methanblasen empor, die bis zu einer Höhe von 320 Meter aus dem pockennarbigen Meeresboden in der Nähe einer Verwerfung sprudeln.

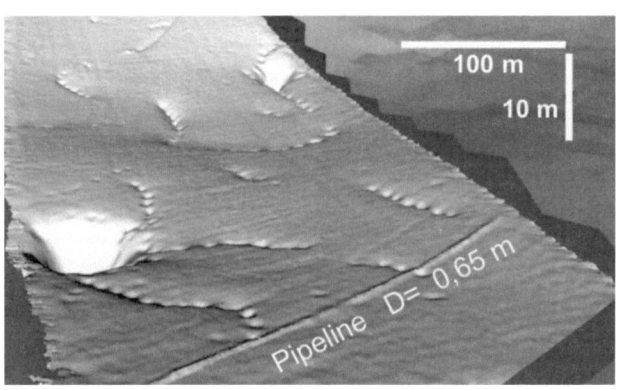

Abb. 5: **GASAUSTRITT.** Vor der norwegischen Küste im Europäischen Nordmeer sind Reihen von kleinen Kratern (Pockmarks) vorhanden, die keine bestimmte Orientierung aufweisen, aber teils von größeren Kratern linienartig weg oder dorthin führen.

Im Jahr 1999 kreuzte das deutsche Forschungsschiff »Sonne« vor dem US-Bundesstaat Oregon im Pazifik. Es wurden weiße Methanhydrat-Klumpen entdeckt, die bis kühlschrankgroß auf den Wellen schwammen und wild schäumend kleiner wurden. »Niemand zuvor hatte beobachtet, dass Methanhydrat an die Wasseroberfläche aufsteigt und, schnell zerfallend, Methan direkt in die Atmosphäre freisetzt« (»GEO Magazin«, 04/2000). Bei Tauchgängen mit dem Forschungs-U-Boot »Alwin« entdeckten die Wissenschaftler mehrere 15 Zentimeter große Schlote im Gashydrat, aus denen Glasblasen perlten. Der Geologe Dr. Gerhard Bohrmann (Geomar) vermutet, dass das Gas aus Bereichen *unterhalb* der Methanhydrat-Schicht stammt, die hier 140 Meter dick ist, wie seismische Messungen gezeigt haben. »Das Methan muss schlagartig durch die Hydratzone schießen – sonst würde es dort gefrieren«, ist Bohrmann überzeugt (Kehse, 2000, S. 16).

Bei der Suche nach Methaneis im Gebiet zwischen Georgien und der Krim mit dem russischen Forschungsschiff »Professor Logachev« entdeckten im Jahr 2006 russische und deutsche Wissenschaftler in über 1000 Metern Tiefe merkwürdige Löcher, aus denen sprudelnde Gasfontänen emporstiegen. »So etwas hat noch nie jemand zuvor gesehen, nicht einmal vermutet, dass es das geben könnte, (und) was zunächst aussieht wie Schlamm, ist zu einem Fünftel pures Gashydrat ... Und daneben gibt es sogar noch Spuren von Erdöl. Eine sensationelle Entdeckung!« (ARD Online, »W wie Wissen«, 5. November 2006).

Massenhaft Methanhydrat

»Untermeerische Gasausbrüche kennt man am Kaspischen Meer, an der Küste Birmas und Borneos, an der Küste von Peru und im Golf von Paria zwischen Trinidad und Venezuela. An der Küste von Baku strömten bei Bibi Eibat untermeerische Gasquellen manchmal plötzlich mit solcher Heftigkeit aus, dass Boote kenterten, wenn sie dem Strudel zu nahe kamen. Bei ruhiger See sind solche Gasausbrüche weithin sichtbar. An der Südostecke von Trinidad hat man untermeerische Gasexplosionen beobachtet, welche Wassersäulen emporwarfen, die von Pech und Petroleum begleitet waren« (Stutzer, 1931, S. 280).

Vor der Südostküste der USA wurde ein riesiges, 26 000 Quadratkilometer großes Methanhydratlager entdeckt. Dort allein lagert eine derart große Menge an Kohlenstoff, dass sie den US-Energieverbrauch für mehr als 100 Jahre decken würde. Da zuweilen sogar Methanhydrat-Blöcke bis an die Wasseroberfläche aufsteigen, kann man über plötzliche Gasausbrüche durchaus spekulieren. Die plötzliche Freisetzung von großen Methan-Mengen kann vielleicht auch Umweltkatastrophen hervorrufen.

Eine solche wird von Wissenschaftlern für einen gewaltigen Treibhauseffekt verantwortlich gemacht. Vor rund 181 Millionen Jahren (nach geologischer Zeitskala) wurden Fischsaurier, Meereskrokodile, Stachelhaie und Schlangenhalssaurier (Plesiosaurier) in einem Massengrab bei Eislingen (Baden-Württemberg) dreidimensional gestapelt, fast wie Ölsardinen in einer Büchse. Die Geowissenschaftler der *Universität Tübingen* vermuten als Auslöser der Ökokatastrophe die Freisetzung von Methanhydrat, wodurch Methan in die Atmosphäre gelangte und eine Klimaerwärmung um mehrere Grad in Gang setzte – ein früher, plötzlicher Klimawandel?

An vielen Stellen auf dem Meeresgrund der Ozeane hat man in den letzten 30 Jahren große Mengen von Methan in Form von Methanhydrat entdeckt (Mac-Donald, 1997). Wieso entsteht Methaneis am Meeresgrund? Da Methan bei einem vorhandenen Wasserdruck den Gefrierpunkt von Wasser ansteigen lässt, bildet sich bereits in Bereichen Eis, in denen Wasser ansonsten noch in flüssiger Form vorkommt. Das Wasser gefriert also, *weil Methan hinzutritt*. Methanhydrat entsteht beispielsweise bei einer Temperatur von unter sieben Grad Celsius und einem Wasserdruck von über 50 Atmosphären, also unterhalb 500 Metern Wassertiefe. In größeren Wassertiefen kann deshalb überall dort Methanhydrat auftreten, wo Gebiete am Meeresgrund *nicht* aufgeheizt sind und Methan aus den Ozeanböden zuströmt. In wärmeren Gebieten (Hot Spots) bzw. dort wo die physikalischen Voraussetzungen zur Bildung von Methaneis *nicht* vorliegen, sprudelt das Methan ganz einfach aus den Böden heraus (Abb. 6).

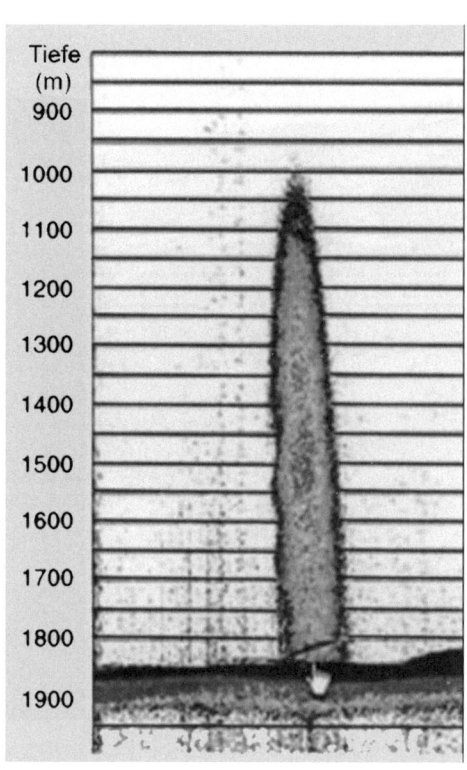

Abb. 6: **GASFONTÄNE.** Bei an Bord der »Professor Vodyanitskiy« im Mai 2003 vorgenommenen Echolot-Messungen im Schwarzen Meer wurde eine 850 Meter hohe Wassersäule dokumentiert, die plötzlich durch einen heftigen Gasausbruch verursacht wurde (Egorov et al., 2003).

Zwischen Grönland und Spitzbergen wurde ein 1,3 Kilometer breites und 50 Kilometer langes Methanhydrat-Polster entdeckt, das eine

Dicke von 200 bis 300 Metern aufweisen soll (Vogt, 1994). Bei Testbohrungen fand man in Nordalaska an der Prudhoe Bay große Felder mit jeweils mindestens acht Flözen in 300 bis ungefähr 800 Meter Tiefe, die etwa 40 bis 60 Milliarden Kubikmeter Gashydrat beinhalten. In Kanada wurde in Mallik, im Delta des 1903 Kilometer langen Flusses Mackenzie, ein großes Feld entdeckt. Sage und schreibe 80 bis 90 Prozent der Porenräume in Sanden und Kiesen sollen mit Methanhydrat gefüllt sein. Andere Untersuchungen in Sibirien und Alaska haben Konzentrationen von Gashydrat zwischen 50 und 80 Prozent ergeben. Marine Lagerstätten sind zwar größer, enthalten aber anscheinend meist weniger als 20 Prozent. Es wird immer mehr Gashydrat in überraschend großen Mengen entdeckt, sogar im Mittelmeer.

In der Tiefsee finden sich Gashydrate zu einem gewissen Teil im Bereich gasdurchlässiger Ozeanböden und entlang von Rissen und Bruchzonen, die vor allem am Fuße der steil abfallenden Kontinentalhänge entlang verlaufen. Nach dem konventionell-geophysikalischen Weltbild sammelt sich dort Methanhydrat, weil sich der Ozeanboden gemäß Plattentektonik-Hypothese angeblich von den mittelozeanischen Rücken herkommend zu den Kontinenten hin rollbandartig verschiebt und das Methaneis mit sich transportiert, das sich mit der Zeit am Fuße der Kontinentalsockel sammeln soll (Abb. 7). Der Ozeanboden taucht angeblich dann im Bereich eines Tiefseegrabens in den Erdmantel ab. Diese Bereiche werden Subduktionszonen genannt und sind der Theorie von einem konstanten Erdumfang geschuldet, denn an den mittelozeanischen Rücken zwischen den Kontinenten soll ständig »neue« Ozeankruste gebildet werden. Diese muss theoriegebunden wieder »verschwinden«, denn ansonsten wäre mit der Neubildung von Ozeanboden ein Wachsen der Erde dokumentiert.

Expandiert, also wächst die Erde, dann ist die Kernthese der Plattentektonik-Hypothese von sich rollbandartig verschiebenden Ozeanböden falsch (siehe ausführlich hierzu: »Irrtümer der Erdgeschichte«, 2001, S. 71 ff.). Deshalb kann Methangas oder besser Methanfluid ganz einfach durch Bruchzonen aufströmen, wie sich solche am Rand der etwa 35 Kilometer mächtigen Kontinentalsockel in den nur wenige Kilometer dünnen Ozeanböden befinden müssen, allein aus materialtechnischen Gründen (Bruchfestigkeit).

Mit den hypothetischen Verschiebungsszenarien der Plattentektonik ist ebenso nicht vereinbar, dass riesige Methanhydratvorkommen auch außer-

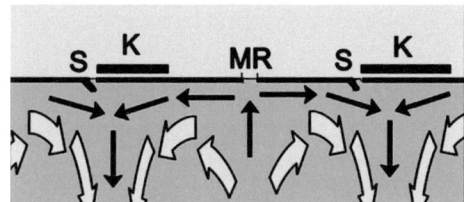

Abb. 7: **SUBDUKTION.** An den mittelozeanischen Rücken (MR) zwischen den Kontinenten entsteht neuer Ozeanboden, wie geodätische Messungen ergeben haben, weshalb sich die Kontinente voneinander entfernen. Der neu gebildete Ozeanboden bzw. die Lithosphärenplatte soll sich unter diejenige der Kontinente (K) rollbandartig bis zu einer Subduktionszone (S) schieben, in der etwa ebenso viel neue Plattenbereiche absinken, wie an den mittelozeanischen Rücken neu gebildet werden. Gibt es keine Subduktion, führt die Neubildung von »Ozeankruste« zu einer größeren Oberfläche der Erde und damit zu einer Expansion. Für diesen Fall entfernen sich die Kontinente voneinander, bleiben aber trotzdem ortsfest.

halb der Kontinentalränder auf »normalen« Ozeanböden zu finden sind. Eine Tatsache, die selten erwähnt und auf Karten über Methanvorkommen kaum verzeichnet wird. Manche Forscher vermuten sogar, dass die größten Methanhydratvorkommen sich nicht im Bereich der Kontinentalränder befinden, sondern in den Tiefseebecken (Klauda/Sandler, 2005). Mengenschätzungen dieses Methans sind jedoch sehr unsicher, da es kaum Beobachtungen der in einer Tiefe von mehreren Kilometern liegenden Ozeanböden oder entsprechende Bohrungen gibt. Über die Oberfläche planetarer Himmelskörper wissen wir wesentlich mehr als über die Tiefen der irdischen Ozeane!

Sobald sich in nicht zu warmen Bereichen ein genügend dickes Polster von Methanhydrat auf und/oder in den Ozeanböden gebildet hat, staut sich das permanent von unten nachströmende Methan auf und bildet Lagerstätten. Das geschieht so lange, bis der Staudruck, der durch das von unten aufsteigende Methan erzeugt wird, geringer ist als der Auflastdruck, der aus der Höhe der Wassersäule und dem Gewicht der Bodenschichten resultiert. Unterhalb dieser Stabilitätszone oder im Bereich von untermeerischen Vulkanen oder heißen Zonen (Hot Spots) sind die Temperaturen zu hoch, sodass das Gas hier in »freier« Form anliegt, je nach herrschenden Druck- und Temperaturverhältnissen flüssig oder gasförmig.

Gibt es nur am Grunde von Meeren und Ozeanen Lager von Methanhydrat? Nein! Schon seit 1976 wird im sibirischen Messojacha-Feld mittels Injektionsverfahren Methan aus Methanhydraten abgebaut. Ein bekanntes Beispiel sind die Permafrostböden unter der arktischen Tundra, die sich von Sibirien über Alaska und Nordkanada bis nach Grönland hin erstrecken.

Fiktion Subduktion

Setzen wir (entgegen der Wirklichkeit) voraus, dass die abtauchende ozeanische Platte schwerer ist als das Material, in das diese abzutauchen in der Lage sein soll. Unter Berücksichtigung des Gleichgewichts aller Kräfte muss die am Plattenende schiebende Kraftgröße N – Spannung (u) mal Fläche (D × B) –, zuzüglich des Anteils aus dem Gewicht der Platte (G), größer sein als die ihr unten am eintauchenden Plattenkopf entgegenwirkende Kraftgröße (W) zuzüglich der Reibungskräfte (R) – resultierend aus der Auflast der Erdkruste und dem Eigengewicht der Platte. Der Reibungskoeffizient (μ) wird konstant angesetzt für Temperaturen kleiner als 350 Grad Celsius (vgl. Kirby/McCormick, 1982), also der Temperatur, die am tiefsten Punkt der eintauchenden Platte herrschen soll (Subarya, 2006, S. 50).

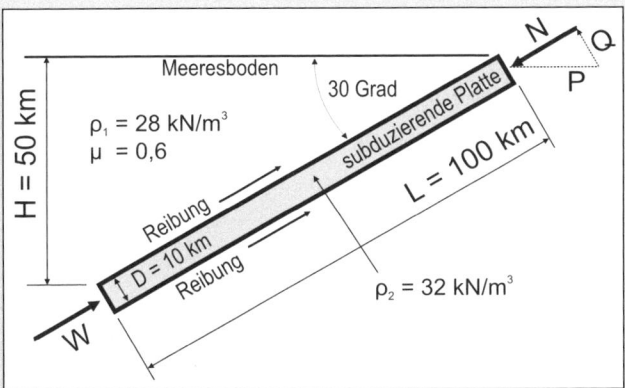

Abb. 8: Systemskizze der Gleichgewichtskräfte bei Subduktion.

N + G > W + R (für Plattenbreite B = 1,00 m) N + G = (u × D) + ($p_2 - p_1$) × L × D × sin 30°
= (u × 10 000) + (32–28) × 100 000 × 10 000 × 0,500
W + R = W + p_1 × H/2 × L × μ + p_2 × D × cos 30° × L × μ
= 0 + 28 × 50 000 / 2 × 100 000 × 0,6 + 32 × 10 000 × 0,866 × 100 000 × 0,6

Mit diesen Werten ergibt sich die Berechnung zu: (u × 10 000) + 2 × 10^9 > 4,2 × 10^{10} + 1,67 × 10^{10}

u > (4,2 × 10^{10} + 1,67 × 10^{10} – 2 × 10^9) / 10 000
u > 5,67 × 10^6 kN/m^2 = 5670 N/mm^2 > zulässig u bis zu 400 N/mm^2

Fazit: Eine Subduktion ist nicht möglich, denn die Platte würde aus materialtechnischen Gründen zerreißen, bevor die erforderliche Kraft zum Eintauchen in den Mantel aufgewendet werden könnte. Oder kurz gesagt: Eine drückende oder ziehende Kraft kann keine Subduktion hervorrufen. Führt die sich aus der schiebenden Kraft P ergebende Querkraft (Q) bzw. die Umlenkkraft nicht bereits zum Bruch der Platte, bevor die Platte etwas gedrückt werden kann? Jede kleine »Ausbeulung« der skizzierten Platte führt zu zusätzlichen Beanspruchungen (Biegemomenten) in der Platte, durch die materialtechnisch nicht aufnehmbare Zugkräfte erzeugt werden.

Hinweis: Die manchmal von Fachleuten vertretene Meinung, dass partielles Aufschmelzen und die Bildung von Feuchtigkeit die Reibung der Platte herabsetzen und damit Subduktion glaubhaft machen soll, ist falsch, da Reibungskräfte von der Stärke der Kraft und nicht von der Größe der Reibungsfläche abhängen. Dieser Einwand wäre nur richtig, falls die gesamte Platte keine Reibungsfläche aufweist.

Die Mächtigkeit des Permafrostes hängt von der Luft- und Bodentemperatur sowie den Eigenschaften, insbesondere der Durchlässigkeit solcher Böden, ab. In einigen Teilen Nordostsibiriens erreicht der Permafrost eine extreme Mächtigkeit von bis zu 1500 Metern und eine Ausdehnung bis in mittlere Breiten (Nelson, 2003).

Da sich das Methangas unter den Dauerfrostböden ansammelt, kann einfach erklärt werden, warum Russland derartig reiche Erdgas-Vorkommen besitzt. Global ist fast ein Viertel der weltweiten Landfläche Permafrostgebiet, wobei der überwiegende Anteil in der nördlichen Hemisphäre liegt (Zhang et al., 1999).

Eigentlich liegt die Frage auf der Hand, warum der Boden bis in fast 1,5 Kilometer Tiefe gefroren sein kann, wenn mit zunehmender Tiefe die Erde doch immer wärmer werden soll? Wie auch immer, Methan kommt im Bereich der Permafrostböden auch als Methanhydrat vor, genauso wie in und auf den Ozeanböden. Die Menge der in und unter Permafrost gelagerten Methanhydrate ist unbekannt. Schätzungen reichen von 7,5 bis 400 Milliarden Tonnen Kohlenstoff (Gornitz/Fung, 1994). Damit ist in den Permafrostböden mindestens das Doppelte oder sogar bis zum Hundertfachen der in der Erdatmosphäre enthaltenen Kohlenstoffmenge gespeichert.

Die plötzliche Freisetzung von Methan könnte für gewaltige Naturkatastrophen auch in unserer Zeit verantwortlich sein. So ereignete sich 1908 in Sibirien die als Tunguska-Ereignis bezeichnete »Explosion«. Viele Theorien wurden aufgestellt, vom Zerschellen eines UFOs über das oberirdische Zerplatzen eines Meteoriten bis hin zum Einschlag eines Schwarzen Lochs. Das Rätsel besteht darin, dass kein Einschlagkrater vorhanden ist, aber von einem bestimmten Punkt in radialer Richtung 60 Millionen Bäume auf einem Gebiet von 2000 Quadratkilometern umknickten. Noch in 500 Kilometern Entfernung wurde der Feuerschein wahrgenommen, neben einer Druckwelle und Donnergeräusch. Alle Erklärungsversuche, die einen physisch-mechanischen Einfluss von außen berücksichtigen, können nicht erklären, warum in den Tagen *vor* der Explosion merkwürdige atmosphärische Leuchterscheinungen beobachtet wurden und sich leichte Erdbeben ereigneten.

Wenn man einen Zusammenhang sucht, dann bietet sich ein Methan- bzw. Erdgasausbruch als Erklärung des Tunguska-Ereignisses an, wie mir

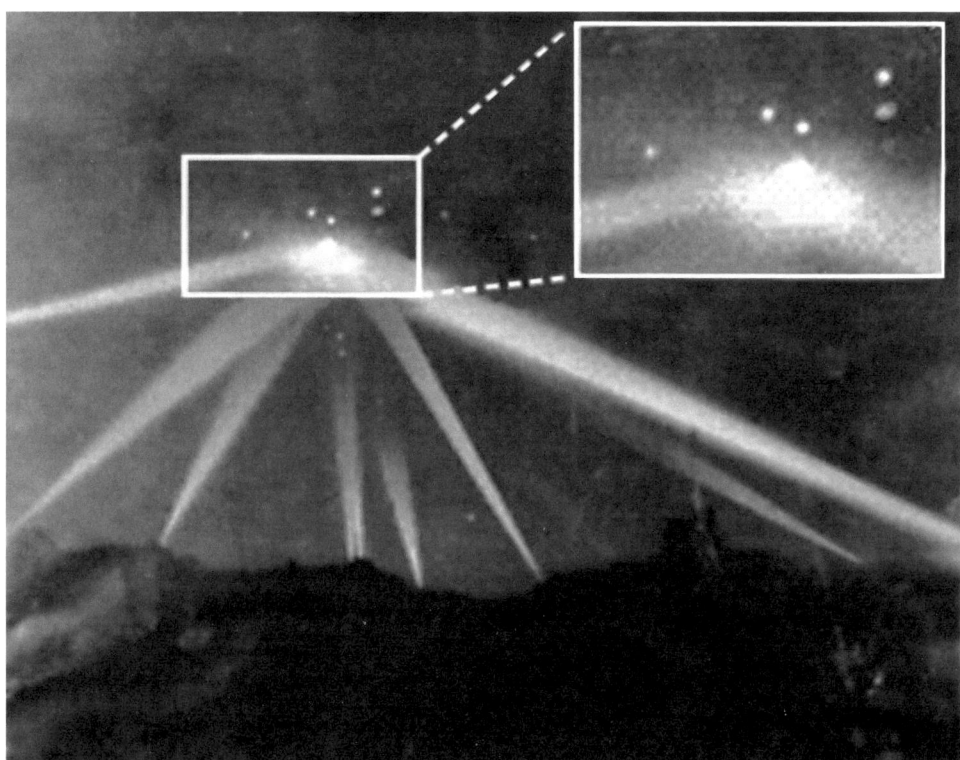

Abb. 9: **SCHLACHT UM LOS ANGELES**. Am 24. Februar 1942 wurden kleinere Lichtpunkte gesichtet, und in den Morgenstunden des nächsten Tages erschien ein großes leuchtendes unbekanntes »Flugobjekt«. Die als japanische Invasoren gedeuteten Erscheinungen wurden vom Boden durch Flakstellungen und aus der Luft durch Flugzeuge unter Beschuss genommen. Bei diesem Luftangriff fielen jedoch keine Bomben, und auch der Luftabwehr, die über 1440 Magazine Munition verschoss, gelang es nicht, einen der »Angreifer« zu beschädigen oder sogar abzuschießen. Ausschließlich durch herabfallende Flaksplitter sowie erst am Boden explodierende Granaten gab es Beschädigungen, nicht durch die »UFOs«, die nicht reagierten. Es könnte sich nicht nur bei diesem Vorfall um Ausgasungserscheinungen bzw. Energiebälle gehandelt haben, die man nicht abschießen kann. Abbildung: Nach Titelbild der »Los Angeles Times«.

Professor Dr. Wolfgang Kundt (2005, S. 204 f.) erläuterte, der auch vor Ort war. Für einen solchen reicht eine verhältnismäßig geringe Menge von etwa 0,1 Milliarden Tonnen Erdgas aus.

Für die historische Storegga-Rutschung am Kontinentalabhang im europäischen Nordmeer vor etwa 8000 Jahren (nach geologischer Zeitrechnung) machte man eine fortschreitende Destabilisierung von Gashydraten verantwortlich. Die erforderliche Gasmenge wurde mit dem Zehnfachen (= eine Gigatonne) derjenigen veranschlagt, die für den Tunguska-Ausbruch erforderlich wäre. Die Storegga-Rutschung vor der Küste Norwegens ist den Lesern des Romans »Der Schwarm« bekannt. Frank Schätzing beschrieb darin die Bildung eines gewaltigen Tsunami, der heutzutage unsere Kultur bedrohen könnte. Jedoch wurde Methan als Verursacher dieser Rutschung wissenschaftlich freigesprochen (Paull et al., 2007).

Schockgefrorene Mammuts

Vielleicht sollte ein anderes Ereignis auf die Freisetzung von Methan hin untersucht werden. Wie in meinem Buch »Irrtümer der Erdgeschichte« (Zillmer, 2008, S. 151 ff.) ausführlich beschrieben, starben die Mammuts im Bereich des heutigen Permafrostgebiets einen Kältetod. Sie wurden schockgefroren, sodass noch unverdaute Gräser und, wie berichtet wird, auch Butterblumen im Magen, ja sogar im Maul entdeckt wurden. Mammuts waren Bewohner eines gemäßigten Klimas, wie das lang herabhängende, für vereiste Landschaften ungeeignete, weil zottelige Fell beweist. Deshalb starben Mammuts teils neben Rhinozerossen schockgefroren. Aber zusammen mit diesen wurden fleischige Überreste im Permafrost gefunden von Pferd (Ukraintseva, 1993), Eichhörnchen, Kaninchen, Wühlmaus (Vereshchagin/Baryshnikov, 1982), Luchs (Zimmermann/Tedford, 1976), Bison (Anthony, 1949) und Moschusochse (»Science News Letter«, Bd. 55, Juni 1949, S. 403). Das Eis entstand plötzlich, wie die folgende Abbildung veranschaulichen soll.

Schockgefrorene Mammuts sind heutzutage noch derart frisch, dass deren Fleisch ohne weiteres von den Einheimischen an die Schlittenhunde verfüttert wird. Mammutfleisch soll sogar von Goldgräbern in Alaska während des Goldrauschs gegessen worden sein. Auch das Elfenbein der Stoßzähne ist noch so frisch, dass die Schnitzwerkstätten Asiens damit beliefert werden können.

Das Eis, in dem die Mammuts begraben wurden, weist mit 16 Prozent einen wesentlich höheren Anteil von Blasen auf als Gletschereis, das nur einen solchen Anteil von ungefähr sechs Prozent enthält. Das »Mammuteis«

hat eine ähnlich körnige Struktur wie Hagel und manche Blasen sind miteinander verbunden oder bilden eine Art Kette in Form einer Perlenschnur (= Blasenschnur). Außerdem weist das Eis eine gelbliche Farbe auf und enthält oft Schmutz und Pflanzenreste. Mit dem Aussterben der Mammuts in den *heutigen* Dauerfrostboden-Gebieten Sibiriens wurden die Stämme riesiger Wälder wie Streichhölzer umgeknickt und mit den Fluten der Flüsse in Richtung Nordpolarmeer gedriftet. Ereigneten sich hier Gasausbrüche? Methan oxidiert durch Luftzufuhr, und es entstehen Kohlendioxid und Wasser.

Abb. 10: **SCHNAPPSCHUSS.** Von einer Reise durch Tibet im Jahr 1848 berichtet M. Huc (1852), bei der viele Mitreisende erfroren. Während der Überquerung des komplett bis zum Grund gefrorenen Flusses Mouroui-Oussou entdeckten die Überlebenden eine Herde von mehr als 50 wilden Ochsen, die beim Durchqueren des Flusses urplötzlich während der Schwimmbewegung eingefroren waren. Die Köpfe mit den großen Hörnern guckten noch immer hoch erhoben aus der Oberfläche heraus, während die Körper fest im Eis steckten. Das bis zum Flussbett reichende durchsichtige Eis muss sich schlagartig gebildet haben. Von diesem Ereignis berichtet auch der Begründer der modernen Geologie Charles Lyell (1872, S. 188) in der 11. Auflage seines Buches »Principles of Geology«. Bild: Steve Daniels.

Auch das in den geologischen Schichten enthaltene Wasser wird freigesetzt, und es ergießen sich Wasserfontänen und Schlammvulkane, die ganze Landschaften mit Schlamm verwüsten können. Die Lungen mancher Mammuts waren verschmutzt und enthielten Lehm sowie Sandpartikel. Diese Tiere steckten regelrecht im Schlamm fest, der schnell gefroren sein muss. Man geht davon aus, dass die Temperatur um vielleicht 175 Grad Fahrenheit (knapp 80 Grad Celsius) hätte fallen müssen, um den Mageninhalt zu gefrieren und zu konservieren (Dillow, 1981).

Wie konnte es durch die Methan-Ausbrüche zu einer drastisch-plötzlichen Abkühlung kommen? Neben der von mir in meinem Buch »Irrtümer der Erdgeschichte« diskutierten Verschiebung der Erdachse und damit der

Klimazonen, beschrieb mir Professor Dr.-Ing. Karl-Heinz Jacob bei einem Gedankenaustausch einen bis dahin nicht beachteten Aspekt. Er berichtete, dass beim »Kohlemachen«, also der Gewinnung von Kohle mit einem Pickhammer, dieser immer wieder durch das austretende Gas vereiste und nicht mehr funktionierte, bis dieser schließlich wieder aufgetaut war. Er verwies auf den Joule-Thomson-Effekt, der auch für das plötzliche Einfrieren der Mammuts verantwortlich sein könnte (Abb. 10).

Tatsächlich lagern riesige Vorkommen von Kohlenwasserstoffen in und unter den Permafrostgebieten in Sibirien. Der Joule-Thomson-Effekt bewirkt, dass sich unter Druck stehende Gase bei Entspannung und demzufolge Druckverringerung *sehr stark abkühlen*. Dabei erhöht sich das vom Gas eingenommene Volumen drastisch. Es handelt sich um eine adiabatische Zustandsänderung von Gasen, *ohne dass thermische Energie mit deren Umgebung ausgetauscht wird*. Der Joule-Thomson-Effekt kann entstehen, wenn z. B. das in der Lithosphäre hoch komprimiert vorhandene Erdgas beim Passieren von engen Spalten entspannt. Gleichzeitig nimmt infolge der Druckverminderung das Gasvolumen auf der Ausströmseite (in der Atmosphäre) zu, da sich der mittlere Abstand der Teilchen erhöht, und am Austrittsspalt tritt eine starke Abkühlung bzw. Vereisung auf.

Großtechnische Anwendung findet der Joule-Thomson-Effekt bei der Gasverflüssigung. Wird zum Beispiel hochkomprimiertes Erdgas am Zielort einer Erdgas-Fernleitung auf technisch nutzbaren Gasdruck durch Ent-

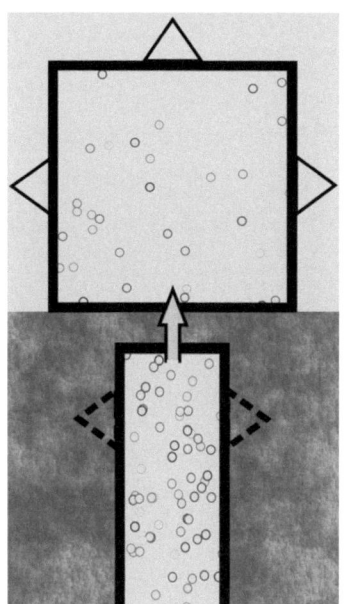

Abb. 11: **JOULE-THOMSON-EFFEKT.** Dieser adiabatische Effekt entsteht bei hochverdichteten Gasen bei deren Entspannung durch enge Spalten und der damit einhergehenden Druckverminderung. Gleichzeitig nimmt das Gasvolumen auf der Ausströmseite zu, und am Austrittsspalt tritt eine starke Abkühlung auf. In der Natur stehen natürliche Erdgasvorkommen in der Lithosphäre ebenfalls unter hohem Gasdruck. Durch tektonische Ereignisse, wie zum Beispiel Erdbeben, können Erdspalten aufreißen, und das hochverdichtete Erdgas kann entweichen, wobei der Joule-Thomson-Effekt auftritt. Da methanreiches Erdgas immer mit Grundwasser vermischt ist, das durch die Entspannung ebenfalls vereist, werden erstmals auch sehr tiefreichende »Eiskeile« physikalisch besser erklärbar. Denkbar ist auch die Bildung extrem tiefer Dauer-Eisblöcke oder Eisschichten, die durch eine Kältefront von der Erdoberfläche her nur schwer vorstellbar sind.

spannung verringert, dann vereisen die Ventile oder Gasschieber und blockieren den Gasaustritt. Durch ständige Aufheizanlagen wird dies verhindert.

Der Joule-Thomson-Effekt könnte deshalb dafür verantwortlich sein, dass Mammuts während des Fressens schockgefroren wurden. Entstand vielleicht sogar der ganze Permafrostboden auf diese Weise? Mammuts grasten vor diesem Ereignis in einer blühenden Landschaft. Das im Zoologischen Museum von St. Petersburg ausgestellte, komplett erhaltene Beresowka-Mammut hatte noch mehrere Kilogramm unverdaute Pflanzenreste im Magen, und man fand Blütenpollen in dem langen Zottelfell. Berechnungen ergaben, dass das Tier bei mindestens minus 65 Grad Celsius schockgefroren und in 30 Minuten durchgefroren sein muss, da sich sonst der Mageninhalt zersetzt hätte.

Um die verschiedenartigsten Tiere in einem riesigen Gebiet schockgefrieren zu lassen, muss viel Methan ausgeströmt sein, und zwar fast schlagartig. »Ermüdete« nur das Bodenmaterial durch zu großen, von unten wirkenden Gasdruck oder sind katastrophische Szenarien ursächlich verantwortlich? »Auf allen geologischen Karten ist deutlich zu sehen, dass auf der Insel Nowaja Semlja und der Halbinsel Taimyr Gesteine ein und desselben Alters lagern. Sie streichen nach Nordosten. Ihre altersmäßigen stratigrafischen Grenzen stimmen jedoch nicht mit dem Streichen überein. Daran ist ein steiler Sprung schuld« (Drujanow, 1984, S. 96).

Der Geologe W. Rjabow rekonstruierte auf paläotektonischer Basis unter Zuhilfenahme von Luftaufnahmen einen alten Flusslauf und zwei Bruchstörungen, die das erdöl- und erdgashaltige Gebiet durchziehen und an denen die Erdkruste verschoben wurde. Der westliche Teil bewegte sich nach Norden, der östliche nach Süden. Derart entstanden zwei gigantische Schollen der Erdkruste, bei deren Rändern es sich um West- und Ostsibirien handelt. »Die nördliche Grenze der metallführenden Zone Transbaikaliens ist im Vergleich mit einer ebensolchen Zone im Gebiet von Irkutsk verschoben. Die Versetzung beträgt ungefähr 500 Kilometer nach Süden. Wenn man Ostsibirien in Fließrichtung des Jenissej um 500 Kilometer nordwärts ›verschiebt‹, so ergeben sich sofort zwei ausgezeichnet zusammenpassende Teile.

Die auf Taimyr anstehenden Gesteinsschichten bilden dann die Fortsetzung der Schichten von Nowaja Semlja, die nun im Streichen übereinstimmen, und die metallführenden Zonen Transbaikaliens und des Irkutsker

Abb. 12: **TREIBHOLZ.** An der Mündung des ostsibirischen Flusses Kolyma wurden große Baumstämme dokumentiert, die hier als Treibholz angeschwemmt wurden. Bäume dieser Größe wachsen heutzutage nicht entlang dieses Flusses. Auch die Küsten der Neusibirischen Inseln waren von einem Durcheinander angeschwemmter Baumreste bedeckt (Transehe, 1925). Die Bäume knickten durch die Druckwelle der Gaseruptionen ab (vergleiche Tunguska-Katastrophe), und die Stämme wurden in Sibirien unter dem Schlamm ausbrechender Schlammvulkane begraben. Solche Baumreste wurden dann im Sommer mit den großen Strömen, die den Schlamm erodieren, nordwärts Richtung Nordpolarmeer transportiert. Dieses fossile Holz dient heute der Errichtung von Behausungen der Einheimischen.

Gebietes vereinigen sich wieder« (ebd., S. 95 f.).

Solche Verschiebungsszenarien *widersprechen* der Plattentektonik-Hypothese, sind aber erklärbar durch eine expandierende Erde. Der sowjetische Geologe Wladimir Abramowitsch Drujanow (1984, S. 69) schreibt: »Schließlich bieten auch die Astronomen ihre Unterstützung an. Mittels Atomuhren stellten sie fest, dass sich einige der in Europa verteilten Zeitstationen nach Osten bewegen und andere nach Westen. Die einfachste Erklärung dafür ist die Expansion der Erde.«

Ausschließlich biologisch?

Methan als Hauptbestandteil von Erdgas kommt in großen Mengen auf der Erde vor. Die Schätzungen über die weltweit allein in Methanhydraten gebundene Kohlenstoffmenge reichen von 500 bis 3000 Milliarden Tonnen (Buffet/Archer, 2004 und Milkov, 2004) oder auch 5000 bis 12 000 Milliarden Tonnen (Suess/Bohrmann, 2002). Es handelt sich um das bis zu Dreitausendfache der in der Atmosphäre enthaltenen Kohlenstoffmenge. Aber: *Von der gleichen Menge* Methan ist noch einmal *unterhalb* der Methanhydrat-Lager auszugehen (Archer, 2005). Auch das in Steinkohlelagern eingeschlossene Grubengas enthält hauptsächlich Methan.

Woher stammt diese unglaublich große Menge von Kohlenwasserstoffen? Gemäß dem konventionell-geophysikalischen Weltbild, das auch der Klimapolitik zugrunde liegt, ist *jedes* Methanmolekül, also alles Methan dieser Erde letztendlich auf biologische Herkunft zurückzuführen (Collett, 1994).

Damit sich Methan bilden kann, müssen große Mengen organisches Material, also Reste toter Pflanzen oder Lebewesen, abgelagert werden – etwa durch Flüsse. Der kohlenstoffreiche Brei am Ozeanboden muss schnell vom Meeresschlamm bedeckt werden, damit die Pflanzenreste nicht durch aerobe Bakterien zu Kohlendioxid abgebaut werden. Stattdessen kommen Fäulnisbakterien zum Zuge, die keinen Sauerstoff benötigen, sodass Methan entstehen kann.

Es wird noch nicht einmal ansatzweise berücksichtigt, dass Methan auf der Erde auch anorganischer (abiogener) Herkunft sein kann, weil die Erde früher ein glühend-heißer Ball gewesen sein soll! Bei derart hohen Temperaturen würden Kohlenwasserstoffe zersetzt, und nachfolgend könnten Methan oder Ethan nur noch durch biologische Prozesse organisch entstehen. Ist diese Ansicht richtig?

Zu beachten ist, dass Methan in der Erdatmosphäre sehr schnell oxidiert, wodurch Wasser und Kohlendioxid entsteht. Die Verweildauer von Methan in der Atmosphäre soll nur neun Jahre betragen (Turner et al., 2017). Demzufolge war über lange Zeiträume der Erdgeschichte hinweg eine schnelle Neubildung von Methan erforderlich. Kann aus dieser Sichtweise das derart hohe Methan-Vorkommen auf der Erde rein biologischer Natur sein? Da ja auch auf dem Mars Methan vorhanden ist, stellt sich die Frage, warum es dort Kohlenwasserstoffe geben kann, ohne jegliche biologische Aktivität? Der Mars soll ja wie die Erde auch einmal ein heißer Planet gewesen sein! Sehen wir deshalb einmal an, wo in unserem Sonnensystem und vielleicht auch darüber hinaus Methan noch vorkommt. Bis vor gar nicht langer Zeit hätte man über diese Fragestellung gelacht. Man war sicher: Methan ist organischer Herkunft und kann deshalb nur auf der Erde vorkommen! Aber das Gegenteil ist der Fall.

Methan im Sonnensystem

Für den Fall, dass Kohlenwasserstoffe wie Methan oder Ethan auf anderen Himmelskörpern häufig vorkommen, müssten wir behaupten, dass dort Kohlenwasserstoffe völlig anders als auf der Erde entstehen, da es dort keine komplexen biologischen Prozesse bzw. keine Fotosynthese gibt. Falls möglicherweise einfaches Leben in Form von Mikroben existiert, sind diese biogenen Prozesse quantitativ zu gering, um derart viel Kohlenwasserstoffe zu produzieren. Demzufolge stammt der große Vorrat an Kohlenwasserstoff auf anderen Himmelskörpern von einem *unbekannten* Ausgangsstoff her, der den im Kohlendioxid enthaltenden Kohlenstoff produzierte. Findet ein solcher anorganischer Prozess auch in der Erde statt?

Für die früheren Forscher war nur organisches Ausgangsmaterial bzw. der biologische Prozess der Fotosynthese denkbar. Man ignorierte, dass kohlige Chondrite (Wilkening, 1978), die eine besondere Form der Steinmeteorite darstellen, bis zu drei Prozent aus Kohlenstoff, der weitgehend *nicht* oxidiert ist, und bis zu 20 Prozent aus Wasser bestehen kann. Diese angeblich *seit der Bildung* des Sonnensystems existierenden kohligen Chondriten bestehen also aus einem Niedertemperatur-Kondensat, das zu *keiner Zeit höheren Temperaturen* ausgesetzt gewesen sein kann! Nur unter dieser Voraussetzung blieb Kohlenstoff in nicht oxidiertem Zustand erhalten.

Die Isotopen-Daten der in Spuren in der Erdkruste eingeschlossenen Edelgase – wie Neon, Argon und Xenon – zeigen eine *große* Übereinstimmung mit solchen, die in kohligen Chondriten nachgewiesen wurden. Wurde Kohlenstoff, wie manche Wissenschaftler meinen, von Meteoriten in die Ur-Erde eingetragen? Oder *entstand*, scheinbar ketzerisch gefragt, die Erde bei niedrigen Temperaturen in Form eines *Niedertemperatur-Kondensats* genauso wie Kometen? Für diesen Fall war der Kohlenstoff auf bzw. in der Erde von Anfang an vorhanden. Aber dann kann die Erde früher nicht heiß oder sogar glühend gewesen sein – sie war immer relativ kalt wie Kometen.

Da man konventionell davon überzeugt ist, dass die angeblich früher heiße Erde allen Kohlenstoff oxidiert hätte, könnten Kohlenwasserstoffe wie Methan auf der Erde nur nachträglich und deshalb biologisch entstanden sein. Deshalb war es eine Überraschung für die Wissenschaftsgemeinde, dass durch die intensive Satelliten-Forschung Methan in den Atmosphären von Mars, Jupiter, Saturn, Uranus und Neptun nachgewiesen wurde; auch auf dem Jupiter-Mond Titan und Pluto.

Im Stickstoffeis auf Plutos Oberfläche soll fast überall Methan gelöst sein, und es existieren große Flächen, die mit reinem Methaneis bedeckt sind, ja es soll sogar regelrechte »Felsbrocken« aus Methan geben. Man vermutet einen durch Methan verursachten Klimawandel, weil die Temperaturen am Boden um 40 Grad niedriger sind als in den unteren Schichten der Pluto-Atmosphäre (Pressemitteilung der *ESO* vom 2. März 2009). Der Zwergplanet Pluto gast aus!

Neuere Messungen von Stephen Tegler (*Northern Arizona University* in Flagstaff) im Jahr 2008 haben gezeigt, dass die Oberfläche des Zwergplaneten Eris, der 100 Kilometer größer ist als Pluto, aus gefrorenem Methan besteht. Man schließt Gaseruptionen aus dem Inneren von Eris nicht aus, der jenseits von Pluto die Sonne in 560 Jahren umrundet.

Auf der Erde betrug der Methan-Anteil in der Atmosphäre im Jahr 2018 angeblich nur 1,869 ppm (Teile von einer Million), hingegen bei Jupiter mit 3000 (± 1000 ppm) und Saturn mit 4500 (± 2000 ppm) ein x-Faches mehr. Aber gemäß einer im Fachmagazin »Science« 2009 veröffentlichten Untersuchung italienischer Geologen strömen aus 238 untersuchten Stellen in der Erdkruste mehr Kohlenwasserstoffe, wie Ethan und Propan, als gedacht. Diese Erkenntnis zeigt, dass in der Bilanz von Klimamodellen riesige Mengen von Kohlenwasserstoffen, also sogenannte Klimagase, nicht berücksichtigt werden. Der Ethan- sowie Propangehalt der Atmosphäre wurde *jeweils* mit 15 anstatt der bisher berücksichtigten 10 Millionen Tonnen ermittelt. Es handelt sich um einen Grundsatzfehler in den Klimamodellen, denn die zusätzlich emittierten Kohlenwasserstoffe werden ja nicht durch Pflanzen, Bakterien und Menschen verursacht, sondern entstammen einer bisher *nicht berücksichtigten* Quelle in der Erde. Zusätzlich ausgasendes Methan wurde gar nicht berücksichtigt, da dieses in der Erdkruste größtenteils bereits oxidiert, wodurch Wasser und (anorganisch) Kohlendioxid entsteht. Dieser Anteil an »Klimagasen« wird von Klimaforschern auch nicht berücksichtigt. Die italienischen Geologen bestätigen: »Unsere Untersuchungen widerlegen die konventionelle Ansicht, dass rein geologische Emissionen von Kohlenwasserstoffen einen nur vernachlässigbaren Einfluss auf die Atmosphäre ausüben sollen« (Etiope/Ciccioli, 2009).

Die Frage nach der Herkunft von Methan auf anderen Himmelskörpern ist von grundsätzlicher Bedeutung, da Kohlenwasserstoffe dort anorganisch (abiogen) entstanden sein müssen, während man deren Herkunft auf der Erde *ausschließlich* auf biologische Prozesse zurückführt. Deshalb gibt es überhaupt keine Erklärung für die Existenz von Methan auf den anderen Planeten. Konkret formuliert: Massenhaft auf anderen Planeten auftretende Kohlenwasserstoffe widersprechen unserem konventionellen Weltbild in einer grundsätzlichen Art und Weise. Deshalb müssen die konventionellen Theorien über die Entstehung unseres Sonnensystems und der Planeten falsch sein. Die Bildung von Methan im Inneren von Planeten ist nicht mit einer Vorstellung eines ehemals »heißen« Himmelskörpers vereinbar! Hohe Temperaturen hätten diese Kohlenstoffe schon frühzeitig zersetzt, und es gibt gemäß konventionellem Weltbild keinen denkbaren chemischen Prozess, der Methan in einer späteren Phase hätte bilden können. Nur auf der Erde soll es einen solchen Ausnahme-Mechanismus geben: die Fotosynthese nämlich, weshalb *sämtliche* Kohlenwasserstoffe als biogen entstanden angesehen werden. Gibt es Kohlenstoff beispielsweise auf und im Mars aber seit dessen Entstehung, dann bestand dieser Planet, wie auch Kometen und Asteroiden, schon immer aus einem Niedertemperatur-Kondensat. Entsprechend sollten bei gleicher Entwicklungsgeschichte auch auf der Erde tiefe und eben nicht sehr hohe Temperaturen geherrscht haben. Bestand unsere Erde schon immer aus einem Niedertemperatur-Kondensat?

Betrachten wir deshalb zuerst, in welcher Form Kohlenstoff vorkommt. In der Atmosphäre der äußeren Planeten ist dieser in *nicht* oxidierter Form als Kohlenwasserstoff enthalten. Die inneren Planeten besitzen im Gegensatz dazu Kohlenstoff überwiegend in *oxidierter* Form. Setzt man eine ursprünglich einheitliche Entstehung der inneren und äußeren Planeten voraus, sollten nach Entstehung der Ur-Planeten *chemische Prozesse* für die Oxidation von Kohlenstoff bei den inneren Planeten verantwortlich sein.

Tatsächlich wird in den Atmosphären der inneren Planeten Sauerstoff *ohne* biologische Prozesse erzeugt, da das Sonnenlicht vorhandene Wassermoleküle in Sauerstoff und Wasserstoff spaltet. Der leichte Wasserstoff entweicht in den Weltraum und lässt den Sauerstoff zurück, der in der Atmosphäre für Oxidationsprozesse zur Verfügung steht. Meistens wird dieser

Prozess nicht erwähnt und die irdische Sauerstoff-Produktion rein auf die Fotosynthese zurückgeführt. Jedoch ist »der Sauerstoffgehalt der heutigen irdischen Atmosphäre abiogenen Ursprungs«, meint der bekannte Astrophysiker Professor Wolfgang Kundt (2005, S. 204).

Vorausgesetzt, die Ur-Erde war früher nicht heiß, dann kann es von Anfang an Wasser, wie heutzutage auch auf Kometen und Asteroiden, gegeben haben. In einer zu einem Stern kollabierenden Gaswolke entdeckten Astronomen derart viel Wasserdampf, dass sich die Ozeane der Erde damit fünf Mal füllen ließen. Forscher der Universität von Rochester zeigen anhand von Aufnahmen zum ersten Mal, wie Wasser in Regionen transportiert wird, in denen sich später womöglich Planeten formen (Watson, 2007). Da die Materie im Universum zu 90 Prozent aus Wasserstoff (ionisiert im Plasma-Zustand) besteht, kann Wasser durchaus reichlich vorkommen, da freier Sauerstoff auch ohne Pflanzen bzw. Fotosynthese in unserem Sonnensystem reichlich existiert.

Auf dem Mars befindet sich das Gestein an der Oberfläche in *oxidiertem* Zustand. Der rote Planet verdankt seine Farbe der Oxidation von Eisen zu Eisenoxid, also der chemischen Verbindung von *Sauerstoff* und Eisen. Der Mars ist deshalb ein *rostiger* Planet. Die im Januar 2004 auf den Mars gelandeten US-Sonden entdeckten zwei Mineralien, die auf der Erde nur unter Mitwirkung von Wasser entstehen: Goethit und Jarosit. In beiden Mineralien ist einerseits Sauerstoff chemisch gebunden, und andererseits gelten beide als Beweis dafür, dass früher Wasser auf der Marsoberfläche vorhanden war.

Heutzutage besteht die Atmosphäre des Mars neben Spuren von Kohlenmonoxid und Wasserdampf nur zu 0,14 Prozent aus Sauerstoff, aber zu 95,3 Prozent aus Kohlendioxid. Die zwei auffälligen Eiskappen an den Polen bestehen zum größten Teil aus gefrorenem Kohlendioxid sowie einem geringen Anteil an Wassereis. Woher kommt das viele Kohlendioxid, das in der Atmosphäre der Erde nur zu 0,038 Volumen-Prozent enthalten ist?

Diese Frage kann beantwortet werden, falls es im Inneren des Mars Methan gibt, das teilweise bis in die oberen geologischen Schichten und von dort in die Atmosphäre diffundiert. Das aus dem Inneren des Mars aufsteigende Methan wird größtenteils bereits in der Mars-Kruste durch Oxidation in Wasser und Kohlendioxid umgewandelt, sobald es mit Sauerstoff in Berührung kommt.

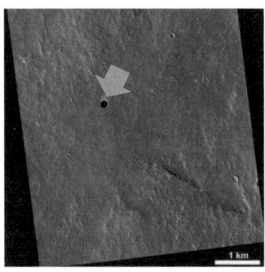
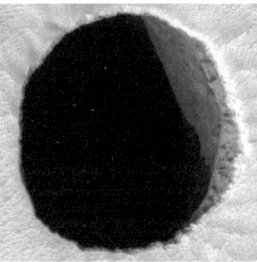
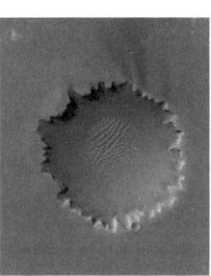

Abb. 13: **SCHLOTE AUF DEM MARS**. Oben: Am 5. Mai 2007 fotografierte die NASA-Marssonde Reconnaissance Orbiter einen Schlot mit einem Durchmesser von knapp 160 Metern und einer Tiefe von mindestens 78 Metern (markiert durch Hinweispfeil im linken bzw. Vergrößerung im mittleren Bild). Es soll sich um einen »Lavakanal« handeln, obwohl keine Lava vorhanden ist. Trat hier genauso Gas aus wie ehemals beim Victoria-Krater (Bild unten), der einen Einschlagkrater (s. Abb. 15, S. 39) darstellen soll, trotz der flachen Ränder und des Fehlens eines Zentralbergs sowie von Auswurfmaterial? Handelt es sich beim Victoria-Krater um einen kleinen Schlammvulkan, dessen Schlot geschlossen wurde durch feinkörnige Sedimente, die in Schlamm verwandelt wurden durch Zutritt von Wasser, das mit der Oxidation von Methan entstand? In der Kratermitte sind im Bild rechts oben noch Sanddünen zu sehen. Außerhalb des Kraters befinden sich dunkle »Rußfahnen«, die von der unvollständigen Verbrennung des Gases beim Ausbruch herrühren sollten. Fotos © NASA.

Dieser wird also teils mit der Oxidation von Kohlenwasserstoffen verbraucht und ist zum anderen Teil chemisch in den Gesteinen *gebunden*: Deshalb der geringe Sauerstoffanteil in der Mars-Atmosphäre. Werden kohlenstoffhaltige Gase aus dem Inneren des Planeten ausgetrieben, vermehrt sich das Kohlendioxid und *sammelt sich in der Atmosphäre an*.

Auf diese Art, also durch die Oxidierung des Methans auf dem Mars, lassen sich einerseits das rätselhafte partielle Wasservorkommen und andererseits der extrem hohe Gehalt von Kohlendioxid in der Atmosphäre erklären. Deshalb sollte Wasser in flüssiger Form unter der Oberfläche zu finden sein und auch durch Bruchzonen im Marsboden austreten, da Methan aufgrund unterschiedlicher geologischer Strukturen nicht gleichmäßig verteilt vorkommt, sondern ein Muster erhöhter Konzentrationen bilden sollte. Wasser, Methan oder Kohlendioxid können sogar, ähnlich wie ein Geysir, in die Marsatmosphäre emporschießen.

Tatsächlich hat man spezifische, beipielsweise ringförmige Muster entdeckt, und es gibt Hinweise auf riesige Mars-Geysire, die Fontänen aus kohlensäurehaltigem Wasser mehrere Kilometer weit in die Höhe schossen. Das schlammige Wasser, so vermuten die Forscher, regnete erst in einer Entfernung von mehreren Kilometern von der Austrittsstelle wieder auf den Boden. Allerdings fällt nicht das gesamte Wasser in flüssiger Form zurück auf den Boden:

Vor allem in den Randbereichen der Fontänen müsste es bei einer Temperatur von minus 70 Grad Celsius recht schnell gefroren und als Hagel auf die Oberfläche gefallen sein. Möglicherweise wurden ein bis zwei Monate lang konstante Wassermengen ausgestoßen (Shiga, 2008); ein Vorgang, der auch die Mammuts in Sibirien im Bereich der Methanlager im Permafrost hätte schockgefrieren lassen können.

Im Prinzip haben wir es bei den Geysiren mit dem Phänomen der so rätselhaften irdischen Schlammvulkane zu tun. Die mehrere hundert Kilometer langen Gräben und Spalten *Cerberus Fossae* und *Mangala Fossa* auf dem Mars sind Ausgangspunkte für breite Kanäle, von denen Forscher bereits seit längerem vermuten, dass sie einmal riesige Wassermassen transportiert haben. Es sollten auch Löcher im Marsboden zu finden sein, aus denen Gas austritt, ähnlich wie am

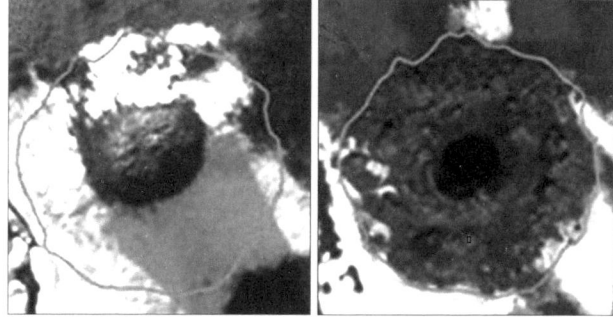

Abb. 14: **KRATER AUF DER RUSSISCHEN HALBINSEL JAMAL.** Oben: An der Stelle des früheren Kraters befand sich 2016 bereits ein See. Mitte links: Hügel an der Stelle des späteren Methanausstoßes im Jahr 2014. Mitte rechts: Trichter nach Methanexplosion. Unten: Am Rande des Trichters zeugen Geröllhaufen davon, dass dieses Gestein aus dem Erdinneren ausgestoßen wurde.

Grund irdischer Ozeane. Solche röhrenförmigen Öffnungen hat man inzwischen fotografiert (siehe Abb. 13).

Die wiederholten Entdeckungen von Methan auf dem Mars werden jedoch offiziell kaum diskutiert. Angeblich will man sich nicht in Spekulationen über aktiven Vulkanismus einerseits oder andererseits sogar über Leben auf dem Mars verfangen, heißt es. Das eigentliche Problem besteht aber darin, dass die Herkunft von Methan, oder allgemeiner der Kohlenwasserstoffe, *ohne biologischen Ursprung nicht erklärt werden kann*, weshalb die NASA eine Nachrichtensperre über Methanfunde auf dem Mars verhängte. Deshalb sucht man Leben auf dem Mars und vermutet Mikroorganismen unter der Marsoberfläche, die es dort geben sollte. Aber diese können kaum die drei bis zum Jahr 2009 entdeckten Methanwolken produziert haben, deren größte Quelle mindestens 36 Kilogramm Methan pro Minute ausgestoßen haben soll (Mumma et al., 2009). Danach entdeckte man sogar überaus heftige Ausbrüche von Methan. Der Mars stößt offenkundig hin und wieder Methanwolken aus, die sich recht schnell verflüchtigen. Der Marsroboter *Curiosity* hatte von 2013 bis 2015 mehrere solcher Ausbrüche im Bereich des Gale-Kraters nachgewiesen. Die Konzentration der einfachsten organischen Verbindung schnellte kurzzeitig bis auf das Zehnfache in die Höhe. Die ausgewerteten Daten zeigen, dass Methan episodenweise produziert wird, von einer Quelle, die bisher unbekannt war (Webster et al., 2015). Deshalb kann Methan ebenso gut geochemischer, also nicht-biologischer Natur sein, schreiben NASA-Wissenschaftler (Mumma et al., 2009).

Auf dem Mars wurden inzwischen auch Formationen aufgespürt, die Schlammvulkanen auf der Erde ähneln, die Methan emittieren sollen. Eine ebenso folgerichtige wie mögliche Erklärung ist, dass sich viele kleine oder auch einzelne größere Methan-Ausgasungen – wie auf der Erde – überall auf dem Mars zeitlich und örtlich differenziert ereignen und nur dann Methan detektiert wird, falls sich zufällig in der Nähe ein Messgerät in einem Rover oder einer Sonde befindet, da eine speichernde Atmosphäre wie auf der Erde fehlt. Das in die Marsatmosphäre emittierte Methan verteilt sich dann rasch und ist nicht mehr nachweisbar, weil bestimmte Grenzwerte für die Nachweisbarkeit durch Spektrometer unterschritten werden.

Als vor ungefähr 100 Jahren die Theorie vom biologischen Ursprung der Kohlenwasserstoffe entwickelt wurde, war das angeblich gesicherte Grundlagenwissen sehr abweichend von dem heutigen. Zu damaliger Zeit war man noch überzeugt, dass die Erde sich als glutflüssige Erdkugel geformt hatte und nachfolgend sehr langsam abgekühlt war, um in der Folge eine feste Kruste zu bilden. Da Methan und andere Kohlenwasserstoffe hohe Temperaturen, wie diese heute in 10 oder 15 Kilometern Tiefe herrschen sollen, angeblich nicht überlebt hätten, war ein Ursprung der Kohlenwasserstoffe im Erdmantel und ein sich zwangsläufig einstellender Ausgasungsprozess temperaturbedingt schlichtweg undenkbar. Jedoch sind höhere Temperaturen in den Tiefen der Erde von hohem Druck begleitet, und man hat erst vor kurzer Zeit erkannt, dass durch Druck Kohlenwasserstoffmoleküle weitgehend stabilisiert werden. Für deren Ursprungsort wird durchaus eine Tiefe von 150 bis 300 Kilometer für möglich gehalten (Chekaliuk, 1976). Möglicherweise liegt der unterste Bereich, in dem Methan auf der Erde vorkommen kann, in einer Tiefe von ungefähr 600 Kilometern (Gold, 1999, S. 50).

Methan in dieser Tiefe widerspricht dem aktuellen Weltbild. Um die Existenz von Kohlenwasserstoffen im oberen Erdmantel *bestreiten zu können*, wurden Berechnungen angestellt. Diese setzen jedoch ein *chemisches Gleichgewicht* voraus und sind nur unter dieser Voraussetzung richtig. Die Berechnungen können aber nicht aussagekräftig sein, weil man konventionell nur von *kleinen* Mengen Methan sowie anderen Kohlenwasserstoffen ausgeht. Betrachtet man allein die unvorstellbaren Mengen von Erdöl, Erdgas und Methanhydrat auf der Erde, dann sind *sehr große und eben nicht kleine Mengen* von aus der Tiefe aufsteigenden Gasen (wie Methan) zu berücksichtigen.

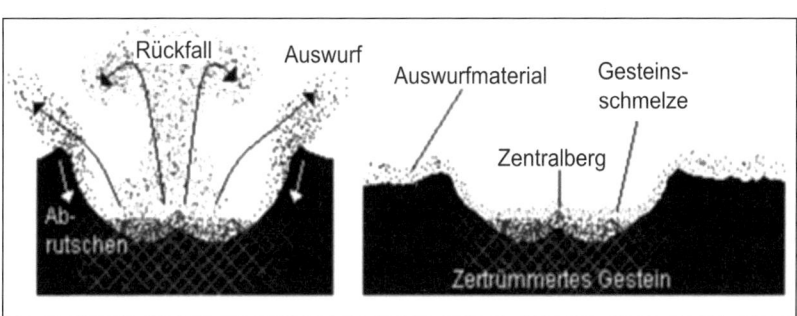

Abb. 15: **EINSCHLAGKRATER.** Diese weisen im Gegensatz zum Victoria-Krater einen erhöhten Rand, einen Zentralberg und Auswurfmaterial rings um den Krater auf. Vergleiche hierzu Abb. 14.

Daraus folgt zwangsläufig, dass entgegen der konventionellen Ansicht *kein* chemisches Gleichgewicht im Erdmantel und in der Erdkruste vorhanden sein kann. Deshalb können Kohlenwasserstoffe auch rechnerisch in großen Mengen erhalten bleiben (Arculus/Delano, 1980).

Nur Gase in großer Menge können eine Ausgasung durch Massivgestein bewirken und mechanische Prozesse in Gang setzen, die Brüche in den Gesteinsschichten herbeiführen. *Kleine* Mengen von Gas im Sinne eines chemischen Gleichgewichts sind hierzu nicht in der Lage. Dagegen kommen große Gasmengen in solchen Bruchgefügen der Tiefe nur mit einem verhältnismäßig *begrenzten* Umfang von Gesteinsoberflächen in Berührung. Der durch Diffusion verfügbare Sauerstoff ist *begrenzt*, sodass auch nur eine *begrenzte* Menge von aufsteigenden Kohlenwasserstoffen (wie Methan oder Ethan) oxidiert werden kann. *Sobald der Sauerstoff aufgebraucht ist,* können weitere von unten nachströmende Kohlenwasserstoffe durch die Brüche nach oben geleitet werden, *ohne dass diese oxidieren* – es ist ja aller Sauerstoff in diesem Bereich bereits verbraucht! Die Oxidation findet dann erst einen Bereich höher statt, dort wo noch Sauerstoff vorhanden ist.

Das chemische Ungleichgewicht einer großen Menge von Methan mit relativ wenig Gestein ist nicht mit dem Fall des chemischen Gleichgewichts von einer großen Gesteinsmenge mit wenig Methan vergleichbar: Falls Methan und andere Kohlenwasserstoffe weitgehend im herrschenden Temperatur-/Druckbereich in Tiefen von mehreren hundert Kilometern überstehen und falls Kohlenwasserstoff-Flüssigkeiten, die reichlich genug vorhanden sind, um ihren Weg nach oben durch massives Gestein zu erzwingen, diesen Aufstieg unzerstört bewältigen, muss ein tief liegender Ursprung von Methan und Erdöl als eine ernsthafte Möglichkeit in Betracht gezogen werden (Gold, 1987, S. 15 ff.).

Diese Vorstellung wird aber durch die Theorie der *heißen* Erde regelrecht dogmatisch blockiert. Betrachten wir deshalb den *kalten* Mars, um diese Denkblockade zu durchbrechen. Lassen wir jetzt Methan, entsprechend dem skizzierten Szenario, aus den Tiefen unseres Schwesterplaneten aufsteigen, dann geht zwangsläufig Kohlendioxid aus der Oxidation eines Teils dieses Kohlenwasserstoffs hervor und stellt nicht das unmittelbare (primäre) Produkt eines bisher *unbekannten* Ausgangsmaterials dar, dessen Existenz erst *noch gesucht werden müsste*. Mit anderen Worten, es gibt im etablierten Weltbild kein Ausgangsmaterial für das Kohlendioxid – aber auch nicht für die Kohlenwasserstoffe – auf dem Mars.

Die Marsgesteine weisen an der Oberfläche eine blasenartige Struktur auf. Sie ähneln in ihrer Zusammensetzung irdischen Basalten. Teilweises Schmelzen des Gesteins neigt dazu, stärker oxidiertes Gestein an die Oberfläche zu bringen, weil es weniger dicht, also leichter ist und deshalb wie das Salz in der irdischen Erdkruste aufsteigt (»Irrtümer der Erdgeschichte«, 2001, S. 264 ff.). Man kennt ja das alte Phänomen, dass ständig neue Steine aus Ackerflächen »herauswachsen«. Deshalb weisen die inneren Planeten die bekannt stark oxidierten Bedingungen auf, die wir jetzt vorfinden, und es sind keine Rückschlüsse darauf möglich, wie groß der Vorrat an Kohlenstoff war, da dieser sich mit dem vorhandenen Sauerstoff chemisch zu Kohlenstoffdioxid (Kohlendioxid) verbunden hätte. Die biologischen Prozesse auf der Erde verstärken diesen Prozess nur, *begründen ihn aber nicht*. Ein unser konventionelles Weltbild stürzender Gedanke!

Die Polkappen des Mars zeigen *spiralförmige Einschnitte*, deren Entstehung bislang nicht geklärt ist. Am Südpol des Mars findet jedes Frühjahr ein beeindruckendes Schauspiel statt: Wenn die Eisschichten der Polkappe nach dem kalten Winter erwärmt werden, beginnen dort überall Geysire aus Kohlendioxid und dunklem, sandartigem Staub in die Höhe zu schießen. Dieser Staub fällt anschließend zu Boden und bildet dort auffällige dunkle Flecken und fächerförmige Strukturen. Das schließen Astronomen um Philip Christensen aus neuen Daten der Sonde *Mars Odyssey*. Aber: Ist vielleicht ein anderer Prozess als Erwärmung der Oberfläche durch Sonnenstrahlung maßgebend? Handelt es sich um Methan- und/oder Kohlendioxid-Geysire?

Falls es Kohlendioxid (und Methan?) ausstoßende Geysire auf dem Mars gibt, dann bedeutet dies, dass das Material, das die oberen Gesteinsschichten des Mars bildet, nicht gut durchmischt ist und eine große Menge flüchtiger Substanzen enthält. In einem durchmischten Mars-Material mit einem *kleinen* Anteil von flüchtigen Stoffen würden diese für immer eingesperrt bleiben und könnten nicht an die Oberfläche kommen. Es muss ein ständiger Zuwachs von flüchtigen Stoffen erfolgen, damit die Geysire Nachschub erhalten. Die Menge dieser Stoffe muss groß genug sein, damit die Gesteinsschichten aufgebrochen werden und Gase durch den Überdruck fontänenartig aus der Marskruste emporschießen können. *Kleine Mengen von Gasen sind hierzu nicht in der Lage* (Abb. 14).

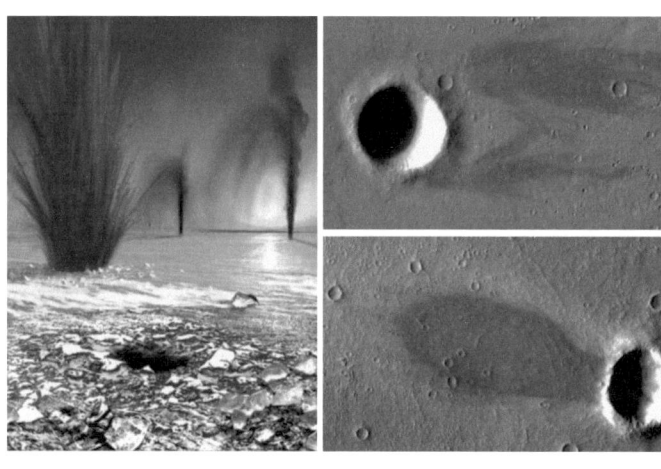

Abb. 16: **MARS-AUSGASUNG.** Bild links: Künstlerische Darstellung der von der NASA für möglich gehaltenen (Kohlendioxid-)Gasfontänen am Südpol des Mars (Bild: Ron Miller, Arizona State University). Bilder rechts: Mehrere durch die Raumsonde Mars Odyssey gemachte Aufnahmen zeigen kreisrunde Krater, bei denen Gasausbrüche eine abgestufte Verfärbung der Mars-Oberfläche erzeugten. Um Einschlagkrater (Abb. 15, S. 39) kann es sich kaum handeln, da kein Auswurfmaterial vorhanden ist. Auch im Bereich der dunklen »Fahnen« sind kleinere runde Ausgasungskrater (Pockmarks) zu erkennen.

War der Mars früher nicht kalt, sondern angeblich wie die Erde heiß, so wäre ein *Hochtemperatur*-Kondensat das *einzige* (!) Ausgangsmaterial gewesen. Dieses müsste zwangsläufig aber *viel weniger* flüchtige Substanzen enthalten haben, als heutzutage nachgewiesen werden können, wobei eine nachträgliche Bildung gemäß konventioneller Theorie ausgeschlossen wäre: Gase ausstoßende Geysire wären undenkbar.

Falls die inneren Planeten früher aus einem Niedertemperatur- und eben nicht Hochtemperatur-Kondensat bestanden, dann bedingt ein späterer Ausgasungsprozess eine sehr *ungleichmäßige* Verteilung. Nur wenn Flüssigkeiten und/oder Gase hochkonzentriert und einen entsprechend hohen Druck aufzubauen in der Lage waren, konnte das Gestein gesprengt werden. Gas ausstoßende Geysire oder auch Quellen mit austretendem fließendem Wasser sind also nur denkbar, falls Bruchzonen geschaffen wurden. Zu unterstreichen ist auch, dass verhältnismäßig niedrige und *auf keinen Fall* sehr hohe Temperaturen erforderlich sind, da ansonsten Methan zersetzt worden wäre, das ja wiederum den Ausgangsstoff für die Bildung von Kohlendioxid und Wasser bildet. Diese Feststellung muss unterstrichen werden: Obwohl harmlos klingend, bildet diese Schlussfolgerung geistigen Sprengstoff für das konventionelle Weltbild.

Wie Tobias Owen (Universität von Hawaii) und seine Kollegen auf der Herbsttagung 2006 der *American Geophysical Union* (AGU) berichteten, scheinen einige der größeren Objekte im außerhalb der Neptunbahn vermuteten Kuiper-Gürtel eine »Methanfabrik« zu besitzen (vgl. Abb. 35,

S. 104). Methan kann in allen drei Aggregatzuständen – fest, flüssig oder gasförmig – auftreten, wie anscheinend auf dem Saturnmond Titan. Dort gibt es Vulkane, Wolken, Regen und eisbedeckte Seen, die kein Wasser, sondern flüssige Kohlenwasserstoffe wie Methan und Ethan enthalten (NASA, ESA, 27.04.2016 – NPO). Die Ergebnisse aus den Vorbeiflügen der Raumsonde *Cassini* zeigen, dass auf Titan riesige Mengen von Kohlenwasserstoffen vorkommen. Also in ungleich größerem Umfang als auf der wesentlich größeren Erde. Trotzdem gibt es auf Titan keinen Treibhauseffekt.

Aufnahmen durch die Raumsonde *Cassini* am 25. Oktober 2004 erbrachten Hinweise auf eine kreisförmige Struktur von etwa 30 Kilometern Durchmesser, möglicherweise ein vulkanischer Einsturzkrater, eine sogenannte Caldera. Dieser Vulkan würde allerdings keine glühende Lava fördern, sondern ein Gemisch aus Wasser und Methan. Dadurch wird ständig frisches Methan nachgeliefert. Laut Erkenntnissen der *Huygens*-Sonde wird ständig, zumindest aber periodisch, Methan in großer Menge auf Titan produziert; nachzulesen in den ESA-Nachrichten vom 30. November 2005. Dieser Prozess muss über lange Zeiträume andauern, da ansonsten Methan durch die UV-Strahlung der Sonne innerhalb weniger Jahre zersetzt wird. Wie entsteht nach Meinung der Forscher das Methan? Natürlich *anorganisch* (abiogen): Molekulare Verbindungen sollen aus dem Inneren von Titan ausgasen und sich in molekularen Stickstoff umwandeln, wobei Kohlenmonoxid mit Wasserstoff zu Kohlenwasserstoffen reduziert wird. Methan entsteht also demzufolge ohne biologische Prozesse im Inneren von Titan. Läuft dieser Prozess auch auf der Erde ab? Dann müsste es in der Tiefe der Erde Stickstoff, Kohlenmonoxid und Wasserstoff geben.

Anorganische Herkunft

Die Theorie, dass Kohlenwasserstoffe auf der Erde anorganisch entstehen, ist nicht neu, sondern wurde bereits im 19. Jahrhundert in Russland entwickelt. Es folgten bis zum heutigen Tag viele Überlegungen (u. a. Kropotkin, 1985) zum anorganischen Ursprung der Kohlenwasserstoffe. Der inzwischen verstorbene, zu den bedeutendsten Wissenschaftlern zählende österreichische Professor Thomas Gold diskutierte die Entstehung von karbonischem Material durch einen Strom von Kohlenwasserstoff-Flüssigkeiten aus tiefen Quellen der Erde und war überzeugt vom abiogenen Ursprung von Öl und Gas, wie er es nannte (Gold, 1999).

Durch von der schwedischen Regierung finanzierte Bohrungen im Jahr 1983 konnte Thomas Gold nachweisen, dass Methan, Teer und Öle durch den schwedischen Granitsockel hindurch aufwärts wandern (migrieren). Dieser kann als Quellgebiet für Kohlenwasserstoffe jedoch nicht infrage kommen. Da es auch keine mächtigen Sedimente gibt, muss der Ursprung von Methan (Erdgas) und Erdöl folglich in noch größerer Tiefe unterhalb des Granitsockels liegen.

Bei Tiefbohrungen auf der Halbinsel Kola, im hohen Norden des europäischen Teils von Russland, stieß man im Felsgestein – mit ähnlich kristalliner Struktur wie in Schweden – in 11 000 Meter Tiefe auf Erdöl. Jedoch dürften Kohlenwasserstoffe, falls diese biologischer Herkunft sind, hauptsächlich nur in fossilhaltigen Sedimenten vorkommen, aber nicht in granitischen Sockeln, in deren Klüfte und Risse Kohlenwasserstoffe höchstens in geringen Mengen einsickern können.

Methan scheint tief unten in der Erdkruste zu existieren und sollte deshalb auch dort unten entstehen. Aber auch Kohlendioxid stammt aus der Tiefe der Erde, wie uns Vulkanausbrüche plastisch vor Augen führen. »Wenn Kohlendioxid und auch Methan in diesen tiefen Schichten existieren – und dafür gibt es Hinweise –, dann kann es sehr wohl sein, dass das Kohlendioxid aus der Oxidation eines Teils des Methans hervorgoing und nicht das Primärprodukt von einem Ausgangsmaterial ist« (Gold, 1987, S. 36).

Mit anderen Worten, falls Methan und andere Kohlenwasserstoffe von unten nach oben aufwärts migrieren, können diese zur Hauptquelle der Ablagerung von *nicht* oxidiertem Kohlenstoff im Boden werden. In diesem Fall ist Methan der Ausgangsstoff für Kohlendioxid, wobei gleichzeitig auch Wasser entsteht.

Im Gegensatz dazu geht die wissenschaftliche Lehrmeinung davon aus, dass es einen Kohlenstoff-Kreislauf gibt und alle Kohlenwasserstoffe dieser Erde von Pflanzenmaterial herstammen, erzeugt durch Fotosynthese. Legt man diese Überlegung zugrunde, dann stellt sich die Frage, woher die gewaltigen Mengen von Kohlenstoff in Form von Kohle oder Erdöl stammen? Die Erde soll früher eine mächtige Atmosphäre aus Kohlendioxid besessen haben, das mit Kalziumoxid reagierte und derart Karbonat-Gestein bildete, das massenhaft vorkommt. Dieses soll an Nahtstellen der Erdkruste in die Tiefe abgesenkt worden sein, in der die Karbonat-Moleküle aufgrund der dort herrschenden Hitze zerfallen. Kohlendioxid wird wieder freigesetzt und durch Vulkanausbrüche in die Atmosphäre gespien. So soll ein Kreislauf entstehen, der sich stetig zwischen Ablagerung als Karbonate und Freisetzung von Kohlendioxid vollzieht. Falls man so den gigantischen Kohlenstoffreichtum der oberen Erdkruste erklären will, muss die ursprüngliche Kohlendioxidatmosphäre äußerst gewaltig gewesen sein.

Aus der Menge der uns bekannten Karbonate kann man errechnen, dass die Masse an Kohlendioxid in der Uratmosphäre etwa acht Mal größer gewesen sein muss als die Gesamtmasse der gegenwärtigen Venus-Atmosphäre. Im Gegensatz dazu gibt es genügend Hinweise, dass die Erde früher nicht derart viel gasförmiges Material besessen hat. Einer davon ist der geringe Anteil von Edelgasen in der heutigen Atmosphäre.

Die Theorie einer anfangs dichten Kohlendioxidatmosphäre versagt auch hinsichtlich des zeitlichen Ablaufs der geologischen Entstehung von Karbonat-Gesteinen. Wäre die biogene Theorie richtig, müsste die Geschwindigkeit der Bildung von Karbonat-Gestein sich mit Abnahme des Kohlendioxidgehalts der Atmosphäre im Laufe der Erdgeschichte verringert haben. Jedoch ist genau das Gegenteil nachgewiesen worden. Die Sedimente lassen in den letzten zwei Milliarden Jahren nach geologischer Zeitrechnung, also dem Zeitraum, über den die Sedimentablagerung überhaupt Aufschluss gibt, eine insgesamt stetige Zu- und eben nicht Abnahme von oxidiertem wie auch nicht oxidiertem Kohlenstoff erkennen. In diesen 2000 Millionen Jahren hätte der Kohlenstoffvorrat in den oberflächennahen Beständen etwa 740-mal erneuert werden müssen, denn es benötigt ungefähr knapp drei Millionen Jahre, um den in der Atmosphäre und in den Ozeanen vorhandenen Bestand an Kohlendioxid insgesamt zu ersetzen (Gold, 1999, S. 63).

Mit anderen Worten, Kohlendioxid muss ständig neu gebildet werden, und für diesen Prozess kann das Ausgasen flüchtiger Bestandteile aus dem Erdinneren verantwortlich sein. Fassen wir deshalb diesen Prozess noch einmal kurz zusammen. Die aufwärts strömenden Kohlenstoff-Fluida, insbesondere Methan, werden auf dem Weg nach oben oxidiert. Das Verhältnis Methan zu Kohlendioxid hängt von dem im Felsgestein verfügbaren Sauerstoff sowie den herrschenden Druck- und Temperaturverhältnissen ab. Jenes Methan, welches nach oben gelangt, ohne vorher zu oxidieren, wird in der sauerstoffreichen Atmosphäre bei einer Verweildauer von angeblich nur neun Jahren auf null reduziert (Turner et al., 2017).

Das aus Vulkanaktivität stammende Kohlendioxid und auch Methan ist hinsichtlich der ausgeworfenen Menge gut untersucht worden. Aber die großen Mengen Methan, die aus nichtvulkanischen Böden aufsteigen, sind noch nicht einmal zur Kenntnis genommen, geschweige denn gemessen worden. So setzen Klima-Aktivisten entsprechend *ausschließlich* Methan in ihren Computer-Simulationen in Rechnung, das *biologisch* erzeugt wird, zum Beispiel von Rindern und Reisfeldern. Man ist überzeugt, dass 70 Prozent der Freisetzung von Methan durch Menschen verursacht wird. Für einen angeblichen Anstieg des Methangehalts in der Atmosphäre auf ungefähr das Doppelte seit dem 19. Jahrhundert soll also landwirtschaftlicher Anbau und Massentierhaltung verantwortlich sein, während für einen verschwindend geringen Teil die Vulkane als Methanquelle angesehen werden. Tatsächlich gibt es aber, wie zuvor beschrieben, nicht berücksichtigte riesige Vorkommen von Methan.

Methan-Vulkane und Treibhausklima

Vor 60 Millionen Jahren (nach geologischer Zeitskala) lebten auf dem arktischen Spitzbergen-Archipel amphibisch lebende Pantodonten, 400 Kilogramm schwere Vierfüßer. Dieses wärmeliebende urzeitliche Säugetier sah wie eine Mischung aus Nilpferd und Tapir aus. Vor 55 Millionen Jahren wurde es dann im Nordpolarmeer sogar noch heißer. Zu dieser Zeit lebten Krokodile und Schildkröten in der »Arktis«. Die Durchschnittstemperaturen stiegen auf zwanzig Grad Celsius. Es »herrschten auf der Erde extreme Treibhausbedingungen – auch in der Arktis, wie wir jetzt wissen«, sagte Expeditionsleiter Jan Backmann von der *Universität Stockholm* laut einer dpa-Meldung vom 6. September 2004. »Auf der Basis unserer vorläufigen Befunde müssen wir die frühe Geschichte des Arktischen Beckens ganz neu bewerten. Offensichtlich war das Klima damals wechselhafter, als wir bislang angenommen haben.«

In den Gesteinen dieser Zeit finden Geologen heute Belege für einen schnellen Anstieg des Methangehaltes der Luft. Danach schwammen subtropische Meeresalgen im rund 20 Grad Celsius warmen Nordpolarmeer. Diese ersten Ergebnisse der internationalen Nordpolexpedition ACEX (Arctic Coring Expedition) präsentierte das *Forschungszentrum Ozeanränder* an der *Universität Bremen* im Jahr 2004. Nach Ansicht der Forscher kam es damals zu einem Hitzeschock in der Nordpolarregion, der ein Massensterben von Meeresbewohnern auslöste. Aufgrund der weltweit hohen Temperaturen war damals die Arktis natürlich eisfrei, ebenso wie Grönland und die Antarktis – wie bereits in meinem Buch »Kolumbus kam als Letzter« (Zillmer, 2012) ausführlich dargelegt. In der Geschichte der Erde hat es mehrfach schnelle Klimawechsel gegeben, ohne Einfluss des Menschen.

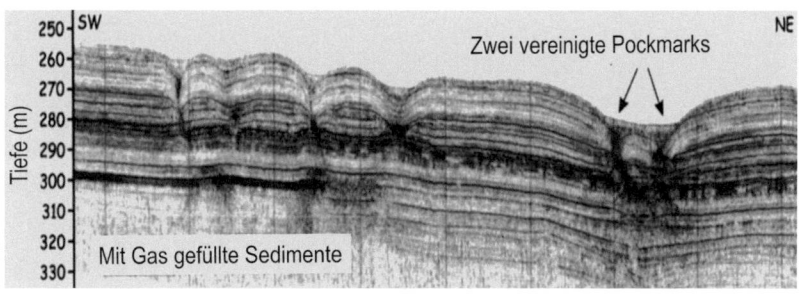

Abb. 17: **PERIODISCH.** Pockennarben (Pockmarks) über mit Gas gefüllten Sedimenten zeugen von sich in bestimmten Zeitabständen wiederholenden Gasausbrüchen. Dabei bildete sich aus zwei kleineren Pockmarks ein großer Krater aus (Cifci et al., 2003). In diesem Schnitt aus dem Schwarzen Meer sind sehr gut die Strömungskanäle der Gase durch die Sedimente zu erkennen.

Unter der Nordsee lagern Unmengen von Methangas. Es wurden Löcher im Nordseeboden entdeckt, die Meteoriten-Krater darstellen sollen. Es sollte sich in der Mehrzahl jedoch um Löcher im Boden handeln, aus denen Methangas austritt. Aufgrund der geringen Wassertiefe der Nordsee kann sich hier *kein* Methanhydrat bilden. Aus tieferen Schichten aufwärts migrierendes Methangas kann aber bereits in der Erdkruste bzw. im Meeresboden durch Sauerstoff in Kohlendioxid und Wasser umgewandelt (oxidiert) werden.

Aber falls mehr Methan aufwärts migriert als oxidiert werden kann, erfolgt diese Reaktion im Wasser oder, sobald im Meer ein Sättigungsgrad erreicht wird, erst in der Atmosphäre. Ob und wie viel Methan direkt als Gas oder indirekt als Kohlendioxid in der gesamten Nordseefreigesetzt wird, ist nicht Gegenstand offizieller Messungen oder Betrachtungen und deshalb unbekannt.

Die massenhafte Freisetzung von Erdgas (Methan) erfolgt demzufolge unmittelbar durch nicht in der Fachliteratur zu findende »Methan-Vulkane«. Diese können künstlich zum Ausbruch gebracht werden, indem man zum Beispiel in eine unter Überdruck stehende Gasblase bohrt. So etwas geschah, als die Ölfirma *Mobil North Sea Limited* im Jahr 1990 in der Nordsee nach Öl bohrte. Der Druck der Methanblase entlud sich am 21. November 1990 spontan durch eine Explosion, was zur Zerstörung der Bohrinsel führte. Die Bohraktivitäten wurden nach diesem Unfall eingestellt (vgl. Foto 12 im Bildteil).

Seit dieser Zeit entweichen riesige Mengen von Gas unterschiedlicher Stärke aus zehn Öffnungen im Nordseeboden, die nach einer Absenkung des Nordseebodens aufbrachen. Forscher des IFM-Geomar (Leibniz-Institut für Meereswissenschaften an der *Universität Kiel*) besuchten das Bohrloch erstmals 2007 mit einem Forschungs-U-Boot. Zu dieser Zeit entwichen circa 1000 Liter Gas pro Sekunde aus dem Bohrloch. »Das Einzigartige ist«, so der Expeditionsleiter Olaf Pfannkuche, »dass hier freies Kohlendioxid und Methan bis nach oben an die Wasseroberfläche gelangen« (»Welt Online«, 14. Mai 2007), und zwar etwa ein Drittel der gesamten Gasmenge.

Sicherlich wurde bei der Explosion 1990 und kurz danach eine wesentlich größere Gasmenge in die Atmosphäre geblasen. Gehen wir aber von den derzeit entweichenden 1000 Litern pro Sekunde oder vielmehr von 333 Litern aus, die ja auf jeden Fall in die Erdatmosphäre ausgasen sollen, und setzen diese Emissionsrate als konstant für die Zeit seit 1990 an. Dann wären bis Ende März 2009 rein rechnerisch etwa 193 Milliarden Liter Methan in die Atmosphäre verpufft, zuzüglich des Kohlendioxids, das beim Aufstieg des Gases durch die Erdkruste und im Wasser der Nordsee entsteht. Hinzu kommt die durch Oxidation des Methans entstandene Wassermenge.

Es ist derzeit, über zehn Jahre nach der Untersuchung 2009 am Bohrloch, nicht bekannt, ob immer noch Methan aus den Löchern im Nordseeboden austritt. Es gibt auch andere, teils wesentlich größere Löcher im Nordseeboden aus denen Gas austritt. Die riesigen Gaslagerstätten, allein unter der Nordsee, bergen das Risiko einer größeren Methanexplosion. Vielleicht ist hierin der Grund zu suchen, dass Island in jüngster Zeit drastisch abgesunken ist. Professor Johannes W. Walther schreibt 1908 in seinem Buch »Geschichte der Erde und des Lebens«:

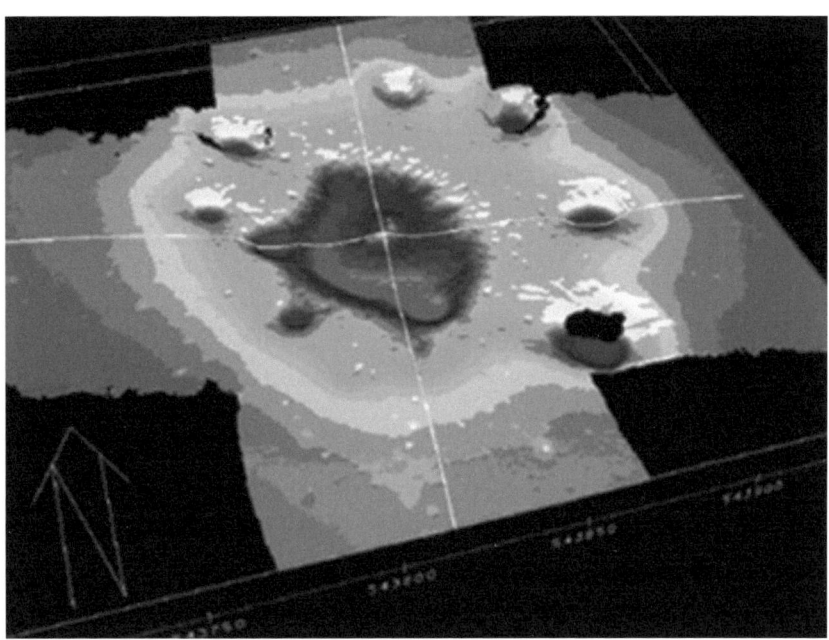

Abb. 18: **ÜBERDRUCK.** Eine große Pockennarbe in der Nähe der größten jemals gebauten Bohrinsel Troll im Europäischen Nordmeer. Dieser große Krater ist von mehreren kleineren umgeben. Diese entstanden durch den sich aufbauenden Überdruck, weil der große Trichter nach dem Gasausbruch durch eine Karbonat-Schicht versiegelt wurde.

»Gegenwärtig ist, wie wir durch Nansens (mit seinem Schiff *Fram*) kühne Fahrt wissen, der größte Teil des Nordpolargebietes Tiefseeboden, und doch lehren uns zahlreiche Schalen von Yoldia arctica (...,) Cyrtodaria siliqua und zahlreiche Gehörsteine von Flachseefischen, die man in einer Tiefe von 1000 bis 2500 Meter zwischen Jan Mayen und Island fand, dass dieser Teil des Nordpolarmeeres in jüngster Zeit um 2000 Meter gesenkt worden ist« (Walther, 1908, S. 516).

Er führt weiter aus, dass Hand in Hand »damit eine wesentlich andere Verteilung der Massen eintreten musste, welche auf die Lage des Drehpoles« Einfluss ausübte und zu einer Verschiebung dessen um vielleicht zehn Grad bis in die Gegend von Spitzbergen führte (ebd., S. 515 f.). Auch der, global betrachtet, »kleine« Tsunami Weihnachten 2004 führte zu einer (geringen) Verlagerung der Drehachse.

Da die vulkanische Insel Island über einem Hotspot beziehungsweise einem Kreuzungspunkt von drei tektonischen Platten liegt, könnte hier Methan mit Magma in Kontakt gekommen sein, wobei das riesige Gasvolumen nicht oxidiert werden konnte und so die ursprünglich wesentlich größere Insel förmlich in die Luft gesprengt wurde, als eine Art riesiger Lava-

Vulkan. Tatsächlich weisen alte Landkarten ein wesentlich größeres Island mit Orten und Landschaften aus, die heutzutage zerstört tief unten am Meeresgrund liegen.

Fanden mehrere solcher Ereignisse statt oder ist ein Zusammenhang zu sehen mit dem Auseinanderweichen der nordamerikanischen und eurasischen Platte, wobei sich auch Grönland vom europäischen Kontinent entfernt haben soll? Dieses Szenario soll sich angeblich vor 55 Millionen Jahren abgespielt haben, als nach Ansicht der Forscher übermäßig viel Methan und Kohlendioxid ausgestoßen wurde und sich die Erde in der Arktis drastisch erwärmte (Storey, 2007).

Im *Hamburger Echo* vom 15. September 1951 wird von anscheinend kuriosen Funden berichtet: »Das Expeditionsschiff ›Meta‹ konnte auf der letzten Fahrt bei der Insel Helgoland Funde von unschätzbarem Wert machen. In 30 Metern Tiefe wurden in einer Schlickbank zwei Hünengräber entdeckt. Außerdem konnten Wohnbaureste, Grabbeilagen, uraltes Handwerksgerät und andere Gebrauchsgegenstände aus der jungen Steinzeit und der Bronzezeit geborgen werden« (zitiert in Meier, 1999, S. 490).

Die stürmische Nordsee ist ein sehr junges, flaches Becken. Die Geologen nehmen an, dass dieses Gebiet in einem frühen Stadium der »Eiszeit« vom Gesteinsschutt aus Schottland und Skandinavien aufgefüllt worden sei, sodass es zum Festland wurde. Fest steht, der Rhein floss durch dieses Land, und die Mündung lag in der Nähe von Aberdeen in Schottland (vgl. Overeem et al., 2001). Die Themse war zu dieser Zeit ein Nebenfluss des Rheins.

In der Bronzezeit lebten unsere Vorfahren im Gebiet der heutigen Nordsee. Ganz Nordeuropa und auch die trocken liegende Nordsee waren ideale Siedlungsgebiete. Auf jeden Fall hat sich die See nicht ganz allmählich ausgedehnt, sondern brach über das Land herein, teilweise mit gewaltigen Superfluten auf der Suche nach neuen Ufern. Die Doggerbank mag für einige Zeit noch aus dem Wasser geragt haben, wurde jedoch schließlich von der See überrollt.

Der Geografie-Professor David Smith von der *Universität Coventry* stellte auf einer Fachtagung in Glasgow (Schottland) seine Theorie vor, basierend auf 25 Zentimeter dicken Ablagerungen: Großbritannien wurde *nach* der »Eiszeit« durch hohe Riesenwellen vom europäischen Kontinent getrennt

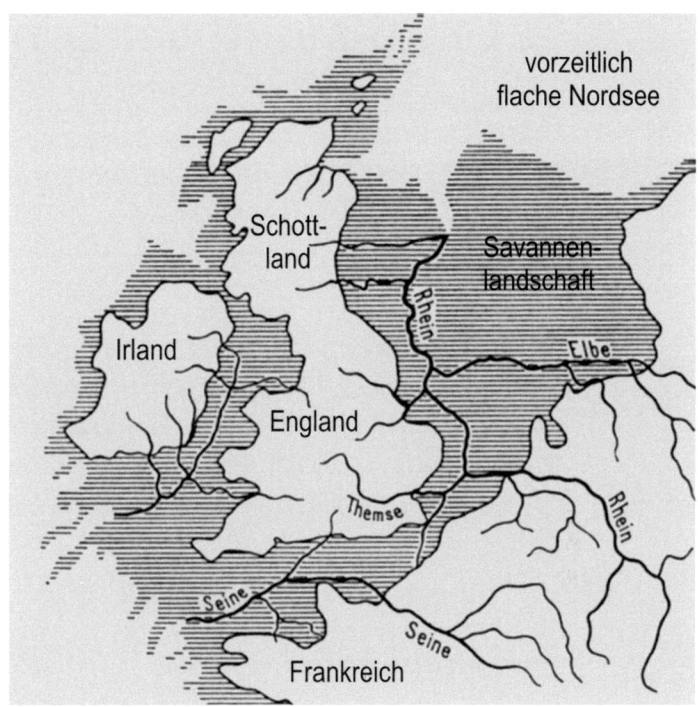

Abb. 19: **TROCKENE EBENE.** Die Schelfgebiete der Nordsee und der britischen Inseln waren zur Megalithzeit und lange danach besiedelte Landflächen (schraffierte Bereiche) – als Island noch nicht abgesunken war. Nach Bastian, 1959, S. 27.

und zu einer Insel gemacht (»Bild der Wissenschaft« Online, 14. September 2001). Mit dieser Überflutung und der Trennung von Großbritannien und Irland von Kontinentaleuropa ging ein drastischer Klimasturz einher, der von heftigen tektonischen Verwerfungen begleitet wurde, wie in meinem Buch »Kolumbus kam als Letzter« beschrieben (Zillmer, 2012, S. 282 ff.; vgl. Hsü, 2000, S. 174).

2. Umformung der Landschaft

Weltweit sind bisher 1500 aktive 1100 aktive Schlammvulkane bekannt, die zum Teil auch untermeerisch aktiv sind. Diese spucken tagtäglich riesige Mengen von Methan und anderen Kohlenwasserstoffen ganz natürlich in die Atmosphäre. Vor Trinidad tauchte in den letzten 100 Jahren vier Mal die Insel Chatham als Folge schlammvulkanischer Tätigkeit auf.

Seismische Ferndiagnose

Sind Gasausbrüche ein seltenes Ereignis oder werden diese nur nicht als solche erkannt? In einer Besprechung der Erdbebenliteratur seiner Zeit bestätigte der römische Schriftsteller Annaeus Seneca (–54 bis +39) die Lieblingstheorie damaliger Autoritäten, dass Erdbeben durch sich bewegende Luft (= Gase) verursacht werden. Er stellte fest, dass »vor dem Erdbeben ein brüllendes Geräusch gewöhnlich ist, von Winden, die eine unterirdische Störung schaffen«, und dass oft, wenn ein Erdbeben eintritt und wenn nur ein Teil der Erde aufgebrochen wird, ein Wind mehrere Tage von dort bläst, wie es bei dem Erdbeben geschah, das Chalkis (Chalkide) in Ostgriechenland heimsuchte …

Es handelt sich nicht um eine einzelne Meinung, sondern die Beschreibungen damaliger Augenzeugen berichten aus vielen Teilen der Welt von gleichen Beobachtungen in Zusammenhang mit Erdbeben: Grollen und zischende Geräusche, schwefelige Dämpfe, Veränderungen im Grundwasser, heiße Gase und Flammen. Der britische Seismologe Robert Mallet veröffentlichte einen 600 Seiten umfassenden Katalog mit Beschreibungen von mehr als 5000 historischen Erdbeben. Es werden Begleitphänomene beschrieben, einschließlich Lichterscheinungen (Erdbebenleuchten), Explosionen und besondere atmosphärische Phänomene. John Milne (1850–1913), der Erfinder des modernen Seismografen, kam in seinem Lehrbuch zu dem Schluss, dass die meisten Erdbeben durch die explosive Wirkung von Dampf in einem Prozess verursacht würden, der mit Vulkanismus zusammenhänge.

Beim Erdbeben von 1906, das Teile von San Francisco und ganz Santa Rosa zerstörte, wurde beobachtet, dass den Erdstößen ein Brausen und spürbarer Wind vorausging. Im »Santa Rosa Democrat-Republican« wurde am 23. April berichtet, dass dort durch das Erdbeben klaffende Risse in der Erdkruste entstanden, aus denen kräftig Gase ausgestoßen wurden, die Menschen und Vieh erkranken ließen. Später, am 4. April 1910, berichtete die Zeitung nachträglich, dass zwei Nächte vor dem Erdbeben kleine Blitze auf dem Erdboden entlang zuckten. Diese wurden 30 Stunden vor dem Erdstoß in einem Gebiet gemeldet, das später das Epizentrum sein sollte.

Deshalb verwundert es nicht, dass von unnormalem Verhalten von Tieren bereits vor Erdbeben berichtet wird, und zwar aus allen Teilen der Welt – im klassischen Altertum wie auch in moderner Zeit. Alexander von Humboldt beschrieb 1822, dass Leute, die Angst vor Erdbeben haben, aufmerksam die Bewegungen von Hunden, Ziegen und Schweinen beobachten. Er konnte nicht entscheiden, ob die Tiere unterirdische Geräusche hören oder den Austritt von Gasen riechen, wobei er klarstellte, dass die letztere Möglichkeit nicht abgestritten werden könne.

Tiere spüren Vorläufererscheinungen von Erdbeben, aber warum können Fachleute Beben nur im Ausnahmefall (zufällig?) voraussagen? Moderne Geologen und Geophysiker arbeiten im Gegensatz zu früheren Geologen am Computer und nehmen nur ab und zu an einer Exkursion teil, falls Forschungsgelder vorhanden sind. Deshalb sitzen sie fernab von einem Epizentrum und beobachten den Ausschlag von Spannungs- und Neigungsmessern. Man verlässt sich auf Dinge, die (angeblich) wissenschaftlich verstanden sind. Vorläufererscheinungen werden heutzutage wissenschaftlich nicht mehr anerkannt, denn man glaubt Erdbeben einfach durch (tektonische) Spannungen erklären zu können.

Da geophysikalisch ausschließlich seismische Messungen zugrunde gelegt werden, geht man davon aus, dass an einem bestimmten Ort durch »elastische Speicherung« von Spannungen die Bruchgrenze überschritten wird und durch den Bruch dann die Überbeanspruchung zu anderen Stellen weitergeleitet wird. Dadurch soll eine größere Region ringsherum in schneller Folge brechen, quasi als eine Art Domino-Effekt. Tatsächlich ist der Vorgang bodenmechanisch komplizierter, da beim Fehlen einer Porenflüssigkeit das Gestein plastisch wird und nicht plötzlich in Form eines Sprödbruches bricht, sobald ein kritischer Spannungszustand überschritten wird. Ein Vorgang, der beim Betonbau mit Bruchversuchen genau untersucht wurde und als Grundlage statischer Bemessungsmethoden dient. Da Geophysiker nur bunte Skizzen in geduldigen Computern entwerfen, aber keine Festigkeitslehre studieren und schon gar nicht effektive Materialeigenschaften berücksichtigen, gibt es auch keinen rechnerischen Nachweis oder gar Laborversuch über angeblich »elastisch gespeicherte Spannungen«. Gesteins- wie Betonschichten können nur Druck-, dagegen aber *kaum Zugspannungen* aufnehmen. Eine »elastische Speicherung« von Spannungen ist derart nicht möglich, da das Gestein durch die behinderte Reibung aufreißen und damit das Speicherungspotenzial verlieren würde.

Durch plötzliches Überschreiten einer Bruchspannung können Physiker auch viele neuerdings dokumentierte Phänomene nicht erklären. So werden, kurz bevor die Erde bebt, unterirdisch *weniger* niedrig-frequente Radiowellen ausgesendet, als das normalerweise der Fall ist. Die Intensität geht bis zu vier Stunden vor einem nächtlichen Erdbeben deutlich zurück. Dies fanden französische Forscher 2008 nach Auswertung von über 9000 starken Beben heraus, die ihren Ursprung weniger als 40 Kilometer unter der Erdoberfläche hatten. Die durch Satelliten gemessenen Werte dienen der Erstellung einer Karte von *elektromagnetischen* Strahlungen. Auf diese kann das (fiktive) »elastische Speichern« plattentektonischer Verschiebungsprozesse vor dem Bruch überhaupt keinen Einfluss ausüben. Aber Tiere können diese Vorläufererscheinung in Form von Veränderungen in der Radiowellen-Emission trotzdem wahrnehmen, was deren oft beobachtete, fast prophetische Vorahnung eines Erdbebens zum Teil erklären könnte (Němec et al., 2008).

Chinesische Forscher von der *Nanyang-Normal-Universität* in Henan entdeckten mehrere Wochen im *Vorfeld* von zwei schweren Erdbeben im Süden des Irans ungewöhnliche Wolkenlücken, obwohl sich die umliegenden Wolken bewegten. Gleichzeitig beobachteten die Wissenschaftler in beiden Fällen eine Erhöhung der Bodentemperatur entlang der Bruchlinien. Russische

Wissenschaftler hatten schon in den 1980er-Jahren Temperaturveränderungen und ungewöhnliche Wolkenformationen im Vorfeld von Erdbeben beobachtet. Obwohl sich hier Phänomene entlang von Bruchlinien zeigten, hat dies nichts mit Plattentektonik zu tun, und es gibt auch keinen Ansatz für ein konventionelles Erklärungsmuster. Deshalb gibt Erdbebenforscher Mike Blanpied vom Geologischen Dienst der USA zu bedenken: »Es gibt kein physikalisches Modell, mit dem man erklären könnte, warum etwas zwei Monate vor einem Erdbeben plötzlich auftritt und gleich wieder verschwindet, ohne noch einmal wiederzukehren.« Dagegen hegen die chinesischen Forscher die von mir geteilte Meinung, dass die Wolken von Gasen aufgelöst wurden, die aus der Bruchlinie austraten. Damit ließe sich auch die Temperaturerhöhung in diesem Gebiet erklären, schildern sie weiter (Guo/Wang, 2008).

Gase können langsam über einen längeren Zeitraum oder aber explosiv entweichen (Gold, 1999, S. 144 f.):

»Wenn die Fluida mit einem Puff in die Atmosphäre entweichen, kann sich der Poren- und Spaltenzwischenraum, den sie eingenommen hatten, wieder schließen. Dadurch lässt sich recht gut erklären, weshalb es in bestimmten Bereichen der Erdkruste während eines Erdbebens zu senkrechten Verschiebungen gekommen ist. Es erklärt auch die Volumenänderung am Meeresboden oder in den Schelfgebieten, die erfolgt sein müssen, damit es zu einem Tsunami ... kommen kann. Bei dem großen Erdbeben in Alaska am 28. März 1964 sanken zum Beispiel innerhalb von Sekunden einige Landstriche nicht weniger als neun Meter ab. Das soll plötzlich deshalb geschehen sein, weil sich der Untergrund darunter plötzlich verdichtet hat. Aber Felsgestein lässt sich nicht derart zusammendrücken; vor allem würde das nicht so schnell geschehen. Poren- und Spaltenzwischenräume, die entstanden sind, weil Gas, das darunter unter hohem Druck stand, den Fels auseinandergetrieben hatte, müssen dabei eine Rolle gespielt haben. Wenn das Gas einen Weg nach außen gefunden hat, schließen sich diese Zwischenräume plötzlich«, beschreibt Thomas Gold seine als »Gasemission und elastischer Rückprall« bezeichnete Theorie.

Mit anderen Worten, durch die Gasexplosion wird ein Erdbeben verursacht, und es öffnet sich in der Erdkruste ein Spalt, der sich nach der Verpuffung wieder schließt, so als wäre nie eine Öffnung da gewesen. In den westlichen Ländern wird dagegen allgemein die Ansicht vertreten, dass Erdbeben ausschließlich durch tektonische (Mini-)Verschiebungen entstehen, wenn sich im Felsgeschiebe eine Spannung bis über die Bruchgrenze des Erdmaterials aufgebaut hat.

Bei einem Gasausbruch verhält es sich aber ganz anders. Die Erzeugung vieler kleiner Risse *verringert* die Bruchfestigkeit im Gestein, bis ein kritischer Wert erreicht wird. Dieses Szenario ist aus dem Betonbau bestens bekannt und erforscht. Dagegen wird geophysikalisch erklärt, dass eine »elastische« Speicherung und Erhöhung der »tektonischen« Spannungen erfolgt, bis schließlich die Bruchspannung des Gesteins überschritten wird. Es handelt sich um zwei ganz konträre Erklärungsmuster! Diese führen zu ganz verschiedenen Weltbildern über den Aufbau und die Zusammensetzung der Erdkruste bzw. Lithosphäre, ja unseres gesamten Planeten.

Falls schnell aufsteigendes Gas der Grund für ein Erdbeben ist, kann es keine Voraussage von Erdbeben durch Ablesen von seismischen Instrumenten geben, denn es wird ja nur der Porenraum des Gesteins mit Gas aufgefüllt, gegebenenfalls könnte nur eine Wölbung an der Erdoberfläche gemessen werden. Deshalb gibt es auch die heutzutage wissenschaftlich vernachlässigten Vorläufererscheinungen, die Tiere durch ihr Verhalten anzeigen, zum Beispiel indem sie das aus dem Erdboden austretende Gas riechen oder erzeugte Töne in für uns nicht hörbaren Frequenzen wahrnehmen. Den reinen Aufbau von tektonischen Spannungen würden diese Tiere nicht bemerken können.

Mit der Theorie des Gasaufstiegs lassen sich auch *andere* Vorläufererscheinungen gut erklären, u. a. die zuweilen dokumentierte Trübung von Grundwasser vor den Beben. Ebenso werden mehrfache Beben oder Nachbeben plausibel, denn mit dem Aufstieg der gleichen Menge Gas können auf dem Weg nach oben mehrere Erdbeben ausgelöst werden, und zwar wenn mehrere Schichten nacheinander durchbrochen werden (Gold, 1999, 2001, S. 141 ff.).

Im Zusammenhang mit Vulkanen kann so auch erklärt werden, warum manche Vulkane oft über lange Zeiträume ruhen, um dann plötzlich aktiv zu werden. Könnte Gas der »Zünder« sein, wenn es in Lavaschlote eindringt? Lava-, aber auch Schlammvulkane werden plötzlich aktiv, *nach Vorläufer- und Erdbebenerscheinungen*. Tatsächlich misst man Gase bei Ausbrüchen von Lava-Vulkanen – allerdings mit sehr unterschiedlicher Gaszusammensetzung.

Im Allgemeinen sind Wasserdampf und Kohlendioxid die dominierenden Gase, jedoch werden oft auch einige Prozent Methan und Wasserstoff registriert. Das erscheint zu wenig für die zuvor skizzierte Ausgasungstheorie.

Es gibt jedoch zwei verschiedene Szenarien von Ausgasungsprozessen. Befinden sich Gase bei einem langsamen Transport durch vorhandenes Magma in Lösung oder in Form kleiner Blasen, bildet sich ein chemisches Gleichgewicht mit dem Magma. Dieses muss Sauerstoff für die Oxidation von Wasserstoff oder Methan abgeben. Derart entsteht durch Oxidation aus Kohlenwasserstoff wiederum Wasser und Kohlendioxid. Demzufolge regelt die chemische Zusammensetzung des Magmas über den Sauerstoffgehalt die Menge der übrig bleibenden *nicht* oxidierten Gase. Es wird jetzt auch klar, wieso oft Wasser bei Vulkanausbrüchen austritt und teils große, mit Staub versetzte Wasserwolken in die Atmosphäre geblasen werden. So war es eine kaum beachtete Sensation bei den Vulkanausbrüchen des Ätna am 1. Und 2. August 2001, als dieser Wasserwolken ausspuckte – ein nur von Experten wahrgenommenes Phänomen, für das man ohne die Berücksichtigung vorhandener Kohlenwasserstoffe keine Erklärung hat!

Das bei Vulkanausbrüchen freigesetzte Wasser, welches es vorher nicht gab, wurde chemisch im Erdinneren gebildet und mit den Vulkanausbrüchen in Form von Dämpfen oder Schlammströmen an die Erdoberfläche gefördert. Für die Geophysik ist es dagegen ein Rätsel, wieso mit Vulkanausbrüchen derart viel Wasser freigesetzt wird, denn man

Abb. 20: **WASSERDAMPF**. Linkes Bild: Wasserdampfwolken beim Ausbruch des Ätna in Sizilien im Jahr 2006. Zeugt der dichte dunkle Rauch von einer Verbrennung höherer Kohlenwasserstoffe? (Vgl. Foto 27 im Bildteil) Rechtes Bild: Entstehung des Paricutin-Aschekegels in Nicaragua im Jahr 1943.

glaubt ja nicht an eine Neubildung des Wassers, sondern an einen in sich geschlossenen Kreislauf, da das Modell der heißen Erde eine geochemische Neubildung von Wasser nicht zulässt.

Deshalb wird offiziell auch nicht diskutiert, woher die 1000 Kubikkilometer Wasser stammen, die im Jahre 1815 vom Vulkan Tambora ausgestoßen wurden. Der noch aktive Vulkan Schiwelutsch auf der russischen Halbinsel Kamtschatka spie angeblich bisher 4500 Kubikkilometer Wasser in die Atmosphäre (Drujanow, 1984, S. 59). In der Nähe befinden sich mehrere Vulkane wie der Kljutschewskaja Sopka – Eurasiens größter Vulkan – und in einem Tal etwa 90 Geysire, aus denen Wasserfontänen bis zu einer Höhe von 40 Metern emporschießen.

Bei derartig heftigen Ausstößen von Wasser durch Vulkane wurden die Kohlenwasserstoffe zum größten Teil oxidiert, wodurch auch Kohlendioxid entstand. Falls aber Methan und Wasserstoff durch den im Magma vorhandenen Sauerstoff nicht vollständig oxidiert wurden, kann die Gasmenge, die durch das Magma rast, derart groß sein, dass die erzeugte Gasmischung dominiert und Vulkane explodieren. Das Magma selbst ist nicht die Ursache von Eruptionen.

Bei einem größeren explosiven Vulkanausbruch müssten daher die in die Atmosphäre geblasenen Gase Spuren hinterlassen. Tatsächlich gibt es vielfach Augenzeugenberichte, dass Flammen oder sogar Blitze zum Zeitpunkt eines Vulkanausbruchs, aber auch kurz vorher oder nachher beobachtet wurden. Neben flammender Lava, die beispielsweise auf Island oder Hawaii ein übliches Phänomen darstellt, schießen manchmal hohe Flammen während einer Eruption aus einem Vulkanschlot heraus.

Beschreibungen von Flammen gibt es von der Tambora-Eruption 1815 (Raffles, 1817, S. 28), den Eruptionen von Santorin 1866 sowie Pelée 1902 und einem Ausbruch des Vulkans Fuego in Guatemala 1974 (Dawson, 1981). Eine genauere Beschreibung von Flammen gibt es auch von der Krakatau-Explosion im Jahr 1928. Nach mehreren Tagen vulkanischer Entladungen unter Wasser erschienen orange-gelbe Flammen, die auf der Oberfläche des Wassers über dem Krater tanzten.

»Aus einer Entfernung von etwa 200 Metern beobachtet, waren die Flammen ungefähr 10 Meter hoch« (Stehn, 1929). Eine Verwechslung mit leuchtender Asche ist in diesem Fall ausgeschlossen.

Insgesamt gibt es keine typische Mischung für Vulkane, da Gase in recht unterschiedlicher Zusammensetzung aus dem Erdmantel nach oben steigen und oxidieren oder gespalten werden – bei Vulkanen unterschiedlich intensiv, je nach Geschwindigkeit der Gasströmung durch das Magma hindurch. Sehen wir uns jetzt an, was geschieht, wenn Gas durch Brüche und Bruchbildung seinen Weg in eine Magmakammer findet. Reicht die Menge des vom Magma zur Verfügung gestellten Sauerstoffs nicht aus, um die Gase zu oxidieren, erreichen diese die aufwärts führenden Kanäle. Da der Druck des Magmas ringsherum mit geringerer Tiefe nach oben hin stark abnimmt, rast das nicht oxidierte Gas nach oben. Dabei beschleunigt sich die Zunahme des Gasvolumens, und die Ausdehnung wird in der Nähe der Oberfläche sehr heftig. Die überlagernde Lava kann dann keine pfropfen-ähnliche Kappe bilden, sondern Gasfinger durchstoßen diese und erzeugen bei ihrer Entzündung Flammen. Die währenddessen turbulent entstandene Mischung aus Gas und Lava schießt explosiv aus dem Vulkanschlot heraus, und enorme Mengen Asche werden ausgestoßen.

Eruptive Gase sind die Haupttriebkraft der vulkanischen Aktivität! Dieses beschriebene Szenario ist auch von Tiefenbohrungen her bekannt. Der plötzlich geringere Anstieg von Bohrflüssigkeit kann ein Gefahrensignal sein, und das Bohrloch muss verschlossen werden, da sonst zu viel Schlamm ausgestoßen wird und eine heftige Explosion erfolgt. In diesem Fall rast eine Gasblase von unten nach oben, dehnt sich enorm aus und stößt mehr und mehr Schlamm aus. Die Ausdehnung wird explosiv, wenn sich die Gasblase schlagartig in die Atmosphäre ausdehnt, nachdem der Bohrschlamm ausgestoßen wurde. Ähnliches passiert bei Vulkanen, und deshalb findet man nach heftigen Eruptionen eine große Caldera (*spanisch* Kessel), die durch den Zusammenbruch des umgebenden Gesteins entstand.

Es gibt aber einen Unterschied! Bei der Tiefenbohrung kommt Schlamm aus dem Bohrloch, hingegen bei Lava-Vulkanen eben Lava. Für beide Erscheinungsformen wurde jedoch derselbe Grund gefunden: aufsteigendes Gas. Demzufolge müsste es analog zu Lavavulkanen auch Schlammvulkane geben, und tatsächlich gibt es ein derartiges Eruptionsphänomen, das wenig bekannt, aber sehr interessant ist.

Rätselhafte Schlammvulkane

Am 29. Mai 2006 begann der Schlammvulkan Sidoarjo, auch Lusi genannt, im Osten der indonesischen Insel Java auszubrechen. Riesige Mengen von erdölhaltigem, über 100 Grad Celsius heißem Schlamm wurden allein im Jahr 2006 ausgeworfen: 50 000 Kubikmeter pro Tag im Juni, 126 000 im September sowie 176 000 Kubikmeter im Dezember. Noch im Mai 2007 waren es 100 000 Kubikmeter am Tag, eine Menge, die ausreicht, um damit jeden Tag 50 olympische Schwimmbäder zu füllen. Im Juni 2015 ging die Auswurfmenge auf 10 000 Kubikmeter zurück. Seitdem scheint Lusi wieder an Fahrt aufgenommen zu haben, denn im Oktober 2017 sollen es 60 000 bis 80 000 Kubikmeter Schlammauswurf täglich gewesen sein, berichtete Adriano Mazzini (Fallahi et al., 2017) vom Zentrum für Erdentwicklung und -dynamik an der Universität Oslo. Dies entspricht dem Volumen von 24 bis 32 olympischen Schwimmbecken.

Alles begann mit einer Schlammexplosion in der Nähe eines Erdölbohrlochs, bei dem der Schlamm 50 Meter in die Höhe schoss, wobei Methan und Schwefelwasserstoffe aus einem Krater mit 60 Metern Durchmesser freigesetzt wurden. Die konventionelle Erklärung ist immer die gleiche, denn da Erdbeben und Vulkanausbrüche *generell* Folgeerscheinungen tektonischer Ereignisse sein sollen, fand man die Erklärung für diesen Schlammvulkan auf Java in einem Erdbeben, das zweite vor diesem Ereignis mit einer Stärke von 6,6 auf der Richterskala. Es erschütterte die Gegend um Yogyakarta und stürzte 6000 Menschen in den Tod. War das Erdbeben die Ursache? Andererseits könnte es auch die Begleiterscheinung eines Gasaufstiegs sein? Eine andere Theorie macht einen Fehler bei einer Erdölbohrung verantwortlich. Bei dieser kam es am 28. Mai, also einen Tag vor der »Explosion«, zu einem unkontrollierten Einbruch einer unbekannten Flüssigkeit in das Bohrloch. Das ständig mit Hochdruckpumpen in den Meißel gepresste und aus diesem am Ende des Bohrlochs austretende Wasser-Ton-Gemisch ging plötzlich verloren. Normalerweise nimmt diese Spülung gelöste Gesteinsteilchen mit an die Erdoberfläche. Eine Fortsetzung der Bohrung war nicht mehr möglich, und das Bohrloch wurde in einer Tiefe von 643 Metern versiegelt. Zeugen bestätigten, dass der Schlamm am nächsten Tag nicht aus dem Bohrloch austrat, sondern 150 bis 500 Meter davon entfernt (»Jakarta Post« Online, 16. Juni 2006).

Schlammvulkane gibt es in vielen Ölgebieten, u.a. am Nordufer des Schwarzen Meeres, im Südwesten des Kaspisees, in Nordpersien, in Rumänien bei Berca und Beciu, in Birma bei Minbu, auf dem indonesischen Inselbogen, an der Golfküste von Texas und Louisiana, in Kolumbien und anderen Ländern. Die größten Schlammkegel liegen bei Baku am Kaspischen Meer und in Birma. Der 300 Meter hoch ausgeworfene Schlamm bei Baku ist mit Asphalt vermischt (Stutzer, 1931, S. 281).

An der Küste von Birma bildete sich durch Schlammauswurf 1907 eine Insel von 400 Metern Länge, 150 Metern Breite und sieben Metern Höhe. 1911 erfolgte an der Südküste Trinidads ein untermeerischer Ausbruch. Gesteinsmaterial und Gase wurden aus dem See geblasen. Das Gas entzündete sich, und eine 30 Meter hohe Flamme stieg auf. Gleichzeitig wuchs eine Insel aus dem Meer, die den See um fünf Meter überragte.

Tektonische Verschiebungen sind nicht der Auslöser für aktive Schlammvulkane, obwohl die dreizehn bekanntesten Schlammvulkangebiete auf geologisch jungen (mesozoischen und tertiären) Verwerfungen und Faltengürteln liegen. Das Geheimnis liegt in den von unten aufsteigenden Gasen, die durch Risse und Bruchzonen in der Erdkruste naturgemäß leichter aufsteigen können.

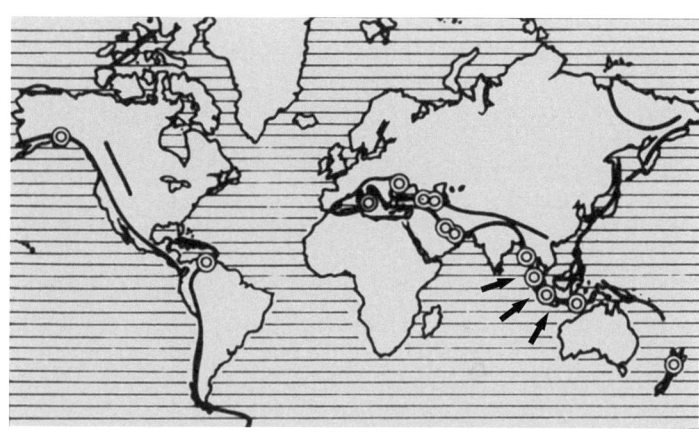

Abb. 21: **FALTENGÜRTEL.** »Die schwarzen Linien zeigen die geologisch jungen Verwerfungen und Faltengürtel. Die 13 bekanntesten Schlammvulkangebiete sind markiert, und sie fallen alle auf diese Gürtel« (Gold, 1987, S. 101). In diesen Bereichen, wie entlang des indonesischen Inselbogens bzw. im Zuge des Vulkan- und Erdbebengürtels (parallel zur angeblichen Subduktionszone bzw. des Tiefseegrabens: siehe Pfeile), werden reichlich Erdgas und Erdöl gefördert.

Die Schlammeruption in Indonesien wurde anscheinend durch die Bohrung ausgelöst, wobei Gas für den Auswurf von *erdölhaltigem* Schlamm verantwortlich ist. Dieser erreicht auf Java eine Temperatur von durchschnittlich 100 Grad Celsius. Obwohl man definitiv feststellte, dass Methan austritt, nimmt man dies nur als eine Art unerklärliche Randnotiz zur Kenntnis. Die geologische Argumentation berücksichtigt in keiner Weise das beteiligte Gas, sondern erklärt den sogenannten »kalten Vulkanismus« als Folge der im Verhältnis zur Erdkruste relativ geringeren Dichte und der Quellfähigkeit der Tonminerale. Derart kann die 100 Meter hohe Fontäne aber nicht erklärt werden! Hohe Drücke und nicht relativ geringere Dichten sind die einzig mögliche Erklärung.

Warum dieser Schlammvulkan derart aktiv ist, können Geologen anhand plattentektonischer Erklärungsszenarien nicht einmal ansatzweise erklären! Die Überschreitung einer Bruchspannung ist ein kurzzeitiges Ereignis. Hingegen kann man sich vorstellen, dass für den Fall einer heftigen Gasinjektion sehr viel Wasser verdrängt wird, das jedoch wieder einströmt, sobald die Menge des Gases erschöpft ist. Eine Wiederholung des Vorganges ergibt eine Art Pumpwirkung, die über längere Zeiträume hinweg viele Wasserströme schaffen kann, solange Gas nachströmt, wobei feinkörniges Sediment in Schlamm verwandelt wird.

Im Jahr 2020 ist der zuvor beschriebene Schlammvulkan Lusi auf Java immer noch nicht versiegt. Mehr Schlamm denn je wird ausgeworfen, nachdem eine zweite aktive Öffnung enstanden ist, um die sich ebenfalls ein Krater gebildet hat. Sogar eine dritte Öffnung hat sich in jüngster Zeit gebildet. Das System hat einen regelmäßigen Aktivitätenzyklus entwickelt. »Wir haben vier Phasen«, so Mazzini, »eine ruhige Phase, in der der Schlamm kontinuierlich hervorquillt, eine Geysirphase, während der riesige Gasblasen aufsteigen, eine weitere Geysirphase, in der tatsächlich eine Schlammfontäne aufsteigt, und eine Ruhephase.« Außerdem strömt die ganze Zeit ein Gemisch aus Kohlendioxid und Methan aus etwa 16 000 kleineren Öffnungen, die über die komplette Fläche verteilt sind. »Der Gasfluss ist ungefähr mit einem aktiven vulkanischen System vergleichbar«, so Mazzini (Fallahi et al., 2017). Dies entspricht den zuvor von uns beschrieben Pumpphasen, wenn Gas als Beschleuniger in der Tiefe in die Kammern hineinmigriert und infolge des Überdrucks, der sich dort bildet, phasenweise durch Schlote zur Erdoberfläche gepresst wird, feinkörnige, in Wasser gelöste Sedimente mit sich reißend.

Bereits im April 2007 wurde der Versuch aufgegeben, das Loch mit Betonkugeln zu verstopfen. Man errichtete eine 40 Meter hohe Mauer um die Schlammquelle herum, aber der immer größer werdende Schlammberg, unter dem bereits mehrere Dörfer begraben wurden (Foto 7 im Bildteil), ist ein Problem für die dortige Region. Der Schlamm überflutete bisher eine Fläche von sieben Quadratkilometern, bevor man ihn durch Deiche eindämmen konnte. 60 000 Menschen verloren bis dato ihre Heimat. Das Prinzip dieser Schlammvulkane erinnert an die neu entdeckten Hinweise in Bezug auf Mars-Geysire mit mehreren Kilometern hohen Fontänen von schlammigem Wasser, das aus der Marsoberfläche emporschoss und an der Marsoberfläche tiefe Einschnitte, Rutschungen und Schüttungen verursachte. Schlammvulkane können überall dort entstehen, wo Gas und Wasser durch weiches Gestein (Ton) oder Sand empordringen: Es entsteht Schlamm, und das Wasser ist meist salzig. Steigt der Druck der unterirdisch angesammelten Gasmengen an, so erfolgen plötzliche Eruptionen. Es wird manchmal sehr viel Schlamm ausgeworfen, und das Gas kann sich entzünden.

Dieses Prinzip funktioniert also überall, nicht nur an den Rändern tektonischer Platten. Bohrt man nach Gas oder Öl in der Tiefe, dann können wie bei einem Schlammvulkan große Sand- oder Schlammmassen ausgeworfen werden. Beispielsweise bestand der Ertrag einiger Sonden im Sunset-Feld in Kalifornien zu zwei Dritteln aus Sand. Eine Bohrung förderte hier 20 000 Kubikmeter Sand in zwei Jahren.

Einige Pumpbrunnen im nördlichen Midway-Feld in Kalifornien produzierten über 35 000 Kubikmeter Sand pro Jahr. Auch in Russland kennt man emporsteigende Springer, bei denen Öl (oder manchmal auch Wasser) aus dem Bohrloch springt. Diese werfen neben Hunderttausenden von Kubikmetern Gas und Öl sehr viel Sand und Steine. Bei Bibi Eibat spie ein Springer 10 000 Tonnen Öl und 10 000 Tonnen Sand täglich aus (Stutzer, 1931, S. 283).

Die treibende Kraft der Ölspringer ist der Druck des Gases. Diese Ursache muss unterstrichen werden. Man weiß definitiv, dass aus Schlammvulkanen Methan und andere Kohlenwasserstoffe in die Atmosphäre aufsteigen, aber dieser Umstand wird zur Erklärung der Aktivität »kalter Vulkane« nicht berücksichtigt und bei der Klimadiskussion verschwiegen.

Für beide Arten von Vulkanen, also für »heiße« und »kalte« Vulkane«, kann unter Berücksichtigung von aus der Tiefe aufsteigenden Gasen dieselbe Ursache und damit einheitliche Erklärung gefunden werden, insbesondere da Schlammvulkane an Stellen zu finden sind, wo auch große Gasmengen zutage treten. Sofern noch nicht geschehen, sollte in der Nähe von

Schlammvulkanen nach Gas gebohrt werden. *Nicht, ob* man auf Methan trifft, ist die Frage, sondern nur, *ob die Menge für eine wirtschaftliche Nutzung ausreicht.*

Schlammvulkane können natürlich nicht so tief reichen und so explosiv sein wie Lavavulkane, da sich der Druck im Schlamm nicht so schnell mit der Tiefe verändert wie bei Magma. Hinzu kommt, dass die Gase in Schlammschloten wesentlich kühler sind als in Lavaschloten. »Trotzdem zeigen die beiden Eruptionstypen viele Ähnlichkeiten, weil beide wahrscheinlich vom gleichen Prozess verursacht werden, nämlich dem plötzlichen Aufstieg von Gas, das in der Tiefe injiziert wurde und durch einen langen, mit Flüssigkeit gefüllten Schlot nach oben kommt« (Gold, 1987, S. 102).

Lavavulkane emittieren in erster Linie Wasserdampf und Kohlendioxid und erst dann, also in zweiter Linie, Methan, wenn der Sauerstoffvorrat der Lava mit der Oxidation verbraucht ist. Schlammvulkane dagegen stoßen hauptsächlich Methan, aber auch andere Kohlenwasserstoffe aus, da die bei Lavavulkanen auftretende Oxidation entfällt. Falls man zu Dampf vaporisiertes Wasser in der Tiefe als Motor des Schlammvulkans annimmt, würde der Dampf auf dem Weg nach oben kondensieren. Heißes Wasser ist nur bei flachen Schlammtöpfen maßgebend, da hier das Wasser in geothermal aktiven Gebieten erhitzt wird.

Es ist daher auch keine erstaunliche Tatsache, dass sich einige Schlammvulkanregionen in der Nähe von Lavavulkanen befinden, wie in Alaska. Die aus der Tiefe aufsteigenden, Kohlenstoff führenden Gase werden einerseits oxidiert, wenn diese in geringen Mengen mit Lava in Kontakt kommen, und bleiben andererseits im Wesentlichen unverändert, wenn der Aufstieg durch die kühleren Austrittschlote von Schlammvulkanen erfolgt. Eine gemeinsame Ursache, aber zwei scheinbar total verschiedene, manchmal aber unmittelbar *nebeneinander* vorkommende Phänomene.

Bereits A. Daubrée wies experimentell nach, dass hoher Gasdruck von unten allein die Kanäle öffnen kann (»Nature«, 6. Juli 1893, Bd. 48, S. 226 ff.). Jetzt wird auch verständlich, warum aus Schlammvulkanen Feuergarben emporsteigen können. Am 5. Januar 1887 wurde von einer 600 Meter hohen Flamme berichtet, die aus dem Schlammvulkan *Lok-Botan* im Bakugebiet an der Küste des Kaspischen Meeres in die Atmosphäre züngelte (Stutzer, 1931, S. 281). Es ergoss sich ein Schlammstrom, der 300 Meter lang, 200 Meter breit und durchschnittlich zwei Meter mächtig war.

Fast 100 Jahre später schoss eine Flamme sogar bis zu 2000 Meter in die Höhe, um dann mit geringerer Höhe noch acht Stunden weiter zu brennen. Der Durchmesser des Kraters betrug 120 Meter (Sokolov et al., 1968). Man schätzt, dass allein für die beschriebene Eruption etwa eine Million Tonnen Gas erforderlich ist. Eine gewaltige Menge! In diesem Gebiet kommen ungefähr alle zehn Jahre Eruptionen dieser Art vor. Nach Berechnungen von Messdaten über das Verhältnis von Gas und Schlamm wird für dieses Flammengebilde eine weitaus größere Gasmenge benötigt, als der Inhalt eines der größten wirtschaftlich genutzten Gasfelder ausmacht. Die Gasvorkommen in der Tiefe der Erde müssen riesig sein!

Weltweit sind bisher 1100 aktive Schlammvulkane bekannt, die zum Teil auch untermeerisch aktiv sind. Diese spucken tagtäglich riesige Mengen von Methan und anderen Kohlenwasserstoffen ganz natürlich in die Atmosphäre. Vor Trinidad tauchte in den letzten 100 Jahren vier Mal die Insel Chatham als Folge schlammvulkanischer Tätigkeit auf. Der Durchmesser solcher neu entstehenden Inseln kann mehrere Kilometer betragen oder auch nur einige Meter.

Abb. 22: **SCHLAMMVULKAN.** Ausblasungsloch im heißen Norris-Geysir-Becken am nordwestlichen Rand der Caldera des Yellowstone-Vulkans in Wyoming.

In der arktischen Tiefsee vor der norwegischen Küste liegt am Kontinentalabhang im westlichen Teil der Barentssee in 1270 Metern Tiefe unter dem Meeresspiegel Håkon Mosby, ein Schlammvulkan mit einem Durchmesser von ungefähr 950 Metern, der sich zwölf Meter über den Meeresboden erhebt. Der austretende Schlamm ist knapp 28 Grad wärmer als das Meerwasser in dieser Tiefe. Hier steigen große Gasmengen auf, die zu 99 Prozent aus Methan bestehen. Dieses Gas entweicht in die Atmosphäre, wobei ein Teil durch schnelle Strömungen im Meerwasser verwirbelt und durch den Sauerstoff zu Wasser und Kohlendioxid oxidiert wird.

Ein kleiner Teil des austretenden Methans wird durch Bakterien verarbeitet, die auf dem Meeresboden leben. Dieser Prozess wird »anaerobe Oxidation« von Methan genannt und bewirkt am Håkon Mosby eine Umsetzung von nur 40 Prozent des Methans. »Bisher war man davon ausgegangen, dass in Gebieten mit hohem Durchfluss an Methan auch deutlich mehr methanfressende Mikroorganismen leben«, wird in einer Pressemitteilung des *Max-Planck-Instituts für Marine Mikrobiologie* vom 18. Oktober 2006 bestätigt. Mit anderen Worten, das in das Meerwasser freigesetzte Methan soll nach bisheriger Überzeugung nicht in die Atmosphäre gelangen, sondern wird teils durch Tiefenströmungen über große Distanzen im Wasser verteilt und teils durch Bakterien schnell in Kohlendioxid umwandelt werden. Dieses verbleibt in gelöster Form im Ozeanwasser oder bildet Karbonate.

Methan selbst ist aber neutral geladen und in Wasser kaum löslich, oxidiert aber, wodurch Kohlendioxid und Wasser entsteht. Derart steigt der Meeresspiegel, und der Kohlendioxidgehalt des Wassers erhöht sich. Dieses Kohlendioxid ist im Wasser gelöst und wird bei einer Erwärmung der Meere vermehrt in die Atmosphäre abgegeben. Bei höheren Temperaturen setzen die Ozeane ganz natürlich riesige Mengen an Kohlendioxid frei und speichern solches wieder bei tieferen Temperaturen. Hinzu kommt, dass aus den ungefähr 1100 bekannten aktiven Schlammvulkanen große Mengen von Treibhausgasen ganz natürlich in die Atmosphäre freigesetzt werden. Es gibt aber noch eine andere Art von »Vulkantätigkeit«, die direkt Methan und andere Kohlenwasserstoffe freisetzt.

Nicht nur Lavavulkane (vor allem Kohlendioxid) und Schlammvulkane (vor allem Methan) setzen tagtäglich große Mengen von »Treibhausgasen« frei, sondern es gibt Schlote in der Erdkruste, aus denen weder Lava noch Schlamm austritt, sondern neben anderen Kohlenwasserstoffen in der Hauptsache *unmittelbar* Methangas. Es handelt sich um einen bisher nicht diskutierten, ja noch nicht einmal wirklich wahrgenommenen dritten »Vulkan-Typ«, der genau dort vorkommen kann, wo weder Magma noch feinkörniges Sediment in größeren Mengen in der Erdkruste vorliegt.

Einen solchen Methan-Vulkan kann man analog zum Schlammvulkan auf Java auch künstlich zum Ausbruch bringen, indem man zum Beispiel in eine unter Überdruck stehende Gasblase bohrt. So etwas geschah, wie bereits beschrieben, als 1990 in der Nordsee eine Ölbohrplattform zerstört wurde. Durch das in die Methanblase vorgetriebene Bohrloch entlud sich der Druck in einer heftigen Explosion.

Von Pocken und Pingos

Die Erde scheint auszugasen. Das Methan quillt unmittelbar überall dort aus dem Untergrund durch die Erdkruste, wo Risse, Bruch- oder Schwächezonen vorhanden sind und nicht genügend Sauerstoff für dessen Oxidation zur Verfügung steht oder wo sich kein Methanhydrat bilden kann. Man hat festgestellt, dass die Ostpazifische Schwelle, ein Senkungsgraben im Pazifischen Ozean, über einen großen Teil seiner Länge unmittelbar Methan ausstößt, zusammen mit sehr heißem Wasser (Kim et al., 1983), weshalb sich im Bereich dieses »Risses« kein Methanhydrat bilden kann. Auch im Graben des Roten Meeres tritt Methan mit heißem Wasser in der Tiefe aus, dort wo Erdöl in kommerziell brauchbaren Mengen in der Nähe vorkommt.

In flachen Meeren fehlt der notwendige Druck zur Bildung von Methanhydrat. Dort kann das Methan direkt durch Risse und Löcher in der Ozeankruste ins Meerwasser und auch bis in die Atmosphäre aufsteigen. Liegt feinkörniges Sediment im Untergrund an, bilden sich Methan emittierende Pockennarben oder Schlammvulkane, die man natürlich auch an Land findet. In Gegenden, wo sich in der Erdkruste undurchlässige Schichten als dichte Verschlusskappen befinden, wird das aufsteigende Methan unter dieser Schicht mit steigendem Gesamtvolumen gespeichert, wie unter den Permafrostböden Sibiriens.

Deshalb müsste Methan überall dort ausgasen, wo die Erdkruste porös ist bzw. Bruchzonen aufweist. In solchen Bereichen erscheinen am Meeresgrund die bereits diskutierten Pockennarben (*englisch* Pockmarks). Über diesen ist das Meerwasser beträchtlich mit Methan angereichert. Mittels Sonar wurde festgestellt, dass Pockenfelder eine geschichtete Struktur aufweisen, die auf einen kontinuierlichen Ausgasungsprozess hindeutet, da mit kleineren Methangas-Explosionen immer aufs Neue feine Sedimente aus dem Untergrund in das Meerwasser geschleudert werden, die sich dann auf dem Meeresgrund anhäufen (Abb. 15, S. 48).

Falls der Druck nicht ausreicht, damit das Gas, kraterförmige Pockennarben hinterlassend, explosiv ausbrechen kann, wölben sich Hügel auf, durch Bildung von Blasen im Boden. Diese Hohlräume können gefüllt sein mit Gas, Eis oder feinkörnigen Sedimenten. Solche Strukturen findet man *heutzutage* in Permafrostböden der höheren Breiten, also im nördlichen Nordamerika und Sibirien, auf Grönland und in Alaska, auf Spitzbergen sowie in der Antarktis. Hier erheben sich voneinander isolierte Hügel, teils zu regelrechten Feldern gruppiert, die Durchmesser zwischen sechs und 1000 Meter bei einer Höhe von bis zu 50 Metern erreichen können. Diese kaum beachtete Erscheinung wird *Pingo* genannt, was in der Sprache der Inuit ganz einfach Hügel bedeutet.

Oft sind in den Pingos Eiskörper enthalten. Wie sollen solche oft bis zu 50 Meter hohen Eiskerne, die den Boden zu einem Hügel aufwölben, entstehen? Obwohl frostbedingt der Zufluss von Wasser beschränkt ist, soll das Eis aus dem flüssigen und gasförmigen Wasser der *unmittelbaren* Umgebung bzw. des Untergrunds entstehen. So ist aber kaum erklärbar, dass Pingos ein durchschnittlich vertikales Wachstum von 20 Zentimeter pro Jahr aufweisen, was einen kontinuierlichen Prozess erfordert. Können sich große Pingos ständig selbst mit Wasser aus dem sie umgebenden Permafrostboden versorgen (siehe Abb. 22)?

Es gibt noch einen weiteren Pingo-Typ, der durch ein hydrostatisches System mit angeblich unbegrenztem Wasservorrat versorgt wird. Man stellt

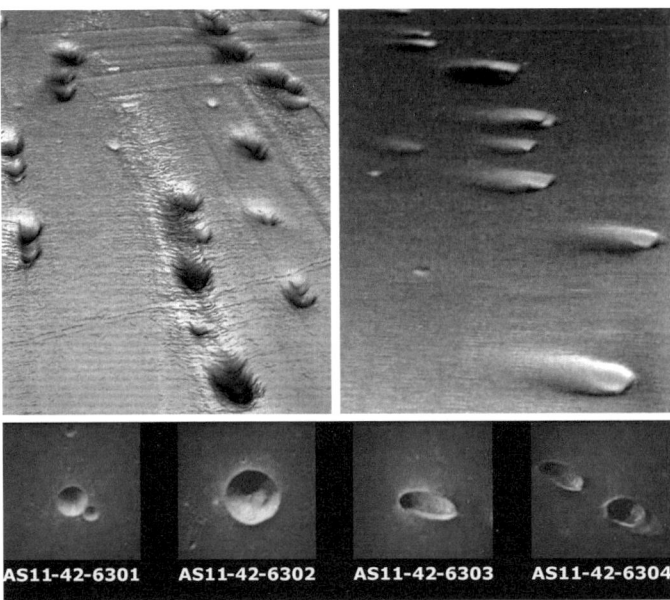

Abb. 23: **TRICHTERFELDER.** Oberes Bild: Typische Pockennarben mit einem Durchmesser von 10 bis 15 m am Grund der Nordsee: oben links symmetrische und oben rechts asymmetrische Ausbildung. Die Ausrichtung ist in bestimmten Arealen gleich, variiert aber gebietsweise (Judd/Hovland, 2007, S. 12 u. 14). Untere Bilder: Zeigen diese (angeblichen) Apollo-11-Aufnahmen von der Mondoberfläche Pockennarben, die durch Gasaustritt entstanden?

sich Quellen am Fuße von Hängen im Permafrost vor, die *während des Winters nicht zufrieren und im Sommer auch nicht leerlaufen*. Dadurch soll eine ständige Wasserzufuhr gewährleistet sein. Derart könnte man sich ein ständiges Wachsen des Eiskörpers vorstellen, obwohl eine ganzjährige Zufuhr von Wasser im Permafrost-Gebiet eigentlich kaum möglich erscheint.

Es ist auch nicht plausibel, eine häufig vorkommende, ja typische Erscheinungsform im Permafrost auf zwei oder sogar drei Sonderfälle mit ganz verschiedenen Erklärungsversuchen aufzuteilen (Wiegand, 1965, S. 9). Gibt es vielleicht eine einzige Ursache? Kann sie in dem sich unter dem Permafrost sammelnden Gas gefunden werden, das durch Spalten und Risse aufwärts migriert? In Nähe der Oberfläche können dann vereisende Pfropfen infolge des Joule-Thomson-Effekts durch Entspannung und Volumenvergrößerung des Gases bei einhergehender drastischer Abkühlung gebildet werden (vgl. Abb. 11, S. 28).

Abb. 24: **PINGOS.** Links: Kraterseen und Pingos in der Nähe von Tuktoyaktuk im Nordwesten Kanadas (Foto: Emma Pike). Rechts: Entblößter Pingo-Eiskörper.

Das Wasser kann durch Oxidation von Methan entstehen oder aber wird durch das schon beschriebene Schlammvulkan-Prinzip nach oben gepumpt. Dieser Pumpvorgang wiederholt sich in zeitlichen Abständen, womit auch das rätselhaft erscheinende kontinuierliche Wachsen der Pingos erklärt werden kann. Die Füllung der Frosthügel hängt wie bei den Vulkanen davon ab, welches Material im Untergrund vorhanden ist. Liegen nicht allzu tief feinkörnige Sedimente an, werden diese als Wasser-Boden-Gemisch in den Pingo-Hohlraum injiziert, ansonsten wird reines Wasser durch die drastische Abkühlung infolge des Joule-Thomson-Effekts gefroren. Falls sich kein Eis bildet, benutzen die Einheimischen solche Methanquellen als natürliche Herde, oder bei größeren Gasmengen wölbt sich ein Pingo-Hügel mit einem Hohlraum auf, der nur mit Gas gefüllt ist.

Die Ausgasung kann bei Überdruck explosiv als kleiner Methan-Vulkan erfolgen, wie bei den Pockennarben am Meeresgrund. Deshalb werden Pingos auch »Eisvulkane« genannt. Riesige Eisvulkane gibt es u. a. auf dem Saturnmond Enceladus. Die Raumsonde Cassini durchquerte im März 2008 eine über 50 Kilometer hohe Fontäne aus Gas und Eis, die aus dem nur 500 Kilometer großen Eismond herausspritzte. Die Zusammensetzung der Gasfontäne blieb geheim, da genau in diesem Moment merkwürdigerweise das Messinstrument die Arbeit einstellte. Hätte man Methan gemessen? Zur Überraschung der Forscher sprüht aus einer Reihe von Spalten am Südpol des Eismondes angeblich Eis, Wasserdampf und Staub mit einer Geschwindigkeit von 400 Metern pro Sekunde hervor. Im Inneren des Eismondes Enceladus muss es also wesentlich wärmer sein als vermutet (Foto 31 im Bildteil).

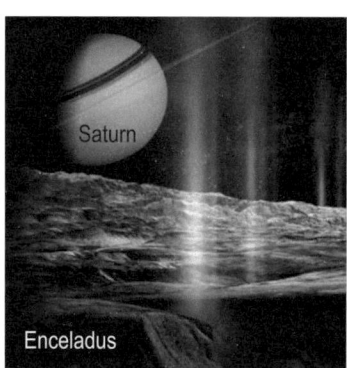 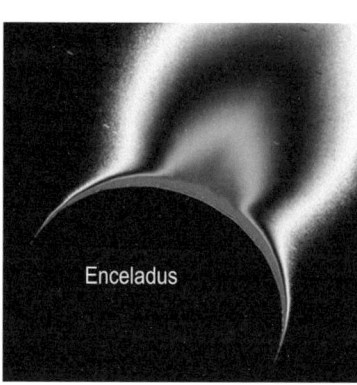

Abb. 25: **GASJETS.** Linkes Bild: Am Südpol des Saturnmondes Enceladus sind Fontänen aus »Wassereis« aktiv. Rechtes Bild: Die farblich bearbeitete Aufnahme zeigt das gesamte Spektrum des Ausbruchs. Beim Durchflug analysierte die Raumsonde Cassini den Wasserdampf der Fontäne, der doppelt so dicht wie das jeden einzelnen Jet umgebende Gas war. NASA/JPL/Space Science Institute.

Mehrere Autoren berichten von explosionsartigen Ausbrüchen rezenter Pingos auch auf der Erde (Strugov, 1955, S. 117), also von Eisvulkanen. Bei solchen Explosionen wurden zwei bis drei Kubikmeter große Schollen von Gestein und Eis einige Meter weit geschleudert. Die Zerstörung ereignete sich durchweg am Gipfel« (Wiegand, 1965, S. 41).

Bei dieser Beschreibung handelt es sich jedoch nur um kleinere Frosthügel. »Wenn aber – wie bei der ›Teufelskaute‹ – für einen Pingo von 60 bis 100 Metern Durchmesser größere Gasmengen (wie bei der Bohrung ›Schürfglück‹ tatsächlich nachgewiesen wurden) zur Verfügung stehen, in ihm eingeschlossen und erheblich zusammengepresst werden, so ist es möglich, dass das unter ungeheuren Druck geratene Gas zu einer heftigen Explosion führen kann« (ebd., S. 43).

Die auch als Kultplatz angesehene Teufelskaute ist heutzutage ein kleiner Kratersee im Landkreis Fulda in Osthessen, der im Osten und Westen von einem markanten Wall eingefasst wird. Es handelt sich hier wahrscheinlich um einen fossilen Pingo, wie von Gottfried Wiegand (1965) ausführlich beschrieben. Es gibt viele andere solcher Gebilde in Mitteleuropa, die oft nicht als fossile Pingos erkannt werden. Durch Grabungen wurde nachgewiesen, dass in fossilen Pingos anstehendes Gestein steil auf 60 Grad gegen das Zentrum des Kessels aufgerichtet ist – wie ein Vulkankegel, aber eben nicht Einschlagkrater.

Pingos sind naturgemäß eine vorübergehende Erscheinung, deren Nachfolgeformen – wie verschüttete, überformte Kessel oder Mulden – nur selten erkannt werden. Nicht nur in Sibirien, sondern auch in Mitteleuropa gab es früher eine Permafrost-Decke, und deshalb sind Pingos auch in Deutschland häufig zu finden. Man hat diese auch als alte Wohngruben (Paret, 1946, S. 54–83), römische Lager, Bombentrichter, Wasserbehälter, Lehmgruben oder einfach als Bodenabsenkung falsch interpretiert.

Eine Parallele zwischen Pingos und Methan- bzw. Schlammvulkanen liegt jetzt auf der Hand. Das von unten durch Risse und Bruchzonen im Untergrund aufsteigende Gas staut sich unter der Permafrost-Decke. Diese wird durch das Gas nach oben gewölbt. Solche unter Druck stehenden »Lufträume« sind im Inneren einiger Hügel Sibiriens nicht selten anzutref-

Abb. 26: **FOSSILE PINGOS.** Links oben: Die in der Nähe der Teufelskaute befindliche Hasenkaute, ein zwischen Hemmen und Großenlüder in Hessen liegender Kessel, der kein Einschlagkrater, sondern ein fossiler Pingo ist (Wiegand, 1965, S. 17 ff.). Rechts oben: Das durch Pingo-Bildung auf 60 Grad gegen das Zentrum schräg aufgerichtete anstehende Gestein der Hasenkaute (ebd., S. 147) – entgegengesetzt zur erwarteten Abwärtsrichtung bei einem Einschlagkrater. Links unten: Der Kratersee-Pingo im zentralen Ostgrönland mit einem Durchmesser von 100 m (ebd., S. 145). Rechts unten: Hexenringe auf Grönland.

fen, bestätigt Wiegand (1965, S. 41; vgl. Müller, 1959, S. 67). Baut sich genügend Druck auf, entsteht ein Eis- bzw. Gasvulkan, und die Permafrostdecke wird gesprengt.

Lassen sich mit diesem Erklärungsmuster auch die seltsamen »Hexenringe« aus Steinen erklären, wie man sie beispielsweise auf Grönland findet? Die schulwissenschaftliche Erklärung lautet: »Die ständige Volumenänderung durch abwechselndes Tauen und Gefrieren trieb im Laufe der Zeit das gröbere Material an die Oberfläche und drängte es kreisförmig nach außen« (Chorlton, 1983, S. 33). Die Struktur der »Hexenringe« könnte einfacher durch aufsteigendes Gas mit Bodenverflüssigung und Brunnenbildung erklärt werden.

Weil Eis nicht beständig ist, verschwinden Pingo-Hügel auch wieder. Oft unerkannt sind in heutzutage gemäßigten Zonen wie Mitteleuropa fossile Pingos zu finden, die zur Identifizierung umfangreiche Untersuchungen benötigen: Beim späteren Auftauen und Zusammensacken ergeben sie kleine, annähernd runde Teiche und ähnliche Oberflächenformen (u. a. in Holland, Belgien, Frankreich oder England), die man auf fossile Pingos zurückführt (Schwarzbach, 1993, S. 46).

Das aus der Tiefe der Erde aufsteigende Methan scheint also überall dort in Erscheinung zu treten, wo Schwachstellen in der Erdkruste vorhanden sind. Deshalb sollten auch die Thufa genannten Auffrier-Hügelchen mit einer Aufwölbung von weniger als einem Meter und mit einem durch Frost deformierten Kern aus mineralischem Boden auf die Tätigkeit von Methan zurückzuführen sein. Analog können auch die als Beweise einer ehemaligen Eiszeit geltenden Drumlins (von irisch: Höhenrücken) erklärt werden.

Fehlinterpretation Drumlin

Diese länglichen, tropfenförmigen Hügel sind oft in größerer Zahl fächerartig und gestaffelt angeordnet und bilden eine sogenannte Drumlin-Landschaft, auch Rückenlandschaft genannt. Man denkt zwangsläufig an Pingos: Tatsächlich weisen Drumlins teils ähnliche Größenverhältnisse auf, nur dass diese stromlinienförmig verformt sind. Fossile Drumlins sind oft schwer zu identifizieren, bestehen aber – wie manche Pingos – aus einer Füllung mit

Ton, Sand, Kies und Steinen. Diese wird auch als Geschiebemergel bezeichnet und als eiszeitliches Moränenmaterial angesehen (Foto 22–24 im Bildteil).

Der niederländische Geologe Dr. Christoph Sandberg schreibt: »Untersucht man die Drumlin-Erscheinung, so muss man zu dem Ergebnis kommen, dass ihre *bezeichnenden* Eigenschaften im Einzelnen und als Ganzes genommen nicht auf glazialen Ursprung hinweisen: Die typische Form und nahezu gleichmäßige Höhe der Hügel, der ebene Charakter der zugehörigen Fläche, die ausgesprochene morphologische Zusammengehörigkeit der beiden, die Ausscheidung der groben Bestandteile in den Hügeln und der feinen in der Fläche, die systematische Anordnung der Hügel in der Richtung des Gefälles – *alle diese charakteristischen Eigenschaften bezeichnen den Drumlin, wie auch ... das Ablagerungsprodukt von wasser- und gasgesättigten Gesteinsströmen, welche kurz vor der Gestaltung der Erscheinung in ziemlich schneller Bewegung begriffen sein mussten*« (Sandberg, 1937, S. 14 f.).

Der Geologe Sandberg bestätigt, dass es sich *nicht* um Eiszeitrelikte handelt. Obwohl der glaziale Ursprung dieser Hügel immer wieder hervorgehoben wird, lesen wir im »Geologischen Wörterbuch«: »Die eigentliche Entstehungsursache ist noch umstritten« (Murawski/Meyer, 1998, S. 43). Vorhandene Erhebungen oder Sedimente, wie ältere Geschiebemergel, sollen nach konventioneller Ansicht durch sich bewegende Gletschermassen »überfahren« und stromlinienförmig verformt worden sein. Können ganze, derart systematisch angelegt erscheinende Rückenlandschaften entstehen? Woher kommen die schwarmartig punktförmigen Einlagerungen von Sedimenten an der Erdoberfläche? Man glaubt an moränenartige Ablagerungen *noch* älterer Eisvorstöße, die durch Gletscherströme hinterlassen wurden. Kann man so die relativ gleichmäßige Anordnung in regelrechten Feldern erklären?

Solche Felder findet man auch in Gebieten, die nie vergletschert waren. Sandberg bezieht sich auf die sogenannte »10 000-Hügel-Landschaft« in der Nähe von Tasikmalaya im Westen der indonesischen Insel Java. Diese Geländeformen wurden bereits 1925 als drumlinartig beschrieben, entstanden durch *nasse Gesteinsströme* (Escher, 1925). Jedoch wurde die Deutung als Drumlin abgelehnt, weil die Hügel nicht in der Strömungsrichtung langgestreckt sind, obwohl ansonsten alle Eigenschaften eines Drumlins gegeben sind, insbesondere die innere Zusammensetzung der Hügel im Gegensatz zu derjenigen der umliegenden Fläche, die parallele Wechsellagerung dieser Hügel und das »Moränenmaterial«. »Es kann daher über die Drumlin-Natur des 10 000-Hügel-Vorkommens nicht der geringste Zweifel herrschen« (Sandberg, 1937, S. 14).

Der Unterschied besteht also nur zwischen kreisrunder und stromlinienförmiger Gestalt. Der Streit hat einen handfesten Grund, denn runde Drumlins können nicht von Gletschern erzeugt werden, womit ein Beweis für die »Eiszeit« entfallen würde. Wenn Sandberg auf eine »ziemlich schnelle Bewegung kurz vor der Gestaltung« hinweist, dann fragen wir uns, was sich hier bewegen soll, ein »rasender« Gletscher oder vielleicht der Untergrund selbst? Wie schon in meinem Buch »Die Evolutions-Lüge« beschrieben, gab es vor gut 2000 Jahren heftige Bewegungen der Erdkruste im Alpengebiet, wie auch in dem Fachbuch »Postglaziale Klimaänderungen und Erdkrusten-Bewegungen in Mitteleuropa« dargelegt:

Zu Zeiten unserer Vorfahren stiegen die vorhandenen Seen – wie Bodensee oder die Schweizer Seen – unter Bildung von Strandwällen und Uferterrassen sowie einhergehender Vernichtung sämtlicher Pfahlbauten- und sonstiger Ufersiedlungen stark an. Zu dieser Zeit der Klimaverschlechterung *erreichten Bewegungen der Erdkruste eine besondere Intensität und führten zur Bildung neuer Seen* bei München, Tölz und Memmingen. Die Flugsand- und Lößbildung fand in diesem Zeitraum ein Ende, und die Dünen an Bodensee, Oberrhein und in anderen Gebieten bewaldeten sich sukzessive. Diese von einer wissenschaftlichen Untersuchung bestätigten *Erdkrustenbewegungen im Alpengebiet ereigneten sich zur Zeit der Kelten* in einer Phase der sogenannten subatlantischen Zeit von vor 2850 bis 2120 Jahren (Gams/Nordhagen, 1923, S. 304 f.).

In einer solchen Phase bebt die Erde, und ozeanische Pockennarben, Pingos und Drumlins können massenhaft entstehen, fehlinterpretiert als Beweise einer lang andauernden Eiszeit. Durch Risse und Bruchzonen in der Erdkruste migriert bei entsprechenden Bewegungen Gas, spült – wie ein Schlammvulkan – Sedimente oben in oder auf die Oberflächenschicht und bildet dann die Füllungen u. a. von Drumlins.

Bei der Entstehung der beschriebenen geologischen Formationen spielt das plötzliche Auftreten von Wasser bzw. einer einsetzenden Bodenverflüssigung eine wichtige Rolle. Tatsächlich können Erdbeben förmlich Wasser in großen Mengen aus dem Nichts hervorquellen lassen. Dies haben Aufnahmen der NASA vom Januar 2001 bewiesen, wie vom *Jet Propulsion Laboratory* dokumentiert. Durch starke Erschütterungen mit einer Stärke von 7,7 auf der Richterskala kam es in Westindien lokal zu Bodenverflüssigungen. An vorher trockenen Stellen ließ das Erdbeben plötzlich Wasser hervorquellen, das aus feinen Sedimenten freigesetzt wurde. Wurden diese Erdbeben durch das mit dem Wasser aufsteigende Gas erzeugt? Wenn für die Entstehung von Drumlins eine Bodenverflüssigung in Zusammenhang mit leichten Beben infolge eines Gasaufstiegs verantwortlich ist, können wir jetzt dementsprechend das Phänomen der Eiskeile (auch *Frostkeil*) erklären, die auch als Beweise für eine Eiszeit angesehen werden. Es handelt sich dabei um »mehr oder weniger vertikale, nach unten zuspitzende keilförmige, eisgefüllte Spalten in Böden von Dauerfrostgebieten« (Murawski/Meyer, 1998, S. 46). Fossile Eiskeile sind vielfach mit Löß oder Lehm gefüllt und wurden deshalb früher auch als Löß- oder Lehmkeile bezeichnet. Die Sedimentfüllungen sollen die angeblich frühere Eisfüllung ersetzt haben. Tatsächlich gibt es heutzutage mit Eis gefüllte Spalten oder Trichter, deren Entstehungsweise ganz einfach wie bei Pingos und Drumlins erklärt werden kann. Da bei fossilen Eiskeilen gar kein Eis mehr vorhanden ist, sprechen Fachleute auch von »Eiskeil-Pseudomorphosen«, wobei mit solchen Gedankenspielereien wieder das Walten der Eiszeit nahegelegt werden soll, obwohl es für die angeblich ehemalige Eisfüllung keinen Beweis gibt. Eine andere Erklärung wird erst gar nicht gesucht.

Wenn wir jetzt ganz einfach annehmen, die Löß- oder Lehmfüllung bei manchen Eiskeilen wäre schon immer ohne Eisbildung vorhanden, dann entstehen diese trichterähnlichen Brunnen ganz einfach durch Bodenverflüssigung infolge von Beben, die wiederum durch aus der Tiefe aufsteigendes Gas verursacht wurden. Entsprechende Strukturen, die von »prähistorischen« Katastrophen stammen, sind *außerhalb* von als »eiszeitlich« angesehenen Gebieten in Steinbruchaufschlüssen gefunden worden (Abb. 27). Der amerikanische Geologe Robert M. Thorson (1986, S. 464 f.) und sein Team haben im US-Bundesstaat Connecticut sowohl das brunnenförmige Aufbrechen des Materials als auch die hierfür erforderliche Bodenverflüssigung in früher einmal wassergetränkten Flusssanden und -kiesen an ihren gekräuselten Lagen im Untergrund erkennen können. Die Eiskeile

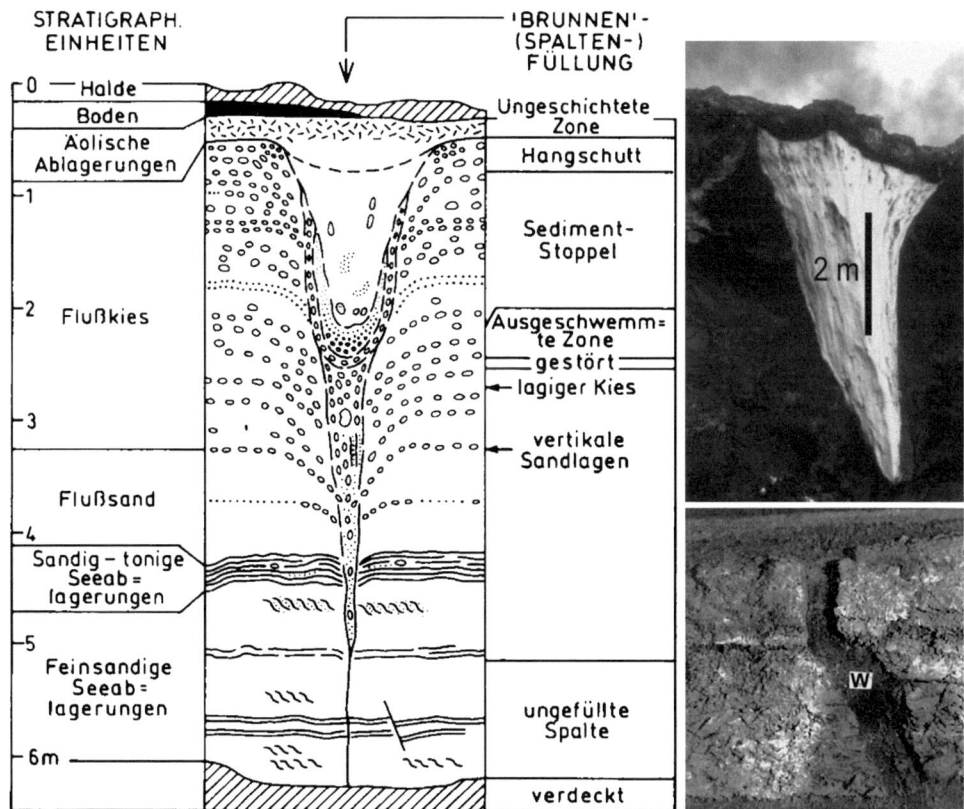

Abb. 27: **ERDBEBENBRUNNEN.** Links: Querschnitt eines fossilen »Erdbebenbrunnens« mit Erdverflüssigung aus ehemals nicht vergletscherten Gebieten in Connecticut. Liegen solche Brunnen innerhalb der proklamierten Inlandeisgrenzen, werden sie auch »Eiskeile« genannt und als Beweis für eine Eiszeit angesehen. Nach Thorson, 1986. Rechts oben: Teilweise sind »Eiskeile« mit Eis gefüllt, das nach Karl-Heinz Jacob durch den Joule-Thomson-Effekt entstehen kann (vgl. Abb. 11, S. 28). Rechts unten: Ein kleiner Eiskeil (W) in einer Permafrostschicht. Explosionsartig kann derart auch ein kleiner »Eisvulkan« entstehen.

können also statt propagierter »Eiszeitrelikte« das Ergebnis von gewaltigen Beben-Katastrophen sein und werden daher auch »Erdbebenbrunnen« genannt, bestätigt der bekannte österreichische Geologe Professor Dr. Alexander Tollmann (1993, S. 148f.).

Enthalten solche Eiskeile tatsächlich Eis, dann hat auch hier der Joule-Thomson-Effekt, ähnlich wie bei Pingos, für die plötzliche Entstehung des Eiskörpers mit der Ausgasung gesorgt, in diesem Fall während eines Bebens.

Erdbebenlöcher und Erdverflüssigung

Es gibt eine Vielzahl von Erdbebenberichten in den tradierten Sintfluterzählungen der Völker auf der ganzen Welt. Immer wieder wird geschildert, wie bei Erdbeben Spalten aufbrachen, aus denen Wasser emporschoss, wie dies auch bei heutigen Erdbeben beobachtet werden kann. Bereits der bekannte österreichische Geologe Eduard Suess (1885, S. 43 f.) beschrieb, wie das Grundwasser dabei aus zahllosen verstreuten Punkten mehrere Meter hoch emporschoss. Es kann sich dabei um reines Wasser, aber auch schlammige Massen handeln, was uns wiederum an Schlammvulkan-Tätigkeit erinnert. Das Prinzip ist dasselbe.

Suess führt als Beispiel dafür »das Beben im Mississippi-Gebiet vom 6. Januar 1812 an, wo im Talgrund unterhalb der Ohio-Mündung bis zu fünf Meter hohe Fontänen mit lauten Explosionen emporgeschleudert wurden. Analoge Phänomene waren auch bei anderen schweren Beben, etwa am 11. Januar 1838 im Schwemmland der Dimbowitza in Rumänien, am 12. Januar 1862 südlich vom Baikalsee, am 10. Oktober 1879 in den Donau-Auen von Moldawien oder am 9. November 1880 im Savetal bei Agram (Zagreb) zu beobachten« (Tollmann, 1993, S. 147).

In manchen Gebieten Nordamerikas gibt es regelrechte Felder von Erdhügeln. Einzelne Erhebungen sind bis zu 20 Meter hoch und weisen einen Durchmesser von bis zu 100 Metern auf. Die meisten sind jedoch wesentlich kleiner. Sie befinden sich oft in Gebieten, in denen noch heutzutage Erdbeben vorkommen. Meist werden diese Erhebungen als indianische Bauwerke, sogenannte »earthworks« (Erdwerke), fehlgedeutet, da diese aufgeschütteten Begräbnishügeln ähneln, wie sie in Nordamerika *und* in Europa zu

Abb. 28: **BRUNNENBILDUNG.** Mit heftiger Erdbebentätigkeit entstand »Brunnenbildung« durch Bodenverflüssigung und Hochschießen von Grundwasserfontänen am 5. Februar 1783 in Rosarn, Süditalien.

finden sind. Teils wurden natürlich entstandene Erdhügel auch als Begräbnisstätten genutzt.

Östlich des Mississippi gab es Millionen Erdhügel, von denen nur sehr wenige untersucht wurden, während Millionen andere ganz einfach dem Boden gleich gemacht wurden. Man weiß daher nicht, wie viele dieser Hügel natürlich entstanden waren. Einen Hinweis geben Erdbebengebiete. Am 16. Dezember 1811 wurden die Einwohner von New Madrid im US-Bundesstaat Mississippi von unterirdischem Grollen geweckt, das sich wie ein entferntes Gewitterdonnern anhörte. Der Boden vibrierte und schwankte so heftig, dass sich die Menschen festen Halt suchen mussten, um nicht umzufallen. Die Kronen großer Bäume knickten ab und fielen zu Boden. Große Spalten oder Risse brachen auf, aus denen schlammiges Wasser, große Klumpen von blauem Lehm, Kohle und Sand ausgeworfen wurden, nachdem die Erschütterungen des Untergrundes vorüber waren und ein Grollen scheinbar die Sammlung neuer Kräfte für weitere Erschütterungen ankündigte. Insgesamt wurden an diesem Tag 28 Erdstöße gezählt.

Zeugen berichten: An »manchen Stellen kam etwas aus der Erde wie ein Luftstoß ... es wurden Explosionen wie der Abschuss einer Kanone in einer Entfernung von wenigen Meilen gehört ... in der Nacht schienen Lichtblitze manchmal aus der Erde zu kommen« (Haywood, 1823). Und andere Augenzeugen berichten von einem lauten Getöse und Zischen wie beim Entweichen von Dampf aus einem Boiler, begleitet von ungeheurem Aufkochen des

Abb. 29: **NEW MADRID-ERDBEBEN 1811–12**. Linkes Bild: Ein »Sandvulkan« (Pfeil) vom Kratertyp in einer verwüsteten Gegend bei Pemiscot County, Missouri. Rechtes Bild: Eine typische Sumpflandschaft, die nachweislich jungfräulich durch plötzlich abgesunkene Landflächen während des Erdbebens in New Madrid entstand.

Wassers im Mississippi in riesigen Dünungen. Interessant sind die Berichte über »Blitze, wie sie bei einer Gasexplosion entstehen würden ... (und) von vollständiger Sättigung der Atmosphäre mit Schwefeldampf«. Die Erdoberfläche wälzte sich wie Wellen im Meer, mit sichtbaren Vertiefungen von mehreren Fuß dazwischen. Diese Ausbrüche warfen »riesige Mengen von Wasser, Sand und Kohle« hoch (Fuller, 1912).

Bei Gaseruptionen, die von Erdbeben begleitet werden, bewegen sich Flüssigkeiten durch poröse Bereiche, verursacht durch Druckveränderungen. Der Wasserspiegel wird im Boden verschoben, wenn Gase von unten eindringen. Bei großen Beben wie in New Madrid wurde immer wieder von Brunnen berichtet, die ihren Wasserstand veränderten und trüb oder schlammig wurden.

Bei diesem New-Madrid-Großbeben wurden über eine Strecke von 500 Kilometern »Sandblasen« in Form kleiner, trichterförmiger Krater aufgeworfen, die mit Sand gefüllt waren und die in »Eiszeit-Gebieten« wohl als Eiskeile fehlgedeutet wurden. Die Augenzeugenberichte dieser Gaseruptions-Phänomene bestätigen, dass sich »Erdbebenbrunnen« bildeten, die noch heute zu sehen sind, und es entstanden unzählige kleine Erdhügel. Berichte von brennenden Ästen auf einzelnen Hügeln lassen auf Flammenbildung schließen, wie sie bei Methangas-Quellen an mehreren Orten in Kleinasien beobachtet werden kann. Schon die alten Griechen berichteten von sich entzündendem Gas. Die in New Madrid aus dem Boden kommenden Lichtblitze bestätigen diesen Sachverhalt.

Welche Schlussfolgerung können wir aus der Erscheinung »Erdbebenlöcher« ziehen? Diese lassen sich keinesfalls durch plattentektonische Szenarien erklären! Erdbebenlöcher »liegen offensichtlich nicht an Stellen, an denen sich Erdplatten überlagern und weit weg von entsprechenden Strukturen tektonischer Verschiebungen. Es gibt in ihrer Nähe keine sich absenkende Erdplatte, wie am Grund des Ozeans, oder eine kontinentale Platte, die sich gleitend verschiebt. Mehr noch, die Erdbebenaktivität beschränkt sich auf relativ kleine Gebiete, auf einzelne Flecken mit Erderschütterungen und nicht auf ausgedehnte Gebiete ..., solche Erdbebenlöcher lassen sich tatsächlich am besten nur mit der Theorie vom aufsteigenden Gas erklären. Aufquellende leichte Kohlenwasserstoffe, besonders Methan, und in Begleitung dazu Gase wie Kohlendioxid erzwingen ihren Weg aus großer Tiefe nach oben. Sie tun das dadurch, dass sie Risse im Gestein wiederholt auseinandertreiben und schließen. An ihnen lässt sich der Weg des unter hohem Druck stehenden Fluidums erkennen« (Gold, 1999, S. 157).

Plötzlich und unerwartet

Betrachten wir die geschilderten Szenarien jetzt einmal in größerem Maßstab. Von der Antike an bis zum Beginn der Neuzeit war in den Tiefen der Erde eine Wasserschale oder ein System wassergefüllter Hohlräume angenommen worden. Im Zusammenhang mit dem in diesem Buch skizzierten Szenario der Hohlraumbildung unter der Erdkruste durch Wasser und aufsteigende Gase wird erklärlich, wie der mit sechs bis dreizehn Kilometer relativ dünne Ozeanboden plötzlich nachgeben kann.

Am 1. September 1923 sackte beim Sagami-Beben südlich von Tokio der Meeresboden um 466 Meter ab, während sich andere Bereiche durch die Entlastung bis zu 250 Meter hoben. Beim Beben in Agadir vor der Küste von Marokko am 29. Februar 1960 senkte sich eine Zone von über dreizehn Kilometern Länge um ungefähr 1000 Meter auf eine Tiefe von 1350 Meter unter der Meeresoberfläche, während andere Teile um ungefähr 350 Meter an die Wasseroberfläche angehoben wurden.

Abb. 30: **STABILITÄT.** Während des Niigata-Erdbebens am 16. Juni 1964 (mit der Stärke 7,5 auf der Richterskala) wurden 2000 Häuser total zerstört. Durch die gebietsweise erfolgte Bodenverflüssigung kippten verschiedene Bauwerke als Ganzes wie Bauklötze, teils um fast 90 Grad, sodass Flachdächer fast senkrecht standen (Pfeil). Auch Brückenfundamente kippten und führten zum Einsturz von Brücken. Gleichzeitig schwemmte ein Tsunami größere Schiffe an Land.

Wie im Fachmagazin »Science« dokumentiert wird, entstand in Tibet am 14. November 2001 während einer Erderschütterung (Stärke 8,1 auf der Richterskala) eine 400 Kilometer lange Erdspalte. Es ist der längste Riss durch die Erdoberfläche, der sich seit Beginn der Aufzeichnungen von Erdbeben gebildet hat (Lin et al., 2002). Die chinesischen Forscher entdeckten Verwerfungen, die sich in einer fast endlos geschwungenen Linie über Berge und Täler des Landes winden. Entlang der Erdspalte müssen die Ränder des Risses während des Bebens teilweise über sechzehn Meter aneinander vorbeigeglitten (geschert) sein.

Durch eine örtliche Änderung des Gefüges im Untergrund kann ein derart langer Verschiebungsriss erklärt werden, aber nicht durch Bruchkräfte, die weit entfernt an Plattengrenzen verursacht werden. Für diesen Fall müssten sehr viel mehr Risse, insbesondere auch in Querrichtung infolge zwangsläufig erzeugter Querzugspannungen auftreten. Plattentektonisch können derartige Erdrisse wie in Tibet deshalb nicht erklärt werden!

In diesem Buch wird für alle bisher diskutierten geologischen Erscheinungen grundsätzlich dasselbe Erklärungsmuster angeboten. So können neben »normalen« Erdbeben auch Mittel- und Tiefbeben erklärt werden, die sich *innerhalb* und eben nicht nur am Rande sich verschiebender tektonischer Platten ereignen.

Auch das Rätsel des einzigen aktiven Karbonatit-Vulkans kann gelöst werden. Die nur bis zu 600 Grad Celsius »kalte« schwarze »Lava« des Ol Doinyo Lengai-Vulkans in Tansania enthält fast kein Silizium, dafür aber Karbonat-Mineralien, eine stabile Form von Kohlenstoff. Die aus flüssigen Karbonaten bestehende »Lava« muss daher in einem separaten, *kohlenstoffreichen* Bereich entstehen (»Nature«, Bd. 459, 2009, S. 77–80).

Ein weiteres ungelöstes Rätsel ist die Leitfähigkeit des oberen Erdmantels: Obwohl er (angeblich) hauptsächlich aus Olivin besteht, einem absolut isolierenden Mineral, gibt es in Tiefen zwischen 70 und 350 Kilometern natürliche elektrische Strömungen. Wieso ist dies möglich? In Laborversuchen untersuchten Wissenschaftler vom Institut des *Sciences de la Terre d'Orléans* (ISTO) »Lava« aus dem Karbonatit-Vulkan in Tansania. Die Forscher um Fabrice Gaillard stellten fest, dass diese flüssigen Karbonate sehr leitfähig sind. Sie besitzen eine mehr als tausendfach höhere Leitfähigkeit als Basalt, der bisher als die einzige leitfähige Komponente des Erdmantels galt. Aus den flüssigen Karbonaten (Lava) und ihren leitenden Eigenschaften schließen die Forscher, dass auch die Leitfähigkeit des oberen Mantels insgesamt auf dieses Material zurückzuführen ist (»Science«, Bd. 322, 28. 11. 2008, S. 1363–1365).

Weiter wurde dargelegt, dass angebliche Zeugnisse des »Großen Eiszeitalters« ganz anders und vor allem einheitlich begründet werden können. Wie schon in meinem Buch »Irrtümer der Erdgeschichte« ausführlich diskutiert, hat es überhaupt kein etwa 2,6 Millionen Jahre andauerndes »Großes Eiszeitalter« gegeben, sondern eine »katastrophenartig« entstandene und nur verhältnismäßig kurze Zeit waltende »Eiszeit«, die wegen des heftigen Schneefalls – als Bedingung zur schnellen Eisbildung – von mir »Schneezeit« genannt wurde.

Abb. 31: **PLÖTZLICHE SCHÜTTUNG.** Mit dem Vulkanausbruch des Mount St. Helens im US-Bundesstaat Washington im Jahr 1980 wurde dieses Schotterfeld mit einem zwischen den Geröllen verträumt dahinschlängelnden Bach jungfräulich im Eilzugtempo geschüttet. Vorher stand hier ein dichter Wald, wie derzeit noch am linken »Flussufer« zu sehen (rechts hinten auf den Bildern). Die Erschaffung eines solchen Landschaftsbildes und die Rundung der Gerölle werden beispielsweise in den Alpen dem langzeitigen Wirken von Gletschern zugesprochen. Ursache war hier nachweislich ein Vulkanausbruch (Zillmer, 2013 und Video 2008).

Wenn zum Beispiel die Bildung von Bächen, die in einem Flussbett mit gerundeten Geröllen gurgelnd zu Tal fließen, der »Eiszeit« und die Rundung der Steine dem *langzeitigen* Wirken von Gletschern zugeschrieben wird, dann ist das sicher in den meisten Fällen eine Fehlinterpretation. Wie solche zwischen gerundeten Geröllen fließenden Bäche im Eilzugtempo jungfräulich entstehen, konnte man am 18. Mai 1980 beim Ausbruch des Vulkans

Mount St. Helens im US-Bundesstaat Washington beobachten. Es begann mit einem Erdbeben der Stärke 5, gefolgt von einer *riesigen Ausbeulung* an der Nordflanke des Berges mit einem Durchmesser von über einer Meile. Die Bergspitze des Mount St. Helens wurde dann durch eine Explosion weggesprengt. Fast 300 Grad Celsius heiße gigantische pyroklastische Ströme schossen mit flüssigen, turbulenten Schlammströmen (Lahars) mit einer Geschwindigkeit von 250 Kilometern pro Stunde zu Tal.

In wenigen Stunden wurden aus den bis zu 180 Meter hohen zu Tal schießenden Schlammwalzen bis zu 50 Meter mächtige neue geologische Schichten gebildet. Interessanter für unsere Betrachtung ist, dass dicke Geröllfelder in ein jungfräulich geschaffenes Bachbett geschüttet wurden, dort, wo vorher ein Wald stand (Abb. 29). Die blitzschnelle Bildung eines zwischen gerundeten Geröllen fließenden Gebirgsbaches geschah mit einer Geschwindigkeit von sage und schreibe 65 Meilen, also etwa 100 Kilometern pro Stunde innerhalb von nur *15 Minuten*. Vor dem Vulkanausbruch war hier kein Bach und keinerlei Geröll vorhanden. Derart entstanden zwei verschiedene Bäche, einer am Nord- und einer am Südhang des Mount St. Helens, gezeigt in der Filmdokumentation »Kontra Evolution« (Zillmer, 2008).

Der bereits zitierte Geologe Sandberg (1937, S. 47) stellt fest, »dass der Nachweis, die sogenannten ›glazialen‹ Merkmale könnten wirklich von Eiswirkungen erzeugt werden, bis jetzt völlig fehlt«. Es hat sich seit dieser Zeit nichts geändert, muss hinzugefügt werden. Schon damals erkannte Sandberg die wirklichen Ursachen, denn man hat »noch viel zu wenig den Faktor der *Gesteinsströme* (Petrofluxe) in Betracht gezogen. Solche Gesteinsströme sind mit riesigen Wasser- und Gasmassen in Verbindung zu bringen, sodass man an *katastrophenmäßige* Ereignisse denken muss. Sie können aber auch in anderer Form lokal bis regional auftreten« (ebd., S. 49).

Ich möchte es deutlicher formulieren: Die Beweise für die gestaltungsbildende Wirkung von Gas und Wasser in der Erdkruste wurden aus dem Erfahrungsschatz, den vor-darwinistische Geologen bis zum beginnenden 19. Jahrhundert gesammelt hatten, ganz einfach wissenschaftlich verbannt bzw. nicht mehr beachtet, da gemäß moderner Geologie unmerklich langsame Veränderungen nach Charles Lyell maßgebend sein sollen, um derart dem gigantischen Zeitbedarf der Evolutionstheorie genügen zu können. Jedoch sind schnelle und nicht langsame Veränderungen der Oberflächengestaltung unserer Erde maßgebend, wozu neben katastrophischen Wasseraktivitäten insbesondere Gas- bzw. Vulkanausbrüche erheblich beigetragen haben.

Auch die Gaslagerstätten können nicht uralt sein. Forscher haben errechnet, dass diese sich in nur *wenigen zehntausend Jahren leeren* müssten, auch unter Gestein mit sehr *niedriger* Gasdurchlässigkeit (Nelson/Simmons, 1995). Können derart große Gaslagerstätten sich mittels biologischer Prozesse ständig regenerieren? Augenscheinlich nicht. Deshalb müssen sich Gaslagerstätten aus der Tiefe von unten herauf immer wieder auffüllen! In der US-Golfregion wurde bereits nachgewiesen, dass sich Vorkommen von Kohlenwasserstoffen wieder füllten (Whelan et al., 1993 und 1997). Das Gleiche wurde für die persisch-arabische Golfregion durch örtliche Untersuchungen nachgewiesen, und Fachleute sind davon überzeugt, dass »Kohlenwasserstoffe kontinuierlich entstehen, wodurch die jährlich steigenden Ölreserven in diesem Gebiet erklärt werden können« (Mahfoud/Beck, 1995)!

Zwischen Wolga und Ural liegt das russische Elefantenfeld Romashkino, Europas größtes Erdölfeld an einer brüchigen Erdmantelzone. In den 1980er-Jahren brach nach jahrzehntelanger Ausbeutung die Förderung einiger Quellen vollständig zusammen und es kam Wasser aus den Pumprohren. Dann tauchte plötzlich neues Erdöl auf. Das frische Erdöl aus dem Romashkino-Ölfeld hatte eine andere Konsistenz als zuvor und zeichnete sich auch durch eine unterschiedliche, biologische Signatur aus. Insgesamt wurde in diesem Erdölfeld viermal mehr Erdöl gefördert als es nach biologischer Erklärung hätte sein dürfen (3SAT-Filmdokumentation am 15. März 2010, 21.30 Uhr).

3. Das elektrische Sonnensystem

Das Hamburger Klimamodell (ECHO-G-Modell) zeigt, dass die Sonne in hohem Maße das Klima der letzten 1000 Jahre auf der Erde beeinflusst hat und Vulkanausbrüche zu kühleren Temperaturen beigetragen haben. »Diese Modellierung mit einem gekoppelten Atmosphären-Ozean-Modell passt sehr gut zu der Vielzahl von Einzelrekonstruktionen der letzten 1000 Jahre«, wird von Geowissenschaftlern in ihrem Buch »Klimafakten« festgestellt (Berner/Streif, 2004, S. 220 f.).

Mondbeben

Seit Langem gilt der Mond als tot. Aber mindestens fünf Strukturen auf dem Mond stehen im Verdacht, Kohlendioxid und sogar Wasserdampf zu emittieren. Diese Stellen befinden sich beispielsweise an Kreuzungen von Mondrillen, also fragilen Punkten (Rissen) der Mondkruste (vgl. Schultz et al., 2006).

In den letzten Jahren wurden etwa 500 Mondbeben pro Jahr durch Seismometer registriert, mit dem bereits die unbemannte Mondsonde *Ranger 3* im Jahr 1962 ausgestattet war. Die meisten Beben liegen bei einer Stärke von 2 auf der Richterskala, das stärkste bei 5. Mehr als die Hälfte der Beben entstehen in 800 bis 1000 Kilometern Tiefe. Da der Mond geologisch inaktiv sein soll, sucht man eine offizielle Erklärung in sogenannten Gezeitenkräften, die durch das Zusammenspiel der Gravitationskräfte zweier sich umkreisender Himmelskörper und der jeweiligen Zentrifugalbeschleunigung entstehen. Die Beben bauen nach dieser Interpretation diejenigen Höchstwerte innerer Spannungen ab, die jeweils am erdnächsten und erdfernsten Punkt der Mondbahn erreicht werden.

Man müsste deshalb erwarten, dass sich die Beben auf die komplette Schale in der Tiefe des Mondes verteilen, falls Gezeitenkräfte für die Beben verantwortlich sein sollen. Dies ist aber nicht der Fall. Es gibt anscheinend nur etwa 100 spezielle Stellen, die nur wenige Kilometer Durchmesser umfassen, an denen sich die meisten Beben ereignen. Der Grund für diese stationär-punktuellen Konzentrationen kann weder mit der Gezeitentheorie noch mit einer anderen konventionellen Theorie erklärt werden!

Versuchen wir analog zur Erde eine alternative Erklärung im Sinne der Ausgasungstheorie. »Der einzig verständliche Grund für beobachtete Beben im tiefen Inneren des tektonisch erstarrten Mondes wäre, dass sich Spalten öffnen und schließen, wenn Fluida aufsteigen. Auch dort dürften die Fluida wie auf der Erde ursprüngliche Kohlenwasserstoffe enthalten« (Gold, 1999, S. 205).

Das mit zehn Detektoren ausgerüstete Alpha-Teilchen-Spektrometer an Bord der unbemannten Mondsonde *Lunar Prospector* (nicht Apollo!) registrierte die radioaktiven chemischen Elemente Radon und Polonium, die allmählich aus dem Mondinneren entweichen. Obwohl aktiver Vulkanismus auf dem Mond längst erloschen sein soll, scheint es bestimmte Ereignisse zu geben, bei denen verstärkt Radon, Stickstoff, Kohlendioxid und Kohlenmonoxid ausströmen.

Während eines Mondbebens wurden auch Gasteilchen mit der Atommasse 16 entdeckt. Thomas Gold (ebd., S. 205) gibt zu bedenken, dass es kein Atom oder Molekül *mit dieser Masse* gibt, das sich stabil und ohne chemisch zu reagieren seinen Weg durch das Mondgestein hätte bahnen können – außer Methan.

Wenn diese Fluida als Gas aus der Mondoberfläche austreten, sollte man dies bemerken können, denn *entgegen* früherer Annahmen besitzt der Mond eine, wenn auch sehr dünne »Atmosphäre«, die als Exosphäre einen fließenden Übergang zum interplanetaren Raum aufweist. Dieser ist auch nicht leer, sondern erfüllt vom (Sonnenwind-) Plasma, das quasineutral, aber elektrisch leitend ist.

Tatsächlich wird schon seit Jahrhunderten von kurzzeitigen, lokalen Helligkeits- oder Farbveränderungen auf der Mondoberfläche berichtet. Diese »Mondblitze« (Moonblinks) werden als *Lunar Transient Phenomena* (LTP) oder *Transient Lunar Phenomena* (TLP), also kurzlebige Mondphänomene bezeichnet. Es wurden bisher mehr als 1500 derartige Sichtungen gemeldet, nachdem im Fachmagazin »Science« bereits 1967 fast 400 Berichte analysiert wurden. Man konnte drei unterschiedliche Erscheinungsformen unterscheiden (Middlehurst/Moore, 1967): kurzlebige optische Phänomene an der Peripherie der Mare (= dunkle Flächen), Lichterscheinungen und Blitze (Moonblinks) innerhalb von Kratern sowie Verdunkelungen in Ebenen um diese herum.

Es wurden Wolken in den Farben Weiß, Grau und vor allem Rot beobachtet, die teils sichtbare Schatten warfen. Im »National Geographic Magazine« (Ausgabe Februar 1972) wurde aufgrund der (angeblichen) Erfahrungen von *Apollo 15* über ein Magnetfeld des Mondes, von Mondbeben, Wasserdampf und einer extrem dünnen Atmosphäre berichtet (ebd., S. 245). Auch wurden eine Reihe von kegelförmigen Vulkanen entdeckt, die *Gas ausstießen* (ebd., S. 250). Als rätselhaft und unerklärlich sah man mysteriöse Dunstwolken und Farbblitze im Aristarchus-Krater an (ebd., S. 252).

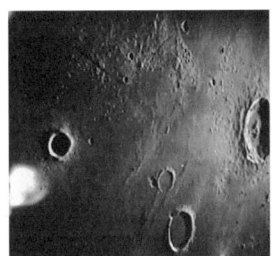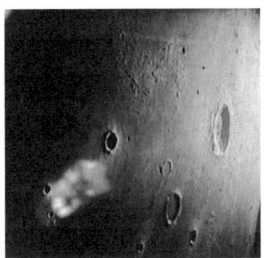

Abb. 32: **LEUCHTERSCHEINUNGEN.** Die drei Bilder zeigen eine Fotoreihe, die angeblich von Apollo 14 aufgenommen wurde (Fotos: AS14–70–9835 bis 9837).

Lichtkränze oder -höfe unmittelbar über der Mondoberfläche sind sichere Anzeichen für Wasserwolken. Die optischen Effekte entstehen durch Beugung des Lichtes an den Wolkentröpfchen. Diese Art von *Fotometeoren*, deren äußerer Rand rötlich erscheint, können nur an sehr dünnen Wolken mit einheitlicher Tropfengröße beobachtet werden. Auch weitere von der Erde her bekannte optische Erscheinungen kommen auf dem Mond vor, wie solche dem Alpenglühen oder leuchtenden Nachtwolken ähnelnde, die sich aufgrund des Dipolcharakters der Wassermoleküle (sogenannte Wasserclusterionen) bilden und im Gegensatz zur Erde auf dem Mond *Kurzzeitphänomene darstellen müssen*.

Gibt es Wasserdampf auf dem Mond, dann sind auch andere optische Erscheinungen möglich, die teilweise auf Mondfotos zu erkennen sind: Halo-,

Korona-, Nebel- und vielleicht sogar Regenbogenphänomene? Auf manchen Mondfotos glaubt man auch Luftspiegelungen zu erkennen, die wie Sonnenreflexe einer Fotolinse aussehen, aber durch Reflexion des Lichts an stark ausgeprägten Dichtesprüngen entstanden sein können, die an der Grenze zwischen den Wolken und der Exosphäre des Mondes vorliegen könnten.

Die von 1966 bis 1968 auf dem Mond gelandeten *Surveyor*-Raumsonden fotografierten auch ein »Horizont-Glühen« in der Dämmerung. Die Fotos zeigen aber auch Lichtbänder oder Dämmerungsstrahlen, wo Sonnenlicht offensichtlich durch Staub oberhalb der Mondoberfläche gefiltert wurde. Dies tritt vor jedem lunaren Sonnenaufgang und nach jedem lunaren Sonnenuntergang auf. Außerdem zeigen Fotos von unbemannten Sonden am Mondhorizont so etwas wie den Hauch einer Atmosphäre (siehe folgende Abb.).

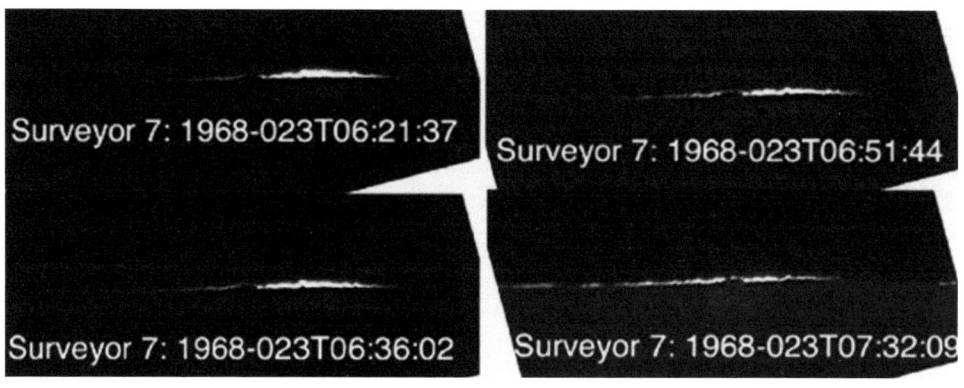

Abb. 33: **MONDGLÜHEN.** Im Jahr 1968 fotografierte die NASA-Sonde Surveyor 7 Lander mehrfach nach Einbruch der Dunkelheit ein »Glühen am Mondhorizont«.

Bisher dachte man, der Mond sei ein toter Himmelskörper, und in der physikalischen Kosmologie war kein Raum für elektrische Wechselwirkungen im Planetensystem. Jedoch emittiert die Sonne ionisierte thermische Plasmen, über die elektrische Ladungen übertragen werden können. Dieses Plasma trifft auf den Erdtrabanten, der kein eigenes Magnetfeld besitzen soll, und bewirkt zusätzlich eine Wechselwirkung mit dem Erdmagnetfeld. Deshalb muss es auf der Mondoberfläche Elektrizität geben. Bei der Erde verhält es sich anders, da diese von Luft, einem schlechten elektrischen Leiter, umhüllt ist.

Die äußerste Quelle elektrischer Energie der Erde befindet sich in der Magnetosphäre, also dort, wo das irdische Magnetfeld dominiert. Der Sonnenwind staucht die Magnetosphäre auf der Tagseite (= Sonnenseite) zusammen und zieht sie auf der Nachtseite zu einem Magnetschweif auseinander. Tritt der Mond in den Schweif des regelrecht im Sonnenwind flatternden Magnetfeldes ein, wird auf dem Mond elektrische Energie induziert, da sich der Mond durch das interplanetare Magnetfeld bzw. Sonnenwindplasma bewegt.

Von der Sonne strömt dieses Plasma mit hoher Geschwindigkeit aber auch direkt auf die Mondoberfläche. Ähnliches passiert bei der Erde an der scharfen äußeren Begrenzung der Magnetosphäre, genannt Magnetopause, wodurch ein elektrisches Konvektionsfeld erzeugt wird:

»Das elektrische Potenzial zwischen Morgen- und Abendseite erreicht Werte von ca. 10 bis 200 Kilovolt, abhängig von der Sonnenaktivität« (Volland, 1991, S. 296).

Auf der Mondoberfläche sollte sich analog hierzu ein horizontales elektrisches Feld zwischen der Tag- und Nachtseite bilden. Die auf der Mondoberfläche befindlichen Staubpartikel werden so elektrostatisch aufgeladen und können dadurch auch *ohne* Atmosphäre schweben. Die mikroskopisch kleinen Teilchen, die auf Fotos von der Mondoberfläche nicht zu bemerken sind, würden sich in dem Bereich zwischen Tag- und Nachtseite infolge des elektrischen Feldes horizontal bewegen. Auf der Tagseite von unbemannten Sonden gemachte Fotos zeigen am Mondhorizont scheinbar eine (Staub-)Atmosphäre, und von der Nachtseite aus betrachtet könnten sich bei einem Sonnenaufgang vielleicht eine Art sehr schwacher Polarlichter bzw. ein Glimmen zeigen.

Polarlichter treten auch bei anderen Planeten auf. Im Oktober 2006 wurden solche am Nordpol des Ringplaneten Saturn näher untersucht. Zuweilen glimmt die gesamte Atmosphäre nördlich des 82. Breitengrades und erlischt wieder innerhalb von 45 Minuten. Die Forscher geben zu, das Leuchten nicht erklären zu können. »Wenn wir ihren Ursprung aufklären, werden wir zweifellos eine neue Physik entdecken, die nur in dieser einzigartigen Umwelt am Werk ist« (Stallard et al., 2008). Derzeit wird für die Polarlichter auf Erde, Saturn und Jupiter jeweils eine *unterschiedliche* Ursache angenommen. Man sollte diese Phänomene jedoch durch eine gesamtheitliche Theorie oder vielmehr Ursache erklären können!

Zurück zum Mond. Nachdem die Daten der Mondsonde *Lunar Prospector* von 1998 bis 1999 aufbereitet waren, wurde erst im Februar 2007 veröffentlicht, dass durch das Erdmagnetfeld und den Sonnenwind die Oberfläche des Erdtrabanten elektrostatisch aufgeladen wird. Die Oberflächenladungen über große Flächen hinweg entsprechen Spannungen von bis zu 4500 Volt. Dies führt zu Ansammlungen elektrisch geladenen Staubs, aber eventuell auch zur Gefährdung aller Arten von Metall bzw. metallischen Geräten durch Kurzschlüsse bei *bemannten* Mondmissionen (Halekas, 2007).

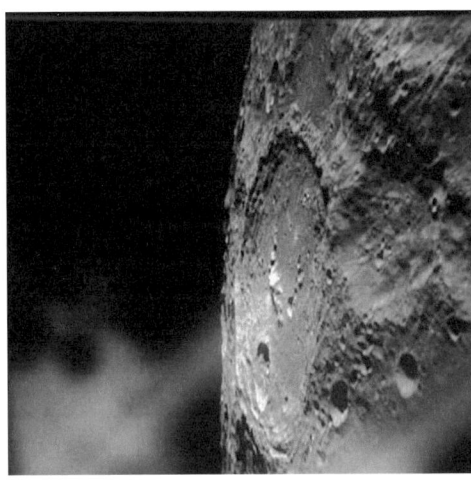

Abb. 34: **AKTIVER MOND.** Angeblich von Apollo 10 fotografierter Ausgasungsprozess auf dem Mond und sich hell verfärbende Bereiche. Fotos: AS10–32–4790 und 4795 (NASA).

Immerhin war die *Lunar Prospector* die *erste* US-Mondsonde, 30 Jahre nach den (vielfach angezweifelten) Apollo-Missionen. Obwohl man glaubte, über den »toten« Mond fast alles zu wissen, rätselt man jetzt über die Entstehung von starken, regional begrenzten Magnetfeldern mit einigen hundert Kilometern Durchmesser, die eine Art von Magnetosphäre um sich herum aufbauen, ähnlich solchen von Planeten (Lin, 1998).

Betrachten wir jetzt einmal kurz neue Ergebnisse, die von der Messenger-Sonde vom Vorbeiflug am Merkur, einem bisher ebenfalls als leblos angesehenen Himmelskörper, im Jahr 2008 zur Erde gefunkt wurden.

Der ganz andere Merkur

Robert Strom (*Universität von Arizona*) bestätigte, dass die Forscher den Planeten Merkur völlig anders als vor 30 Jahren sehen. Die größte Überraschung auf den neuen Messenger-Bildern ist eine seltsame Struktur inmitten des Caloris-Beckens, von den Forschern »Spinne« getauft. Mehr als hundert flache Gräben ziehen sich wie Strahlen von einem 40 Kilometer großen Krater fort. Die Forscher vermuten, dass es sich um Dehnungsrisse handelt. Wie diese entstanden sind, ist aber ein Rätsel.

Gehen wir einmal davon aus, dass beim Merkur, wie bei der Erde, Methan und andere Kohlenwasserstoffe durch Bruchzonen in der Gesteinskruste aufwärts strömen. Da Sauerstoff – ohne jeglichen biologischen Prozess – in der mit der irdischen Exosphäre vergleichbaren dünnen Merkur-Atmosphäre einen Anteil von sage und schreibe 42 Prozent ausmacht und auch im Boden vorhanden ist, oxidiert Methan, wodurch Kohlendioxid und Wasser entstehen. Beides gibt es in der Merkur-Atmosphäre derzeit anscheinend jedoch nicht.

Beständig flüssiges Wasser ist auf dem Merkur nicht möglich, allein weil dieses aufgrund des geringeren Drucks verdampfen würde. Die leichten Wassermoleküle entweichen entweder in den planetaren Raum oder werden durch die Sonnenstrahlung in Wasserstoff und Sauerstoff zerlegt, wodurch der Sauerstoffbestand der Atmosphäre angereichert wird. Der leichte Wasserstoff dagegen sollte aus der Atmosphäre in den Raum entweichen, da die »Gravitation« nicht stark genug ist. Tatsächlich besteht die Merkur-Atmosphäre neben Sauerstoff derzeit jedoch zu 22 Prozent aus Wasserstoff, der aufgrund seiner »Flüchtigkeit« *durch einen Produktionsprozess ständig erneuert werden muss*.

Allerdings kann ein Teil des Wasserstoffs unmittelbar mit dem Bodenmaterial Verbindungen eingehen. Dies gilt eventuell auch für das durch die Oxidation von Methan produzierte Wasser, das aufgrund des geringen Atmosphärendrucks nicht auftauen muss, sondern quasi unmittelbar in die Gasphase übergehen kann, ohne den Zustand des Abschmelzens zu durchlaufen. Derart kann auch geringe Eisbildung auf dem Erdenmond oder auch auf Kometen erklärt werden. Im Gegensatz zu dieser Erklärung glaubt man, dass Eis durch Kometen eingebracht wurde – Wasser, das gefrieren könnte, soll es ja keines geben.

Durch die Oxidation von Methan entsteht neben Wasser aber auch Kohlendioxid, das nach Entweichen aus der Merkurkruste direkt auf der Oberfläche aufliegen oder mit den ebenfalls gebildeten Wassermolekülen eine Verbindung eingehen kann, bevor diese wiederum in Sauerstoff und Wasserstoff zerlegt werden. Da Kohlendioxid sehr bereitwillig mit dem im Gestein enthaltenen Kalziumoxid reagiert und Karbonat bildet, aber auch je nach Temperatur gut in Wasser löslich ist, könnte als Reaktionsprodukt Kohlensäure entstehen. Die Salze dieser Säure heißen Karbonate bzw. Hydrogenkarbonate.

Da die Atmosphäre des Merkurs aber zu 29 Prozent aus Natrium besteht, kann sich auch Natriumkarbonat als Salz der Kohlensäure bilden. Da der Schmelzpunkt bei 851 Grad Celsius liegt, wäre dieses als Soda bezeichnete Salz auf der Merkuroberfläche stabil. Um einen Krater herum könnte sich nach einem Kohlendioxidausstoß auf der umliegenden Merkuroberfläche demzufolge Natriumkarbonat befinden. Dieses wird von der chemischen Industrie zur Herstellung von Bleichmitteln verwendet. Die Freisetzung aggressiven, atomaren Sauerstoffs ist die Grundlage des Bleichvorganges. Kann so das Rätsel gelöst werden, warum das Caloris-Becken (mit den strahlenförmig angeordneten Gräben) heller ist als die Umgebung?

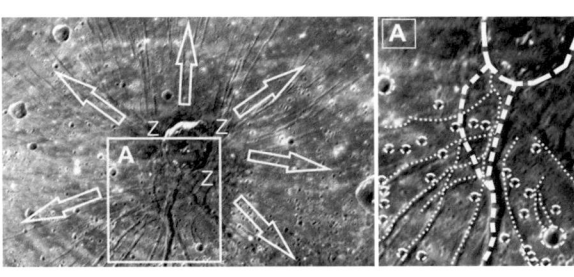

Abb. 35: **MERKUR-RÄTSEL.** Wie beim Erdenmond zeigen Merkur-Krater, wie hier das Caloris-Becken, teilweise radiale Strahlen, die von Kratern bzw. unmittelbar daneben befindlichen Zentren (Z) sternförmig ausgehen. Waren mit Ausgasungsprozessen einhergehende elektrische Entladungen maßgebend? Bild rechts: In der Vergrößerung sind einige Gräben markiert, nebst kreisrunden Kratern, die durch Ausgasung entstandene »Pockmarks« darstellen sollten.

Andererseits erinnert mich graue Farbe an Karbonatzement. Der angeblich vom Mars stammende Meteorit ALH84001 wies neben Magnetit und Eisensulfid auch Karbonat-Zement auf, der in der Erdkruste als *Füllmaterial in Felsspalten vorkommt und in erdölhaltigen Schichten verbreitet ist*. Diese spezifischen Eigenschaften unterscheiden Karbonatzemente von der Masse der übrigen Karbonatgesteine im Meer.

Was speziell das Caloris-Becken formte, kann verschiedene Ursachen haben, wobei auch die Geschwindigkeit des Gastransports eine Rolle spielt.

Wir wissen zu wenig über die Mineralien im Merkurboden, denn je nach deren Art sind unterschiedliche chemische Reaktionen möglich, deren Ursprung jedoch größtenteils in der Ausgasung von Kohlenwasserstoffen (hauptsächlich Methan) zu suchen sein sollte. Das spinnennetzartige Caloris-Becken stellt daher wohl keinen Einschlagkrater, sondern einen Ausgasungskrater dar, bei dem elektrische Entladungen stattfanden, die für die Entstehung von flachen Gräben verantwortlich waren, während andere »Risse« durch erzeugte Zugspannungen in der Merkurkruste bei Gasausbrüchen entstanden.

Methan ist ein Baustoff der Planeten in unserem Sonnensystem, solange es nicht *zu* heiß ist. Kohlenmonoxid und Wasserstoff waren ein Bestandteil des Solarnebels. Deshalb könnten in anderen Sonnensystemen Planeten sogar komplett aus Grafit oder Kohlenmonoxid bestehen, wie die Astronomen um Sara Seager – *Massachusetts Institute of Technology* (MIT) – in Cambridge vermuten (»Sterne und Weltraum«, Online, 2. Oktober 2007). Berechnungen haben ergeben, dass Kohlenmonoxid bei hohen Temperaturen die Hauptform von Kohlenstoff wäre, sich bei »normalem« Druck aber unter 326 Grad Celsius (600 Kelvin) in Methan umwandeln müsste (Anders et al., 1973).

Bereits der amerikanische Chemiker Harold C. Urey, der 1934 für die Entdeckung des schweren Wasserstoffs den Nobelpreis bekam, arbeitete damals am Problem der Bildung von Feststoffen in Gegenwart von kleinkörnigen Katalysatoren. Er behauptete bereits 1953, dass auf diese Weise Teerverbindungen als Hauptquelle für Kohlenstoffe auf den terrestrischen Planeten entstehen.

Anders et al. (1973) haben demonstriert, dass die Molekülanordnung, die auch im irdischen Erdöl vorkommt, genau demjenigen besonderen Muster folgt, das man durch kataklysmische Reaktionen von Kohlenmonoxid und Wasserstoff erhält. »Man kann deshalb vermuten, dass solche Reaktionen im Solarnebel stattfanden und tatsächlich für die Erzeugung der festen Verbindungen von Kohlenstoff verantwortlich waren, die sowohl in Meteoriten wie auch bei der Formierung der Erde aufgenommen wurden« (Gold, 1987, S. 50f.). Dieser in unbeweglicher Form produzierte Kohlenstoff würde »Methan mit einer Beimengung schwererer Kohlenwasserstoff-Moleküle abgeben, und diese Mischung würde ihre Wanderung nach oben zur Oberfläche beginnen« (ebd., S. 53).

Mit anderen Worten, im Inneren von Planeten, Monden und Kometen kann Kohlenstoff vorhanden sein, aus dem sich Methan bildet. Bei der Oxidation von Methan entsteht dann in der Tiefe neben Wasser auch Kohlendioxid, das wiederum Ausgangsprodukt für verschiedene chemische Verbindungen wie Karbonate und Karbonatzemente darstellt.

Kohlenwasserstoffe entstehen chemisch in der Tiefe – nicht nur – der Erde und sind deshalb unter bestimmten Bedingungen auf anderen Planeten und Monden nachweisbar, ganz ohne biologische Prozesse (Fotosynthese). Mit anderen Worten, obwohl Kohlenwasserstoffe die übliche Form von Kohlenstoff bei den Planeten sind, wird behauptet, dass *keiner* der auf der Erde reichlich vorkommenden Kohlenwasserstoffe aus einer ähnlichen nicht-biologischen (abiogenen) Quelle stammt. *Die Erde wäre demzufolge also ein absoluter Sonderfall.*

Tatsächlich gibt es aber ein Mengenproblem, denn Kohlenstoff ist nicht selten in langlebigen Ablagerungen dauerhaft enthalten, so beispielsweise in Kalziumkarbonat (Kalkstein), Kalzium-Magnesium-Karbonat (Dolomit), Natrium-Karbonat oder Kalkspat (Kalzit), aber auch in Sedimenten und im kristallinen Kontinentalsockel, ferner in verschiedenen Formen von nicht oxidiertem Kohlenstoff wie Erdöl, Kohle, Teer, Grafit oder Methan. Irdischer Kohlenstoff kann in dieser riesigen Menge nicht allein vom atmosphärischen, durch Fotosynthese erzeugten Kohlenstoff über einen Kohlenstoff-Kreislauf hergekommen sein, sondern *muss* zum großen Teil aus einer anderen Quelle stammen.

Auf der Erde gibt es auch eine allgemein systematische Beziehung zwischen Öl- und Gasfeldern und darüber liegendem Kalkspat in Sedimentschichten. Da man diese senkrecht verteilte Anordnung durch von unten aufsteigendes Methan erklären kann, können wir so auch das Phänomen von mit Kalkspat gefüllten Rissen im kristallin-granitischen Grundgestein erklären, das sich unterhalb der Sedimente befindet. Da Kalkspat in großen Gebieten der alten Granitsockel von Kanada, Skandinavien und Sibirien verbreitet ist, deutet dies auf ein Aufsteigen von Methan hin. Können wir auf ein allgemein wirksames Prinzip bzw. von noch weit unterhalb aufsteigendem Methan schließen? So kann die großflächige und tiefengestaffelte Verteilung von Kalkspat (Kalzit) in den Kontinentalsockeln erklärt werden. Das Mineral Kalkspat kommt sehr häufig vor und gehört zur Mineralklasse der *wasserfreien* Karbonate.

Mit anderen Worten, Kalkspat kann ganz einfach entstehen, da es sich um ein (Kalzium-) Salz der Kohlensäure handelt, die wiederum als Reaktionsprodukt aus Kohlendioxid mit Wasser entsteht. Beide Stoffe bilden sich aber automatisch als Oxidationsprodukt aus Methan, das in der Tiefe fluid (flüssig) und nicht gasförmig ist, sobald genügend Sauerstoff vorhanden ist. Mit anderen Worten, bei der Migration und Diffusion der leichten Methan-Moleküle in Richtung Oberfläche entsteht Kalkspat automatisch ohne sonstige fremde Prozesse, Katalysatoren oder andere Reaktionen.

Tatsächlich können Lebewesen in warmen Gewässern mit geringem Energieaufwand aus Kalzit bzw. (chemisch gesehen) Kalziumkarbonat bestehende Gehäuse bilden. Diesen Umstand macht man sich zunutze und behauptet, dass die weitaus größten Kalkspat-Vorkommen auf Meeresablagerungen zurückgehen, die sich aus Skeletten und Schalen unzähliger kleiner Meerestiere am Meeresgrund bilden. Nur ein geringer Teil soll anorganisch gebildet werden und zwar als millimeterkleine Kügelchen in tropisch warmen Flachmeeren.

Da Kalzit (Kalkspat) in unvorstellbar gigantischen Mengen vorkommt und auch Bestandteil von metamorphen Gesteinen wie Marmor oder Sedimentgesteinen wie Kalkstein ist, müssten auf dem Meeresgrund *unvorstellbar riesige* Schichtpakete toter Tiere abgelagert worden sein. Es könnte dann aber früher auch nur flache Meere gegeben haben, denn ab einer Meerestiefe von 3500 Metern löst sich Kalzit vollständig in Wasser auf ...

Auf keinen Fall kann der häufig in der Erdkruste vorkommende Kalzit allein nur aus atmosphärischem Kohlendioxid über den Kohlenstoffkreislauf bzw. durch biogene Prozesse entstehen. Welch *riesige* Mengen von kleinen Tierchen und Organismen müssten früher einmal gestorben sein? Auf das Problem des »plötzlich« auftauchenden Kalziums wurde schon in meinem Buch »Darwins Irrtum« hingewiesen, und dieses Rätsel scheint seine Lösung in der Ausgasung von Methan als Reaktionsprodukt aus den Bestandteilen des solaren »Urnebels« zu finden. *Biologisch* produziertes Methan spielt mengenmäßig nur eine untergeordnete Rolle.

Kommen wir zurück zum Merkur und fragen uns, ob die helle Färbung im Caloris-Becken nicht auch Kalzit (Kalkspat) sein könnte? Dieses häufig vorkommende Mineral kann verschiedene Kristall- aber auch Aggregat-Formen annehmen, die von farblos bis zu milchig weißer und grauer Farbe reichen.

Durch andere hinzukommende Elemente sind auch Farben wie Gelb, Blau, Rot, Grün, Braun oder Schwarz möglich.

Es wurden von mir mehrere neue Erklärungen für die ominösen hellen Bereiche im Caloris-Becken angeboten, für die es bisher keine befriedigende konventionelle Erklärung gibt. Mit der Ausgasungstheorie kann aber auch das Rätsel der kleinen, innerhalb der helleren Becken liegenden Krater gelöst werden, die einen ungewöhnlich *dunklen Rand* aufweisen. Entweichen durch diese Löcher, die höchstwahrscheinlich keine Einschlagkrater darstellen, ganz einfach Kohlenwasserstoffe, dann bleibt Kohlenmonoxid (= Ruß) bei einer unvollständigen Oxidation zurück, und dieses lagert sich rund um den Kraterrand ab. Demzufolge würde es sich bei dem Hauptkrater um keinen Einschlag-, sondern einen Explosionskrater handeln.

Der Merkur ist geochemisch aktiv und nicht leblos! Deshalb gibt es auch optische Phänomene ähnlich wie beim Erdenmond. Von hin und wieder »vorübergehenden Eintrübungen gewisser Merkurlandschaften« wird u. a. in dem Buch »Astronomie, die uns angeht« berichtet (Herrmann, 1974, S. 74. f.).

Ungewöhnlich in der dünnen Merkur-Atmosphäre ist der hohe Anteil von Natrium. Diese Atome sollen ständig durch den Sonnenwind aus der Oberfläche des Planeten geschlagen werden, obwohl Natrium nicht den Hauptbestandteil der Mineralien an Merkurs Oberfläche ausmacht. Kann man derart einfach auch die Herkunft der unzähligen Natrium-Atome erklären, die einen 2,5 Millionen Kilometer langen Schweif bilden? Die orangefarbene Leuchtspur ist mehr als 1000-mal so lang wie der Radius des Planeten. Diese neue, für Fachleute überraschende Erkenntnis verdankt man dem Vorbeiflug der Raumsonde Messenger am 14. Januar 2008 (Baumgardner, 2008).

Was hat der Planet Merkur mit Kometen gemeinsam? Auch große Kometen besitzen lange Natrium-Schweife. Zur Überraschung der Forscher entdeckte man Anfang 2007 auch bei dem kleinen, erst 2006 entdeckten Kometen *McNaught* (C/2006 P1) einen Schweif, der im charakteristisch gelb-orangefarbenen Licht von Natrium leuchtet.

Aber auch Kohlenstoff wurde im Schweif dieses Kometen entdeckt, der seit 1965 der hellste Komet war, in den Jahren zuvor aber nie bemerkt wurde. Warum nicht? Ist plötzlich etwas anders? Mit dem NTT-Teleskop (*New Technology Telescope*) in Chile gelang es, Aufnahmen von insgesamt drei spiralförmigen, *mehrere tausend Kilometer langen Gasstrahlen* zu

Abb. 36: **PLANETARE POCKEN-NARBEN.** Linkes Bild oben: Pockmarks genannte Krater am Grund der Nordsee, teils von Kratern ausgehend in Kettenzügen aneinandergereiht. Im Vordergrund eine 65 cm dicke Pipeline (siehe Abb. 5, S. 18). Rechtes Bild oben: Linienartig, ähnlich wie in der Nordsee angeordnete Krater auf dem Merkur. Unteres Bild: Perlschnurartig aneinander gereihte Krater auf dem Mars. Zu beachten sind die vielen kleinen kreisrunden Pockennarben.

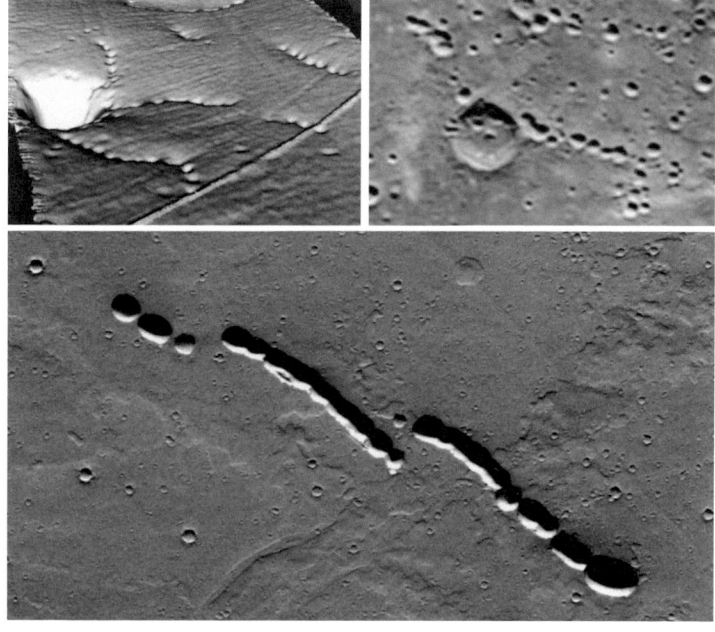

machen. Angeblich soll das Eis des Kometen durch die Sonnenwärme erhitzt und *schlagartig* verdampft worden sein. Sehen wir uns deshalb diese als »schmutzige Schneebälle« bezeichneten Schweifsterne einmal näher an.

Mythos Schmutziger Schneeball

Der helle *Halleysche Komet* kommt alle 76 Jahre in Sonnennähe. Während seiner Annäherung 1986 wurde dieser Schweifstern von fünf Raumsonden untersucht. Der ESA-Sonde *Giotto* gelang die direkte Beobachtung des Kerns, der sich von unregelmäßiger Form mit Abmessungen von ungefähr 15,3 x 7,2 x 7,2 Kilometer darstellt. Das Volumen beträgt nur etwa 420 Kubikkilometer, und die Theorie, dass Kometen aus den Anfängen des Sonnensystems stammen sollen, kann so nicht stimmen. Warum? Weil die Kometen-Kerne für ein Schneeball-Prinzip zu klein sind. Für den Kometen Halley wurde in Sonnennähe ein Verlust von 50 Tonnen Kernmaterial pro Sekunde ermittelt. Bleibt diese Verlustrate konstant, dann kehrt er höchstens noch 400-mal in Sonnennähe zurück und wird rechnerisch spätestens in 30 400 Jahren nicht mehr existieren.

Angeblich entstanden alle Kometen schon vor ungefähr 4600 Millionen Jahren. Aber die Lebensdauer aller aktiven Kometen liegt aufgrund der geringen Kernmasse *allerhöchstens* im Bereich von einigen hunderttausend Jahren. Diese Ungereimtheit ist rein der konventionellen Vorstellung von »schmutzigen Schneebällen« geschuldet. Diese besagt, dass durch die von der Sonne ausgestrahlte Wärme kosmische Schneebälle auftauen sollen. Deshalb ist man auf die Idee gekommen, dass sich langperiodische Kometen am Rande des Sonnensystems in Wartestellung befinden, bevor diese in einer Art Staffellauf aktiv werden.

Für die kurzperiodischen Kometen, die aus dem hinter der Neptun-Bahn befindlichen Kuiper-Gürtel stammen sollen, vermutet man Kollisionen von Objekten untereinander, wodurch Bruchstücke ins Innere des Sonnensystems gestoßen werden. Ein reines Gedankenmodell – vollkommen unbewiesen! Von den 70 000 vermuteten Objekten mit einem Durchmesser von mehr als 100 Kilometern wurden bisher erst ganze 800 entdeckt, davon (Stand 2016) sind acht große Objekte bekannt, deren Durchmesser um die 1000 Kilometer oder mehr liegt.

Mit speziell gebauten Objektiven wurde fast vier Jahre lang speziell nach Objekten mit einem Durchmesser von bis zu zehn Kilometern gesucht, die sich im Kuiper-Gürtel befinden und vor dem Hintergrund eines hellen Sterns sichtbar werden sollen. Gefunden wurde in den umfangreichen Datensätzen bis 2010 nicht ein einziges Objekt dieser Größenordnung (Bianco et al., 2010).

Während von den vermuteten Kuiper-Gürtel-Objekten ungefähr ein Prozent, also jeder Hundertste entdeckt wurde, stellt die nach seinem Erfinder Jan Hendrik Oort (1900–1992) benannte Oort'sche Wolke ein *reines* Gedankenmodell dar. Diese jenseits des Kuiper-Gürtels vermutete kugelartige, das Sonnensystem umhüllende Wolke soll der Ursprungsort langlebiger Kometen mit einer Umlaufzeit von mehr als 200 Jahren sein. Weder wurde die vermutete Kometenwolke entdeckt, noch ist ein seriöses Gedankenmodell für einen Streuprozess langperiodischer Kometen vorgelegt worden. Es wird spekulativ der Einfluss vorbeiziehender Sterne oder eines noch nicht entdeckten Planeten als Ursache genannt (siehe Abb. 37).

Warum gibt es überhaupt noch Kometen und wieso brechen die kurzlebig-aktiven »schmutzigen Schneebälle« gerade zu Lebzeiten von Menschen auseinander, so wie 1845 der Komet *Biela* – wenige Sekunden vor zwölf auf der kosmischen Zeituhr? Der kurzperiodische Komet *Schwassmann-Wachmann-3* begann 1995 auseinander zu brechen und wurde währenddessen sensationellerweise 250-fach heller als normal. Ein seltsamer Schneeball! Im Frühjahr 2006 brachen die Kometenteile weiter auseinander, was sich in *zunehmender* Helligkeit bemerkbar machte! Bei seiner größten Annäherung an die Erde am 13. Mai 2006 erreichten die beiden größten Bruchstücke eine noch größere Helligkeit als diejenigen beim ersten Auseinanderbrechen 1995. Auch änderte sich die Gestalt eines Fragments Anfang Mai 2006 mehrfach. Es kam zu starken Helligkeitsausbrüchen. Eine interessante Frage: Warum wird ein angeblich schmutziger Schneeball heller und heller, wenn er auseinanderbricht, und warum erstrahlen auch die Bruchstücke noch sehr lange Zeit danach?

Die konventionelle Astronomie basiert auf Gesetzen, die ein mechanisch funktionierendes Universum mit elektrisch neutralen Körpern in einem Vakuum durch Einwirkung der Massenanziehung bzw. Gravitation, auch unter Berücksichtigung der Relativitätstheorie, beschreiben – ohne elektrische Wirkungen als *grundlegendes* Prinzip. Die meisten Astronomen sind davon überzeugt, dass unser Sonnensystem aus einem Gas- und Staubnebel durch rein mechanische Wechselwirkung seiner Teilchen und infolge der Gravitationswirkungen entstanden ist.

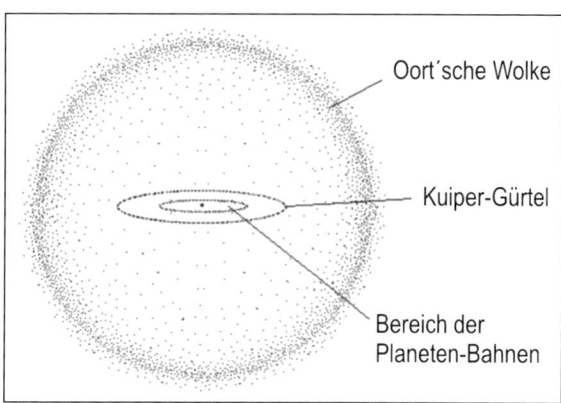

Abb. 37: **GEDANKENMODELLE**. Kurzperiodische Kometen sollen sich in dem scheibenförmigen Kuiper-Gürtel und langperiodische in der kugelförmigen, das Planetensystem umschließenden Oort'schen Wolke befinden.

In dieser als Kant-Laplace-Theorie bezeichneten Vorstellung spielen elektrostatische und magnetische Kräfte für die Entstehung und Existenz planetarer Himmelskörper keine Rolle.

Die anscheinende Kurzlebigkeit von Kometen ist ein »Geburtsfehler« der Kant-Laplace-Theorie. Die Alternative wäre ein wesentlich jüngeres Sonnensystem – ein Gedanke, der jedoch auch nur einer falschen Theorie geschuldet wird. Überdenken wir die Situation und berücksichtigen die neuesten Forschungsergebnisse, denen zufolge die Materie des Universums zu über 99 Prozent aus Plasma besteht. Dieses ist zwar quasi-neutral, enthält aber Teilchen, die elektrisch geladen sind. Deshalb können über das Plasma elektrische Kräfte sowohl zwischen Sonnensystemen als auch von der Sonne an planetare Himmelskörper übertragen werden.

Schwarze Kerne

Betrachten wir zuerst den Kern des Kometen *Halley*. Nicht nur Fachleute waren total überrascht, als die Raumsonden bei der Annäherung an den Kometenkern 1986 feststellten, dass die Oberfläche des »Schneeballs« mit einem Rückstrahlungsvermögen (Albedo) von 0,05 pechschwarz ist, bedeckt von Kohlenwasserstoffen bzw. Kohlenstoff. Diese in irreführender Weise »organisch« genannten Stoffe werden auch emittiert, stammen also aus dem Kometenkern selbst. Handelt es sich bei diesem schwarzen »Schneeball« um eine Ausnahme? Nein! Sogar *noch etwas schwärzer* ist der kurzperiodische Komet *Wild 2*, der am 2. Januar 2004 von der NASA-Raumsonde *Stardust* untersucht wurde.

Bilder, die am 22. September 2001 von der amerikanische Raumsonde *Deep Space 1* aufgenommen wurden, bestätigen, dass auch der kurzperiodische Komet *19P-Borelly* einen Kern besitzt, der so dunkel ist wie schwarzes Toner-Pulver (Albedo 0,02). Manche Flecken sind sogar derart schwarz, dass sogar nur ein Rückstrahlungswert von 0,007 registriert wurde, für den bisher *kaum entsprechende Minerale bekannt sind*. Aus schmutzigen sind pechschwarze »Schneebälle« geworden.

Warum sind diese Kometenköpfe anscheinend mit kohlenstoffhaltigem Material überzogen, das an Kohlenstaub oder Ruß erinnert? Schmutzige Schneebälle sollten anders aussehen. Inzwischen wurde die konventionelle Ansicht über Kometen modifiziert, und das schmutzige Eis soll sich jetzt versteckt unter der schwarzen Oberfläche befinden. Diese *unbewiesenen* Gedankenspiele dienen nur dazu, die alte (überholte) Theorie aufrechtzuerhalten, da ansonsten eine komplett neue Kosmologie aufgestellt werden müsste.

Sehen wir uns jetzt die Kometen-Schweife genauer an. Bisher war man davon überzeugt, dass die Schweifmaterie ähnlich wie der Kern hauptsächlich aus Wasser-Molekülen besteht, wie bei einem Schneeball zu erwarten wäre. Aber der Schweif ist im Gegensatz zur Theorie nicht wie erwartet nass, sondern relativ trocken. Ein Forscherteam der *Arizona State University* stellte bei der Untersuchung der Kometen *Hale-Bopp* und *Hyakuta* durch Teleskope fest, dass in zehn bis zwanzig Millionen Kilometern Entfernung vom Kometenkopf der Anteil ionisierter Kohlenmonoxid-Moleküle überwiegt. Aus diesen kann bei einer Temperatur unterhalb von etwa 326 Grad Celsius *Methan* entstehen.

Man kennt zwei verschiedene Schweif-Arten: Einen sogenannten Staubschweif, der ungefähr dem Orbit des Kometen folgt, und einen Gasschweif, der fast genau von der Sonne weg zeigt. Zur totalen Überraschung der Experten entdeckte man bei Hale-Bopp einen dritten, der aus Natrium besteht und 50, nach anderen Schätzungen sogar 100 Millionen Kilometer lang war. Dieser Natrium-Schweif befand sich zwischen den beiden anderen (vgl. Cremonese, 1997).

Eine überzeugende Erklärung für die Entstehung des dritten Schweifs gibt es nicht, denn die Lebensdauer der Natrium-Atome in einer Sonnen-Entfernung von einer Astronomischen Einheit (= Abstand der Erde von der Sonne) ist mit knapp 14 Stunden zu kurz für die Bildung eines solchen Schweifes. Dieses Natrium soll auch nicht vom Kometenkern stammen. Handelt es sich um elektrochemische Prozesse, die ihren Ursprung im Sonnenwindplasma haben? Denn die Geschwindigkeit der Natrium-Atome ist zu hoch, als dass diese nur durch das Sonnenlicht verursacht werden könnte. Deshalb muss eine Energieaufnahme aus dem interplanetaren Plasma erfolgen, kinetische Energie erzeugend.

Damit ist die Herkunft des Natriums aber noch nicht geklärt. Es handelt sich ja auch nicht um ein spezielles Problem von Kometen, da ja auch der Planet Merkur einen Natrium-Schweif besitzt. Und die Sache ist noch komplizierter, denn der Jupiter-Mond Io emittiert ebenfalls eine Wolke atomaren Natriums. Die Bahn von Io verläuft in einem schlauchförmigen Plasma-Torus, der sich in der Wasserstoff-Korona um Jupiter erstreckt und mit der Rotation des Planeten starr um dessen Achse dreht. Nach der Entdeckung des Io-Plasma-Torus mit beträchtlicher Massendichte können nun aber die senkrecht zum Magnetfeld wirkenden elektrischen Ströme nicht mehr vernachlässigt werden (Neubauer, 1991, S. 198). In dichten Gebieten der Io-Atmosphäre vorhandene Stromlinien verlassen diese beladen mit Plasma und bilden eine Art »Kometenschweif« (ebd., S. 200).

Jupiter weist den intensivsten Strahlungsgürtel im ganzen Sonnensystem auf. *Elektrische Ströme* sind dafür verantwortlich, dass ein den Jupiter umgebender Plasmatorus den Planeten starr mit dessen Rotationsrate umkreist – ein Korotation genannter Effekt. Insgesamt ist ein elektrisches Feld radial nach außen in den interplanetaren Raum gerichtet (Abb. 36). Bei Io, der innerhalb des Plasmatorus um Jupiter (gebunden) rotiert, handelt es sich um eine Satelliten-Wechselwirkung mit dem bei Weitem stärksten Energieumsatz im ganzen Sonnensystem (ebd., S. 195 ff.).

Mit elektrischen Wechselwirkungen bzw. Aufnahme von Energie über das Plasma halten wir auch einen Lösungsansatz für das bis heute diskutierte Rätsel in Händen, warum Jupiter derart viel Wärme in das Weltall abstrahlt. Konventionell glaubt man an den sogenannten Kelvin-Helmholtz-Effekt: Durch *Abgabe* von Wärme in den Weltraum soll eine Abkühlung und in der Folge eine Komprimierung des Planeten erfolgen, wodurch innere Wärme freigesetzt wird. Mit anderen Worten, durch Abgabe von Wärme in den Weltraum wird *angeblich* derart viel Wärme im Gasplaneten selbst erzeugt, dass insgesamt doppelt so viel Wärme abgegeben wie von der Sonne empfangen wird. Kommentar überflüssig …

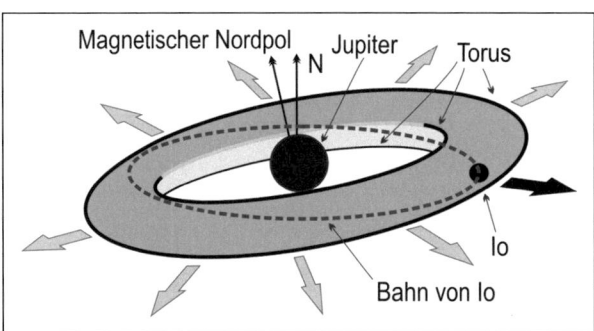

Abb. 38: **PLASMATORUS**. Die Bahn von Io verläuft in einem (schlauchartigen) Plasmatorus. Stromlinien verlassen die dichten Gebiete der Io-Atmosphäre beladen mit Plasma und bilden eine Art »Kometenschweif«. Io wird von dem mit dem Planeten gebunden rotierenden (korotierenden) Plasma angeströmt. Mit einem typischen Magnetfeld entsteht derart ein elektrisches Feld, das radial nach außen gerichtet ist, schematisch durch Pfeile dargestellt. Nach Neubauer, 1991, S. 192.

Auf dem Jupiter gibt es nach neuen Forschungsergebnissen einen 70-jährigen Klimazyklus. In einem solchen Zeitraum kommt es zur Ausbildung etlicher Wirbelstürme, die nach gewisser Zeit wieder zerfallen. Auch bei irdischen Wirbelstürmen wurden neuerdings elektrische Felder gemessen. Sind solche vielleicht sogar für die Bildung von Wirbelstürmen ursächlich verantwortlich?

Eine Ende 2008 veröffentlichte Studie eines mexikanisch-bulgarischen Teams sieht einen statistischen Zusammenhang zwischen dem Auftreten von Wirbelstürmen und kosmischer Strahlung bzw. Sonnenaktivität. Einige Tage vor dem Auftreten eines Hurrikans stieg die Intensität der kosmischen Strahlung stark an. Diese beeinflusst die Wolkenbildung in der Erdatmosphäre. Nicht nur deshalb wird ein möglicher Zusammenhang zwischen sogenanntem »Weltraumwetter« und dem irdischen Wetter und Klima diskutiert (Pérez-Peraza et al., 2008).

Folgt das Klima auf der Erde auch einem Sonnenzyklus? »Ein in 2003 erstmals vorgestelltes Klimamodell (das Hamburger ECHO-G-Modell) macht deutlich, dass die Sonne in hohem Maß das irdische Klima der letzten 1000 Jahre beeinflusst hat und Vulkanausbrüche zu kurzen Perioden kühlerer Temperaturen beigetragen haben (...) Die mit dem Hamburger ECHO-G erzielten Ergebnisse für die Jahre 1948 bis 1990 machen den starken Einfluss der Sonnenvariationen auf den Klimaverlauf deutlich«, bestätigen Geowissenschaftler in dem Buch »Klimafakten« (Berner/Streif, 2004, S. 220 f.).

Elektrische Gasentladungen

Die Entstehung von Natriumschweifen und elektrischen Feldern bei Io deuten auf elektrische Wechselwirkungen hin – auch bei Kometen? Vor diesen wird gegen den Sonnenwind eine Bugstoßwelle gebildet (Raeder, 1991, S. 342). Hinter dieser ist die innere Koma praktisch frei von Sonnenwind-Ionen. Die Geschwindigkeit der kometaren Ionen fällt stark ab, und dies führt zum Drapieren der Feldlinien um den inneren Bereich der Koma und »zum starken Anwachsen des Feldes nahe dem Kern« (ebd., S. 349). Im Inneren dieses Systems wird viel mehr Energie umgesetzt, als nach außen in Form von Strahlung abgegeben wird (Gary et al., 1988).

Die amerikanische Raumsonde ICE (*International Cometary Explorer*) untersuchte 1985 den kurzperiodischen Kometen *21P/Giacobini-Zinner*. Die Messergebnisse zeigten, dass bereits 188 000 Kilometer vor dem Kometen eine deutliche Schockfront mit nicht erwarteten heftigen Turbulenzen existiert. Dort herrscht eine Temperatur von etwa einer halben Million Grad. *Vor* der Schockfront in Richtung Sonne ist es aber eiskalt und nicht warm oder sogar heiß! Die Temperatur im interplanetaren Raum zwischen Sonne und Komet beträgt nur etwa −270,5 Grad Celsius (2,7 Kelvin).

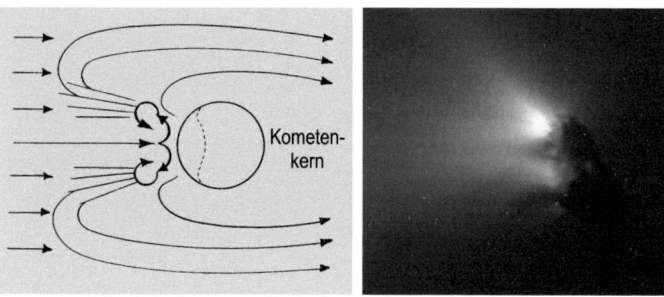

Abb. 39: **LEUCHTPUNKTE**. Die Esa-Sonde Giotto produzierte 1986 erstmals Fotos vom Kern des Halleyschen Kometen, der nicht komplett leuchtet. Lichterscheinungen gibt es nur an bestimmten Punkten, an denen sich wahrscheinlich supraleitfähige Stoffe befinden. Diese sind die Quelle der zur Sonne hin gerichteten Kathodenstrahlen, die in gewisser Entfernung umkippen, den Kometenkopf umlaufen und einen Schweif bilden (nach Vollmer, 1989). Rechtes Bild: © Esa.

Deutlich wird, dass erst in der Bugstoßwelle des Kometen thermische Energie erzeugt wird, durch Umwandlung von Strömungsenergie des Sonnenwinds. Reine Wärmestrahlung kann derartige Temperaturen und Lichterscheinungen der Kometen nicht erzeugen, aber trotzdem muss die Energie von der Sonne kommen. Wie aber wird diese übertragen? Der interplanetare und interstellare Raum soll nach der Kant-Laplace-Theorie nur vereinzelte Staubteilchen und Gasmoleküle in äußerst dünner Verteilung enthalten. Die alte Vorstellung von einem »Äther«, der den gesamten intergalaktischen Raum füllt, wird heutzutage abgelehnt, wahrscheinlich zu Recht. Trotzdem muss es einen Äther geben, denn durch ein absolutes Vakuum oder besser ein Nichts kann keine Energie, Wärme und Licht übertragen werden.

Der nicht-mechanische Äther

Wie auch Albert Einstein in seiner Rede am 5. Mai 1920 an der Universität Leiden vortrug, »können wir zusammenfassend sagen: nach der allgemeinen Relativitätstheorie ist der Raum mit physikalischen Qualitäten ausgestattet; es existiert also in diesem Sinne ein Äther. Gemäß der allgemeinen Relativitätstheorie ist ein Raum ohne Äther undenkbar denn in einem solchen gebe es nicht nur keine Lichtfortpflanzung, sondern auch keine Existenzmöglichkeit von Maßstäben und Uhren, also auch keine räumlich zeitliche Entfernung im Sinne der Physik«. Er führte weiter aus, dass dieser Äther nicht aus durch die Zeit verfolgbaren Teilchen bestehen könne; »der Bewegungsbegriff darf auf ihn nicht angewendet werden«.

Prinzipiell ist Einstein zuzustimmen, obwohl er später die Existenz des Äthers anhand seiner Theorie widerlegt zu haben glaubte. Nach wie vor hat die Astrophysik unlösbare Probleme, weil grundsätzlich immer irgendwelche Teilchen postuliert werden, einschließlich einer Fernwirkung von Kräften zwischen diesen, die über ein Nichts hinweg wirken sollen.

Wenn wir uns jetzt vorstellen, dass eine Übertragung in einem Nichts gar nicht möglich ist, wird ein Äther erforderlich, der jedoch nicht aus Teilchen besteht, weil man sonst wieder vor dem unüberwindbaren, bereits zuvor diskutierten Ausgangsproblemen steht.

Der renommierte deutsche Physiker Heinrich Hertz (1857–1894) formulierte 1888 (»Gesammelte Werke«, Bd. 1., Leipzig 1895, S. 339) die zeitgenössische Ansicht über den Äther zutreffend: »Nehmt aus der Welt die Elektrizität, und das Licht verschwindet; nehmt aus der Welt den lichttragenden Äther, und die elektrischen und magnetischen Kräfte können nicht mehr den Raum überschreiten.«

Folglich muss ein Äther existieren, der zum Träger aller elektromagnetischen Phänomene einschließlich der Optik wird, da es Kraftlinien im Äther gibt, welche die elektromagnetischen Wirkungen mit endlicher Geschwindigkeit übermitteln, wie bereits der englische Naturforscher Michael Faraday (1791–1867) vermutete.

Dies führte zur Vorstellung eines elektromagnetischen Äthers, der jedoch als mechanisch wirkend zugrunde gelegt wurde, womit man wiederum vor dem bereits skizzierten Ausgangsdilemma steht. Es muss also einen Äther geben, der jedoch nicht aus irgendwelchen Teilchen bestehen darf!

Tatsächlich gibt es im gesamten Universum ein sehr dünn verteiltes Gas. Da 99 Prozent der sichtbar leuchtenden Materie im Universum Plasma darstellt, sollte sich auch der Äther im Plasmazustand befinden. Wenn das interstellare Gas hoch erhitzt wird, entsteht tatsächlich Plasma, wodurch sich seine Eigenschaften gewaltig ändern und man es deshalb auch als vierten Aggregatzustand bezeichnet. Unter diesen Umständen treten die Widersprüche, die sich in Bezug auf einen aus Teilchen bestehenden, mechanischen Äther ergeben, nicht auf.

Tatsache ist, dass selbst bei recht hohen Spannungen kein Stromfluss nachweisbar ist. Durch die Erhitzung werden die Gasmoleküle ionisiert, wodurch das gebildete Plasma zu einem Leiter für elektrischen Strom wird. Als Ganzes

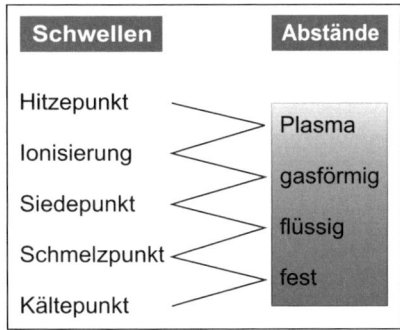

Abb. 40: **PLASMA ALS VIERTER AGGREGATZUSTAND.** Mehr als 99 Prozent der sichtbaren Materie des Universums befinden sich im Plasmazustand, also in Form eines (teilweise) ionisierten Gases.

jedoch – in nicht zu kleinen Teilgebieten und nicht zu kurzen Zeiten – ist dieses Plasma nach außen hin elektrisch neutral (im stationären Zustand).

Insgesamt befindet sich fast die gesamte sichtbare, leuchtende Materie im Universum, ein Großteil des leeren Raums zwischen den Himmelskörpern und damit die Sonne und andere Sterne im Plasmazustand, der gegenüber kleinen Störungen beständig ist. Die Stabilität ist auf die sehr weitreichenden elektrischen Kräfte zurückzuführen, wozu reine »Gravitationswirkung« nach Newton oder Einstein bei Weitem nicht in der Lage ist. Jedes geladene Teilchen steht in Wirkung mit anderen, auch weit entfernten Ladungsträgern. Dies bedeutet, dass über das Plasma zwischen der Sonne und den anderen Himmelskörpern in unserem Sonnensystem Strom fließt. So steht quasi alles elektrisch Leitende miteinander in Verbindung.

Der Äther besteht also nicht aus Teilchen, sondern repräsentiert ein Teilchengemisch auf atomar-molekularer Ebene, dessen Bestandteile neutrale Atome und Moleküle sowie teilweise geladene Elektronen, positive und negative Ionen sind.

Für den Fall, dass einerseits ein Plasma vollständig ionisiert ist, besteht dieses quasi nur aus Ionen und Elektronen. Andererseits, sofern eine neutrale Teilchenkomponente existiert, deren kinetische Energie kleiner als die kinetische Energie der freien Ladungsträger ist, wird diese oft als Hintergrundgas oder auch Neutralgas bezeichnet.

Charakteristisch für Plasmen ist ihr typisches Leuchten, verursacht von Strahlungsemissionen angeregter Gasatome, Ionen oder Moleküle. Auch können Plasmen einerseits sehr kalt und damit dunkel (wie oft im Weltraum) oder so heiß sein, dass die Atome vollständig ionisiert sind (wie im Zentrum von Sternen). Außerdem erzeugt der durch ein Plasma fließende Strom ein Magnetfeld, welches wiederum das Plasma zusammenschnürt. Dabei wird das Plasma dichter und heißer – der sogenannte Pinch-Effekt. Falls hohe Ströme fließen, können sehr dichte, heiße und sehr stark ionisierte Plasmen erzeugt werden, die Röntgenstrahlung emittieren.

Mit interstellaren Gasen im Plasmazustand ist ein Äther definiert, der im gesamten Universum als zusammenhängendes, unteilbares Ganzes verteilt ist und als Träger aller elektromagnetischen Phänomene einschließlich der Optik wirkt. Da dieser Plasma-Äther ausschließlich nicht-mechanisch, sondern nur im Energiebereich wirkt, haben auch die Nachteile der bisher diskutierten, diversen mechanischen Äther-Theorien keine Auswirkungen, insbesondere wird u. a. die Bewegung (Translation und Rotation) der Himmelskörper nicht verlangsamt. Auf dieser Grundlage treten die elektrischen bzw. elektromagnetischen Wirkungen als Plasma-Äther an die Stelle der Gravitation und bilden das von mir so genannte *Elektrische Plasma-Universum*.

Mit anderen Worten, unter der Voraussetzung, dass der Äther eine Teilchenwelt darstellt, ist keine verlustfreie Bewegung möglich. Im Gegensatz hierzu, bei einem »ideal verteilten Gas«, in unseren Fall für den Plasma-Äther in Form von Plasma, das infolge einer Energiezufuhr aus dem gasförmigen Aggregatzustand erzeugt werden kann, könnte sich beispielsweise eine Kugel verlustfrei durch ein derartiges Kontinuum vorwärtsbewegen, weil dem Druck an der Vorderseite der Kugel ein Schub an der Hinterseite genau *entgegenwirkt*, theoretisch mit gleich großer Kraft, weshalb die Bewegung des Plasma-Äthers verlustfrei weitergegeben wird, ähnlich wie sich Wassermoleküle bei einem Tsunami im Ozean verhalten (vgl. Abb. 60, S. 147).

Deshalb ist der Plasma-Äther auch nahezu ortsfest, mit Ausnahme von Schwingungen innerhalb gewisser Radien. Anders gesagt, es vagabundieren keine Massen von Plasma durch das Universum obwohl dieser Plasma-Äther sich in fortwährender Bewegung und permanenter Schwingung befindet, sodass nirgendwo Stillstand existiert.

Da die kinetische Energie im Plasma-Äther klein ist gegenüber der kinetischen Energie der freien Ladungsträger, also der elektrisch geladenen Himmelskörper, wird dieser Zustand im

Abb. 41: **SONNENWINDPLASMA.** Totale Sonnenfinsternis 1999 in Frankreich: Plasma im Glühmodus rund um die Sonne.

Universum astronomisch oft als *Hintergrundgas* oder auch *Neutralgas* bezeichnet. Dieser Plasma-Äther kann im Gegensatz zum Standardmodell der Kosmologie auch keinen »Wärmetod« erleiden. Dieser stellt die Endphase der Annäherung an ein thermisches Gleichgewicht in einem *abgeschlossenen System* dar. Letztlich sollte sich durch die postulierte Expansion des Universums ein kaltes totes All mit einem gegen »Nichts« tendierenden Informationsgehalt (Entropie) ergeben.

Setzt man alternativ zum Standardmodell der Kosmologie einen mechanisch wirkenden Äther voraus, würde der ständig den Himmelskörpern entgegenwirkende Bewegungswiderstand bzw. der andauernde Verlust von kinetischer Energie irgendwann zur totalen Erstarrung des Universums führen.

Alternativ hierzu findet im Plasma-Äther bzw. elektrischen Plasma-Universum kein »Wärmetod« und auch keine Erstarrung des Systems statt, da keine Expansion des Systems erfolgt:

Entgegen der Erwartung von immer kälter werdender und sich immer weiter verteilender Materie sehen wir diese sich häufig zusammenballen, um das brillante Licht wirbelnder Galaxien und explodierender Sterne zu produzieren. Diese fortgesetzte Aktivität benötigt einen Antrieb, der im elektrischen Plasma-Universum, aber nicht im Standardmodell Kosmologie oder im mechanischen Äther zu finden ist: die Elektrizität.

Mit dem im ganzen Universum verteilten Plasma, das sich im vierten Aggregatzustand befindet, und ein unteilbar zusammenhängendes Kontinuum ohne Teilchen (!) bildet, ist zwar ein teilchenloser Äther definiert, aber damit Strom fließen kann, müssen Stromquellen existieren.

Alle Körper besitzen eine große Anzahl elektrischer Ladungen, von denen wir im Normalfall nichts merken, da sich die Wirkungen der positiven und negativen Ladungen aufheben. Ein Körper, mit einer Gesamtladung Null (von beiden Ladungsarten gleich viel), ist nach außen hin »elektrisch neutral«, ähnlich wie der Plasma-Äther, der ebenfalls quasi-neutral ist. Um einen Körper aufzuladen, muss man entweder Ladungen auf ihn übertragen oder von ihm wegnehmen, sodass zwischen Elektronen und Protonen kein Gleichgewicht mehr existiert. Somit entspricht elektrische Auflading einem Elektronentransfer (Ladungstrennung).

Die Auflading des Plasma-Äthers in unserem Sonnensystem, erfolgt über den von unserer Sonne ausgehenden Sonnenwind, in Bezug auf das Universum auch allgemein als Sternwind beschrieben (siehe Abb. 42). In den Medien wird für diesen teilweise der falsche Begriff Sonnenstaub bzw. Sternenstaub verwendet. Der Sonnenwind besteht hauptsächlich aus Protonen und Elektronen sowie aus Heliumkernen (Alphateilchen); andere Atomkerne sowie auch nicht-ionisierte, also elektrisch neutrale Atome, die jedoch nur in kleinem Umfang vorhanden sind. Deshalb handelt es sich beim Sonnen- bzw. Sternwind um ein sogenanntes Plasma.

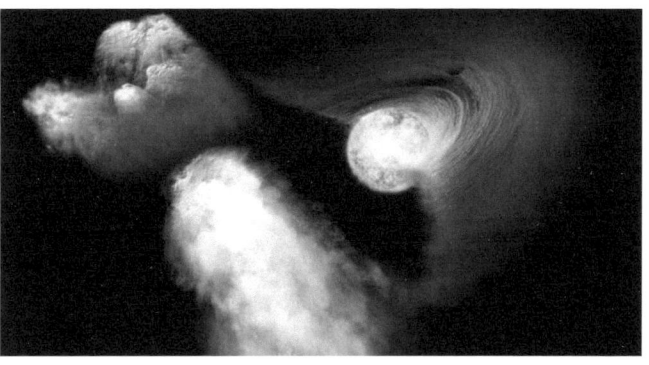

Abb. 42: **STERNWIND.** Sternwinde sind ein elektrisch leitfähiges Plasma, die deswegen in entsprechender Wechselwirkung mit Magnetfeldern stehen. Sie können das Magnetfeld des Sterns weit nach außen tragen und interstellare Materie sowie kosmische Strahlung aus der näheren Umgebung des Sterns fernhalten. Dabei gebildete, blasenförmige Strukturen um den Stern nennt man Astrosphären. Bei der Sonne ist dies die Heliosphäre (griechisch: Sonnenkugel/Astrosphäre der Sonne) und der Sternwind der Sonne ist der Sonnenwind.

Die Sonne als Glimmentladung

Da aus der Sonne freie Elektronen austreten, die mit dem Sonnenwind unter der Wirkung eines elektrischen Feldes hin zu den interplanetaren Himmelskörpern, wie zum Beispiel der Erde, transportiert werden, können wir analog zur Elektrotechnik eine Arbeitshypothese formulieren (vgl. Vollmer, 1989):

Die Sonne wirkt wie eine Anode (Pluspol), und von dieser fließt elektrische Energie durch das Plasma hin zur Kathode (Minuspol), die in unserem Fall der Komet oder ein anderer elektrisch leitender Himmelskörper bildet. Jetzt kann einfach erklärt werden, warum der Komet erst bei einer bestimmten Entfernung zur Sonne beginnt, helles Licht auszusenden. Damit der Komet *zündet*, wird eine bestimmte Spannung, die Zündspannung, benötigt. Diese wird erreicht, wenn bei einem kleinen vorhandenen »Vorstrom« – ab einem bestimmten Abstand von der Stromquelle (Sonne) – ausreichend elektrische Energie zugeführt wird, damit die Neubildung von Ladungsträ-

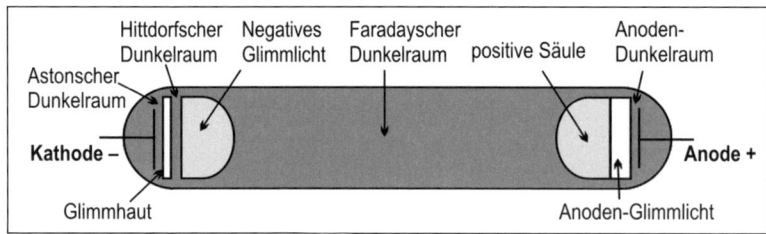

Abb. 43: **NIEDERDRUCK-ENTLADUNGSRÖHRE.** Sieht man in Analogie zur Elektrizitätslehre die Sonne als Anode an, dann stellen elektrisch leitfähige Himmelskörper innerhalb der Reichweite des Sonnenwindplasmas teils eine Kathode dar. Wird in bestimmter Entfernung die Zündspannung bzw. Sprungtemperatur erreicht, beginnen Kometen zu leuchten.

gern einsetzt. Der Strom wächst lawinenartig an, und es entsteht Plasma durch selbstständige Entladung, weshalb helles Licht ausgesendet wird.

Es handelt sich technisch gesehen um eine Glimmentladung in einem Niederdruckplasma, das aufgrund des signifikant *geringen* Drucks im Vakuum ein nicht-thermisches Plasma darstellt. Diese Glimmentladung weist in einer mit Wasserstoff oder Edelgas gefüllten Entladungsröhre eine räumliche, von der Kathode zur Anode hin geschichtete Struktur auf. Dabei befindet sich der Kathode am nächsten ein dünner Dunkelraum, der sogenannte *Astonsche Dunkelraum*. Dann folgt eine dünne Lichthaut, die erste Kathodenschicht. Es schließt sich eine lichtschwache Zone an, auch kathodischer oder Hittorf-Dunkelraum genannt, gefolgt von dem hellsten Teil des Entladungsvorganges, dem negativen Glimmlicht. Daran schließt sich im Weltraum zur Sonne hin eine lichtlos erscheinende Zone an, die in unserem Sonnensystem den interplanetaren Raum darstellt, und in der Entladungsröhre (= elektrische Vakuumröhre) Faraday-Dunkelraum genannt wird. Bei der Sonne selbst handelt es sich analog hierzu also um ein Glimmlicht, das sogenannte *Anodische Glimmlicht* (Abb. 39).

Kann man die geschichtete Struktur der Glimmentladung vor dem Kometenkern im Weltall erkennen? Als der sehr helle Komet Donati im September 1858 den sonnennächsten Punkt (Perihel) durchlief, konnte seine Entwicklung sehr genau durch große Teleskope verfolgt werden. Am 23. September war der teleskopische Anblick außerordentlich (Weiß, 7. Aufl., 1886, S. 461):

»Der Kern, nur 2100 Kilometer im Durchmesser ... hatte jetzt ... seinen größten Glanz. Um den Kern herum eine lichte Hülle, deren Scheitel zur Sonne gerichtet ist und sich auf 10 000 Kilometer vom Kerne erstreckt. Der äußere Umriss dieser Hülle ist dunkel. Die Grenze einer zweiten, weniger hellen Hülle steht in ihrem Scheitel etwa 20 000 Kilometer vom Kerne ab; auch diese zweite Hülle ist durch einen dunklen Bogen eingefasst, außer dessen sich ein Nimbus von feiner zerstreuter Nebulosität befindet, die schnell abnimmt ...« Diese Beschreibung ist identisch mit der beschriebenen Glimmentladung in einer elektrischen Entladungsröhre. Wir haben es mit einer dauerhaft selbstständig ablaufenden Gasentladung bei niedrigem Gasdruck zu tun. Die durch entsprechende Entladung entstehenden Lichtemissionen werden von uns technisch in Leuchtstoffröhren und Glimmlampen verwendet. Die Übereinstimmung mit den kosmischen Erscheinungen tritt bei Kometen besonders deutlich hervor, da man aus der Färbung der Erscheinungen u. a. auf die Zugehörigkeit zur Kathode oder Anode schließen kann. Die Farben der geschichteten Säule (Säume) oder des negativen Glimmlichts leuchten in charakteristischen Farben je nach Gasart, und man kann bestimmen, ob Stickstoff, Wasserstoff, Helium oder Natrium die Gasfärbung verursacht. Aufgrund dieser Übereinstimmung von Lichterscheinungen in der Vakuumröhre und im Planetensystem ist an dem Anode-Kathode-Prinzip nicht zu zweifeln.

Im Weltall herrscht sogar ein idealeres Vakuum als in der Gasentladungsröhre im Labor, und außerdem liegt die Temperatur im Weltall bei 2,7 Kelvin, also etwa −270,5 Grad Celsius. Deshalb könnte im Gegensatz zur elektrischen Vakuumröhre ein Komet auch als Supraleiter wirken, falls dieser aus bestimmten Mineralien und Metallen besteht. Durch die Supraleitfähigkeit verlieren bestimmte Stoffe und auch eine Reihe von chemischen Verbindungen ihren elektrischen Widerstand fast vollständig. Bei der vorliegenden Weltraumtemperatur, die unterhalb der sogenannten Sprungtemperatur liegt, ab der Supraleitung einsetzt, würde in einem solchen, aus geeigneten Stoffen bestehenden

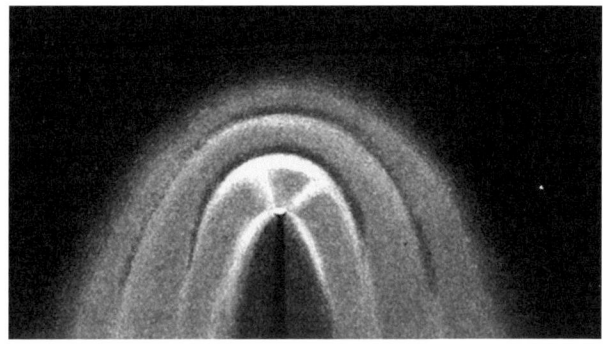

Abb. 44: **KOMET DONATI.** Die aus dem Jahr 1858 stammende Zeichnung zeigt verschiedene sich abwechselnde Hell- und Dunkelzonen vor dem Kometenkopf. Quelle: Weiß, 1886, Tafel VII.

Kometen der elektrische Widerstand auf einen Wert fallen, bei dem ein eingeleiteter Strom lange in unverminderter Stärke anhält.

So könnte erklärt werden, dass Kometen trotz des anscheinenden Verlusts an Materie wesentlich langlebiger sind, als es nach der Theorie vom »schmutzigen Schneeball« möglich wäre. Das Sonnensystem wird so theoretisch wieder älter, da Kometen aufgrund elektrischer Leuchterscheinungen wesentlich beständiger, also älter sind, als sich rechnerisch nach der konventionellen Schneeball-Theorie ergibt. Auch werden nicht unzählige in Wartestellung befindliche Objekte im Kuiper-Gürtel oder in der Oort'schen Wolke (gedanklich) erforderlich!

Obwohl der Kometenkern selbst kalt ist, kommt es wie bei der elektrischen Vakuumröhre *vor* der Kathode zu einem starken Temperaturanstieg. Am Kometenkern kommt es nur *punktuell* an den Stellen der Lichtentstehung zu einer Wärmeentwicklung. An diesen Stellen entstehen Aushöhlungen, wie auch die Bilder der Sonde Giotto vom Komet Halley gezeigt haben (s. Abb. 39, S. 104). Durch ein Fortschreiten dieses Prozesses bricht der Kometenkopf dann irgendwann auseinander.

Ein Komet kann als Asteroid enden, nämlich dann, wenn der Kometenkern seine elektrische Leitfähigkeit verliert. Sind die Kathodenanteile bzw. supraleitenden Stoffe ausgebrannt, bleibt eventuell nur ein reiner Steinmeteorit übrig. So ist es auch zu erklären, dass der Komet *81P/Wild*, kurz *Wild 2* genannt, aus dessen Schweif die Raumsonde Stardust im Januar 2006 Proben zurück zur Erde brachte, eine ähnliche Zusammensetzung wie ein typischer Asteroid aufweist (Ishii, 2008).

Nach weiteren Untersuchungen konnten 2009 auch mikroskopische Spuren der Aminosäure Glycin nachgewiesen werden. Es war der erste Nachweis eines

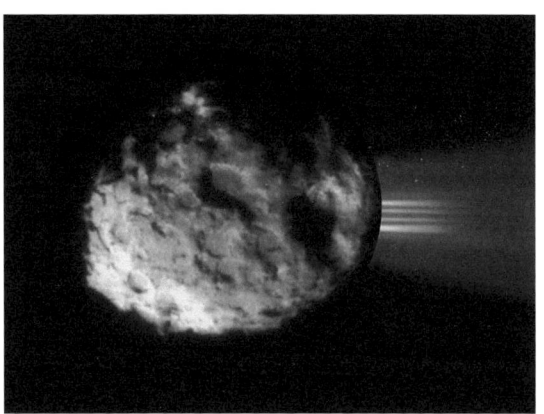

Abb. 45: **KOMET WILD 2.** Die flachen kesselartigen Mulden mit steilen Rändern stellen keine Einschlagkrater dar, sondern diese entstanden durch ausströmende Gasjets. Mindestens zehn waren im Januar 2004 aktiv, als die Raumsonde Stardust an dem Kometen vorbeiflog (künstlerische Darstellung der Jets).

Grundbausteins des Lebens in einem Kometen (Elsila et al., 2011) und stützt die These, dass ganz allgemein Leben nach bestimmten Gesetzmäßigkeiten entstehen kann, auch zum Beispiel in tieferen Bodenschichten auf dem Mars.

Damit ist auch die Frage beantwortet, warum nicht alle Himmelskörper in Sonnennähe Schweife ausbilden. Ausschlaggebend ist die elektrische Leitfähigkeit.

Das Rätsel Leuchtkraft

Auf recht einfache Art und Weise haben wir elektrische Wechselwirkungen in unserem Sonnensystem beschrieben, die in Bezug auf die Kometen auch experimentell in der elektrischen Vakuumröhre beobachtet werden können. Für die Erklärung dieser Phänomene mussten wir das überall im Universum vorkommende Gas berücksichtigen, allerdings in ionisierter und damit leitender Form im vierten Aggregatzustand (= Plasma). Da sich fast die gesamte Materie im Universum im Plasmazustand befindet, sollten bei astronomischen Erklärungsversuchen eigentlich fast immer elektrische und magnetische Wirkungsweisen und Rückkopplungseffekte berücksichtigt werden. Bereits in dem alten Buch »Littrow, Wunder des Himmels« von Dr. Edmund Weiß (1886) wurde anhand bestimmter Beobachtungen gefolgert, dass der Kometen-Effekt in elektrischen Wirkungsweisen begründet liegt. Auch wenn man heutzutage u. a. von einer Ionisation der Atome und Moleküle vor dem Kometenkern spricht, durch den die Koma vergrößert wird, und außerdem der lang gestreckte Schweif als aus Plasma bestehend angesehen wird, offenbart sich das Astronomie-Dilemma:

Die Plasmaphysik hat durchaus richtige Lösungsansätze für verschiedene nach konventioneller Lesart ungelöste astronomische Rätsel parat und kann komplexe Wirkungen rechnerisch mit der *Magnetohydrodynamik teils hinreichend beschreiben. Plasmaphysik ist also das Rüstzeug zum Verständnis* der Vorgänge im Universum, wird von klassischen Astronomen jedoch nur insoweit berücksichtigt, wie es sich nicht vermeiden lässt. Mit anderen Worten, man hat inzwischen elektrische Wechselwirkungen – wie z. B. zwischen Jupiter, Plasmatorus und dem Satelliten Io – akzeptiert, betrachtet dies aber genauso als isoliertes Phänomen wie die Vorgänge an den Kometen-Köpfen oder auch bei Polarlichtern oder Blitzen auf der Erde, die auch Plasma-Phänomene darstellen.

Hätte man die Erkenntnisse der Plasmaphysik mit allen Konsequenzen in die Kosmologie integriert, dann würden sich die Erklärungsversuche der konventionellen Astronomie, die allgemein auf den Wirkungen von Staub und Gravitation (Kant-Laplace-Theorie) basieren, schnell als grundlegend falsch erweisen. Mechanische oder klassisch-physikalische Erklärungsversuche sind deshalb *prinzipiell* nicht richtig, obwohl mit empirisch entwickelten Formeln z. B. durchaus Planetenbahnen oder Gravitationswirkungen annähernd genau berechnet werden können. Wenn man etwas mit einer empirischen Formel berechnen kann, sagt dies nichts über die Ursache aus – Beispiel Gravitation! Bei diesen alten Betrachtungen wurde die elektrische Wechselwirkung über das Plasma nicht berücksichtigt. Newton, Kepler und andere frühe Astronomen konnten das natürlich nicht wissen, trotzdem gelten deren Theorien noch heutzutage fast uneingeschränkt.

Zwar ist nicht abzustreiten, dass Staubteilchen als Bestandteil der interstellaren Materie eine Rolle spielen, aber es wurde bisher »die elektrostatische Wechselwirkung meistens vernachlässigt, obwohl das nur schwer zu verstehen ist, denn die elektrostatische Kraft zwischen zwei geladenen Staubteilchen ist fast immer größer als die gegenseitige Gravitation« (Goertz, 1991, S. 325).

Überträgt man die elektrostatische Wechselwirkungsenergie zwischen Staubteilchen in stark gekoppelten Staubplasmen vom kleinen in einen großen Maßstab, dann ergibt sich eine ganz andere Kosmologie. Durch die der Elektrizität zugrundeliegende *coulombsche Gesetzmäßigkeit* ergibt sich, dass zwischen zwei kugelsymmetrisch verteilten elektrischen Ladungen eine Kraft wirkt, die proportional zum Produkt der beiden Ladungsmengen und umgekehrt proportional zum Quadrat des Abstandes der Kugelmittelpunkte ist.

Die Folge bei gleichsinnig elektrisch geladenen Körpern ist dann, dass eine gegenseitige Abstoßung von Planeten erfolgt und sich stabile Planetenbahnen einstellen. Die Folge ist aber auch, dass hauptsächlich eine *Andrückung* von außen auf dem Planeten selbst erfolgt. Gravitation, also eine Anziehung im Gegensatz zur Andrückung spielt nur in sehr geringem, kaum messbarem Umfang eine Rolle, da die elektrische Wirkung wesentlich stärker ist als die gravitative, obwohl Coulomb- und Gravitationsgesetz formalistisch den gleichen Aufbau aufweisen.

Mit anderen Worten: Wir werden angedrückt und nicht angezogen. Deshalb kann die »Gravitation« durch geeignete physikalische »Tricks« ausgeschaltet werden. Diese Sichtweise wird als Elektrogravitation in meinem Buch »Irrtümer der Erdgeschichte« im Kapitel »Elektrisches Sonnensystem« (Zillmer, 2001, S. 286–306) bereits diskutiert.

Da elektrische Wechselwirkungen wesentlich stärker sind als Massenanziehungskräfte (Gravitation), muss auch das heute anerkannte Standardmodell der Kosmologie falsch sein, denn dieses erfordert wesentlich mehr Masse und Energie, als tatsächlich beobachtbar und nachweisbar ist. Mit anderen Worten, es ist *viel zu wenig* Materie für die angeblich gravitativen Wirkungen im Universum vorhanden. Deshalb werden fiktive, also bisher nicht zu beobachtende Massen und Energien, die deshalb bezeichnend »Dunkle Masse« und »Dunkle Energie« genannt werden, fieberhaft gesucht, u. a. mit Unmengen von Steuergeldern verschlingenden Teilchenbeschleunigern. Gelingt dies nicht, was zu erwarten ist, wird alternativ bereits eine Veränderung der Einsteinschen Feldgleichungen (Gravitationsgleichungen) vorgeschlagen. Einstein selbst hatte in seine Feldgleichungen ursprünglich die kosmologische Konstante eingebaut, die ein statisches Universum erfordert. Nachdem jedoch die Urknall-Theorie und damit ein instabil-expandierendes Universum in die Kosmologie eingeführt wurde, sah sich Einstein veranlasst, die Konstante wieder zu streichen. Heutzutage wird sie wieder heftig diskutiert, und es kursieren mehrere Modelle für die Entwicklung des Universums, so die Gleichgewichtstheorie (Steady-State-Theorie). Verwirft man die durch die Entdeckung der kosmischen Hintergrundstrahlung 1965 gestützte Urknall-Hypothese und berücksichtigt interstellare Materie im Plasmazustand mit elektrischen Wirkungen, dann benötigt man weder (fiktive) »Dunkle Masse« noch »Dunkle Energie«. Man könnte dann argumentieren, dass die

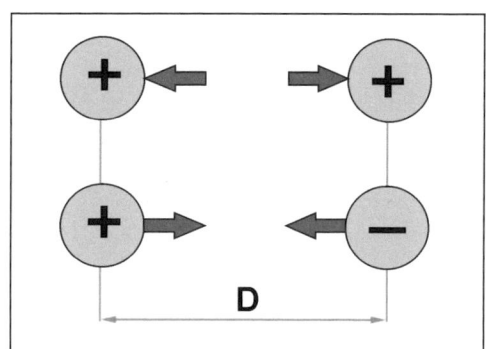

Abb 46: **COULOMB-KRAFT.** Ladungen mit gleichem Vorzeichen stoßen sich ab, Ladungen mit unterschiedlichen Vorzeichen ziehen sich an.

fieberhaft gesuchte »Dunkle Energie« die im Plasma enthaltene und übertragene Energie darstellt. Die Hintergrundstrahlung, deren teilweise asymmetrische Verteilung der Urknall-Theorie widerspricht (vgl. »Sterne und Weltraum«, April 2007), ist elektromagnetische Strahlung, die keiner speziellen Quelle zugeordnet werden kann.

Man benötigt also gar keine »Dunkle Energie« und »Dunkle Masse«, da die plasma-elektrischen Wirkungen und Kräfte um den enorm großen Faktor 10^{37} stärker sind als Gravitationswirkungen. Es wird also gravierend weniger Energie für den Zusammenhalt des Universums benötigt, denn zwischen zwei elektrostatischen Ladungen (z. B. Sonne, und Komet oder Planet) herrscht eine extrem starke Kraft, die in der Elektrotechnik Coulomb-Kraft genannt wird.

Eine solche Kraft im Universum wurde früher einmal ernsthaft diskutiert, jedoch dann bestritten und aus der Kosmologie als »Freie Energie« in die Esoterik verbannt. Inzwischen wird aber die Wirkung einer Energie im Universum diskutiert, die verschiedene Namen trägt, aber meist Vakuumenergie oder Nullpunktenergie genannt wird. Diese kann nach der Kant-Laplace-Theorie aber nicht in der modernen Kosmologie berücksichtigt werden, da sie Einsteins Allgemeiner Relativitätstheorie widerspricht, denn die Gesamtenergie des Universums soll gleich Null sein. Vakuumenergie funktioniert nicht zusammen mit Gravitation als Hauptwirkungskraft, da diese zu schwach ist.

Ein wesentlicher Gesichtspunkt ist auch, dass Vakuumenergie reale Teilchen des Standardmodells der Elementarphysik aus dem Nichts entstehen lassen kann – im ansonsten leeren Raum. Man könnte mit Einstein sagen, aus Energie entsteht Materie. Diese wird im Plasmazustand durch ausreichend große elektrostatische Wechselwirkungskräfte formenreich strukturiert. Sind Staubteilchen der interstellaren Materie elektrostatisch geladen und befinden sich in einem ladungsneutralisierenden Hintergrundplasma, dann können reguläre, kristallartige Strukturen entstehen, wie Untersuchungen gezeigt haben.

Derart lässt sich die Bildung der Staubringe von Uranus und Neptun erklären (Goertz, 1991, S. 327 f.), die durch elektrostatische Wechselwirkung in stark gekoppelten Staubplasmen entstehen (Ikezi, 1986, vgl. Schweigert/Schweigert, 1998). Diese Ringe sind also elektrostatischer Natur und deshalb über längere Zeiträume konstant, solange sich keine Änderungen der Feldstärken ergeben. Will man die Existenz der Staubringe rein mechanisch unter Berücksichtigung von gravitativen Wirkungen erklären, muss man zu dem Schluss kommen, dass es sich bei diesen grazilen Gebilden um kurzlebige Phänomene handeln muss!

Kalte Kometen

Betrachten wir jetzt noch einmal das Anode-Kathode-System in Bezug auf die Kometen, denn wir fahnden nach Kohlenwasserstoffen, vor allem Methan. Werden viele solcher flüchtigen Stoffe emittiert, dann muss ein Komet aus einem Niedertemperatur-Kondensat zusammengesetzt sein, da solche Stoffe hohe Temperaturen nicht überstehen. Einer solchen Forderung entspricht eine (schon erwähnte) Meteoritengruppe mit der Bezeichnung kohlige (karbonische) Chondrite (Wilkening, 1978). Diese enthalten bis zu fünf Gewichtsprozente Kohlenstoff, der in Form von nicht oxidierten Kohlenwasserstoffen (u. a. Grafit) existiert. Wiederum nur wenige Prozent davon sind Karbonate in Form von Kohlendioxidverbindungen. Außerdem gibt es organische Verbindungen wie Aminosäuren und einen hohen Gehalt an Wasser. Da solche Meteoriten derart viele flüchtige Bestandteile aufweisen, können sie nie wesentlich erhitzt worden sein. Im eiskalten Weltall ist diese Voraussetzung gegeben. Deshalb *müssen* Kometen aus einem *Niedertemperatur*-Kondensat entstanden sein.

Was passiert aber, wenn der kalte Komet der Sonne so nahekommt, dass eine Zündung erfolgt? Wird das Niedertemperatur-Kondensat nicht durch die Hitze zerstört? Sehen wir uns vergleichsweise die Glimmentladung in der Gasentladungsröhre an, dann erkennen wir, dass die Kathode prinzipiell kalt bleibt und die Hitzeentwicklung *vor* der Kathode, also in einem gewissen Abstand vor dem Kometenkopf stattfindet. Die Hitzeentwicklung unmittelbar am Kern der Kometen beschränkt sich somit nur auf *begrenzte* Zonen, während der Kern ansonsten kalt bleibt, wie die Kathode in der Gasentladungsröhre (Abb. 39, S. 104).

Wenn wir uns insoweit in Einklang mit Erkenntnissen der experimentellen Physik befinden, dann betrachten wir jetzt einmal die Anode, also die

Sonne. Da wir es auch bei dieser mit einer Glimmentladung zu tun haben, gibt es nur einen Schluss: Die Sonne muss ebenso kalt wie die Kometen sein und ist eben nicht unwahrscheinlich heiß, wie man zu glauben vorgibt – falls der Vergleich mit der Gasentladungsröhre und dem Anode-Kathode-Prinzip richtig ist.

Aber die Sonne soll doch im Kern 15,6 Millionen Grad Celsius heiß sein! Woher weiß man das? Einfache Antwort: Wie bei so vielen scheinbar feststehenden Fakten handelt es sich um ein reines Gedanken- bzw. Rechenmodell. Da man sich im Inneren der Sonne eine gewaltige Kernfusion vorstellt, bei der angeblich pro Sekunde 564 Millionen Tonnen Wasserstoff zu Helium fusioniert werden, ergibt sich die Temperatur im Inneren der Sonne rein rechnerisch. Mit anderen Worten: Niemand ist in der Lage, diese Temperatur zu messen oder überhaupt ins Sonneninnere zu »sehen«!

Tatsächlich aber ergibt sich die nötige hohe Temperatur noch nicht einmal nach klassischen Berechnungen, denn die resultierende kinetische Energie der Protonen erweist sich als zu »kalt« für eine Kernfusion, da Druck und Temperatur im Inneren der Sonne gemäß konventioneller Theorie nicht ausreichen. Um eine Fusion gedanklich trotzdem stattfinden zu lassen, bedient man sich eines Tricks, der »quantenmechanischer Tunneleffekt« genannt wird. Durch diesen sollen positiv geladene Teilchen die für sie *unüberwindbare Potenzialbarriere* nicht überwinden müssen, sondern »durchtunneln« die sogenannte *Coulomb*-Barriere bei der Verschmelzung.

Da es sich um Sonderbedingungen handelt, ist die Wahrscheinlichkeit einer Fusion zweier Wasserstoffkerne im Innern der Sonne, wenn wir diese einmal als tatsächlich heiß voraussetzen, trotzdem äußerst gering. Da jedoch eine unvorstellbar große Anzahl von Kernen vorhanden sein soll, denkt man sich, dass trotzdem gewaltige Energiemengen freigesetzt werden. Durch diese, wie Forscher zugeben, »gebremste« Kernfusion soll die Sonne sparsam mit ihren Energievorräten umgehen und über einen langen Zeitraum auch noch konstante Energiemengen abstrahlen. Schon hat man mit einem zur Regel erhobenen Sonderfall die Langlebigkeit der Sonne bewiesen, die sich im elektrischen Modell aber von selbst ergibt.

Die Vorstellung von einem heißen Sonnenkern führt aber auch zu einem direkten Widerspruch. Gemäß Standardmodell hätte unsere gegenwärtige Sonne ihren Radius im Laufe der 4600 Millionen Jahre nuklearen Brennens um ungefähre 12 Prozent *vergrößern* und ihre Leuchtkraft um ungefähr 28 Prozent vermindern müssen:

»Letzteres stellt uns in Anbetracht geowissenschaftlicher Erkenntnisse vor gewisse Schwierigkeiten. Würde man nämlich die derzeitige Sonnenleuchtkraft um 28 Prozent erniedrigen, so würde sich infolge entsprechender Temperatursenkung die Erdoberfläche mit einer Eisdecke überziehen; für ein solches Phänomen gibt es keinerlei paläo-geologischen Belege. Und umgekehrt: Hätte die Erde jemals einen Eispanzer besessen, so hätte die hohe Albedo des Eises ein Abschmelzen auch bei sich vergrößernder Sonnenleuchtkraft verhindert«, gibt Willi Deinzer, Professor für Astronomie und Astrophysik an der *Universitäts-Sternwarte Göttingen* zu bedenken (Deinzer, 1991, S. 5).

Nehmen wir aber statt eines heißen einen kalten Sonnerkern an, heben sich diese Widersprüche auf und wir befinden uns im Einklang mit dem Prinzip der Entladungsröhre, denn bei dieser sind Anode und Kathode jeweils auch kalt, analog zu einer normalen Neonröhre. In einer Pressemitteilung des *Max-Planck-Instituts für extraterrestrische Physik* vom 10. April 2014 heißt es: Vor der Geburt eines Sterns sind die Molekülwolken sehr kalt; sie haben eine Temperatur von nur wenigen Grad über dem absoluten Nullpunkt. Deshalb kann man sie nicht im optischen Licht beobachten.

Die kalte Sonne

Falls im Inneren der Sonne – aufgrund einer dort vermuteten Kernfusion – exorbitant hohe Temperatur herrschen sollen, müsste die Sonne an ihrem äußeren Rand, also in der sichtbaren Zone, auch heiß sein. Tatsächlich sehen wir von der Sonne die nur 400 Kilometer dicke Fotosphäre. Diese ist aber nicht wirklich heiß, wie man bei einer Temperatur von 15,6 Millionen Kelvin im Inneren der Sonne erwarten würde, sondern knapp 5800 Kelvin, also rund 5500 Grad Celsius »kalt«. Diese tatsächlich bestimmbare Temperatur würde damit nur 0,04 Prozent von der im Inneren vermuteten betragen.

Wie bei den Kometen entwickelt sich die Hitze der Sonne jedoch außerhalb, also *vor* der relativ »kalten« Kugelschale aus Licht (= Fotosphäre). Erst in der rund 2000 Kilometer dicken, aus Wasserstoff und Helium bestehenden Chromosphäre, die nach außen hin in flammen-ähnlichen Lichtzungen (Spicula) ausfranst, steigt die Temperatur auf ungefähr 10 000 Grad an. Innerhalb weniger hundert Kilometer geht die Chromosphäre dann in die Korona, einen noch weiter außenliegenden Strahlenkranz mit einer Temperatur von rund einer Million Kelvin über. Wirklich heiß ist die Sonne somit definitiv *außerhalb* ihrer Oberfläche, der »Kugelschale aus Licht«.

Sehen wir uns jetzt zum Vergleich die Anode in der Gasentladungsröhre an, dann erscheint in einem gewissen Abstand vor der Anoden-Oberfläche das Anodische Glimmlicht. Diese Schicht stellt bei der Sonne die Fotosphäre dar. Daran schließt sich nach außen hin die sogenannte Positive Säule an, die den größten Teil der Entladung ausmacht (Abb. 39). Aufgrund der – im Gegensatz zu einer Leuchtstoffröhre – großen Abstände im Verhältnis zur Größe der Elektroden (Komet und Sonne), bildet sich nur eine gering in den interplanetaren Raum hineinreichende positive Säule aus. Diese geht schnell in den kalten Faraday-Dunkelraum über, der bis zum negativen Glimmlicht reicht, der hellsten Schicht vor dem Kometenkern (= Kathode). Das Sonne-Kometen-System entspricht nicht nur dem sichtbaren Erscheinungsbild in der Gasentladungsröhre, sondern qualitativ auch deren Temperaturverlauf (siehe nebenstehende Abb).

Jetzt sehen wir uns in der Vakuumröhre die Anode (= Sonne) noch einmal genauer an. Wir entdecken zwischen der Anoden-Oberfläche (= Sonneninneres) und dem darüber befindlichen hellen anodischen Glimmlicht (= Fotosphäre) einen Dunkelraum, der Anoden-Dunkelraum genannt wird. Wo befindet sich der dunkle, genauer gesagt *weniger helle* Raum bei der Sonne? Analog zum Anoden-Dunkelraum in der Vakuumröhre müsste es sich um die Schicht unter der Fotosphäre, also das unter der hellen sichtbaren Ober-

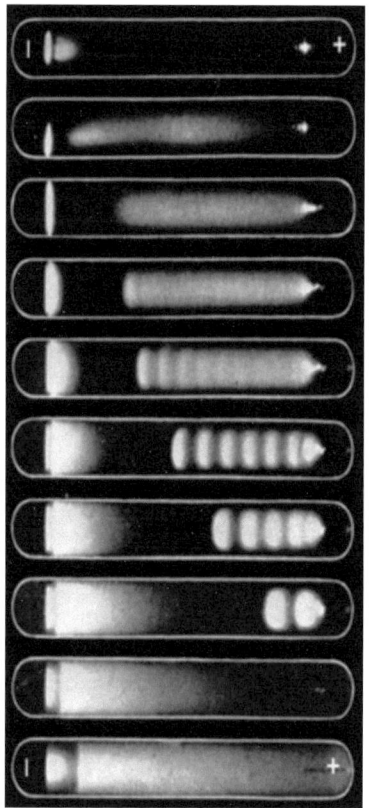

Abb. 47: **ERSCHEINUNGEN.** Die Erscheinungen in elektrischen Vakuumröhren zwischen der Kathode (links: Komet) und der Anode (rechts: Sonne) bei abnehmendem Gasdruck. Im Planetensystem kippen vor dem Kometenkern (= Kathode) die zur Sonne (in der Abbildung nach rechts) hin gerichteten Kathodenstrahlen um, umlaufen den Kern und bilden einen Schweif (vgl. Abb. 39, S. 104). Bild: Kaufmann: »Handbuch der Experimental-Physik«, 1929.

fläche befindliche Innere der Sonne handeln. Diese Schicht ist also dunkel, erscheint aber aufgrund des Kontrastes im Verhältnis zur Helligkeit des Glimmlichts pechschwarz (Abb. 43, S. 110).

Die »Kugelschale aus Licht«, also die sichtbare Sonnenoberfläche (= Fotosphäre), weist bekanntlich dunkle Flecken auf, deren Anzahl periodisch schwankt. Für diese Sonnenflecken gibt es keine zufriedenstellende konventionelle Theorie, die deren Erscheinen und Verschwinden hinreichend erklärt. Man glaubt, dass Sonnenflecken durch lokale Störungen im gewaltigen solaren Magnetfeld entstehen. Durch diese soll die Bewegung der im Inneren der Sonne vermuteten »Konvektionszellen« behindert werden, welche die Hitze des Sonneninneren *an die Oberfläche* wirbeln. Diese Annahme erzeugt aber einen Widerspruch, denn die Temperaturen im Bereich der Schwarzen Flecken sind *geringer* als in der Fotosphäre, die diese Bereiche umschließt.

Welche Lösung ergibt sich für den Fall der kalten Sonne unter Berücksichtigung des elektrostatischen Anode-Kathode-Modells? Es liegt für diesen Fall auf der Hand, dass die Sonnenflecken gar keine Flecken sind, sondern Löcher. Durch diese können wir in das darunter befindliche Innere der Sonne sehen. Unmittelbar unter der Fotosphäre befindet sich demzufolge ein dunkler Raum in Form einer das Sonneninnere umhüllenden Kugelschale, die dem Anoden-Dunkelraum in der Niederdruck-Gasentladungsröhre entspricht. Darunter sollte sich der kalte Sonnenkern (= Elektrode) befinden, der hier nicht diskutiert werden soll.

Die rätselhaften, im Bereich der Fotosphäre-Öffnungen (= Schwarzen Flecken) *stärker* auftretenden magnetischen Felder sind im Gegensatz zum konventionellen Modell einfach zu erklären, da diese senkrecht auf elektrischen Feldern stehen, die durch Fotosphäre-Löcher leichter und daher mit größerer Stärke auftreten können.

Da die feste Oberfläche der Kathode und Anode in der Niederdruck-Gasentladungsröhre wie bei Neonröhren an sich »kalt« ist, muss auch die Sonne unterhalb der Fotosphäre bzw. dem Anoden-Dunkelraum kalt sein. Die Elektronen- und Gastemperatur sind kaum gekoppelt, und es herrscht kein thermisches Gleichgewicht. Damit die Sonne ein stabiles System bilden kann, muss sich dieses im statischen Gleichgewicht befinden. Positive und negative Kraftgrößen halten sich deshalb notwendigerweise statisch die Waage.

Ansonsten würde die Sonne explodieren, wie es ja schon bei *Nova-Pictoris* oder der Nova-Herkules beobachtet wurde.

Dies bedeutet, dass die Sonne nicht durch und durch einen Pluspol (Anode) darstellen kann. Im Zentrum der Sonnenkugel muss aus statischen Gründen im elektrischen Modell zwingend ein Minuspol (Kathode) vorhanden sein. Der allseitige Druck- und Kräfteausgleich konnte bei der Entstehung der Sonne ausschließlich in einer Kugelgestalt erreicht werden, weil nur in dieser Form ein Gleichgewichtszustand der allseitig wirkenden Kräfte erreicht werden kann. Die heutzutage anscheinend nur 400 Kilometer dicke Fotosphäre als »Kugelschale aus Licht« stellt sich deshalb als ein im statischen Gleichgewicht befindliches Gebilde dar, von mir »Neutralkugelschale« genannt. In dieser statisch quasi-neutralen Zone halten sich die von außen angreifenden mit den inneren Kräften die Waage. Mit anderen Worten, die positive, von außerhalb einströmende kinetische (positive) Elektrizität steht dort im statischen Gleichgewicht mit der potenziellen (negativen) Elektrizität, die sich im Sonneninneren befindet.

Durch die turbulente Dynamik innerhalb der Fotosphäre bzw. die Entwicklung einer kinetischen Instabilität wächst die Energie in den elektrostatischen Wellen exponentiell an, bis Sättigung eintritt. Gleichzeitig wird das ionisierte Gas, also das Plasma, erhitzt, und die Kugelschale beginnt zu leuchten. Es werden vielfache dynamische Prozesse und Ereignisse ausgelöst, u. a. sogenannte Stoßwellen, die in den interplanetaren Raum zucken.

Folgt eine Stoßwelle nach der anderen, dann verschmelzen diese miteinander, und rings um die Sonne entsteht eine »Schockschale«. Diese ist angefüllt mit turbulentem Plasma. Es entsteht schließlich ein Schutzschild gegen von außen eindringende energiereiche Teilchen der *galaktischen kosmischen Strahlung* (= GKR). »Damit lässt sich das sprung-

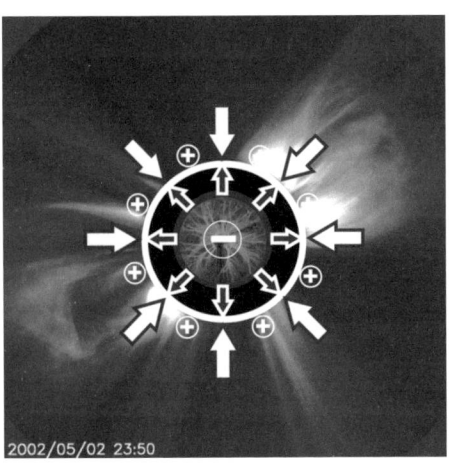

Abb. 48: **GLEICHGEWICHTSZUSTAND.** Die Sonne und auch die Planeten müssen im statischen Gleichgewicht stehen. Die äußeren und inneren (elektrischen) Kräfte halten sich in der Neutralkugelschale (= Fotosphäre bei der Sonne) die Waage. Hintergrundbild: abströmendes Sonnenplasma (SOHO Consortium, LASCO, EIT ESA, NASA).

artige Abfallen der Intensität der GKR mit ansteigender Sonnenaktivität erklären, sowie auch generell der antizyklische Verlauf der GKR im Sonnenzyklus. Denn natürlich folgt die Häufigkeit solcher Ereignisse sehr eng den Veränderungen der solaren Aktivität« (Schwenn, 1991, S. 38).

Wir erhalten hiermit eine Erklärung für die eigentlich selbstverständliche Tatsache, dass die Sonne planetare Himmelskörper nicht mittels Wärmestrahlung unmittelbar erwärmt, sondern dass hier Aktivitäten und Wechselwirkungen im nicht sichtbaren Energiespektrum maßgebend sind. Deshalb wird in dem Buch »Plasmaphysik im Sonnensystem« ein warnender Hinweis gegeben: »Die üblicherweise als Maß für die Sonnenaktivität verwendete Sonnenfleckenrelativzahl ist eine sehr problematische Größe. Diese Kennziffer beschreibt ja nicht die wirkliche Aktivität, sondern ist bestenfalls ein optisches Indiz für mögliche Aktivität« (ebd., S. 38).

Klimatologen hingegen behaupten, dass die Sonne keinen wesentlichen Einfluss auf das irdische Klima haben kann, da sich beispielsweise in Jahren mit verminderter Sonnenfleckenanzahl die Sonnenstrahlung bestenfalls um etwa 0,1 Prozent verringert. Solch geringe Differenzen in der Strahlung, so behaupten Klimatologen, reichen nicht aus, um das irdische Klima zu steuern. Durchaus richtig! Aber die Sonnenstrahlung ist quasi nur sichtbarer Ausdruck der hauptsächlich unsichtbaren Energiesteuerung durch die Sonne. Die Anzahl der Sonnenflecken wird regelmäßig seit über 350 Jahren beobachtet, und es kann ein Zusammenhang mit den über dem Erdboden gemessenen Lufttemperaturen eindeutig festgestellt werden: Bei wenigen Sonnenflecken wird es kälter, bei deren Häufung wärmer. Mithilfe des Anode-Kathode-Modells kann auch erklärt werden, warum die Zahl der Sonnenflecken einem Zyklus folgt. Wenn keine Löcher in der Fotosphäre vorhanden sind, ist die Sonnenaktivität gering. Sind diese dagegen zahlreich, ist die Sonne aktiv, da die Öffnungen in der Fotosphäre zur Aufrechterhaltung des statischen Gleichgewichts und damit der Stabilität geschlossen werden müssen. Gelingt dies nicht, zerplatzt der Stern.

Bei vielen Sonnenflecken, also Löchern in der Fotosphäre, können vermehrt Strahlung und Elektrizität ungehindert aus dem Sonneninneren nach außen dringen. So werden die elektrisch leitenden Himmelskörper mit mehr (austretender) Energie versorgt, und es wird wärmer u. a. auf der Erde, im umgekehrten Fall wird bei wenigen Sonnenflecken, also geschlossener

Fotosphäre, die Energie im Inneren der Sonne abgeschirmt, und es wird auf der Erde kälter.

Das bereits erwähnte, 2003 erstmals vorgestellte Hamburger ECHO-G-Modell macht deutlich, dass die Sonne maßgeblich das Klima beeinflusste und Vulkanausbrüche zu kurzen Perioden kühlerer Temperaturen beigetragen haben. »Diese Modellierung mit einem gekoppelten Atmosphären-Ozean-Modell passt sehr gut zu der Vielzahl von Einzelrekonstruktionen der letzten 1000 Jahre« (Berner/Streif, 2004, S. 220 f.). Die Sonne beeinflusst die Erde und die anderen planetaren Himmelskörper über die durch das Plasma übertragene elektrische Energie. Gleichzeitig ist das Weltall bitter kalt, und die Sonne erwärmt den interplanetaren Raum nicht, sondern warm wird es nur unmittelbar auf bzw. vor den elektrisch leitenden Himmelskörpern. Mithilfe des elektrischen Modells konnte erklärt werden, warum Kometen plötzlich hell erstrahlen und der Raum zwischen der Sonne und den planetaren Himmelskörpern definitiv bitterkalt und quasi dunkel wie in der Gasentladungsröhre ist. Elektrisch nicht leitende Himmelsobjekte erscheinen daher dunkel, obwohl die Sonne auch diese hell anstrahlen sollte, und können nur erkannt werden, falls diese sich vor helle Objekte schieben. Aber auch der Erdenmond ist nicht elektrisch leitend und erscheint doch zu bestimmten Zeiten hell. Warum, wenn doch der planetare Raum zwischen Sonne und Mond dunkel ist?

Erst im Jahr 2007 wurde durch Auswertung von Daten der Sonde *Lunar Prospector* deutlich, dass die Mondoberfläche elektrisch aufgeladen wird. Der magnetische Schweif (Magneto-Schweif) der Erde flattert in Richtung des Sonnenwindes. Durchquert der Mond diesen irdischen Magneto-Schweif, kommt er mit einer riesigen Plasmaschicht aus geladenen Teilchen in Verbindung, wodurch die Oberfläche des Mondes negativ geladen wird und der Staub elektrostatisch aufgeladen über der Mondoberfläche schwebt. Es wird insgesamt sogar eine Art Staubsturm zur stärker geladenen Nachtseite hin angetrieben.

»Der Mond tritt drei Tage bevor er voll ist in den Magneto-Schweif hinein, und es dauert etwa sechs Tage, um ihn zu durchqueren und auf der anderen Seite wieder auszutreten«, teilten die Forscher mit (Halekas, 2007). Dies bedeutet nichts anderes, als dass der Mond hell leuchtet, wenn sich unser Trabant mitten im Magneto-Schweif befindet, und dunkel wird, wenn er aus diesem heraustritt.

Ohne Magneto-Schweif der Erde wäre unser Mond dunkel, da er im Gegensatz zur Erde kein allgemein ausgeprägtes Magnetfeld besitzt. Für den Fall eines *elektrisch neutralen* Erdenmonds erkennt das voll ionisierte Sonnenwindplasma dieses Hindernis als solches gar nicht an, sondern das Plasma prallt ohne Ausbildung einer Bugstoßwelle einfach nur auf, und es gibt auch keine Leuchterscheinung – der Mond ist dunkel. Wird die Mondoberfläche jedoch elektrisch aufgeladen, da allein quer zum Magneto-Schweif der Erde (Abb. 44) ein elektrisches Potenzial auf der Mondoberfläche erzeugt wird, bildet sich eine Glimmentladung aus, sobald der Strom lawinenartig anwächst und die Zündspannung erreicht wird.

Die Sonne erhellt, wie die anderen Sterne auch, als Glimmentladung nicht das eiskalte Weltall, noch erwärmt sie dieses *unmittelbar* durch Wärmestrahlung. Abgestrahlt wird elektromagnetische Energie im nicht sichtbaren Bereich und über das Plasma elektrischer Strom. Trotzdem gibt es Lichterscheinungen, zum Beispiel in Form leuchtender Nebel, die ihre Helligkeit aber nur den Eigenschaften des Plasmas verdanken, nicht weil Sterne das Universum erhellen, denn dieses ist stockdunkel, wie ein Blick in den Nachthimmel zeigt! Es handelt sich um elektrische bzw. elektromagnetische Phänomene, wenn beispielsweise »Plasmawolken« in unserem Sonnensystem oder im restlichen Universum leuchten.

Die Sonne kann theoretisch den interplanetaren Raum nicht unmittelbar erhellen, da im Vakuum des Universums ja kein Medium existieren soll, das Sonnenstrahlung übertragen könnte. Deshalb war man früher der Ansicht, dass eine sehr feine Substanz, »Äther« genannt, im Universum existieren muss. Für unsere Betrachtungen brauchen wir, wie vielleicht erst jetzt klar wird, kein fein verteiltes Medium im Universum. Dieses würde ja schließlich auch die Bewegung (Translation und Rotation) der Himmelskörper verlangsamen, da sich diese ja in etwas bewegen würden: Als Folge bildet sich ein aus der Masse resultierendes Trägheitsmoment aus, wodurch sich die Bewegung der Himmelskörper stetig verlangsamen müsste. Die Übertragung von elektromagnetischer Energie und elektrischem Strom erfolgt dagegen über das nicht gleichmäßig verteilte Plasma.

Beobachtet man darüber hinaus im Universum zum Beispiel einen schwarzen Bereich ohne Sterne, dann kann dies ganz einfach ein plasmafreier Raum sein, durch den eben keine Informationen bzw. Energien und Ströme

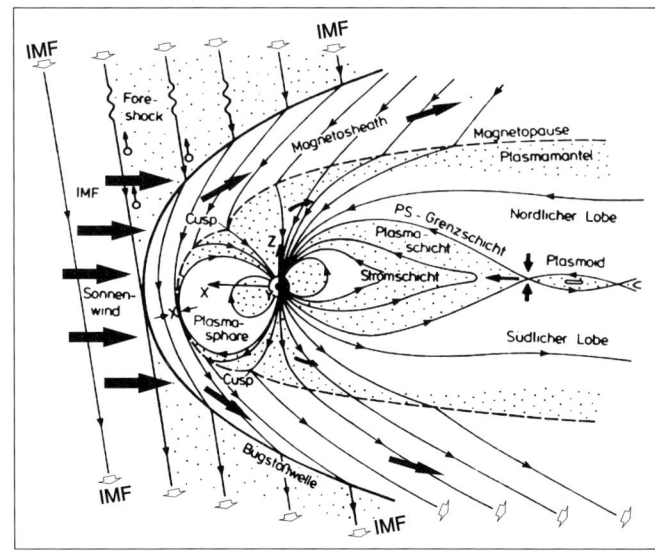

Abb. 49: **SEITENANSICHT DER MAGNETOSPHÄRE.** Man sieht die Bugstoßwelle, die Magnetopause als äußere Grenze der Magnetosphäre und den geomagnetischen Schweif der Erde. Zeigt das interplanetare Magnetfeld (IMF) von der Sonne weg, sollten »die von der Sonne kommenden Feldlinien mit dem Erdfeld der nördlichen Polkappe verbunden sein, während die südliche Polkappe mit in den interplanetaren Raum gehenden Magnetfeldlinien verbunden ist. Nur in die nördliche Polkappe sollte in diesem Fall von der Sonne kommende kosmische Strahlung eindringen« (Scholer, 1991, S. 128).

übertragen werden können. In einem Raumbereich ohne Plasma ist es ganz einfach schwarz. Oder aber wie sehen auf einen Bereich mit geringer Stromdichte, sodass nichts leuchten kann, folglich bleibt das Plasma unsichtbar.

Nehmen wir anstelle des laut Standardmodell der Kosmologie materielosen Raums oder vielmehr des mechanisch wirkenden Äthers im Weltall das *Elektrische Plasma-Universum an*, dann können – je nach vorhandener Stromdichte – drei Modi unterschieden werden:

- Bei geringer Stromdichte ist das Plasma unsichtbar. Beispiele hierfür wären planetare Ionosphäre oder der Sonnenwind.
- Bei starker Stromdichte leuchtet das Plasma ähnlich wie bei einer Neonröhre. Beispiele sind die Polarlichter oder die Sonnenkorona.
- Bei sehr starker Stromdichte strahlt das Plasma über ein breites Spektrum, auch im Ultraviolett- und Röntgenbereich. Als Beispiel wäre hierfür die Sonnen-Photosphäre anzusehen.

Betrachten wir die Sonne genauer, dann übernimmt die Chromosphäre der Sonne die Rolle einer Abschirmung. Bricht diese an einer Stelle kurzfristig zusammen, entsteht eine der massiven Sonneneruptionen, wie sie immer wieder zu beobachten sind.

Unser gesamtes Sonnensystem ist vom Sonnenwindplasma erfüllt. Es laufen eine Fülle von plasma-physikalischen Prozessen ab, wie die Erzeugung,

Dämpfung und Ausbreitung von Wellen; Welle-Teilchen-Wechselwirkungen; Plasmaturbulenzen und -instabilitäten; Beschleunigung von Teilchen oder stoßfreie Stoßwellen (vgl. Schwenn, 1991, S. 20). Schließlich ist das solare Magnetfeld im Plasma eingefroren (vgl. Kippenhahn/Möllenhoff, 1975) und wird vom expandierenden Sonnenwind nach außen gezogen.

Die Feldlinien kann man deshalb als Stromlinien betrachten, denn sie verbinden alle Teilchen miteinander, die aus der gleichen Quelle auf der Sonne stammen. Wegen der Rotation der Sonne bewegen sich alle Teilchen radial nach außen und die Stromlinien kurvenförmig in Form von Archimedesschen Spiralen (Schwenn, 1991, S. 19), sodass die Stromlinien *seitlich versetzt* zur direkten Verbindungslinie auf die Erde treffen.

Tatsächlich gibt es nicht nur eine einzige Art von Sonnenwind, sondern grob unterschieden langsamen, der über den aktiven Gebieten am Äquator entspringt, und schnellen Sonnenwind, der aus *Löchern* in der Korona stammt, die großflächig über den Polregionen angeordnet sind.

Mit dem klassischen, von *Eugene Parker* (1958) entwickelten Modell für die Entstehung des Sonnenwinds lassen sich jedoch nicht annähernd die beobachteten hohen Geschwindigkeiten des schnellen Sonnenwinds erklären. »Offenbar sind es nichtthermische Prozesse, die hier für die nötige Zufuhr an Impuls und Energie sorgen« (Schwenn, 1991, S. 42). Weiterhin wurden zahlreiche »Jets« von Plasma in der untersten Korona durch hochauflösende UV-Spektrografen beobachtet. Anzahl und Geschwindigkeit dieser auch *Mikroflares* genannten Jets könnten ausreichen, um den gesamten Sonnenwind zu produzieren. »Diese durchaus ernstzunehmende Hypothese eines gerade nicht thermisch angetriebenen Sonnenwindes steht natürlich in diametralem Gegensatz zu Parkers Modell« (ebd., S. 45).

Mit anderen Worten, für die Entstehung des Sonnenwindes sind keine hohen Temperaturen erforderlich. Auch eine »kalte« Sonne kann langsamen und schnellen Sonnenwind erzeugen.

Der von der Sonne kommende Strom geladener Teilchen trifft mit Überschallgeschwindigkeit auf planetare Hindernisse. Es entsteht genauso eine Bugstoßwelle, wie vor einem mit Überschallgeschwindigkeit fliegenden Flugzeug, falls der Planet ein Magnetfeld und eine elektrisch leitende Atmosphäre besitzt. Die Strömungsenergie des *kalten* Sonnenwindplasmas wird zunächst nicht nur an der sich vor der Erde ausbildenden Bugstoßwelle weitgehend in thermische Energie umgewandelt, sondern der kalte Strom von Ionen und Elektronen wird beim Eintritt in das irdische Magnetfeld senkrecht zu diesem in entgegengesetzter Richtung abgelenkt. »Dadurch wird ein in der Grenzschicht fließender Strom erzeugt« (Scholer, 1991, S. 122).

Da der Sonnenwind das irdische Magnetfeld verzerrt, sind damit entsprechend den Maxwell'schen Gesetzen auf der Tagseite immer elekrische Ströme verbunden. Deshalb ist auch die nachtseitige Verzerrung des Erdmagnetfeldes zur schweifartigen Magnetosphäre von elektrischen Strömen begleitet, deren Stromstärke bis zu mehrere Millionen Ampère betragen kann (ebd., S. 106). Ein weiteres wichtiges Stromsystem ist ein in seinem Kern in einem Abstand von etwa zwei bis zu neun Erdradien in der Äquatorebene hauptsächlich von Protonen getragener Ringstrom, der entlang des Van-Allen-Gürtels in Ost-West-Richtung fließt (Baumjohann, 1991, S. 106 f.). »Sogar bei der Erde kann von einem vollständigen Verständnis noch lange nicht gesprochen werden« (ebd., S. 190).

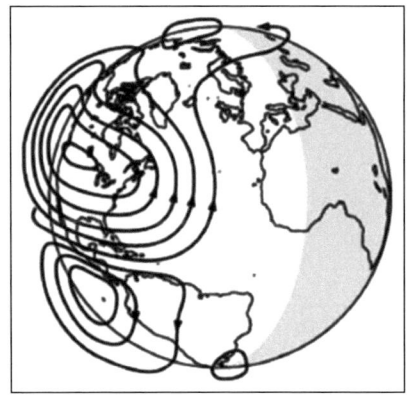

Abb. 50: **RINGSTRÖME.** Von der Sonne erzeugte elektrische Ringströme (äquatorieller Elektrojet) auf der Tagseite der Ionosphäre (Abb.: United States Geological Survey). Das elektrostatische Feld der Erde resultiert aus einer elektrischen Überschussladung der Erdoberfläche, die durch ionisierende Strahlung aus dem Weltraum entsteht. Da sich das elektrische Potenzial auf der Oberfläche eines leitfähigen Körpers gleichmäßig verteilt, fühlt der leitfähige menschliche Körper keine Spannungsdifferenzen in der Luft, sondern ggf. eine geringe Kraft zwischen Körpern mit unterschiedlicher Ladung. Es kann eine indirekte Beeinflussung des menschlichen Körpers stattfinden, da die Luftionisierung die körperliche und geistige Leistungsfähigkeit herabsetzen kann.

Die Sonne erzeugt bei der Erde verschiedene Stromsysteme, die jedoch nicht nur auf die Magnetosphäre begrenzt sind. Es existieren weitere Stromsysteme, deren Ströme nicht nur senkrecht zu den Magnetfeldlinien, sondern auch parallel zu ihnen fließen, häufig Birkeland-Ströme genannt, nach Kristian Birkeland (1867–1917). Diese verbinden Ströme in der Magnetosphäre und ihren Grenzschichten mit denen in der polaren Ionosphäre und erlauben so einen Energieaustausch zwischen diesen Regionen. Der Generator befindet sich in fast allen Fällen in den Grenzschichten der Atmosphäre und bezieht seine Energie aus der kinetischen Energie des anströmenden Sonnenwindes. Insgesamt entsteht ein technisch fremderregtes Dynamo-Phänomen:

»Das Drehmoment zur Bewegung der Spule im Dynamo wird von der Sonnenenergie geliefert. Das Magnetfeld entspricht dem Erdmagnetfeld. Der Belastungswiderstand des Dynamos entspricht der reziproken elektrischen Leitfähigkeit in der Ionosphäre. Die Selbstinduktion der Dynamospule entspricht der Ladungstrennung und dem dadurch erzeugten Polarisationsfeld. Die bewegte Spule stellt den Wind dar und der Spulenstrom den elektrischen Strom in der Ionosphäre. Daher stammen die Namen *Dynamotheorie* und *Dynamoschicht*« (Volland, 1991, S. 294). Im Gegensatz dazu sucht man konventionell einen unabhängig startenden und sich selbst erhaltenden Dynamoeffekt im Erdkern.

Es wird verständlich, dass der durch das Konvektionsfeld getriebene elektrische Strom innerhalb der Dynamoschicht der Ionosphäre (joulesche) Wärme erzeugt, welche die gesamte in 85 bis 600 Kilometer Höhe befindliche Thermosphäre aufheizt. Diese Heizquelle liefert einen gewissen Teil der im gleichen Bereich durch die Sonnenenergie erzeugten Wärme und kann diese während erdmagnetisch gestörter Bedingungen sogar überschreiten. Die Temperatur in der oberen Begrenzung der Thermosphäre (zur Exosphäre hin), die in Abhängigkeit der solaren Aktivität normalerweise zwischen 700 und 1500 Kelvin schwankt, kann dann kurzfristig auf eine Temperatur von mehreren tausend Kelvin ansteigen.

Die Magnetosphäre schützt die Erde gegen den von der Sonne kommenden Strom geladener Teilchen. Es existiert zwar keine harte Grenze, aber in der darunter befindlichen Ionosphäre erfolgt die Ionisation der Gasmoleküle. Unter Ionisation versteht man den Vorgang, bei dem mindestens ein Elektron aus einem neutralen Atom oder Molekül entfernt wurde. Es kann festgestellt werden, dass die Ionosphäre nur aufgrund der solaren Strahlungsaktivität existiert, da die Ionisation oberhalb einer Höhe von ungefähr 80 Kilometern hauptsächlich durch solare, extrem ultraviolette und Röntgen-Strahlung stattfindet. Aus diesem Grund wirken sich Energieausbrüche der Sonne direkt auf den Zustand der Erde aus.

Wie wenig – im Gegensatz hierzu – das von einer strukturell *homogenen* Ionosphäre ausgehende konventionelle Modell mit der Wirklichkeit übereinstimmt, zeigen die Abweichungen vom allgemein erwarteten Verhalten. So liegt das Maximum der Elektronendichte am frühen Nachmittag und stimmt nicht mit dem Zeitpunkt des höchsten Sonnenstandes überein

(Tagesanomalie). Trotz mangelnder Sonneneinstrahlung steigt die Ionisation während der Nachtstunden noch weiter an (Nachtanomalie). Bei fehlender Sonneneinstrahlung befinden sich über den Polen während der Polarnacht stark ionisierte Schichten (Polaranomalie). Im Winter ist die Elektronendichte höher als im Sommer (jahreszeitliche Anomalie). Das Maximum der Elektronendichte liegt nicht über dem Äquator (äquatoriale oder erdmagnetische Anomalie). Zu diesen beständig beobachtbaren Anomalien kommen spontan auftretende, kurzfristige Störungen in der Ionosphäre hinzu, die meist aufgrund von solaren Strahlungsausbrüchen auftreten.

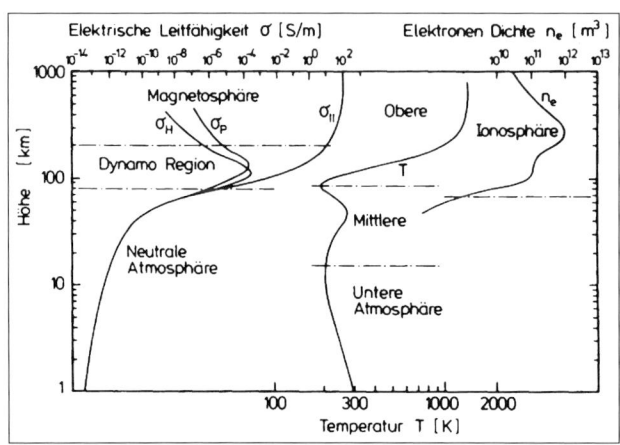

Abb. 51: **ELEKTRISCHE LEITFÄHIGKEIT**. Mittleres Höhenprofil der elektrischen Leitfähigkeit, der Temperatur (in Kelvin) und der Elektronendichte. Es sind einige typische Zahlenwerte für Strom, Spannung und Leistung derjenigen Energiequellen angegeben, die in der Atmosphäre großräumige elektrische (Potenzial-)Felder und Ströme ausbilden können. Aus Volland, 1991, S. 285.

Das Weltall ist eiskalt! Eine Erwärmung findet erst um die Erde herum statt und wird hauptsächlich durch die solare Energielieferung (nicht unmittelbare Wärmestrahlung) sowie kosmische Strahlung und die daraus in Erdnähe resultierende Bildung von elektrischen Systemen verursacht. Eine Erwärmung findet entsprechend auf der Tagseite statt, aber nicht, weil hier die Sonne die Erde mit Wärmestrahlung aufheizt, sondern weil die von der Sonne emittierte Energie auf das Magnetfeld der Erde trifft. Dies führt zu einem Druckunterschied zwischen Tag- und Nachtseite, und zwangsläufig bildet sich ein ständiges Windsystem zwischen beiden Hemisphären, das die herrschenden Temperatur- und Druckunterschiede ausgleichen will.

Wir haben damit die Quelle eines großräumigen quasi-statischen elektrischen Feldes in der Ionosphäre beschrieben. Die Gezeitenwinde und magnetosphärischen Stürme verändern das irdische Magnetfeld, das der Wechselwirkung des Sonnenwindes mit der Magnetosphäre unterliegt und dessen Stärke deshalb durch die Sonne beeinflusst wird. Ähnliches findet bei der

Sonne statt, da diese auch eine Bugstoßwelle, und zwar im galaktischen Strom geladener Teilchen, bildet. Sie »verarbeitet« galaktische kosmische Energien, die modifiziert ins Planetensystem abgestrahlt werden. Unser Planetensystem und damit unsere Erde unterliegen daher (übergeordnet) einer »Steuerung« durch die galaktische kosmische Strahlung, weshalb sich Spannungszustände bzw. die Stärke der Energien und dadurch u. a. auch die Abstände der Planetenbahnen ändern können.

Elektrische Gewitter

Da die Luft in Erdnähe ein sehr schlechter elektrischer Leiter ist, wurden elektrische Felder und ihre Wirkungen auf die Atmosphäre und damit auf unser Leben selbst lange ignoriert bzw. als Esoterik ausgegrenzt. Aber die elektrische Leitfähigkeit nimmt unterhalb der Ionosphäre zwar sehr stark ab. Diese reicht in Erdnähe jedoch aus, um eine an den Platten eines Elektrometers angelegte elektrische Spannung innerhalb weniger Minuten zusammenbrechen zu lassen. Deshalb darf man die Plasmakomponente der Luft keineswegs vernachlässigen, wie es zum Beispiel moderne Klimamodelle tun.

Die »elektrische Leitfähigkeit der Luft ist die Voraussetzung dafür, dass sich großräumige elektrische (Potenzial-)Felder und Ströme in der Atmosphäre ausbilden können. Für die Entstehung solcher Felder sind jedoch nicht-elektrische Kräfte notwendig. Gegenwärtig kennt man drei Prozesse, die diese großräumigen elektrischen Felder erzeugen« (Volland, 1991, S. 285):
- Gezeitenartige Winde in der Dynamoregion (Ionosphäre)
- Wechselwirkung zwischen solarem Wind und magnetosphärischem Plasma
- Gewitteraktivität in der Troposphäre

Die ersten beiden Prozesse, die in der oberen Atmosphäre bzw. Ionosphäre und Magnetosphäre ablaufen, wurden zuvor schon beschrieben. Wie verhält es sich mit den Gewittern?

Die elektrische Leitfähigkeit der Luft, die mit der Höhe fast exponentiell zunimmt und oberhalb von 80 Kilometern Höhe vom Erdmagnetfeld beeinflusst wird, ist Voraussetzung dafür, dass sich großräumige elektrische (Potenzial-)Felder und Ströme in der Atmosphäre ausbilden können. Solche werden oben in der Magnetosphäre durch die Wechselwirkung zwischen Sonnenwind und magnetosphärischem Plasma erzeugt. In der darunter liegenden, zur Ionosphäre gehörenden Dynamoregion sorgen gezeitenartige Winde für die Aufrechterhaltung und Entstehung solcher elektrischer Wirkungen. In der untersten Schicht der Atmosphäre (Troposphäre) sind Gewitter u. a. für einen luftelektrischen Stromfluss verantwortlich (Volland, 1991, S. 284).

Da die Luft in Erdnähe ein schlechter elektrischer Leiter ist, schloss man lange Zeit elektrische Wirkungen in der unteren Atmosphäre gänzlich aus. Jedoch sind Gewitter elektrische, genau genommen elektromagnetische Phänomene. Sie zeichnen sich dadurch aus, dass ihre Quellstärke ausreicht, um elektrische Gasentladungen in Gang zu setzen. Es gibt ständig etwa 2000 Gewitter auf der Erde, die eine Fläche von etwa 0,1 Prozent der Erdoberfläche einnehmen, wobei jedes Gewitter Entladungsstrom an seine Umgebung abgibt (ebd., S. 290).

Zwischen der Erdoberfläche und der hochleitenden Ionosphäre besteht ein sehr starkes elektrisches Spannungsgefälle, weshalb Erdoberflä-

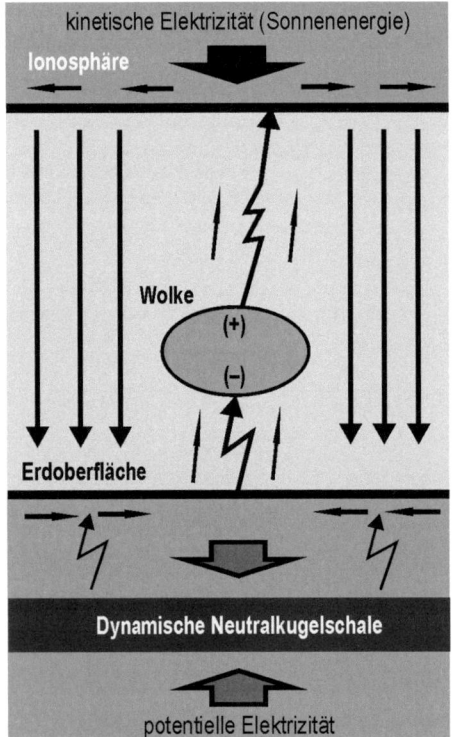

Abb. 52: **STROMFLUSS.** Der Strom in der Ionosphäre bzw. in der Dynamoschicht besitzt eine Abhängigkeit von der Sonnenaktivität, wodurch das Wetter (u. a.) Gewitter, Wirbelstürme) beeinflusst wird. Insgesamt besteht eine »gewisse Ähnlichkeit mit einem technisch fremderregten Dynamo. Das Drehmoment zur Bewegung der Spule im Dynamo wird von der Sonnenenergie geliefert ... Die bewegte Spule stellt den Wind dar und der Spulenstrom den ionosphärischen elektrischen Strom« (Volland, 1991, S. 294). Zwischen der Erdoberfläche und der hoch leitenden Ionosphäre besteht ein sehr starkes elektrisches Spannungsgefälle, weshalb Erdoberfläche und Hochatmosphäre in ihrer Funktion einem riesigen Kugelkondensator vergleichbar sind (Haber, 1970, S. 82). In Schönwettergebieten fließt Ionosphäre-Strom hin zur relativ gut elektrisch leitenden Erdoberfläche bzw. Neutralkugelschale. Der Entladungsstrom fließt aus den elektrischen Kondensatoren in der Erdkruste, teils Erdbeben auslösend, bei Gewittertätigkeit hin zur Wolke und von da aus nach oben in die Ionosphäre, wobei manchmal seltsame Leuchtphänomene verursacht werden.

che und Hochatmosphäre in ihrer Funktion einem riesigen Kugelkondensator vergleichbar sind (Haber, 1970, S. 82). Das elektrische Potenzial zwischen Ionosphäre und Erdoberfläche kann um 100 Prozent und mehr schwanken (u. a. Mühleisen, 1977; Markson/Muir, 1980).

Erde und Ionosphäre verhalten sich wie elektrische Äquipotenzial-Flächen, aus denen Strom über Schönwettergebiete hin zur relativ gut elektrisch leitenden Erdkruste fließt. Ein Spannungsausgleich findet durch einen Entladungsstrom statt, der aus den elektrischen Kondensatoren in der Erdkruste bei Gewittertätigkeit hin zur Schlechtwetterwolke und von da aus nach oben in die Ionosphäre fließt (vgl. Abb. 52), da die Leitfähigkeit der Luft nahezu exponentiell mit der Höhe zunimmt und der Weg des geringsten Widerstandes gesucht wird. Dabei werden manchmal seltsame Leuchtphänomene zwischen Wolken und Ionosphäre verursacht.

Kobolde und Elfen

Da der Strom bei einer Blitzentladung normalerweise von der Erdkruste zur Wolke fließt, gibt es entsprechende Wirkungen über den Wolken bis hin zur Ionosphäre, die jedoch erst seit 1989 gezielt aus Flugzeugen und Space Shuttles fotografiert wurden. Gewitter oberhalb der Wolken rückten erst 1987 schlagartig ins Rampenlicht, als eine Rakete der NASA beim Erreichen hoher Luftschichten einen Blitz auslöste. Durch die elektrische Entladung wurde die Elektronik zerstört, und man musste die Rakete sprengen. Inzwischen ist bekannt, dass Raketen linienartige, mehrere Kilometer zurückreichende, vorionisierte Luftkanäle als Ionisationsgebilde erzeugen, worin sich langläufige, linienartige Blitze ausbilden können. Auch beim Eintritt von Meteoren in die Atmosphäre wurde beobachtet, dass diese Blitze in ihrer Bahn nach sich zogen.

Diesen durch besondere äußere Ereignisse verursachten Blitzen entsprechen solche, die durch Gewitter oberhalb der Wolken entstehen. In einer Höhe von etwa 70 Kilometern bilden sich über großen Gewittern sogenannte Kobolde (englisch: *sprites*) aus, von denen es nur wenige Fotografien gibt. Diese Phänomene sind zwar seit Langem in der Luftfahrt bekannt, wurden aber lange Zeit als Einbildungen der Piloten abgetan, da man keine

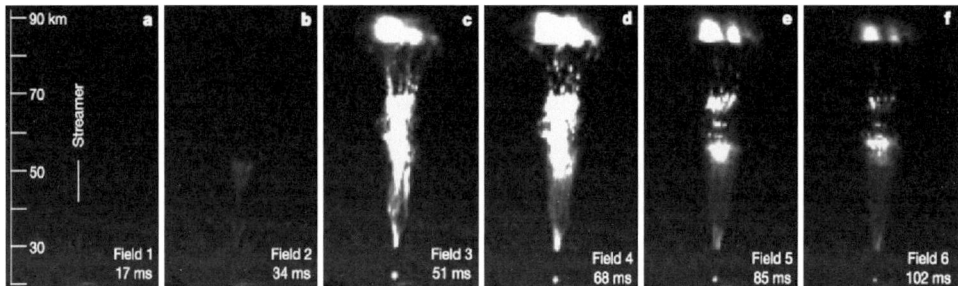

Abb. 53: **KOBOLDE.** Von der Oberseite einer gewaltigen Gewitterwolke kann sich ein Kobold genannter säulenartiger Blitz als elektrische Entladung ereignen, die eine Differenz von bis zu 300 000 Volt zwischen der Erdoberfläche sowie der oberen Atmosphäre reguliert und einen Durchmesser von 50 Kilometern aufweisen kann (»Nature News«, 18. Oktober 2001).

konventionelle Erklärung anbieten konnte. Manche Erscheinungen wurden gar als UFOs beschrieben, und viele verschwieg man, bis erst in den letzten Jahren die elektrische Natur solcher Phänomene erkannt wurde.

Kobolde erscheinen oft rötlich, sind meist linienartig bzw. säulenförmig ausgebildet, können aber auch wie ein Atompilz aussehen. Seltener erscheinen sie in der Form von »Lattenzäunen«. Aber es gibt weitere Blitzphänomene in noch größeren Höhen. Neben Kobolden gibt es zum Beispiel noch sogenannte Elfen. Diese Blitzentladungen treten in etwa 90 Kilometern Höhe über großen Gewitterwolken am Rande der Ionosphäre als rötlicher Ring auf. Außerdem wurden blaue Jets oder Blitze (Blue Jets) fotografiert, die meist weiter unten, in der Stratosphäre, direkt aus der Gewitterwolke nach oben schießen.

Mit Instrumenten auf der Internationalen Raumstation ISS haben Forscher die Entstehung des sogenannten Elfen-Leuchtens in der oberen Atmosphäre beobachtet. Am 10. Oktober 2018 wurde ein nur einige Millionstel Sekunden dauernder atmosphärischer Gammastrahlen-Blitz über einem Gewitter östlich der indonesischen Insel Sulawesi gemessen. Nahezu zeitgleich registrierten die Forscher das ultraviolette und optische Elfen-Leuchten in der Ionosphäre, einer oberen Schicht der Erdatmosphäre. Dies wird als Bestätigung gewertet, dass Gewitter und Gamma-Blitze miteinander verknüpft sind.

Man wird diese elektrischen Phänomene erst einordnen können, wenn man den nachgewiesenen elektrischen Stromfluss bzw. nach Heinz Haber

(1970, S. 82) die Erde als eine Art Kugelkondensator berücksichtigt und Blitzphänomene, aber auch Wirbelstürme, nicht als eher zufällige oder als durch Klimaerwärmung verursachte Ereignisse ansieht.

Betrachten wir jetzt den normalen Stromfluss unterhalb der Wolken. Der Stromfluss ist im Regelfall von unten nach oben gerichtet, also von der Erde zur negativ geladenen Unterseite der Wolke. Aber verlaufen Blitze nicht umgekehrt von oben nach unten?

Bauen sich innerhalb einer Gewitterwolke lokal Feldstärken auf, kann eine Elektronenlawine entstehen, die einen leitfähigen Kanal bildet. Dieser schreitet stufenförmig nach unten fort und erreicht die Erdoberfläche oder diese überragende Objekte. Diese Entladung wird *stufenförmige Vorentladung* genannt. Nach dem Kontakt können die im gebildeten Kanal gespeicherten Elektronen zur Erde abfließen und bilden dabei einen *zur Wolke gerichteten* elektrischen Strom. Dabei erhitzt sich das Plasma im Kanal auf 30 000 Kelvin, und es kommt zu Ionisations- und Rekombinationsvorgängen. Das Rekombinationsleuchten sehen wir als Blitzentladung. Diese Hauptentladung ist der negative Blitz,

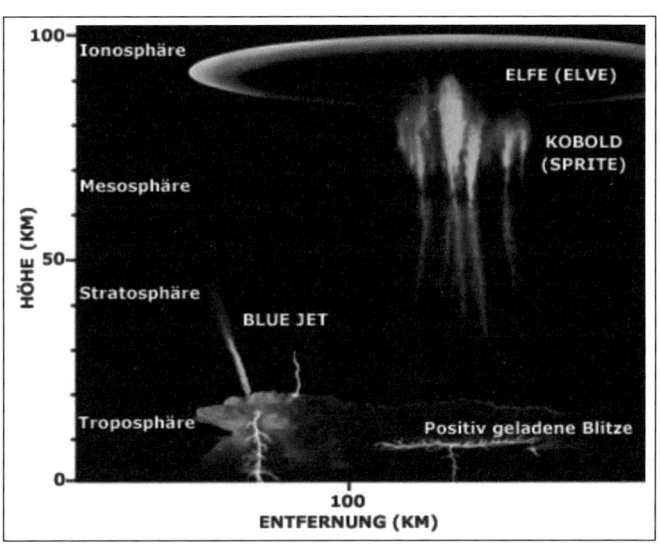

Abb. 54: **LICHTGEISTER.** Standfoto aus einem NASA-Video: Ein (rötlicher) säulenartig auftretender Kobold mit etwa 60 Kilometer langen »Tentakeln«. Elfen hingegen zeigen sich darüber in etwa 90 Kilometern Höhe. Es gibt zudem blaue Jets oder Blitze (Blue Jets), die meist weiter unten, in der Stratosphäre, direkt aus der Gewitterwolke nach oben schießen. Zu diesen Phänomenen gehören auch die besonders energiereichen positiven Blitze, die Energie vom oberen Rand der Wolken zur Erdoberfläche senden. Diese unterscheiden sich durch einen lauten Knall und einem grummelnden Poltern von normalen negativen Blitzen.

auch Erdblitz genannt. Vor- und Hauptentladung können sich mehrfach wiederholen, wodurch das Flackern eines Blitzes zustande kommt. Der Druckanstieg im Kanal bewirkt schließlich eine akustische Stoßwelle, die wir als Donner hören (vgl. Volland, 1991).

Bei den Vor- und Zwischenentladungen entstehen elektromagnetische Wellen. Interessant ist hier die Antennentheorie, die an der *Universität von Florida* intensiv untersucht wurde (Moini et al., S. 1997). Diese modelliert den Blitzkanal als eine verlustreiche, gerade Monopol-Antenne, die vertikal über einem elektrisch sehr gut leitenden Untergrund steht. Diese Antenne wird durch eine externe Spannungsquelle (elektromagnetische Welle) über die Atmosphäre hinweg gespeist, und es entstehen Blitzentladungen (ebd., S. 149, und Moini et al., 2000, S. 29 693).

Können metallische Golfschläger als eine solche Antenne wirken, die elektromagnetische Felder zerstreut? In Colorado gibt es jedes Jahr mehrere Blitztote bei wolkenlosem Himmel, und in Florida wurden mehrfach Golfspieler durch Blitze verletzt und auch getötet, obwohl keine Wolke am blauen Himmel zu sehen war. Solche lokalen elektrischen Entladungen werden bisher ignoriert.

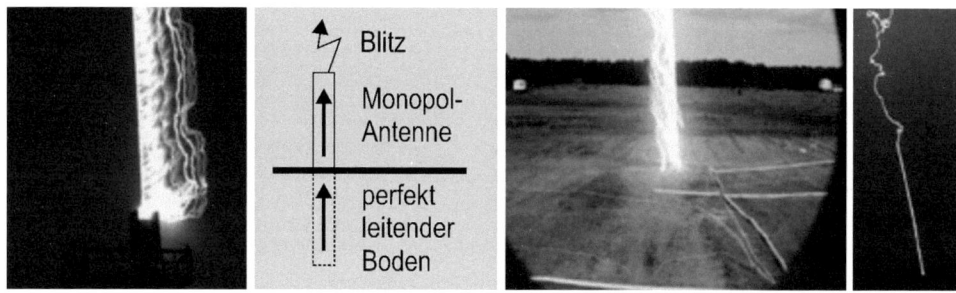

Abb. 55: **ENTLADUNG.** An der Universität von Florida werden durch Versuche Blitzerscheinungen erzeugt, welche über eine Monopol-Antenne gezündet werden, die über einem gut elektrisch leitenden Untergrund angeordnet wird.

Trotz vieler neuer Erkenntnisse handelt es sich bei Blitzen um einen elektromagnetischen Entladungsvorgang, der ein *ungeklärtes* Naturphänomen darstellt. Erst vor kurzer Zeit wurde erkannt, dass das Leuchten von Blitzen durch die Bildung und Erhitzung von Plasma verursacht wird. Die Plasmakomponente der Atmosphäre basiert auf der elektrischen Leitfähigkeit der Luft, wodurch manche Phänomene erst erklärt werden können, die bei einer (absolut) elektrisch neutralen Atmosphäre ein unlösbares Rätsel darstellen.

Trotzdem ist bis heute völlig ungeklärt, warum auf der Erdoberfläche mit einem Blitz wesentlich mehr Energie ankommt, als zuvor in der Wolke enthalten war. Die heutzutage angebotene Erklärung durch einen sogenannten *Runaway-Breakdown*, bei dem Elektronen nach Erreichen einer bestimmten Grenzgeschwindigkeit immer schneller werden, reicht für die Stärke der gemessenen Strahlung nicht aus. Ist es vielleicht anders, genau umgekehrt zu sehen, und in der Wolke kommt weniger Energie an als *von unten* emittiert wird?

Im Jahr 2004 haben Forscher der *Universität Florida* in Gainesville nachgewiesen, dass mit der stufenförmigen Vorentladung starke Röntgenstrahlung emittiert wird, jedoch anscheinend nicht mit der anschließenden Hauptentladung. Die Entstehung eines Blitzes ist deshalb *keine einfache Entladung* oder eine Funkenentladung, wie man früher glaubte.

Wie deutlich wurde, hängen Blitze nicht nur von den Verhältnissen in der Atmosphäre (Gewitterwolken) ab, sondern auch von den Gegebenheiten bzw. der elektrischen Leitfähigkeit im Untergrund, und damit in größerem Maßstab auch davon, ob es sich um einen Ozean oder einen Kontinent handelt. Im kleineren Maßstab gibt es Bereiche, in denen die statistische Blitzhäufigkeit zwei- bis dreimal höher als in der Umgebung ist. Zum Beispiel liegt diese in Süddeutschland bei weniger als einem Blitz pro Quadratkilometer, in Österreich und Norditalien bei ein bis zwei und in Slowenien bei drei. Zudem gibt es in Großstädten mehr Blitze, und die Blitzhäufigkeit hängt auch von der Jahreszeit ab. Zusätzlich spielt die geografische Breite eine Rolle, denn der »keraunische Pegel« gibt die Anzahl der Gewittertage pro Jahr in einem bestimmten Gebiet an. Dieser liegt zwischen unter 1 in Arktis und Antarktis sowie bis zu 180 in Äquatornähe.

Gibt es vielleicht sogar bevorzugte »Gewitterstraßen«? Trägt man die Anzahl der Gewitter pro Jahr, also den keraunischen Pegel, auf einer Landkarte ein, dann ergeben sich Gebiete mit konstanter Gewitterhäufigkeit. Verbindet man diese, dann ergeben sich Linien mit gleicher Blitzhäufigkeit, die sogenannten Isokeraunen, vergleichbar mit den Isobaren (Linien gleichen Luftdrucks auf einer Wetterkarte).

Bestimmte örtlich begrenzte Punkte der Erde eignen sich aufgrund ihrer Leitfähigkeit anscheinend besonders gut für einen Stromfluss von der Erde zur Wolke. Dabei wird durch den über den Erdboden wandernden Minuspol

(Gewitterwolke) punktuell der Kontakt mit dem Pluspol an der Erdoberfläche geschlossen; in der Folge beginnt es zu blitzen.

Damit sind wir bei dem Rätsel der Entstehung von Wirbelstürmen. Ist tatsächlich nur über 28 Grad warmes Wasser erforderlich, oder sind, da diese Erklärung völlig unzureichend ist, fiktiv erscheinende *Scherwinde* die Auslöser – wie manche Klimafachleute inzwischen nebulös spekulieren? Im Jahr 2005 wurden in Costa Rica durch Messungen mit dem Wetterflugzeug *ER-2* der NASA extrem starke elektrische Felder bei dem Kategorie-4-Hurrikan *Emily* festgestellt. Man kann einen Wirbelsturm auch als einen Potenzialwirbel beschreiben, der ein senkrecht auf ihm stehendes elektrisches Feld hervorruft. Derart bildet sich ein leitender Luftkanal. Während die heftigen Blitze in einem Hurrikan für die konventionelle Forschung ein Rätsel darstellen, können wir erklären, dass es sich hier um natürliche elektrische Phänomene handelt, die von der Sonne verursacht bzw. von der kosmischen Strahlung ausgelöst werden (Pérez-Peraza et al., 2008). Der Mensch kann weder die seit längerer Zeit abnehmende Häufigkeit noch die Intensität von tropischen Wirbelstürmen messbar beeinflussen. Betrachten wir in diesem Zusammenhang kurz ein anderes ungelöstes Blitzphänomen.

Phänomen Kugelblitz

Kugelblitze sind seltene Phänomene. Bekannte Augenzeugen waren der Philosoph Seneca, Heinrich II. von England oder Physik-Nobelpreisträger Niels Bohr, die sie als schwebende, selbstleuchtende Kugeln von oranger bis gelblicher, rötlicher und bläulich-weißer Farbe beschrieben.

Manchmal versprühen die bis zu 50 Zentimeter großen undurchsichtigen Kugelblitze Funken und sind von knisternden Geräuschen begleitet. Die Leuchterscheinung kann mehrere Sekunden bis zu Minuten andauern; dabei schwebt diese zeitweilig in der Luft, rollt manchmal auch über eine Straße und kann scheinbar mühe- und wirkungslos in Mauern oder Fenster eindringen, meist ohne Schäden zu hinterlassen. Manchmal gibt es jedoch Brandspuren z. B. an Holzteilen. In einigen Fällen sind Kugelblitze in Unterseebooten gesichtet worden (Silberg, 1962) oder wanderten bei Flugzeugen die Flügel entlang und drangen in das Cockpit ein, um das Flugzeug am hinteren Ende zu verlassen (Singer, 1971). Die meisten Kugelblitze verschwinden jedoch nach einigen Sekunden, explodieren in seltenen Fällen oder lösen sich ganz einfach auf.

Es gibt derzeit unterschiedliche Theorien, die entweder auf einer inneren Energiequelle (Verbrennung, Plasma, Wirbel, Ladungstrennung, Kernenergie) oder auf einer äußeren Energiequelle (elektromagnetisches Feld, Erdfeld, kosmische Strahlung, Antimaterie) beruhen (Rakov/Uman, 2003).

Kugelblitze besitzen eine scharf umrissene, abgeschlossene Struktur, die nach Augenzeugenberichten manchmal von einer deutlichen Entladungskorona umgeben ist; einem Phänomen, das an die äußere Struktur der Sonne erinnert. Wie diese muss der Kugelblitz seine Energiequelle in sich tragen. Da es sich um ein elektrisches bzw. elektromagnetisches Phänomen zu handeln scheint, könnte die leuchtende Hülle wiederum eine Neutralkugelschale (Abb. 48, S. 122) zwischen kinetischer und statischer Energie (Elektrizität) darstellen. Daher müssen zur Erzeugung der Leuchtschale – wie bei der Sonne – auch *keine* extrem hohen Temperaturen auftreten.

Ein bemerkenswertes Beispiel hierfür findet man in der Plasmaphysik: Wenn einem Gas ein genügend großer elektrischer Impuls (Energie) zugeführt wird, dann bildet sich bekanntlich Plasma. Wird die Energiezufuhr weiter erhöht, dann unterliegen die elektrischen Ladungen einer turbulenten Bewegung, ehe sich dann manchmal ein metastabiler, wirbelförmiger Ring formt, der als Plasmoid bezeichnet wird (Bostick, 1957, und Wells, 1970). Dieser sollte nach der Theorie von Antonio F. Ranada (2000) aus geschlossenen elektrischen und magnetischen Feldlinien bestehen, d.h. dass die Energie materialisiert, denn geschlossene Feldlinien erzeugen Masse (vgl. Meyl, 1999, S. 6 ff.). Die Wechselwirkung von kosmischer Elektrizität und Materie eröffnet die Möglichkeit, durch die Erzeugung von Kugelblitzen im Labor völlig neue Energiequellen zu erschließen.

Bereits Nikola Tesla erzeugte im 19. Jahrhundert in einem Dampfwirbel Kugelblitze durch große Flachspulen (Tesla-Spulen). Den Kugelblitz-Entladungen ähnliche Plasmabälle haben deutsche Wissenschaftler erzeugt. Professor Dr. Gerd Fußmann (*Humboldt-Universität* zu Berlin) erläutert in einer Pressemitteilung vom 8. Mai 2006: »Warum allerdings die Leuchterscheinungen zustande kommen, ist noch alles andere als klar. Sie sind nämlich etwa 300 Millisekunden sichtbar, nachdem der Strom bereits abgeklungen und die Energiezufuhr also gekappt ist. Eigentlich sollten sie aber spätestens nach einigen Millisekunden erloschen sein. Zudem leuchtet das Plasma recht hell, obwohl die Plasmoide ziemlich kalt zu sein scheinen: Ein darüber angebrachtes Blatt Papier wird zwar angehoben, aber verbrennt nicht.« Interessant ist, dass diese Plasmoide, wie die Kugelblitze, »kalt« sind.

Kugelblitze sind ein Beispiel dafür, dass Energie bzw. Elektrizität sichtbar werden kann. Materialisiert auch im Inneren der Erde kosmische Energie? Bevor wir dieser Frage nachgehen, sehen wir uns den Stromfluss in der Erde an.

Stromfluss in der Erde

Das Drehmoment zur Bewegung der Spule im ionosphärischen Dynamo der Erde wird von der Sonnenenergie geliefert. Das Magnetfeld entspricht dem Erdmagnetfeld, und dieses besitzt an der Erdoberfläche eine reguläre Variation mit der Periode eines Sonnentages (Volland, 1991, S. 294). In Schönwettergebieten fließt Strom in Richtung zur Erdoberfläche (ebd., S. 290) und in die relativ gut elektrisch leitende Erdkruste hinein. In der Erdkruste sind elektrische Felder vorhanden:

»Die Geophysiker entdeckten im Inneren der Erde Schichten mit einer erhöhten elektrischen Leitfähigkeit. Sie nimmt bis zu einer Tiefe von 100 Kilometern zu, weiter unten sinkt sie wieder ab. Im Zusammenhang mit der Wechsellagerung von Schichten unterschiedlicher elektrischer Leitfähigkeit nimmt Pospelow an, dass die Schalen der Erdkruste und des Mantels elektrische Kondensatoren sind. Ihre Platten sind die unterschiedlich aufgeladenen Gesteinsschichten. In ihnen vollzieht sich eine Anhäufung elektrischer Ladungen, und von Zeit zu Zeit werden sie von unterirdischen Blitzen durchschlagen ... Geologische Ruhe tritt dann ein, wenn eine Ansammlung von Elektrizität erfolgt, während die aktiven Perioden der Entladung der Kondensatoren entsprechen ... Während der Erdbeben entstehen in der Erdkruste und im Mantel Brüche, und große Massen geraten in Bewegung ... – eine unterirdische ›Feder‹ lässt die Erde schwanken«, schreibt der russische Geologe Abramowitsch Drujanow (1984, S. 32).

Er weist auch darauf hin, dass möglicherweise mit den »unterirdischen Kondensatoren« die rhythmischen Gesteinsfolgen im Ozeanboden erklärt werden können, die so auf das Zusammenwirken von Strömen aus mehrschichtigen elektrischen Feldern zurückzuführen wären. Mit mechanischen Verformungen ist auch ein anderes Phänomen (oft) nicht zu erklären, das schon zu Zugunglücken geführt hat: Während eines Erdbebens werden manchmal Schienen seltsam extrem verbogen.

Blitze sind in Staubstürmen, in Wirbelstürmen und im Verlaufe von Vulkanausbrüchen beobachtet worden. Unterirdische Blitze sind nicht nur Auslöser und Zünder von Beben, sondern *können* auch die eigentliche Ursache sein: »Wird vorausgesetzt, dass die Kontaktfläche radioaktiver Körner gleich 300 Quadratkilometer ist, so beträgt die im Ergebnis des radioaktiven Zerfalls angehäufte Energie der elektrischen Entladung 10^{16} erg (= 10^9 Joule, HJZ). Nach Berechnungen der Seismologen ist das die Energie eines schwachen Erdbebens« (Drujanow, 1984, S. 34).

Die gesamte Bruchzone beim Sumatra-Erdbeben am 26. Dezember 2004 umfasste insgesamt 130 000 Quadratkilometer, und die freigesetzte Energie betrug 4,3 mal 10^{18} Joule, was einer Bombe von 100 Milliarden Tonnen Sprengkraft entspricht (Bilham, 2005).

Somit wird auch erklärbar, dass diese elektrischen Entladungen zu Nachbeben in weit entfernten Gebieten führen. Wenn die Schalen der Erdkruste und des Mantels wie elektrische Kondensatoren wirken, kann auch die Verlangsamung der Erdrotation und vor allem die *nachgewiesene Verlagerung* der Erdachse nach dem Sumatra-Beben erklärt werden, wenn diese auch nur acht Zentimeter betrug. In meinem Buch »Irrtümer der Erdgeschichte« wurde der von Townsend Brown nachgewiesene, aber konventionell nicht beachtete »Biefeld-Brown-Effekt« für Schiefstellungen der Erdachse verantwortlich gemacht, die unter Berücksichtigung der Wirkung von elektrischen Kräften im Sonnensystem *zwängungsfrei* erfolgen. Die-

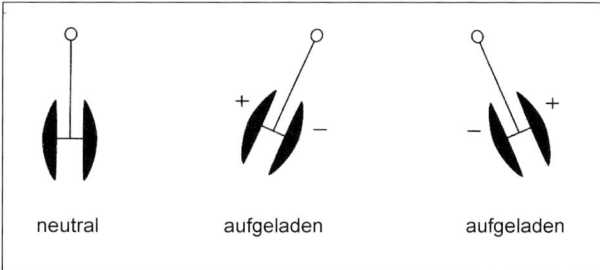

Abb. 56: **BIEFELD-BROWN-EFFEKT.** Die schematische Zeichnung dokumentiert die Bewegung eines freien Kondensators im Raum, der unter Spannung gesetzt wird. Entsprechend kann eine Planetenachse im »Elektrischen Plasma-Universum« aufgrund elektrischer Kräfte schief gestellt werden, ohne dass dieser Effekt auf eine Gravitationswirkung zurückzuführen ist.

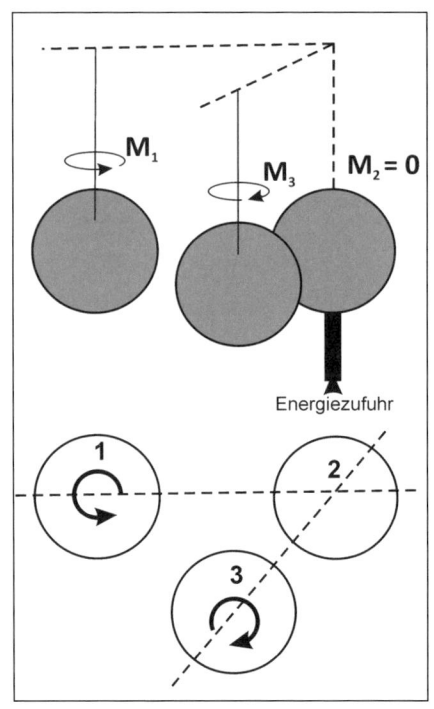

Abb. 57: **ELEKTRISCHE ZUSATZKRÄFTE.** Es drehen sich zwei ungeladene Kugeln, sogar rotationsmäßig entgegengesetzt, falls ein dritte zusätzlich elektrostatisch aufgeladen wird. Dabei wird jeweils nur Rotation erzwungen aber keine Translation, also keine Linearbewegung. Wird die Spannung entfernt, drehen sich die beiden anderen Kugeln in die Ausgangslage zurück. Es muss eine antreibende Energie geben, die nicht die elektrische Ladung verbraucht, welche auf den Oberflächen der Kugeln aufgebracht wurde. Nach dem Satz von Gauß entsteht ein elektrischer Fluss durch eine geschlossene Fläche auf den Kugeln 1 und 3 (Nach: Wistrom/Khachatourian, 2002).

ses Prinzip wurde als »Geokondensator-Theorie« zur Diskussion gestellt (Zillmer, 2008, S. 291 ff.). Für die Verschiebung der geografischen Pole wird demzufolge keine mechanische, sondern eine elektrische Kraft benötigt.

Grundlage dieses Prinzips ist ein frei aufgehängter Kondensator. Setzt man ihn unter Spannung, erfolgt eine Vorwärtsbewegung in Richtung seines negativen Pols. Eine Umkehrung der Polarität verursacht auch eine Umkehrung der Bewegungsrichtung und damit ein Schwanken der Erdachse von einer Seite zur anderen. Der »Biefeld-Brown-Effekt«, ist beweis- und wiederholbar. Es besteht ein Zusammenhang zwischen Sonnenintensität und seismischer Aktivität:

»Gewitterwolken mit großer elektrischer Ladung bewirken über die Induktion in der Erde Ladungen gleicher Größe, aber mit entgegengesetzten Vorzeichen. Ihr Auftreten ist ein Signal für ein elektrisches Erdinneres, die Ursache einer elektrischen Entladung unserer Erde ... Durch Erhitzung und Verflüssigung der Gesteine infolge einer elektrischen Entladung kann man auch die Entstehung von Vulkanen erklären. Kann denn der tief ins Innere reichende elektrische Kanal nicht der Anfang eines unterirdischen Blitzes sein? Das geschmolzene Material dehnt sich aus und steigt unter dem Einfluss des Seitendrucks empor. Der Blitz aber kann das Steinmaterial in Asche umwandeln, sie gleichmäßig zermahlen, erhitzen und in riesigen Mengen an die Tagesoberfläche schleudern« (Drujanow, 1984, S. 54 f.).

Solche Blitze in der Lithosphäre können Diamantschlote hinterlassen, die auch »Explosionsröhren« genannt werden. Diese Kanäle sind Zeugnisse mächtiger Entladungen zwischen dem Erdmantel und der Erdoberfläche, die beim Durchschlagen eines unterirdischen Kondensators zurückbleiben.

So könnte auch der Ausfall elektrischer Apparaturen auf dem Fischerboot *Bintang Purnama* während des Sumatra-Bebens am Morgen des 26. Dezember 2004 erklärt werden. Das Boot verließ gerade die Straße von Malakka, als es von drei heftigen Wellen getroffen und um bis zu 35 Meter über den normalen Wasserstand gehoben wurde. Interessant ist aber, was von der Elektronik berichtet wurde: Die Instrumente spielten verrückt: Der GPS-Navigator zeigte wirre Positionen, der Plotter, das Echolot und der Funk fielen aus.

Entladungsprozesse ereignen sich nach neuesten Forschungsergebnissen zur Überraschung der Fachleute auch in der Venusatmosphäre, denn die Mission *Venus-Express* bestätigte endgültig, dass es dort tatsächlich Blitze gibt. Es wurden Ausbrüche von elektromagnetischen Wellen detektiert, die nach Blitzen in der darüber befindlichen Ionosphäre entstehen (Russel et al., 2008).

Die elektrischen Effekte und Wechselwirkungen der Erde – und auch der anderen leitfähigen Himmelskörper – sind ein

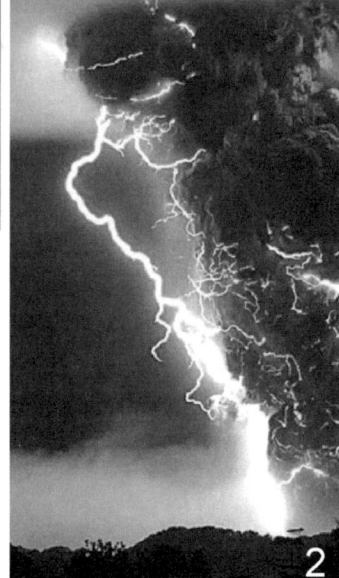

Abb. 58: **VULKANBLITZE.** In der Nähe von vulkanischen Eruptionen entladen sich häufig Blitze.
Bild 1: Vulkanblitze bei einem Lavafluss in Eyjafjallajokul, Island.
Bild 2: Gewaltige Blitze erschienen beim Ausbruch des Chaiten-Vulkans am 2. Mai 2008 in Chile. Über dem Vulkan ausbrechende elektrische Stürme wurden gut dokumentiert.
Bild 3: Dieses Foto vom Cerro Negro in Nicaragua wurde 1971 mit einer Belichtungszeit von fünf Minuten aufgenommen (Decker/Decker, 1997, S. 56; Foto: Franco Penalba). Vgl. auch Foto 28 im Bildteil.

wichtiger, bisher vernachlässigter Faktor. Ein anderer ist das Gas, das aus dem Erdinneren austritt. »Die Gasausbrüche können entweder von Erdbeben ausgelöst worden oder deren Ursache sein« (Gold, 1999, S. 143). Bereits Isaac Newton war derselben Ansicht wie antike Schriftsteller, dass schweflige Gase im Erdinneren reichlich vorhanden sind und sich mit Mineralien zusammenbrauen. Manchmal fangen diese schwefligen Gase Feuer, ausgelöst durch einen plötzlichen Blitz und eine Explosion (Newton, 1730, S. 31 und 354 f.).

Bei großen Ausbrüchen entzünden sich Gase wie Methan, möglicherweise durch elektrische Entladungen. Nahe Baku in Aserbaidschan, an der Küste des Kaspischen Meeres, schoss in einem Gebiet mit vielen großen Schlammvulkanen eine Flamme bis zu 2000 Metern Höhe empor, wie ein altes Foto zeigt. Noch acht Stunden nach dem Ausbruch brannte die Flamme mit geringerer Höhe aus einer 120 Meter großen Öffnung weiter. Es wurde geschätzt, dass eine Eruption dieser Größenordnung etwa eine Million Tonnen Gas erfordert (Foto 10). Von der Antike bis zum Beginn der Neuzeit wurde in der Tiefe der Erde eine *Wasserschale* oder ein System riesiger Hohlräume voller Wasser angenommen (Tollmann, 1993, S. 148). Unterhalb des Granitsockels, im Bereich der aus Basalt bestehenden unteren Kruste, befindet sich die in meinem Buch »Irrtümer der Erdgeschichte« beschriebene, mit mineral- und salzhaltigem Wasser gefüllte »Drainageschale« (Zillmer, 2001, S. 255 ff.). Diese ist ein guter elektrischer Leiter und wirkt als Kondensator, der sich als Speicher für elektrische Ladungen bzw. Energie eignet. Entlädt sich der Kondensator, entstehen Erdbeben in der Erdkruste und im Erdmantel Brüche. Plötzlich wird ein Stromfluss in Richtung der Atmosphäre bzw. Ionosphäre durch eine Entladung in Gang gesetzt. Die Erdkruste schwankt, und es werden gewaltige Spalten aufgerissen. Atmosphärisches Leuchten vor manchen Erdbeben belegt diese elektrischen Phänomene.

Dieses Szenario ereignet sich vorzugsweise an Schwachstellen der Erdkruste, wie den Bruchzonen der Plattenränder, die sich durch *explosive Ausgasungsprozesse* reißverschlussartig öffnen und wieder schließen können. Durch die elektrischen Kräfte wird die Erde in Schwankungen versetzt, und sogar die Erdachse kann sich plötzlich verschieben. Beim Weihnachts-Tsunami 2004 im Indischen Ozean verschob sie sich um etwa acht Zentimeter. Aber die Erdachse ist sowieso nicht fest mit der Erde verbunden. Der

Nord- und Südpol verschieben sich um bis zu zehn Zentimeter pro Tag. Mit dem elektrischen Modell kann dies zwanglos erklärt werden, aber eine konventionelle Erklärung erfordert Massenumlagerungen im Erdinneren!

Ein durch elektrische Entladungen und Erdbeben begleiteter explosiver Ausgasungsprozess im Bereich der Ozeane, meist als Seebeben angesehen, kann für die Entstehung von Tsunamis verantwortlich sein. Einerseits öffnet sich der Ozeanboden, wodurch es zu großen Volumenänderungen und senkrechten Verschiebungen kommen kann. Andererseits wird die gesamte, mehrere Kilometer hohe Wassersäule durch den Gasausbruch energetisch zum Schwingen angeregt. Dabei wird Energie auf die Wassermoleküle übertragen, die in Schwingung versetzt werden. Die benachbarten Wassermoleküle werden angestoßen, ohne dass diese sich mit der Welle fortbewegen. Durch diesen Stoßeffekt wird die Energie vertikal über die gesamte Höhe der Wassersäule hinweg und damit auch in rasender Geschwindigkeit horizontal übertragen. Seitlich der Gaseruption entsteht durch die nur geringfügig stationär kreisenden Wassermoleküle eine Welle von nur geringer Höhe. Mit anderen Worten, es fließt kein Wasser, sondern nur die kinetische Energie wird von Wassermolekül zu Wassermolekül übertragen, die selbst quasi-stationär sind.

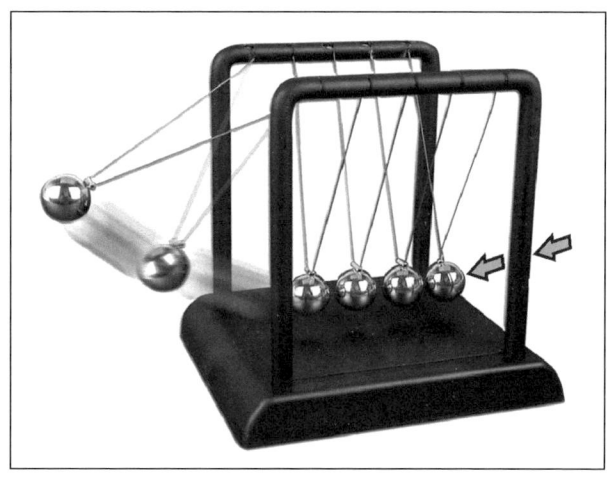

Abb. 59: **KUGELSTOSSPENDEL.** Nach Newtons Prinzip der Impuls- und Energieerhaltung handelt es sich um elastische Stöße, da hierbei keine äußeren Kräfte in Bewegungsrichtung wirken. Werden eine oder mehrere Kugeln (in der Abbildung auf der rechten Seite) weggezogen und losgelassen, so schwingt auf der gegenüberliegenden Seite die gleiche Anzahl an Kugeln hinaus, ohne dass sich die dazwischen liegenden Kugeln bewegen.

Diese Energieübertragung ist deshalb im offenen Meer kaum spürbar, im Gegensatz zu den bis zu über 30 Meter hohen Monsterwellen im offenen Meer, die nur in der Nähe der Wasseroberfläche durch Stürme und Strömungen entstehen. Tsunamis werden erst Riesenwellen, wenn sie auf den Kontinentalsockel oder flachere Küstengebiete treffen, also die kinetische Energie auf eine Barriere trifft und in potenzielle Energie umgewandelt wird, wodurch erst eine große Welle entsteht (siehe Abb. 60).

Eine gegebenenfalls auch ruckartige zentimeterweise Bewegung von tektonischen Platten reicht dagegen impulsmäßig nicht aus, um einen Tsunami zu erzeugen bzw. alle Moleküle einer mehrere Kilometer hohen Wassersäule zum Schwingen zu bringen, wie experimentell in kleinerem Maßstab in einem Gartenteich nachgestellt werden kann.

Eine Voraussetzung für gewaltige Tsunamis sollte elektrisch leitendes Material im Untergrund sein, das sich entladen kann und magnetische Felder erzeugt. Derartiges wurde in unserem Sonnensystem beobachtet. Überraschende *Richtungsänderungen des Magnetfeldes* stellte die NASA-Raumsonde Galileo beim Jupiter-Mond *Europa* im Januar 2000 fest. Auf einem Treffen der Amerikanischen Geophysikalischen Gesellschaft am 16. Dezember 2000 in San Francisco wurde dargelegt, dass die registrierten Informationen genau den Daten entsprechen, die ein Himmelskörper mit einer Schale aus elektrisch leitendem Material liefern würde: Bedingungen, wie sie beispielsweise ein Salzwasser-Ozean unter der krustigen Oberfläche im Inneren erfüllt. Nicht nur im Inneren von den Jupitermonden Callisto und Europa, sondern auch bei anderen Monden von Jupiter und Saturn, wird eine elektrisch leitende »Schale« vermutet, durch die magnetische Felder erzeugt werden, die ihre Polarität wechseln können.

Die Raumsonde Cassini entdeckte 2018 auf dem Saturnmond Enceladus unter der dicken Eiskruste ein »unterirdisches« Meer. Außerdem entdeckte man Spuren von überraschend schweren, organischen Molekülen in hoher Konzentration rund um Enceladus. Vermutlich heften sich die Moleküle an aufsteigende Gasbläschen im unterirdischen Ozean und gelangen so an die Oberfläche. Zusammen mit verdampfendem Wasser könnten sie dann ins Vakuum des Alls gerissen werden. Außerdem gibt es regelrechte Fontänen auf Enceladus, die die organischen Moleküle aus der Enceladus-Kruste ins All hinausschießen. Auf Meteoriten fand man bereits ähnlich schwere Moleküle, die in komplexen chemischen Prozessen ganz ohne Biologie entstanden waren (Postberg et al., 2018).

Die Bedingungen, die auf dem Ozeanboden des Enceladus herrschen, erinnern Gabriel Tobie (Universität Nantes) an das Hydrothermalfeld »Lost City« im mittelatlantischen Rücken, das erst im Dezember 2000 entdeckt wurde. Es gilt als Modell für mögliche, aktive Hydrothermalsysteme auf vereisten Monden wie Enceladus (Tobie, 2015).

In der Erde befindet sich eine solch elektrisch leitende Schicht in der aus Basalt bestehenden unteren Erdkruste, die aus salzhaltigem Wasser bestehende »Drainageschale« (ausführlich in »Irrtümer der Erdgeschichte«, S. 255 ff.). Die elektrischen Ströme entladen sich von Zeit zu Zeit und erzeugen unterirdische Blitze sowie damit einhergehend Magnetfelder.

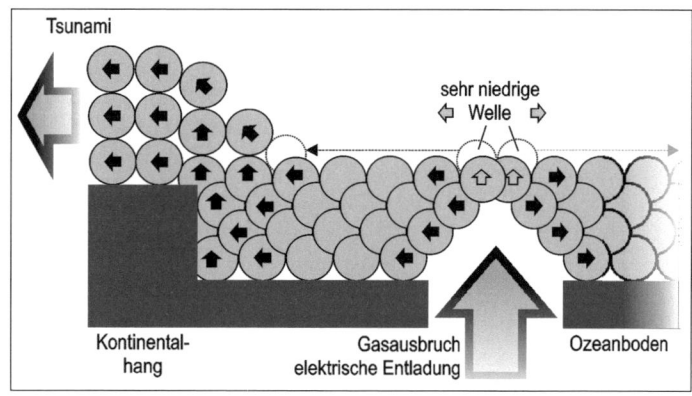

Abb. 60: **TSUNAMI.** Die Energie aus dem Impuls zweier sich geringfügig gegeneinander verschiebender Kontinentalplatten reicht bei Weitem nicht aus, um alle Wassermoleküle einer mehrere Kilometer hohen Wassersäule gleichzeitig in Schwingung zu versetzen. Bei einem Gasausstoß hingegen wird in die gesamte Wassersäule Energie übertragen, sodass die Wassermoleküle den Impuls in Form eines elastischen Stoßes (Abb. 51) blitzartig auf das nächste usw. bis hin zum Kontinentalhang übertragen, wo eine Riesenwelle überhaupt erst entstehen kann.

Strukturbildung der Erdkruste

Die Sonnenfleckentätigkeit erreicht im Durchschnitt etwa alle elf Jahre ein Maximum, und mit diesem gibt es auch vermehrt Erdbeben. Tatsächlich wurde ein Zusammenhang zwischen Sonnenintensität und einer später folgenden seismischen Aktivität festgestellt (Drujanow, 1984, S. 34).

Minerale und Gesteine sind häufig rhythmisch gebändert, was bislang durch Schwerkraft, sequenzielle Stoffzufuhr, rhythmische Ausscheidungen und ähnliche chemisch-physikalische Erscheinungen unter Druck- und Temperatureinfluss erklärt wurde. Mechanische Erklärungsmuster allein sind jedoch *nicht* in der Lage, die beobachtbare Vielfalt *gebänderter* Strukturen zu deuten (vgl. Abb. 53). Fein geschichtete Sedimente (Rhythmite) können auch durch interne Phänomene der Selbstorganisation (z. B. Liesegang-Ringe) entstehen, die durch äußere Energie-Potenziale noch verstärkt werden. Neben dem Schwerefeld verfügt das *elektrische Feld* der Gesteins-Schale

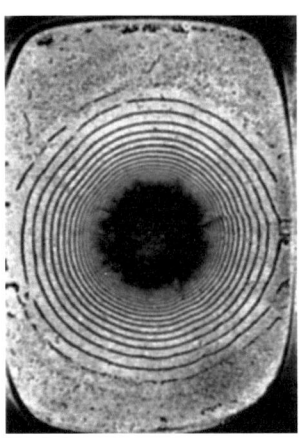  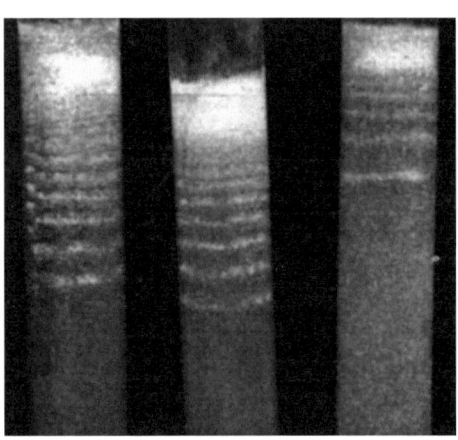

Abb. 61: **SELBSTORGANISATION.** Linkes Bild: In der Geologie nehmen Diffusionsvorgänge und rhythmische Fällungen eine ganz besondere Bedeutung ein, da derart komplizierte Strukturen zustande kommen, die nicht durch mechanistische Wirkungsweisen erklärt werden können. Bestimmte Chemikalien sind in den Ringen konzentriert, während die Zwischenräume dagegen praktisch frei davon sind (Liesegang, 1913, S. 81). Mittleres Bild: Die scheinbar chemische Fernwirkung zweier Diffusionskreise kann sich auf Entfernungen von mehreren Zentimetern hin äußern. Aber diese haben nichts mit unmittelbaren Molekularkräften zu tun, da eine derartige Reichweite von Physikern zu kaum 0,0001 mm berechnet ist (ebd., S. 156 f.). Rechtes Bild: »Wie bei der Schieferung Druckwirkungen einem schon vorhandenen Medium nachträglich neue Parallelstruktur aufprägen können, so geschieht es hier im Gefolge von chemischen Vorgängen ... Die Elektrizitätslehre bezeichnet eine verwandte Erscheinung, welche zuweilen in Geißlerröhren auftritt, als Schichtung der Lichtsäule. Und dasselbe Wort benutzt der Histologe, wenn er von Strukturen in den Knochen, der Zoologe, wenn er von den Molluskenschalen spricht. Die Geologie will aber die Bezeichnung Schichtung ausschließlich auf solche Vorkommnisse angewandt wissen, welche durch irgendeine Art der Sedimentation zustande kommt« (ebd., S. 85). Das Fließen von elektrischem Strom verstärkt den Prozess der Bildung rhythmischer Mineralgefüge durch Selbstorganisation.

unserer Erde (Lithosphäre) über wesentliche, gefügebildende Kräfte, so auch bei der Entstehung (Genese) von Lagerstätten (Jacob/Krug, 1992).

Durch naturverwandte Elektrolyse-Experimente konnte Professor Dr.-Ing. Karl-Heinz Jacob (Technische Universität Berlin) in Laborexperimenten rhythmische Mineralgefüge erzeugen, indem mit geringen Spannungen ein Stromfluss erzeugt wurde, der durch eine »Lagerstätte« – simuliert in Form eines feingemahlenen Mineralgemisches mit Wasser – fließt. Mit anderen Worten, es entstehen wild gebänderte (geologische) Formationen, erzeugt nur durchfließenden elektrischen Strom, ganz ohne jegliche mechanische Verformung.

Bei der Bildung von Schichten und Lagerstätten wurde das *Fließen von Elektrizität* bzw. das *Wirken von elektrischen Feldern* in der Geologie bisher nicht berücksichtigt, obwohl im Rahmen der Fachdisziplin *Geoelektrik* mithilfe der Elektrizität seit Langem Erdschichten erforscht und Bodenschätze gesucht werden. Die Geologen verneinen daher selbstverständlich nicht die irdische Elektrizität, billigen ihr jedoch eine völlig *unmaßgebliche* Rolle zu.

Ingenieure kennen die elektrische Aufladung von Zement, Mehl oder Kohlenstaub beim Transport in Rohrleitungen mittels Druckluft. Es können sich sogar derart große elektrische Ladungen aufbauen, dass Kohlenstaub in Rohrleitungen oder Bunkern explodiert. Gefürchtet sind Explosionen und Brände von Kohlenstaub und Grubengas in Bergwerken. An Gesteinsbrocken wurden Spuren der Zerstörung beobachtet, die solchen ähneln, die bei elektrischen Ladungen in nicht-leitenden Stoffen (Dielektrika) entstehen. Bei der Zerstörung von Kristallen treten an den Bruchstellen Ladungen auf, sogar bei gewöhnlichem Kochsalz. Winzige Blitze springen zwischen den Bruchstellen über, und Radiowellen werden ausgestrahlt.

Durch elektrische Entladungen können einer Geschosskugel ähnliche Spuren hinterlassen werden. So sind vielleicht die Beobachtungen des Geologen I. W. Muschketow zu erklären (Drujanow, 1984, S. 29): »Der Bruch des Kabels Kerkyra am 7. Dezember 1883 geschah im Meer in einer Tiefe von 100 Meter. Im Meeresteleskop waren dabei deutlich Linien einer Verwerfung auf dem weichen Kalksteinboden zu erkennen … und runde sternförmige Öffnungen im Kalkstein, ähnlich dem Zerspringen von Glas durch eine Kugel …« Solche geschosskugelähnliche Spuren können auch elektrische Entladungen hinterlassen, die Basaltkörper, auch aus Vulkanasche bestehende Tuffe, schmolzen und zeichneten, sowie Quarzkörner trafen.

Abb. 62: **ELEKTRISCHE ORGANISATION.** Der Geologe Professor Dr.-Ing. Karl-Heinz Jacob füllte dieses Glas mit einem fein gemahlenen Mineralgemisch und Wasser und platzierte dieses zwischen zwei Elektroden, an die eine 1,5-Volt-Battterie gepolt wurde. Nach wenigen Wochen ordnete sich das chaotische Substrat im Energiefluss zu einer Struktur, die einer Landschaft ähnelt. Aus noch wenig verdichtetem Sediment wuchs ein »Vulkankegel« in einen »Pseudohimmel« hinein, der in Folge sogar ausbrach. Professor Jacob nennt diese Eruption, die an einen Lava-Ausbruch erinnert, einen Ladungsdurchbruch an der Fällungsfront.

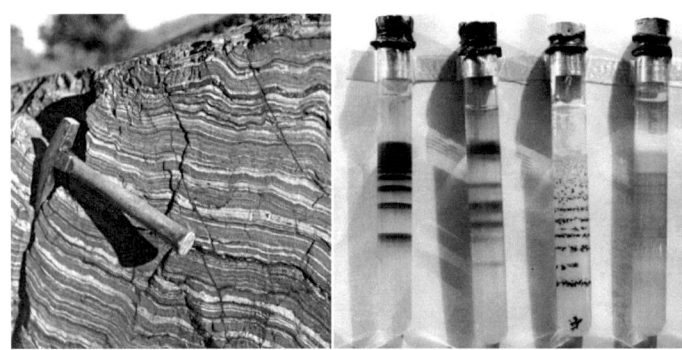 

Abb. 63: **BÄNDERUNG.** Linkes Bild: Nach geologischer Interpretation soll diese Bänderung aus einer Erzlagerstätte am Oberen See (USA) zustandegekommen sein, indem beständig kieselsäure- und eisenoxidreiche Sedimente wechselweise ablagert wurden (Schidlowski, 1988, S. 187), langsam und gleichförmig über lange Zeiträume hinweg. Ein alternatives Erklärungsmuster bietet die Selbstorganisation (siehe Abb. 53, S. 134). Rechtes Bild: Derartige, im Labor durch chemische Reaktionen innerhalb kurzer Zeiträume erzeugte, periodisch auftretende, geschichtete Strukturen werden als Liesegangsche Ringe bezeichnet (Donald B. Siano, 2006, Wikipedia). In der Natur treten derartige Liesegangsche Ringe auch in porösen und klastischen Gesteinen wie Sandstein auf, deren Komponenten aus mechanisch aufgearbeiteten Gesteinen oder Mineralkörnern bestehen, die durch Verwitterung und Diffusion über lange geologische Zeiträume langsam-gleichförmig aufgearbeitet sein sollen. Analog der beschriebenen Laborversuche können sich derartige geologische Strukturen aber auch sehr schnell während einer Naturkatastrophe bilden.

Abb. 64: **GEODE.** Das Äußere von Geoden besteht im Allgemeinen aus Kalkstein oder einem verwandten Gestein, während das Innere Quarzkristalle und/oder Chalzedon-Ablagerungen enthält. Ist hier ein Schmelznest zu sehen? Ist die Ursache eine piezoelektrische Entladung?

Quarzähnliche Minerale sind in der oberen Erdkruste häufig anzutreffen (hierzu Ausführliches in: »Irrtümer der Erdgeschichte«, 2008, S. 255 ff). Übt man Druck auf solche Quarze aus, wandelt sich mechanische direkt in elektrische Energie um. Diesen *piezoelektrischen Effekt* (kurz: Piezoeffekt) kann man auch bei Kristallen im täglichen Gebrauch, wie zum Beispiel Rohrzucker, beobachten. In der Erdkruste werden Quarze durch Deformation polarisiert, wodurch vorher elektrisch neutrale Strukturzellen einen elektrischen Dipol bilden und damit eine elektrische Spannung entsteht, die sich in den Kontinentalschollen in unterirdischen Blitzen entlädt. Diese unterirdischen Blitze steuerten auch die geologische Entwicklung der Erde:

Geologen glauben, die geschmolzenen und gehärteten Kanten der Basaltbildungen als Spuren hoher Drücke und Temperaturen erklären zu können. Warum werden dann aber die gleichen Spuren im *Inneren* von Basaltmassen entdeckt, ja sogar in Form *dünner Adern*, so als hätte ein Feuerstoß ein chaotisches Muster in das dunkle Gestein *gebrannt*? Es sind auch punktuelle Schmelznester zu beobachten. Wie erfolgt die Energiezufuhr zu einem solchen Nest, wenn *ringsherum* nicht die geringsten Anzeichen von Energie festzustellen sind? Kommt der Zündfunke aus dem Inneren der Erde? An Gesteinsproben entdeckte man Spuren von Zerstörung, die solchen ähnlich sind, die bei elektrischen Ladungen in nicht-leitenden Stoffen (Dielektrika) entstehen (Drujanow, 1984, S. 36).

Durch elektrische Entladungen entstehen nicht nur Schmelznester in Gesteinen, sondern auch fadenförmige Blitzröhren, die als Fulgurite (von lat. *fulgur* = Blitz) bezeichnet werden. Durch einen Blitzeinschlag in Sand entsteht bei Temperaturen von bis zu 30 000 Grad Celsius Quarzglas. Dabei verglasen die Wandungen durch Aufschmelzung des Gesteins. Obwohl die Blitzentladung weniger als eine Tausendstelsekunde dauert, entsteht eine so hohe Temperatur, dass der Sand nicht nur schmilzt, sondern zum Teil regelrecht kocht. Das zeigen die vielen Blasen im Glas mancher Fulgurite.

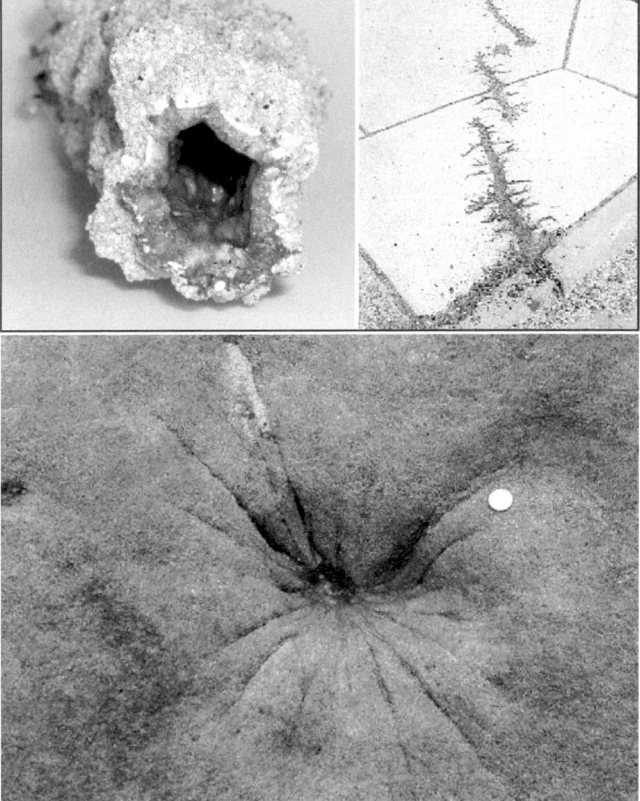

Abbildung 65: **FULGURITE.** Bild oben links: Da eine Fulgurit-Röhre amorph ist, erinnert diese an eine konzentrisch aufgebaute Geode mit einem nach innen gerichteten Schmelznest. Bild oben rechts: Fulgurite auf einem Bürgersteig in Minneapolis an der Colfax Avenue und der W. 24th Street, die vom Blitz bzw. möglicherweise durch eine herabgefallene Stromleitung verursacht wurden. Bild unten: Der etwas sprinklerartige Einschlagpunkt zeigt, wo ein Blitz den Boden getroffen hat. Unterhalb der Mitte des Einschlagpunktes befindet sich wahrscheinlich ein Fulgurit.

Die Röhren messen etwa zwei Zentimeter im Querschnitt und sind bis zu fünf Meter und mehr lang, wie beispielsweise der größte gefundene, im Naturkundehaus des Lippischen Landesmuseums aufbewahrte Fulgurit. Derartige Blitzröhren verzweigen sich häufig an den Enden. Nach den vom Blitz getroffenen Gesteinen werden Sand- und Felsfulgurite (Abb. 65) unterschieden. In ihnen wurden relativ seltene Minerale und chemische Verbindungen nachgewiesen.

4. Die Erde wird gespeist

»In letzter Zeit stoßen die Astronomen bei ihren Beobachtungen immer häufiger auf Widersprüche zu der seit einigen Jahrzehnten vertretenen Lehrmeinung, nach der das Universum vor vielleicht 15 bis 20 Milliarden Jahren seinen Anfang in einer gewaltigen Explosion genommen und sich seither ständig weiter ausgedehnt haben soll. Die Kosmologen aber tun sich schwer, diese Widersprüche zu akzeptieren und ihr Modell von der Welt, in der wir leben, umzukrempeln«, gibt Hans-Jörg Fahr (1992), Professor für Astrophysik an der Universität Bonn, zu bedenken.

Die Neutralkugelschale der Erde

Damit die Sonne ein stabiles System bilden kann, muss dieses sich im statischen Gleichgewicht befinden (Abb. 48, S. 122). Positive und negative Kraftgrößen (Elektrizität) halten sich deshalb notwendigerweise in der Neutralkugelzone die Waage. Diese ist bei der Erde im Gegensatz zur Sonne nicht sichtbar, sondern befindet sich unterhalb der Planetenoberfläche. So lässt sich auch erklären, dass die elektrische Leitfähigkeit der Erde bis in etwa 100 Kilometern Tiefe zu- und danach wieder abnimmt.

Die Erde war deshalb auch nie komplett aufgeschmolzen, sondern Magma wird hauptsächlich im Bereich der Neutralkugelschale und in teils oberflächennahen Schichten gebildet. Ein an der *Harvard-Universität* entwickeltes dreidimensionales Modell lässt auf eine Durchmischung des oberen Mantels *ohne* ortsfeste bzw. ohne systematische Auf- und Abströmzonen als Konvektionswalzen schließen, die ein Grundprinzip in der geophysikalischen Theorie vom Aufbau unserer Erdkugel bilden (vgl. Abb. 7, S. 22). Diese Untersuchungen von Don Anderson und Adam Dziewonski (1988) mittels seismischer Tomografie ergaben, dass die heißen Schichten mit zunehmender Tiefe abnehmen. Schon in 550 Kilometern Tiefe gibt es nur noch sehr wenige heiße, aber keine sehr heißen Gebiete mehr – entgegen der geophysikalischen Theorie von rotierenden Konvektionswalzen im Erdmantel mit aufstrebendem heißen und abstrebendem kalten Material. Das Modell der Plattentektonik und der damit erforderlichen Konvektionswalzen ist mehr als infrage gestellt, insbesondere, da Anderson und Dziewonski feststellten, dass heißes Material *von der Seite, aber nicht von unten* zugeführt und »von ein paar wenigen, ausgedehnten thermischen Anomalien gespeist« wird (Anderson/Dziewonski, 1988, S. 77). Magma kann deshalb unter keinen Umständen aus einem glutflüssigen, tiefen Erdinneren stammen und als aus großer Tiefe aufsteigender Konvektionsstrom unter den Mittelozeanischen Rücken strömen, um nach beiden Seiten abzufließen und so die Verschiebung der Kontinente zu bewirken.

Neue Untersuchungen der Super-Eruption im Yellowstone-Bereich vor 640 000 Jahren (nach geologischer Zeitskala) sorgten für eine handfeste Überraschung, denn das Magma stammte entgegen der Lehrmeinung *nicht* aus einer entleerten Magmakammer, die von unten aus dem Erdmantel mit heißem Material immer wieder aufgefüllt wird. Der Yellowstone-Vulkanismus wurde aus einer unabhängigen »Quelle« gespeist, die sich *nahe* der Erdoberfläche befand (Bindemann, 2006, S. 43–44).

Das in diesem Buch vorgestellte Modell der Neutralkugelschale unter der Erdkruste kann erklären, warum heißes Material gerade dort und nicht in tieferen Regionen und schon gar nicht im Erdinneren vorhanden ist. Die Neutralkugelschale ist somit auch gleichzeitig die Wärmezone: bei der Sonne ebenso wie bei der Erde. Die Temperatur in der Wärmezone muss sowohl nach außen zur Erdoberfläche als auch nach unten hin abnehmen. Die Erde sollte in ihrem Mittelpunkt etwa genauso kalt sein wie die Sonne. Mit anderen Worten, im heutigen Kern der Erde befindet sich die ruhende, potenzielle Energie, und außen an der Peripherie schließt sich die Neutralkugelschale bzw. Wärmezone an, wo die Materie teils heißflüssig ist. Darüber hat sich im Laufe der Jahrmillionen der feste Zustand (Erdkruste) gebildet.

Die tomografischen Karten (Anderson/Dziewonski, 1988) zeigen (Abb. 55): Je tiefer sich Material im Erdmantel unterhalb der Zone mit

Hitze-Anomalien (= Neutralkugelschale) befindet, desto kälter wird es! Zu diesem Sachverhalt schreibt der bekannte deutsche Physiker Pascual Jordan (1966, S. 87 f.):

Bereits »MacDonald hat darauf hingewiesen«, dass die Schallgeschwindigkeiten im Erdinneren »eine Tatsache zeigen, welche vom Standpunkt der konventionellen Deutung aus – mit monoton steigender Temperatur in der Tiefe der Erde – physikalisch befremdlich aussieht. Nur bis annähernd 200 Kilometer Tiefe nehmen die Schallgeschwindigkeiten in der Tiefe ab, wie es zu erwarten wäre, wenn sie durch Zunahme von Druck und Dichte *nicht* beeinflusst würden. Danach aber nehmen sie stark zu – in einem Maße, das physikalisch erstaunlich wirkt, wenn auch

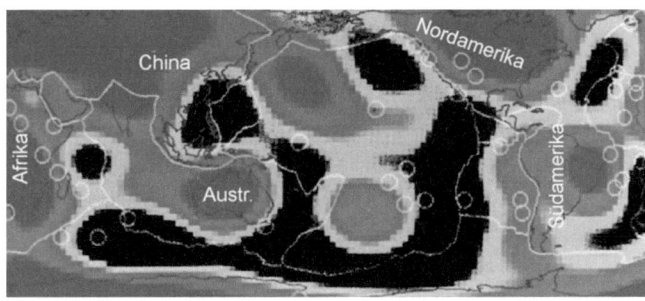

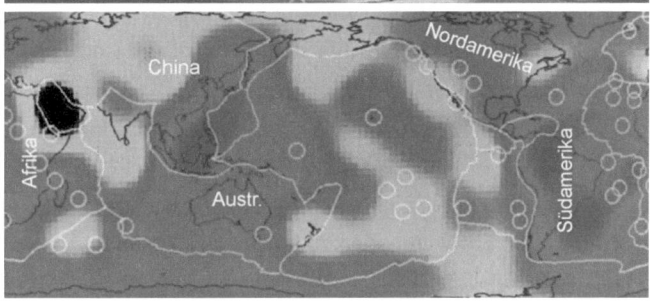

Abb. 66: **TEMPERATURVERTEILUNG.** Die tomografischen Karten nach John H. Woodhouse (Anderson/Dziewonski, 1988, S. 72 f.) zeigen schwarz gefärbte Bereiche mit heißen Zonen, die über hellgraue Bereiche in kalte Zonen (dunkelgrau) übergehen. Das obere Bild zeigt die Verhältnisse in 150 km Tiefe mit mehreren heißen Zonen und das untere in 550 km Tiefe mit nur noch einer einzigen, die sich im Bereich des Roten Meeres befindet. Der untere Bereich des oberen Mantels besteht zumindest bis in die Übergangszone fast nur aus kühlerem Material.

zuzugeben ist, dass die Dichtezunahme ein Ansteigen der Schallgeschwindigkeit, insbesondere der Longitudinalen (Längswellen), ergeben muss. Eine so starke Überkompensation der durch Temperaturzunahme bedingten Verkleinerung der Schallgeschwindigkeiten durch die aus Druckzunahme entstehende Zunahme der Schallgeschwindigkeit sieht, wie MacDonald wohl mit Recht bemerkt, recht merkwürdig aus. Diese Paradoxie verschwindet aber, wenn wir es als möglich ansehen, dass die Temperaturen des Erdinnern gerade niedrige statt hohe Temperaturen sind.«

Dies würde darauf hindeuten, dass die Wärmeströmung aus dem Erdinneren nicht durch radioaktive Zerfälle, sondern durch chemische Energie erzeugt wird, da eine wesentlich geringere Aktivierungsenergie zur

Bildung eines Moleküls benötigt wird und die abgesonderten Energiemengen geringer sind. »Die chemische Energie ist als bedeutende Wärmequelle in der Erde weitgehend ignoriert worden, und doch könnte sie wohl richtig sein, besonders in Bezug auf die Erzeugung von Bewegung« (Gold, 1987, S. 186).

Falls in der Neutralkugelschale ein Gleichgewicht zwischen der potenziellen Energie im Erdinneren und der äußeren kinetischen Energie herrscht, entstehen zwangsläufig elektrische Entladungen, die Erdbeben, Vulkantätigkeit und Blitze zur Folge haben. Gewitter in der Atmosphäre sind deshalb nur eine für uns sichtbare Erscheinung einer Entladung, die aus der Erdkruste heraus in die Atmosphäre schießt. Dabei wird die Ionisation der Luft hauptsächlich von zwei Faktoren beeinflusst: Zum einen handelt es sich um die galaktische kosmische Strahlung (Volland, 1991, S. 286), und zum anderen enthält das Krustengestein radioaktive Materie (z. B. Uran und Thorium).

Das Edelgas Radon, eines der Zerfallsprodukte von Uran, diffundiert in die Atmosphäre, wo es sich zügig unter Abgabe von Alphastrahlung in Polonium umwandelt. Ein Teil der Luftmoleküle wird durch die energiereiche Alphastrahlung ionisiert. »Die derart entstandenen Ionen und Elektronen verbinden sich jedoch sehr schnell über einen Hydrationsprozess mit Wassermolekülen, und es entstehen positiv und negativ geladene sogenannte Kleinionen. Diese Kleinionen können sich weiter an Aerosolpartikel (kleine Schwebeteilchen: z. B. winzige Wassertröpfchen, Staub, Rauch, usw.) anlagern, wobei sich langlebige sogenannte Großionen bilden, oder sie können sich rekombinieren« (Volland, 1991, S. 285 f.).

Solche Aerosolteilchen beeinflussen das Klima maßgeblich, denn die Lufttemperatur sinkt mit deren Anstieg, wie sich nach Vulkanausbrüchen gezeigt hat: Das Klima wird kälter. Auch der Mensch erzeugt massenhaft Aerosole, die aber in den Berechnungen der Klimaaktivisten vernachlässigt und höchstens mit einem verschwindend geringen Wert von einem Watt pro Quadratmeter angesetzt werden (Rahmstorf/Schnellnhuber, 2006, S. 45). Der Mensch trägt durch Luftverschmutzung also nicht zur Erwärmung, sondern zur Abkühlung bei. Temperatursenkende Faktoren sind jedoch bei der heutigen Klimadebatte nicht erwünscht, und man ist schon in Erklärungsnot, warum zum Beispiel laut Temperaturmessungen in Karlsruhe die

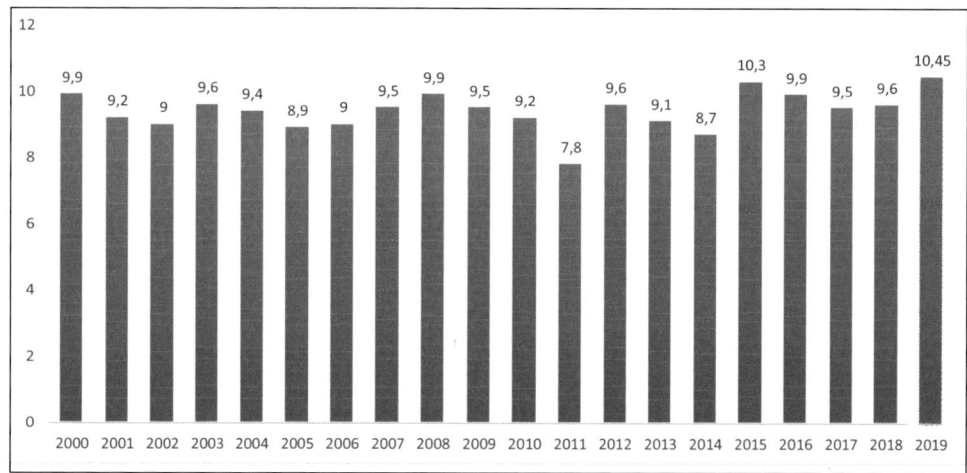

Abb. 67: **JAHRESMITTELTEMPERATUR.** Verlauf der Jahresmitteltemperaturen in Deutschland von 2010 bis 2019 um – bis auf zwei Ausnahmen 2015 und 2019 – unter 10 Grad Celsius, ohne signifikanten Anstieg der Lufttemperaturen über dem Erdboden.

1820er-Jahre ähnlich warm waren wie die Durchschnittstemperaturen der 1990er-Jahre und es in Deutschland 1822 fast so warm war wie 2019. Außerdem wurden die Jahresmitteltemperaturen in Deutschland seit 2000 nur in den Jahren 2015 und 2019 geringfügig überschritten (siehe Abb. oben).

Solare Energieversorgung

Die Himmelskörper in unserem Sonnensystem sind über das interplanetare Magnetfeld untereinander und mit der Sonne verbunden. Zeigt es von der Sonne weg, so sollten im Fall der Rekonnexion, also der Neuverbindung, »die von der Sonne kommenden Feldlinien mit dem Erdfeld der nördlichen Polkappe verbunden sein, während die südliche Polkappe mit in den interplanetaren Raum gehenden Magnetfeldlinien verbunden ist. Nur in die nördliche Polkappe sollte in diesem Fall von der Sonne kommende kosmische Strahlung eindringen«, stellt Dr. Manfred Scholer (1991, S. 128), Mitarbeiter am *Max-Planck-Institut*, fest.

Die Planeten und andere elektrisch leitende Himmelskörper wie Kometen werden von der Sonne gespeist, und die kosmische Energie (Sonnenelektrizität) kann über einen Pol eindringen und im Inneren unserer Erde gespeichert werden. Überschüssige Elektrizität kann abgeströmt werden, weshalb Gasplaneten mehr Energie abgeben, als diese auf ihrer *Oberfläche* in Form von Sonnenstrahlung empfangen. »Die stärkste Quelle einer von Planeten ausgehenden Partikelstrahlung bilden *energetische Jupiter-Elektronen*, die über weite Bereiche des inneren Sonnensystems nachgewiesen werden können« (Wibberenz, 1991, S. 48). Bei den inneren Planeten mit fester Kruste verhält es sich etwas anders, da diese eine elektrisch *relativ* neutrale Planetenoberfläche aufweisen.

Die über einen Pol einströmende kosmische Energie wird im äußeren Erdkern verwirbelt, und durch Bildung von punktförmigen Kugelwirbeln (Potenzialwirbel) mit geschlossenen Feldlinien werden Elementarteilchen, also Materie, erzeugt, und Wärme wird freigesetzt. Diese Prozesse laufen bei relativ »kalten« und nicht heißen Temperaturen ab. Die Kugelwirbel verbinden sich zu Nukliden (Atomkernen), Atomen und Molekülen, die wiederum auch Wirbel darstellen und gleiche Eigenschaften zeigen. Je komplizierter ein Nuklid, desto geringer ist die Wahrscheinlichkeit seiner Bildung. Deshalb findet eine Anreicherung der einfachen und stabilen Nuklide, also vor allem von Wasserstoff und Helium statt.

Einen maßgeblichen Einfluss auf die Prozesse der Planetenentstehung hatte der Abstand der Protoplaneten zur Sonne. Bei den inneren Planeten wurden durch die bis über die Erdbahn hinausreichenden turbulenten Energieausstöße der Sonne die leichten Bestandteile der Ur-Erde (atomarer Wasserstoff, Helium, Edelgase) weggeblasen. Diese wurden teilweise von den äußeren Planeten absorbiert. Deshalb bestand die Erde in einem frühen Stadium praktisch nur aus einem inneren und äußeren Kern sowie einer Schale, der Neutralkugelschale, in der die statische Elektrizität im Planeteninneren und die über den planetaren Raum zuströmende kinetische Elektrizität im Gleichgewicht standen – ansonsten wäre die Ur-Erde zerplatzt bzw. es wäre ein »Urnebel« entstanden. Zu diesem Zeitpunkt gab es noch keinen Erdmantel.

Analog zur Sonne befand sich im Mittelpunkt der Erde der Kältepol, weshalb kosmische Energie über einen Pol in das Erdinnere fließt. Bei *sehr* niedrigen Temperaturen finden jedoch keine chemischen Prozesse statt, während bei (normal) niedrigen Temperaturen die Bildung von Atomen häufiger vorkommt. Bei hohen Temperaturen überwiegt dagegen die Zerstörung der

Atombindungen, unter Energieverbrauch und Abnahme der Temperatur. Bei *sehr* hohen Temperaturen finden keine chemischen Prozesse statt, weil alle Atombindungen zerrissen sind. Deshalb finden die chemischen Prozesse im kalten äußeren Kern statt, bei niedrigen Temperaturen.

»Untersuchungen zeigen, dass die meisten chemischen Umwandlungen bei mittleren Temperaturen verlaufen, ungefähr im Bereich zwischen 0 und 100 Grad Celsius« (Oesterle, 1997, S. 69). Mithilfe der Thermodynamik (Oesterle, 1990) oder chemischen Kinetik kann man zeigen, dass die wahrscheinlichste Temperatur der chemischen Umwandlungen genau der Temperatur des menschlichen Körpers entspricht, also knapp 37 Grad Celsius. Diese wahrscheinlichste Temperatur der Stoffumwandlung wurde *ohne* Berücksichtigung der Wirkung des Drucks auf die Stoffumwandlung berechnet. Diese Abhängigkeit ist jedoch nicht linear, und es gibt eine Grenztemperatur, die 1600 Grad Celsius für die Bildung von Mineralien beträgt (Oesterle, 1997, S. 71 ff.).

Spätestens jetzt wird man darauf hinweisen, dass der äußere Erdkern erwiesenermaßen glutflüssig ist und demzufolge kaum als tief abgekühlt angenommen werden kann, um dort aus Energie Materie entstehen zu lassen. Als Beweis soll gelten, dass im äußeren Erdkern nur Längswellen (Longitudinalwellen), aber keine Querwellen (Transversalwellen) weitergeleitet werden. Pascual Jordan (1966, S. 87) erwidert:

»Aber in Wirklichkeit wissen wir gar nicht, ob es longitudinale Wellen sind, die sich im äußeren Erdkern fortpflanzen können; was wir wissen, ist lediglich, dass nur *eine* der beiden Wellenarten – longitudinal *oder* transversal – in den äußeren Erdkern eindringt. Nun hat im Gedankenaustausch mit *Joel E. Fisher* der Physiker *Frankenberger* in ausführlichen Rechnungen untersucht, wie sich das Eindringen von Erdbebenwellen aus dem Mantel in den äußeren Erdkern gestalten würde, wenn wir die

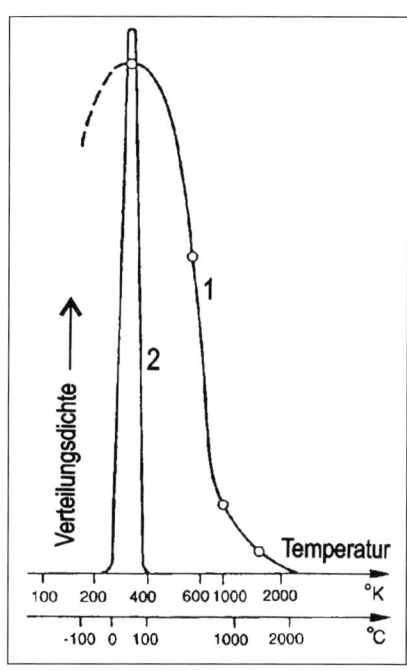

Abb. 68: **ENTSTEHUNG.** Die statistische Verteilung (Häufigkeit) chemischer Verbindungen entsprechend ihren Entstehungs-Temperaturen für Mineralien (1) und organische Verbindungen (2). Nach Oesterle, 1997.

Annahme machen (die physikalisch offenbar sehr sinnvoll ist), dass der äußere Erdkern eine wesentlich geringere Kompressibilität, also eine wesentlich größere longitudinale Schallgeschwindigkeit habe als das Mantelgestein: Hierbei ergibt sich, dass der Kern – jetzt ebenfalls als Festkörper vorausgesetzt – praktisch nur transversale Wellen einlassen würde.«

Über den inneren Erdkern weiß man noch weniger. Man vermutet, dass dieser sich im festen Zustand befindet, doch stammen die Scherwellen-Geschwindigkeiten nur aus *indirekten* Abschätzungen (Berckhemer, 1997, S. 110).

Wie bereits zuvor diskutiert, hatte Jordan (1966, S. 88) festgestellt, dass im Erdinneren die Tiefenverteilung der Schallgeschwindigkeiten für niedrige und eben nicht hohe Temperaturen spricht, auch wenn meist genau das Gegenteil behauptet wird. Diese niedrigen Temperaturen im Erdinneren sind möglich, falls der Kern der Erde aus metallischem Wasserstoff besteht. Der innere Erdkern könnte daher aus gefrorenem Wasserstoff bestehen, bei einer Temperatur von höchstens 14,02 Kelvin (= −259,13 Grad Celsius), also nahe dem absoluten Temperatur-Nullpunkt. In dieser Form bildet der Wasserstoff einen kristallinen Festkörper. In welchem Zustand sich fester Wasserstoff im inneren Kern tatsächlich befindet, ist aber Spekulation, da experimentelle Versuche technisch schwierig sind.

Wichtiger für unsere Betrachtungen ist hinsichtlich seiner Eigenschaften der darüber liegende äußere Kern, der glutflüssig sein soll. Bei Temperaturen zwischen 14,02 und 20,27 Kelvin wird Wasserstoff flüssig und unter sehr hohem Druck metallisch. Auch das Innere der Gasplaneten unseres Sonnensystems und sogar mancher Exoplaneten besteht gemäß neuesten Forschungsergebnissen aus metallischem Wasserstoff, der unter extremem Druck aus atomarem Wasserstoff gebildet wird und eine *elektrisch leitende* Eigenschaft erlangt. Über diesen Aggregatzustand sind nur wenige experimentelle Daten vorhanden, denn die Erzeugung im Labor ist äußerst schwierig und der Zustand sehr kurzlebig. Aber es ist gelungen, metallischen Wasserstoff herzustellen. Genau genommen ist flüssiger metallischer Wasserstoff gar keine Flüssigkeit, sondern ein Plasma, das ausschließlich unabhängige Ladungsträger enthält. Es wird seit Langem vermutet, dass metallischer Wasserstoff selbst bei hohen Temperaturen supraleitfähig bleibt. Im äußeren Kern könnte daher der von der Sonne kommende Strom fast ohne elektrischen Widerstand fließen.

2 Der Autor an einem Bohrloch auf
[ei]n Gas- und Ölfeldern nordwestlich von
[D]allas mit einer Probe des geförderten
[R]öhöls.

[?]4 Bei einer Bohrung in der Nähe
[ver]stopften lebende Mikroben die
[Bo]hröffnung.

1

4

6

[?] 1922 strömten aus dem Bohrloch »W. H. Badgett
[Nr]. 1« in Texas 60 Tage lang 10 000 Barrel Salz-
[wa]sser am Tag an die Oberfläche und erzeugten
[ein]e Art Winterlandschaft.

[?]7 Der seit Mai 2006 aktive Schlammvulkan
[auf] Java stößt permanent Gas aus und verursacht
[Sch]lammfluten.

7

8 Erdrisse und ein kleiner Schlammvulkan während des Nihonkai-Chubu-Erdbebens in Japan 1983. Insert: Schematische Darstellung von aufwärts steigenden Kohlenwasserstoffen (Pfeile), was in Verwerfungszonen (weiße Pfeile) noch leichter gelingt. Erdöl sammelt sich in sogenannten »Fallen«.

9 Bei diesem Beben entstanden »Pingos«, hier in einem Reisfeld.

10 Aus einem Schlammvulkan 100 Meter unter der Wasseroberfläche des Kaspischen Meeres schoss eine mehrere Kilometer hohe Gasflamme, die sich bei einer Höhe von etwa 500 Metern stabilisierte. Es sollen rund 300 Millionen Kubikmeter Gas ausgestoßen worden sein. Das Foto wurde am 15. November 1958 von Baku a aufgenommen (Geologisches Institut von Aserbaidschan). Insert: seitliche Ausdehnung der Flamme.

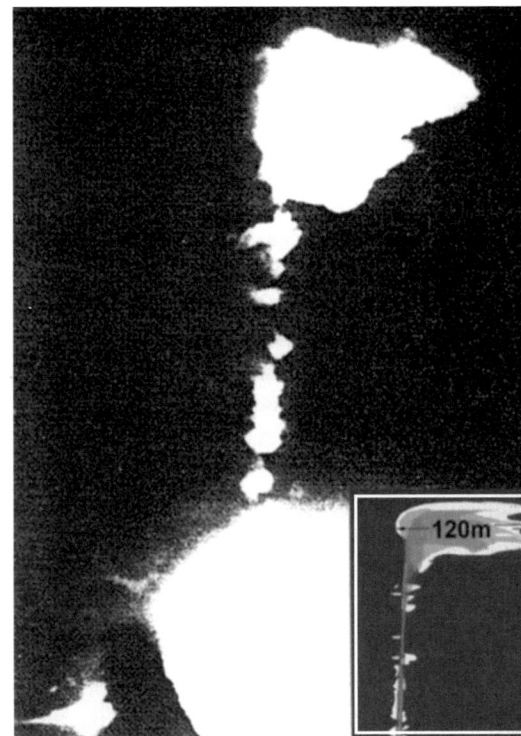

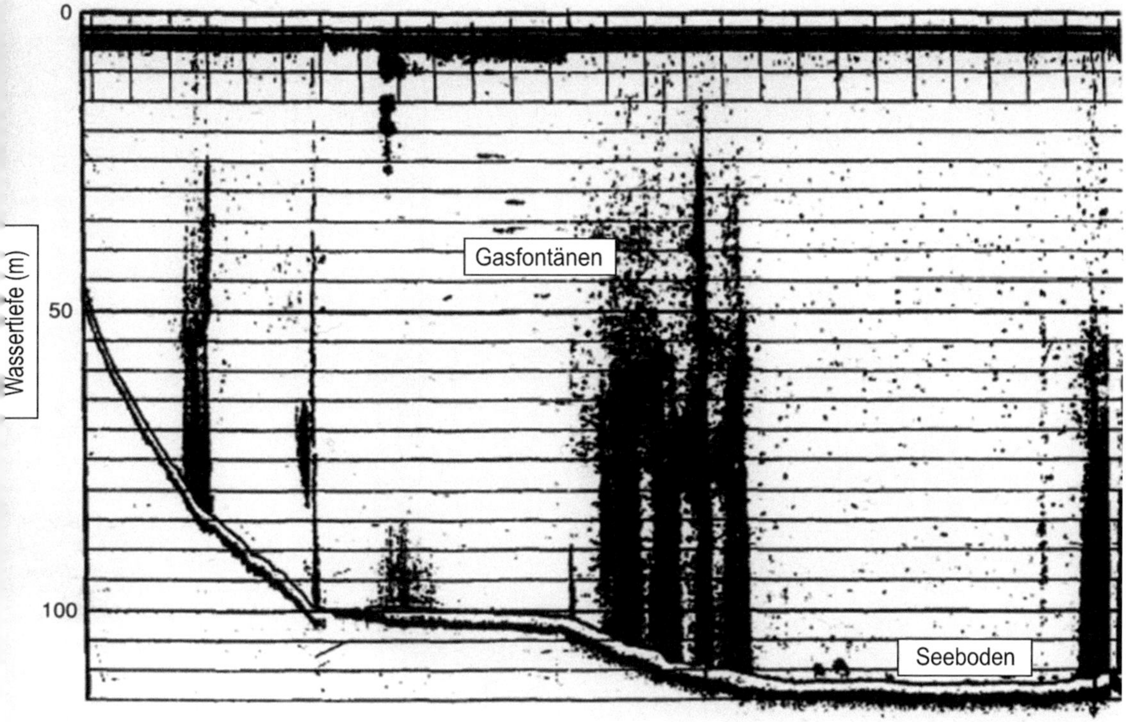

Bei Echolotarbeiten südöstlich der griechischen Insel Milos ereigneten sich im März 1992 zwei Erdbeben.
Oberfläche des Meeres begann zu »kochen« und es wurden 99 Gasfontänen registriert, wovon drei Monate später noch 60 aktiv waren (Dando et al., 1995). Rund um die griechischen Inseln Kos, Lesbos, Santorin, thana usw. steigt auf einer Fläche von circa 34 Quadratkilometern Gas auf.

Neben einer Bohrplattform in der Norwegischen See (ovale Markierung) gab es in einer Tiefe von 0 Metern eine heftige Eruption von Gasen, hauptsächlich aus Methan (Judd/Hovland, 2007, S. 365).

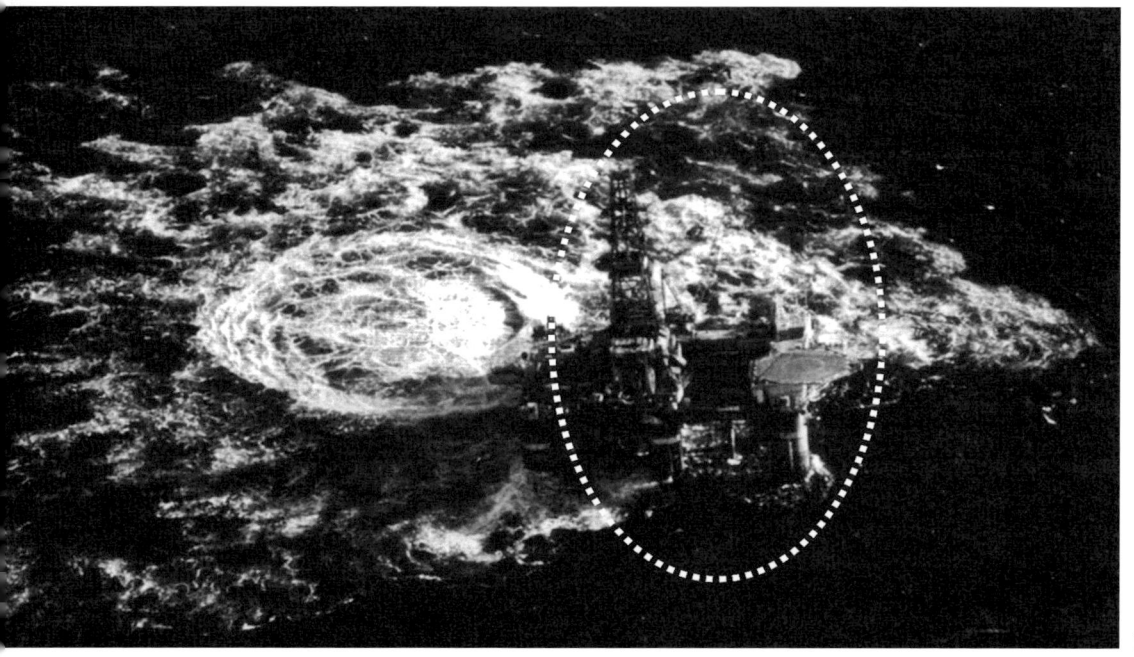

13 Weiße und Schwarze Raucher sind röhrenförmige Strukturen am Meeresgrund, aus denen heißes Wasser strömt, in dem Mineralien, Sulfide und Salze gelöst sind und das mit Kohlendioxid oder Methan versetzt ist. Insert: Aus diesem Weißen Raucher am Eifuku-Vulkan nahe den Marianen im Pazifik treten dicke Gasblasen aus. Nach gut 20 Jahren sind solche Röhren oft »zubetoniert«.

14 Künstlerische Darstellung »blubbernder Riffe« (nach: Chr. W. Hansen). Säulenartige, submarine Strukturen, aus denen Blasen entweichen, bilden sich an Stellen, an denen Methan durch die Sedimentschicht am Meeresboden dringt. Das Methan oxidiert und es entstehen Kohlendioxid sowie durch weitere chemische Reaktionen Karbonate, die die Sedimente am Meeresboden verfestigen (»betonieren«). Solche, innen meist hohle Strukturen wurden an der Oregon-Subduktionszone in 2000 Metern Tiefe (Ritge 1987) ebenso nachgewiesen wie im Golf von Mexiko oder in eher flachen Meeresgebieten wie der Nordsee (Jensen, 1992). An der dänischen Küste zum Beispiel erreichen diese Röhren mit bis zu 90 Zentimetern Durchmess in einer Wassertiefe von bis zu zwölf Metern eine Höhe von bis zu vier Metern. Irrtümlich werden diese Strukturen oft als Korallenbaut angesehen. Es handelt sich jedoch um anorg nische Karbonatverbindungen, die durch das aus dem Meeresboden aufsteigende Methar entstehen.

16, 17 Die bis zu zehn Meter hohen, im Sand steckenden, »Pobitite kamani« genannten Steinformationen
bei Dewnja in Bulgarien sind keine versteinerten Bäume, wie der hohle »Stamm« (Foto 16) zu zeigen scheint, sondern Zeugnisse eines ehemaligen Meeresbodens, aus dem Methan sickerte. Die durch Pfeile markierten fossilen »Ausgasungsöffnungen« entsprechen Röhrenstrukturen während des Ausgasungsprozesses, wie in Abbildung 18 dokumentiert.

18 Bei Sonaraufnahmen nordwestlich der dänischen Insel Hirsholm wurden Gase nachgewiesen, die aus den säulenartigen Strukturen am Meeresboden (Pfeile) austreten (Jensen, 1992).
Insert: Bis zu 20 Meter hohe, röhrenförmige Strukturen aus Ikaite, einer Kalziumkarbonat-Phase, im Ikka-Fjord, Grönland (Buchardt et. al., 2001).

19 Entblößter Pingo. Ein solcher Eiskörper entsteht durch den Joule-Thomson-Effekt: Sobald aufsteigendes G eine plötzliche Druckentlastung erfährt, vergrößert es sein Volumen und verändert seine Temperatur drastisch Auf diese Weise kann Wasser plötzlich gefrieren und bildet dann einen Eiskörper. Bei zu hohem Druck entstehen Eisvulkane (Pingos), die nicht nur in Permafrostgebieten zu finden sind. Auch auf diesem Pingo findet sic ein Krater, heute ein See, durch den überschüssiges Gas entwich.

20 Ein 50 Meter hoher Pingo mit Eiskern im Mackenzie-Delta in den Nordwest-Territorien, Kanada.

21 Ein großer Pingo 35 Kilometer östlich von Longyearbyen auf Svalbard, Spitzbergen.

22

24

Das 240 Quadratkilometer große Eureka Drumlin
ld in Montana: etwa 300 langgestreckte Drumlins
n 380 bis rund 2400 Metern Länge.

Ein Drumlin westlich von Calgary, Kanada: eine
r durchaus übliche Landschaftformation.

Entblößter Drumlin ohne Eiskern in Schottland mit
er kugelartigen, zum Zentrum hin aufgerichteten
hichtung.

Eine selten als Pingo erkannte Landschaftsform:
xenringe genannte Wallringe aus Geröll, die fein
körnte Sedimente umschließen. Hier an der West-
ste von Svalbard, Spitzbergen.

25

28

26 Vulkanblitze am Mount Rinjani in Indonesien. Foto: Oliver Spalt, 1995.

27 Brennende Kohlenwasserstoffe in Aserbaidschan und im Schlammvulkan Xin Yangnu Hu in Yanchao, China. Foto: Wolfgang Odendahl

26, 27

28 Eruption des Schlammvulkans Lokbatan in Aserbaidschan 2001 (oben links) mit einer 400 Meter hohen Flamme: Der schwarze Rauch deutet auf Verbrennung von höheren Kohlenwasserstoffen hin.

29

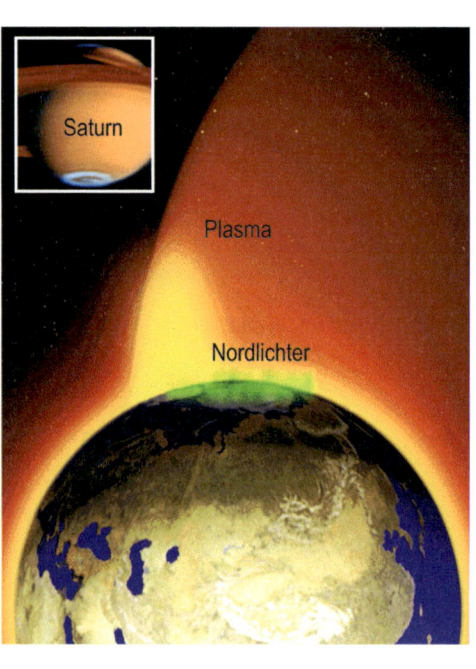
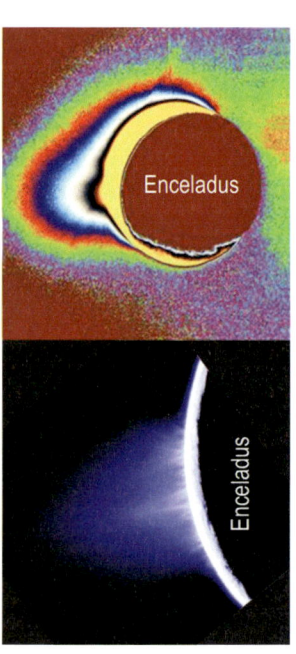

29 Die Raumsonde Cassini fotografierte 2005 erstmals ringförmige Polarlichter am Saturn-Südpol.

30 Eine Plasmafontäne aus Sauerstoff, Helium und Wasserstoff über dem Nordpol der Erde. Die grün gefärbten Gase sind Nordlichter (Plasma). Bild: NASA.

31 Gut sichtbare Fontänen auf dem Südpol des Saturnmondes Enceladus (unten) und gigantische Energieprozesse – verdeutlicht durch Einfärbungen (oben), NASA/JPL, 2005.

30   31

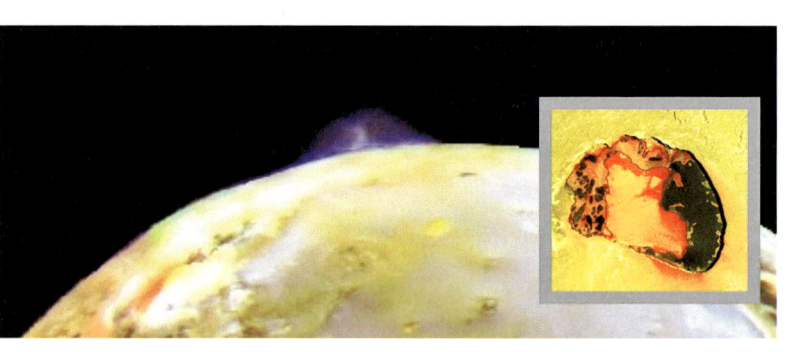

32 Der Jupiter-Mond Io ist der vulkanaktivste, planetare Körper. Eruptionen bestehen aus Schwefel und Schwefeldioxid.
Insert: Der Vulkanschlot Tupan-Patera hat einen Durchmesser von 75 Kilometern und ist mit flüssigem Schwefel gefü

32

Wasserstoff ist zwar das einfachste aller Atome, stellt gleichzeitig aber *nicht* die einfachste Form von Feststoffen oder Flüssigkeiten dar. Im Jahr 2004 wurden topologische Analysen über einen projektierten Zustand von flüssig-metallischem Wasserstoff im Fachmagazin »Nature« (Bd. 431, 7. Oktober 2004, S. 666 ff.) veröffentlicht. Genauer gesagt, es soll gezeigt werden, dass flüssiger metallischer Wasserstoff nicht ausschließlich entweder supraleitend *oder* superfluid sein kann, sondern eine neue Art von Quanten-Fluid darstellt. Die Forscher gehen davon aus, dass bei Anwesenheit eines Magnetfelds flüssig-metallischer Wasserstoff mehrere Übergangsphasen von einem Supraleiter bis hin zu einem Suprafluid annehmen kann (Babaev, 2004). Es wird auch vermutet, dass flüssig-metallischer Wasserstoff bislang unbekannte elektromagnetische Eigenschaften zeigt.

Neben dem metallischen Wasserstoff sind auch Helium sowie Spuren anderer Elemente im äußeren Erdkern vorhanden. Niedrige Temperaturen begünstigen, wie von der Supraleitung bekannt, Wirbelströme und starke Magnetfelder. Die elektrisch leitende Eigenschaft des äußeren Kerns führt dazu, dass die kosmische Energie der Aufrechterhaltung elektrischer Ströme im Erdinneren dient. Da jedes Magnetfeld *immer* einen elektrischen Strom als Ursache hat, kann das magnetische Feld der Erde als durch elektrische Ströme erzeugt erklärt werden. Obwohl Physiker seit 100 Jahren diese einfache Möglichkeit der Erzeugung des Erdmagnetfeldes diskutiert haben, wurde diese Möglichkeit bisher nicht akzeptiert, da keine Ursache für die Aufrechterhaltung der elektrischen Ströme gesehen wurde, weil die Erde als isolierter, nur über Gravitation beeinflusster Himmelskörper betrachtet wurde.

Das elektrische und das magnetische Feld stehen senkrecht aufeinander, falls ein Feld offene Feldlinien bildet. Bei den Planeten ist es das magnetische Feld, das sich senkrecht um die elektrischen Feldlinien wickelt. Dieser Dynamo wird durch die Sonne in Gang gesetzt und in Schwung gehalten. Hingegen soll nach geophysikalischer Ansicht ein Dynamo isoliert, also rein erdgebunden funktionieren. Es ist aber noch nicht einmal der Startmechanismus geklärt, und wie soll der auch immer einmal gestartete Geodynamo dann in Schwung bleiben? Angeblich sind drei Energiequellen verfügbar: »1. Der Wärmevorrat des Kerns, 2. die latente Kristallisierungswärme und 3. die gravitative Energie beim Ausfrieren und Absinken des Nickeleisens« (Berckhemer, 1997, S. 131). Die erste Quelle ist aber reine Spekulation, da der Kern alternativ auch kalt sein kann und der tatsächliche Wärmevorrat unbekannt ist. Die zweite mögliche Quelle gibt es zwar qualitativ, ist jedoch eindeutig zu schwach für den erforderlichen Dynamoantrieb. Die dritte Quelle ist wiederum Spekulation, da man nicht weiß, aus welchem Material der Erdkern besteht. Außerdem ist die Corioliskraft, durch welche die Konvektionsströme im Erdinneren infolge ihrer eigenen Trägheit abgelenkt und auf eine Schraubenbahn gezwungen werden sollen, viel zu gering: »Das Entstehen der Strudel durch die Corioliskraft bei der großen Viskosität der Erdkernschmelze (riesiger Druck) und niedrigen Temperaturgradienten (große Leitfähigkeit der Substanz) scheint unmöglich zu sein« (Oesterle, 1997, S. 98).

Demzufolge ist auch die Entstehung des Magnetfeldes gemäß konventionell-geophysikalischem Modell infrage gestellt, denn die Corioliskraft soll neben den Konvektionsströmen auch die Feldlinien verwirbeln, um dadurch für eine Erhöhung der magnetischen Feldstärke zu sorgen. Auch wenn es diesen Effekt in Bezug auf die Feldlinien geben kann, ist dieser zu gering, um für eine signifikante Größe der magnetischen Feldstärke verantwortlich sein zu können. Weitere Nachteile des Dynamo-Modells werden im Fachmagazin »Nature« diskutiert (Backus, 1995).

Ersetzt man im konventionellen Modell das Wort »Eisenschmelze« durch »flüssigen metallischen Wasserstoff«, dann besitzt man für den Fall einer kalten, elektrischen Erde mit der von der Sonne empfangenen Energie einen Grund für den Startmechanismus bzw. die Aufrechterhaltung des Magnetfeldes. Die Wirbeleffekte des elektrischen Stroms im äußeren Kern sorgen für ein Schließen elektrischer Feldlinien, wodurch, wie schon beschrieben, Atome und Moleküle entstehen. Die derart materialisierte Energie wird durch die Rotation am Rand des äußeren Kerns als Materie angereichert und bildet eine zwischen 100 und 500 Kilometer, meist zwischen 200 und 250 Kilometer dicke Schale, die sogenannte D"-*Schicht*, neuerdings auch Wiechert-Gutenberg-Diskontinuität genannt (Abb. 59, S. 145). Da Materie im kalten äußeren Kern gebildet wird, sollte die D"-Schicht auch aus kühlerem, dichterem Material bestehen. Genau dies wurde durch seismische Messungen bestätigt und führt deshalb zu einer Paradoxie im konventionellen Modell.

Da die Ursache für die Erscheinung der D"-Schicht ungeklärt ist (vgl. Lay/Garnero, 2004), diese aber *wesentlich kälter* als das umgebende Gestein ist, wird vermutet, dass es sich bei der unregelmäßig und heterogen aufgebauten D"-Schicht um den Bodensatz der Subduktionszonen handelt (Vogel, 1994). Diese Vorstellung wird ausschließlich der Heiße-Erde-Theorie geschuldet, denn das »kältere« Material kann ja nicht aus dem äußeren Kern stammen, falls dieser 2900 Grad Celsius heiß sein soll. Rätsel werden nicht durch die Natur, sondern durch falsche Gedankenmodelle geschaffen! Wie sollte die kühlere, aber vor allem leichtere Erdkruste wie »zähflüssiger Honig von einem Teller tropfen« (Hutko, 2006) und durch das dichtere Material des Erdmantels hindurch bis in 2000 Kilometer Tiefe gelangen? Aber auch falls im unteren Mantel die ozeanische Kruste in eine Hochdruckmodifikation des Quarzes umgewandelt würde, beträgt dessen Dichte nur 4,34 g/cm^3 gegenüber 5,7 g/cm^3 des unteren Mantelmaterials. Auftrieb und nicht Eintauchen wäre das zutreffende Gedankenmodell (Abb. 7, S. 22).

Fazit: Das kältere Material der D"-Schicht kann definitiv nicht aus subduzierten, also abtauchenden Resten ozeanischer Kruste bestehen. Es bleibt nur die Lösung übrig, dass es im Erdinneren produziert wird, scheinbar im »kalten« äußeren Kern. Das wesentlich kühlere

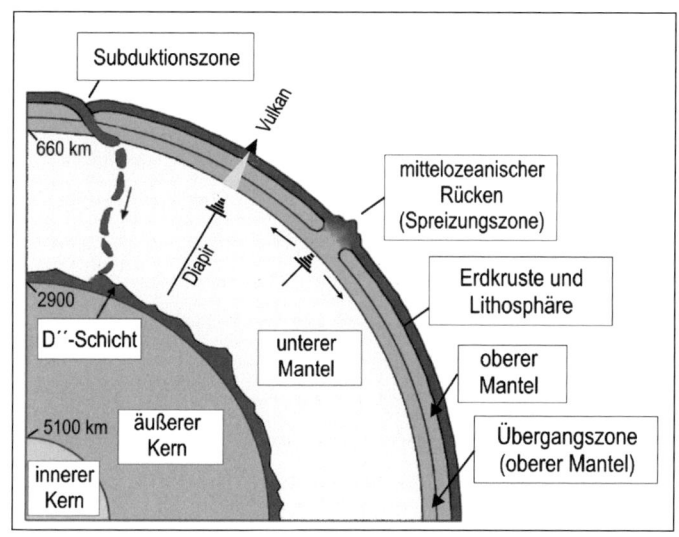

Abb. 69: **D"-SCHICHT.** Die auf dem äußeren Kern befindliche D"-Schicht ist kühler als das diese umgebende Material und wird als thermische Grenzschicht bezeichnet. Eine Hypothese besagt, dass das Material der D"-Schicht aus Subduktionszonen »heruntertropft«, obwohl die »verschluckte« Ozeankruste leichter als das Material des unteren Mantels ist (vgl. Abb. 8 S. 23). Gleichzeitig sollen nach konventioneller Vorstellung einzelne Diapire (Mantelplumes) von der Kern-Mantel-Grenze aus aufsteigen und z. B. Vulkane mit heißem Material versorgen. Heißes Magma kommt jedoch nur bis in Tiefen von ungefähr 400 Kilometern vor (vgl. Abb. 66, S. 155).

und dichtere Material der auf der Kern-Mantel-Grenze liegenden geheimnisvollen D"-Schicht sollte daher nicht aus einer abwärts gerichteten Bewegung von der Erdkruste herstammen, sondern bildet sich im Modell der kalt-elektrischen Erde genau umgekehrt im äußeren Erdkern, um sich an dessen Rand unterhalb des Erdmantels ungleichmäßig anzulagern.

Die Grenze zwischen Kern und Mantel zeigt deshalb keine Unstetigkeitsfläche der chemischen Zusammensetzung gemäß konventionellem Modell, sondern es handelt sich vielmehr um eine bloße Phasengrenze, da der Druck sich mit zunehmendem Abstand vom Erdmittelpunkt nach außen hin verringert. Der urzeitliche Mantel wuchs daher beständig, ohne jegliche Zufuhr von Materie: Aus 100 Kubikzentimetern Volumen des äußeren Kerns werden auf diese Art 178 Kubikzentimeter des (unteren) Mantels; ohne Erhöhung der Masse und damit des Gewichts. Diese Annahme der Volumenvergrößerung beruht auf den durch seismische Messungen ermittelten Dichteverhältnissen im Erdmantel und im äußeren Kern (Abb. 71, S. 167).

Mit der stetigen Umwandlung von Energie in Materie im Erdinneren und der nachfolgenden Volumenvergrößerung wuchs der Erdmantel in radialer Richtung stetig an. Gleichzeitig nimmt das mittlere Atomgewicht der Materie mit zunehmendem Abstand vom Erdmittelpunkt kontinuierlich ab, in Abhängigkeit des sich stetig nach außen hin verringernden Drucks. Gehen Mineralien aufgrund der Druckentlastung aus der Hochdruckphase in eine Niederdruckphase über, entstehen Zonen der Phasenumwandlung. Diese werden gemäß der konventionellen Theorie als Unstetigkeiten der chemischen Zusammensetzung (Diskontinuitätszonen) falsch gedeutet. In diesen Zonen entsteht durch Druckentlastung jeweils auch eine Volumenvergrößerung durch Umwandlung desselben Materials in eine spezifisch leichtere bzw. weniger dichte Variante. Die Folge ist, dass sich das Volumen der Erde an diesen Diskontinuitätszonen erhöht, ohne Zunahme an Masse und damit Gewicht.

Pascual Jordan (1966, S. 74) bestätigt, wie bereits 1941 eindrucksvoll gezeigt wurde, dass die Mehrzahl der Unstetigkeitsflächen im tiefen Erdinneren eher Phasen-

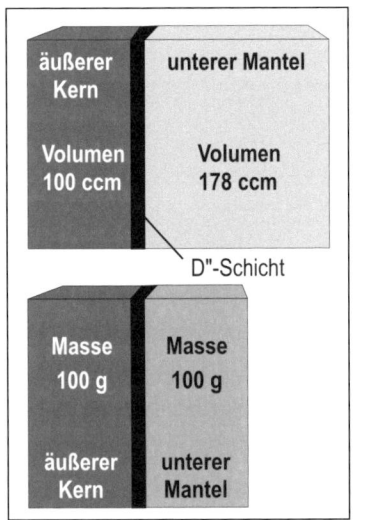

Abb. 70: **VOLUMENVERGRÖSSERUNG.** An der Kern-Mantel-Grenze (D"-Schicht, Abb. 69) vollzieht sich eine Vergrößerung des Volumens durch Phasentransformation infolge Druckentlastung, während die Masse konstant bleibt. Auch an den weiteren nach außen hin folgenden Diskontinuitätszonen erfolgen Phasenumwandlungen mit einhergehender Volumenvergrößerung, insbesondere in 660 km Tiefe, in der die Grenzschicht zwischen dem oberen (bzw. der Mantelübergangszone) und dem unteren Mantel definiert ist.

grenzen als Unstetigkeiten der chemischen Zusammensetzung darstellen. Hieran ist nicht zu zweifeln, weil das Alter der Erde nicht ausreicht, um eine mehrstufige chemische Entmischung unter Trennung des Materials zu Zonen verschiedener Zusammensetzung zu erlauben. Dies wird in der Fachzeitung »Geologische Rundschau« ebenfalls bestätigt (Bd. 32, 1941, S. 215). Deshalb ist die Interpretation der modernen Geophysik vom Aufbau der Erde definitiv falsch!

Mit der Bildung von Substanzen im äußeren Kern steigen die neuen Atome von innen nach außen durch den Erdmantel hin zur Erdoberfläche auf und verbinden sich unterwegs in bestimmten Tiefen, in denen bestimmte Druck- und Hitzeverhältnisse herrschen, zu Wasser, Erdgas und Erdöl; wie noch eingehend diskutiert und begründet werden soll.

Aber bei diesen Prozessen handelt es sich *nicht ausschließlich* um chemische Prozesse unter verschiedenen Druck- und Temperaturverhältnissen, sondern wir müssen ergänzend zu den Ausführungen von Pascual Jordan (1966) und auch Thomas Gold (u. a. 1992) die elektrischen Wirkungen berücksichtigen. Durch die Diffusion der Elektronen aus dem Erdinneren (Thomson-Effekt) entsteht ein elektrisches Feld an der Erdoberfläche (Oesterle/Jacob, 1994).

»Man kann sogar sagen, dass das Erdinnere ein gigantischer Magnetohydrodynamik-Generator ist, der elektrischen Strom erzeugt. Das gleiche Ergebnis wird bei einem Temperaturgefälle erzielt, wenn ein Leiter an einem Ende erwärmt und am anderen Ende abgekühlt wird. Jeder Elektrolyt ist ein Leiter, und nichts ist leichter, als im Erdinneren in eine Situation ›heiß – kalt‹ zu geraten« (Drujanow, 1984, S. 52).

In Abhängigkeit von Druck und Tiefe für die optimale Temperatur findet ein Selbstorganisation genannter Prozess der chemischen Elemente in der Erde statt. »Bei der allmählichen Akkumulation von Wärme und Substanz wächst die Ausdehnungsspannung in der Kruste, die durch die aktive Phase der Erdbeben und Vulkanausbrüche periodisch entladen wird. Deshalb wächst die Erde nicht gleichmäßig, sondern pulsierend, was auch die Abnahme ihrer Rotationsgeschwindigkeit widerspiegelt« (Oesterle, 1997, S. 86).

Mit der heute gültigen Theorie von der Entwicklung der Erde ist eben nicht zu erklären, wie in der Tiefe der Erde die Explosionsbereitschaft dortiger Gesteine immer noch vorhanden sein kann und trotz entsprechender

Aktivität über Milliarden von Jahren hinweg immer noch erhalten geblieben ist. »In Wahrheit genügt es noch nicht, unsere Vorstellung von der Erde revolutionär zu verändern. Sondern sogar unsere Vorstellung vom Kosmos muss revolutionär verändert werden, im Sinne der Diracschen Hypothese« (Jordan, 1966, S. 107). Diese geht von einer sich verringernden Gravitation aus – im hier vorgestellten elektrischen Modell entspricht dies einer Abnahme der kosmischen Energie und Elektrizität. Die zwangsläufige Folge ist, dass sich gleichzeitig eine Expansion der Planeten, aber auch der Sonne vollzieht.

Betrachten wir in dieser Hinsicht den Mond, so fallen unmittelbar die vielen Mondrillen auf. Diese Spalten und Risse stellen ein ungeklärtes Phänomen dar. Wie auf dem Mars sind manche dieser Rillen zugleich Ketten von kleinen Kratern, andere hingegen nicht. Aber auch die zahlreichen schmaleren Rillen und Risse der Mondoberfläche sind teils mit Kratern besetzt und teils nicht. Da die Rillen auch durch Kraterwälle hindurchlaufen, können Krater einerseits Sekundärerscheinungen sein, da hier im Bereich der Risse Ausgasungsprozesse physikalisch begünstigt stattfinden. Andererseits kann eine punktuelle Kraterbildung auch Anstoß für eine Rillenbildung sein. Die Auffassung aller Rillen »als einer einheitlichen Erscheinung der Mondoberfläche legt es nahe, sie als Ergebnis einer (geringfügigen) Expansion des Mondes anzusehen«, im Sinne der Diracschen Hypothese, also einer Verringerung der Gravitationskraft (Jordan, 1966, S. 38 f.).

Expansionstempo

Das Wachsen der Erde könnte zusätzlich zu den hier von mir skizzierten Ursachen durch einen Absorptionsprozess beschleunigt werden, den Dr.-Ing. Konstantin Meyl, Professor an der *Hochschule Furtwangen*, in die Diskussion eingeführt hat. Und zwar sollen Sonnen-Neutrinos, elektrisch neutral geladene Elementarteilchen, innerhalb der Erde absorbiert werden, was prinzipiell auch nachgewiesen wurde. Aber obwohl etwa 70 Milliarden Neutrinos pro Sekunde durch einen Quadratzentimeter der Erdoberfläche in die Erde eindringen, werden nach derzeitigem Kenntnisstand nur wenige Neutrinos von der Erde absorbiert. Es findet also auf jeden Fall ein Masse-

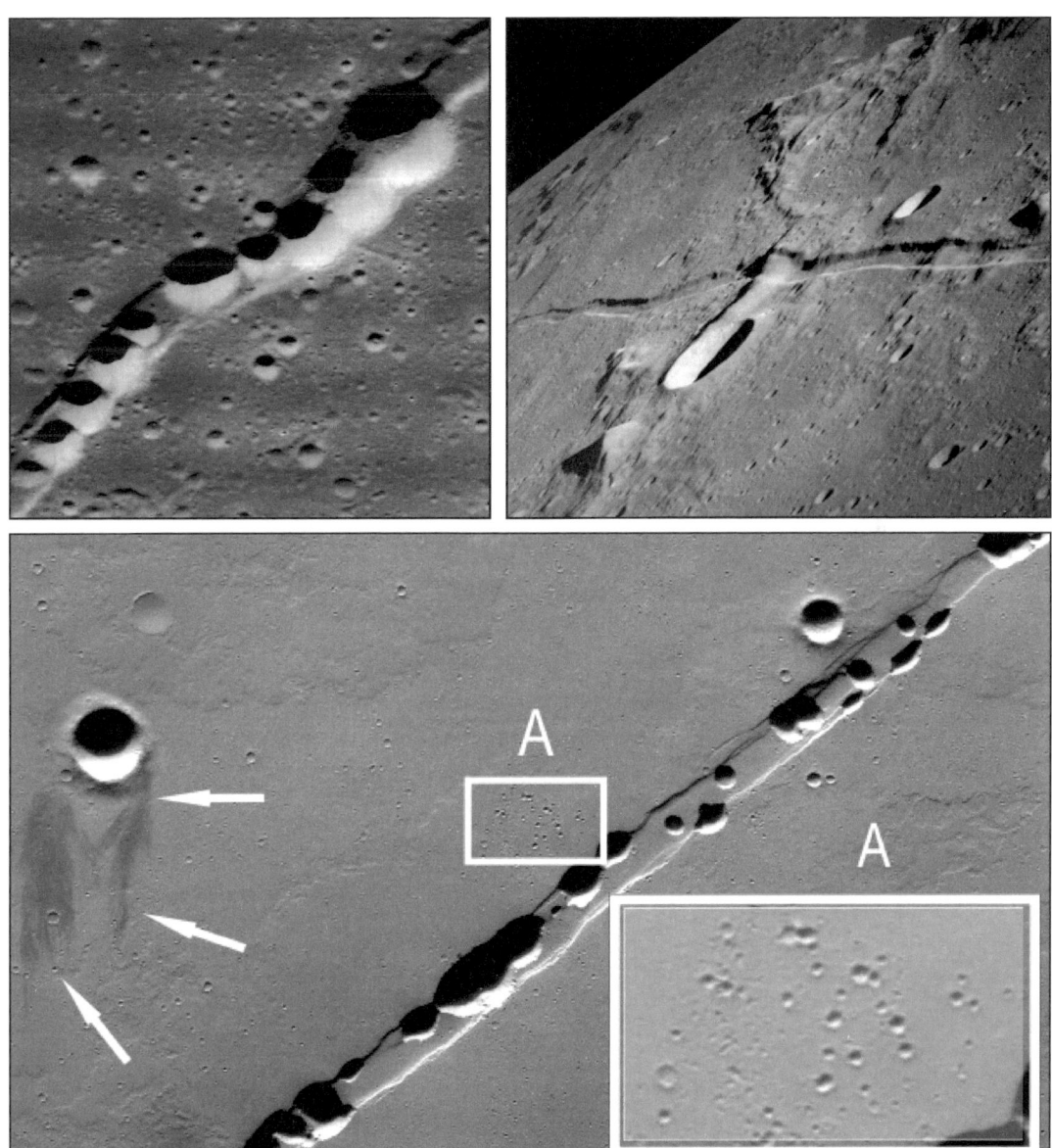

Abb. 71: **RILLEN.** Linkes Bild: Gräben auf dem Mars, fotografiert durch die Sonde Mars Odyssey. Vergrößerung A zeigt Ausgasungskrater. Mittleres Bild: Auf dem Mond gibt es ähnliche Rillen. In diesen Gräben als Schwächezonen der Kruste, die als Risse infolge einer Mondexpansion interpretiert werden können, sind oft Krater in Reihe platziert (Lunar Orbiter 5, 1967). Rechtes Bild: Eine Mondrille ohne Krater (NASA: angeblich Apollo 10, 1969). Pfeile: Ausgasungsniederschlag.

zuwachs statt, der für das Wachstum der Erde jedoch um mehrere Größenordnungen zu gering ausfällt, nach Professor Gerhard Bruhn (*TU Darmstadt*) weniger als 10^{-8} Millimeter pro Jahr. Es wäre jedoch zu untersuchen, ob Sonnen-Neutrinos eventuell in der Neutralkugelschale und/oder im kalt-elektrischen Erdkern abgebremst werden und materialisieren, um derart für einen gewissen zusätzlichen Massezuwachs der Erde zu sorgen.

Unabhängig von diesem Szenario, das die »normale« Expansion verstärkt, vollzog sich das Wachstum der Erde in drei Phasen. Die erste Phase der Erdentstehung (ohne Mantel) vollzog sich aufgrund des zuerst im interplanetaren Raum vorhandenen großen Energie- und Druckgefälles quasi im Eilzugtempo, da gemäß physikalischen Gesetzmäßigkeiten Energie und Teilchen zum relativen Kältepunkt, dem späteren Erdmittelpunkt, zustrebten. Die zweite Phase, bei der sich der Mantel mit einer die Erde umhüllenden Kruste bildete, dauerte wesentlich länger. Diese Phase endete, nachdem die Erde durch eine Erdkruste komplett umschlossen war, deren Dicke den heutigen Kontinentalsockeln entspricht.

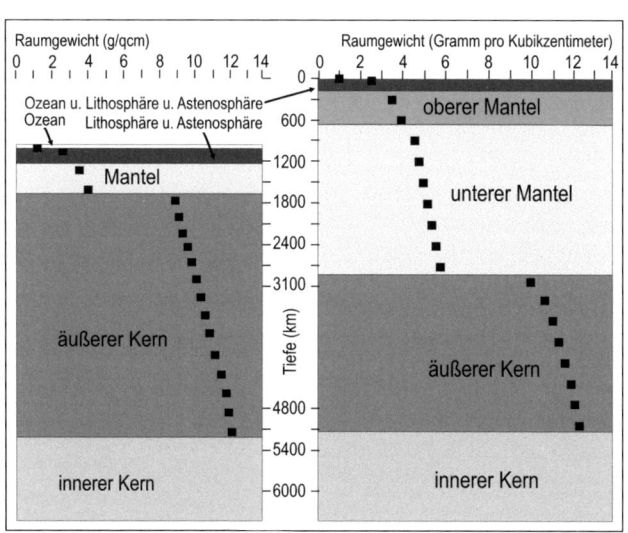

Abb. 72: **PRIMITIVER MANTEL.** Die kleinere Urerde (linkes Bild) besaß einen nicht unterteilten primitiven Mantel, der durch Phasentransformation infolge Druckentlastung immer weiter anwuchs, während der äußere Kern kleiner wurde: Die Erde expandierte. Infolge Druckentlastung erfolgte eine weitere Differenzierung des primitiven Erdmantels mit Ausbildung entsprechender Phasengrenzen (rechtes Bild). Neu nach Pickford, 2003.

Zu diesem Zeitpunkt repräsentierte die Oberfläche aller Kontinente einschließlich der heutzutage flach unter Wasser liegenden Schelfgebiete einen zusammenhängenden Urkontinent Pangaea, der eine kleinere Erde komplett umschloss (Pangaea-Erde). Der Durchmesser dieser kleineren Erde betrug rechnerisch etwas mehr als 60 Prozent des heutigen, unter Berücksichtigung eines gewissen Spiels beim Aneinanderpassen von Kontinentalschelfen 62 bis 65 Prozent. Mit anderen Worten, man kann alle heutigen

Kontinente auf dieser kleineren Erdkugel als komplett umhüllende Kruste platzieren.

Der Zeitpunkt, an dem diese eine einheitliche Schelfkugel der Erde infolge Expansion durch zu hohe Zugspannungen in der Erdkruste auseinanderzubrechen begann, ist im Rahmen der Plattentektonik auf ein Alter von 200 Millionen Jahre nach geologischer Zeitrechnung festgelegt worden.

Die Angaben über das Wachstum bzw. die Expansionsrate der Erde reichen von 0,5 Millimeter pro Jahr (Egyed, L., in Geol. Rundschau 1957, Bd. 46, S. 108 und 1960, Bd. 50, S. 251) über das Zehnfache, also 5 Millimeter pro Jahr (Jordan, 1966, S. 77) bis hin zu 22 Millimeter für den Durchmesser, also 11 Millimeter Wachstumsrate pro Jahr im Mittel für verschiedene Messpunkte in Australien, in den USA und in Europa, wie Auswertungen von Daten des *Internationalen Erdrotationsdienstes* (IERS) für eine Zeitperiode von 1992 bis 2000 zu belegen scheinen (Maxlow, 2005, S. 78).

Schätzen wir alternativ die sich heutzutage vollziehende Vergrößerung der Erdkruste über den Zuwachs der Ozeankruste in den Spreizungszonen ab. Diese Bereiche sollen etwa 70 000 Kilometer lang sein. Die Kontinente sollen nach geodätischen Messungen zwischen 1 und 20 Zentimeter pro Jahr auseinanderdriften. Legen wir einmal vier Zentimeter als mittlere

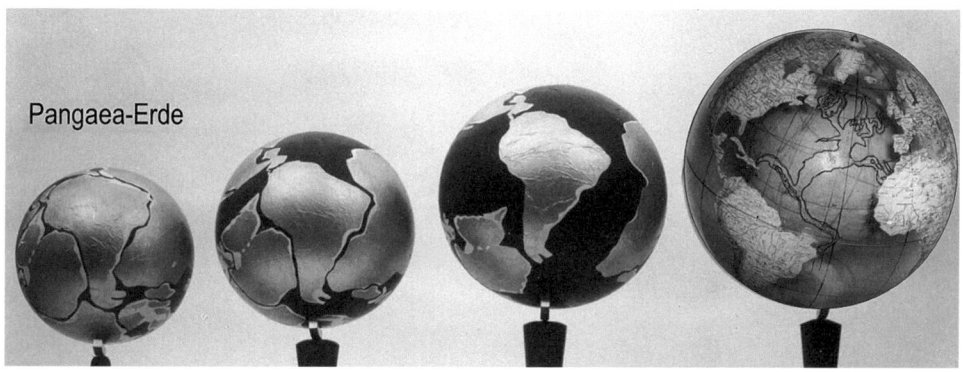

Abb. 73: ERDEXPANSION. Die 1933 von Ott C. Hilgenberg (TU Berlin) entwickelten und von Professor Giancarlo Scalera am Nationalinstitut für Geophysik und Vulkanologie in Rom 2001 rekonstruierten Paläo-Globen. Rechts ein gläserner Globus von Klaus Vogel mit der heutigen und einer kleineren Erde im Inneren. Die Kontinente entfernen sich voneinander, bleiben aber ortsfest, trotz möglicher kleinerer Verschiebungen und/oder Verdrehungen aufgrund nicht exakt gleichmäßiger Volumenvergrößerung.

Spreizungsgeschwindigkeit zugrunde, dann werden pro Jahr knapp drei Quadratkilometer Ozeankruste neu gebildet, was einer Wachstumsrate von derzeitig 17 Millimetern pro Jahr entspricht.

Das Auseinanderbrechen der zusammenhängenden Kruste unserer Pangaea-Erde geschah zu Beginn der dritten Expansionsphase jedoch bruchartig schnell, wie es materialtechnisch bei Überschreitung der Bruchfestigkeit zu erwarten ist. Den Beweis liefert die Anwesenheit diverser Arten von Dinosauriern auf fast allen Kontinenten, die nach der plattentektonischen Zeitskala bereits lange vorher durch tiefe Ozeane getrennt gewesen sein sollen. So fand man mit Majungatholus, der vor ungefähr 70 bis 65 Millionen Jahren gelebt haben soll, einen engen Verwandten von Tyrannosaurus auf Madagaskar, das aber seit mindestens 150 Millionen Jahren eine Insel gewesen sein soll. Solche Funde häufen sich (siehe ausführlich: »Dinosaurier Handbuch«, S. 54 ff.).

So wurde 2008 ein Beelzebufo genannter Riesenfrosch, der zusammen mit Majungatholus auf Madagaskar lebte, auch in Südamerika gefunden. Dieser Fund bedingt eine Landverbindung am Ende der Kreidezeit, dem Ende der Dinosaurier-Ära, zwischen Madagaskar und Südamerika (Evans et al., 2008). Ständig mehren sich solche kontroversen Funde. So wurden Überreste einer Krokodilart in Brasilien entdeckt, die 62 Millionen Jahre alt sein und das Aussterben der Dinosaurier überlebt haben soll. Dieses neu entdeckte Fossil *Guarinisuchus munizi* scheint eng mit Krokodilen verwandt zu sein, die einst in Afrika lebten. Die Forscher meinen, dass dies auf eine transozeanische Wanderung schließen lässt, denn man habe primitivere Fossilien des Krokodils in Afrika, jüngere in Südamerika und weiter entwickelte in Nordamerika gefunden (Barbos et al., 2008).

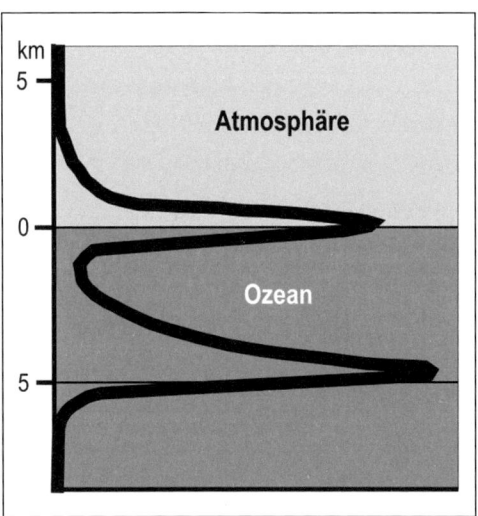

Abb. 74: **GLEICHE OZEANTIEFEN.** Die Zweistufigkeit der Erdoberfläche ist von einer einzigartigen geophysikalischen Klarheit: Alle Kontinentalsockel als höhere Stufe bilden fast überall eine scharfe Grenze und ragen in gleicher Höhe aus den Ozeanböden heraus. Sie können wie ein Puzzle aneinandergefügt werden. Die Tiefsee als tiefere Stufe weist in allen Ozeanen die gleiche Tiefenverteilung auf. Nur mit Erdexpansion lässt sich diese Verteilung befriedigend erklären.

Solche Funde von Spezies auf »falschen« Kontinenten zeigen, dass die Zeittafel der Plattentektonik falsch sein muss. Die Aufspaltung der Kontinente sollte sich nach dem Maßstab der geologischen Zeitskala nicht unmerklich langsam, sondern quasi bruchartig-plötzlich vollzogen haben. Zu Beginn der Dinosaurier-Ära gab es überhaupt noch keine Ozeane, und die Hälfte aller Ozeane entstand *nach* dem Aussterben der Dinosaurier, gemäß geologischer Zeitskala.

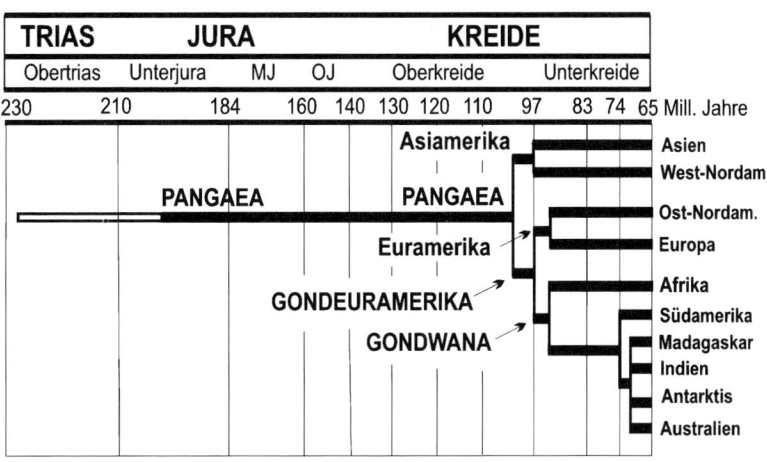

Abb. 75: **DINOSAURIER-PALÄOGEOGRAFIE.** Neue Funde von Dinosaurier-Fossilien führen zu einer Reduzierung plattentektonischer Zeitabläufe nach Professor Paul Sereno (1999). Aufgrund neuer Fossilfunde seit 1999 wurde im »Dinosaurier Handbuch« (Zillmer, 2002, S. 85) eine weitergeführte Zeitreduzierung vorgenommen, die hier aktualisiert wurde (Stand 2014): Neue Fossil-Funde führen hin zu einem späten Auseinanderbrechen von Pangaea(-Erde: Abb. 73). Schwarze Balken zeigen den zeitlichen Bestand der Kontinente nach neuen Erkenntnissen durch die Dinosaurier-Paläogeografie: Pangaea hatte fast 100 Millionen Jahre länger Bestand als gemäß geologischer Zeitskala (lichter Balken). Es musste mit »Gondeuramerika« ein neuer Ur-Kontinent definiert werden; der bisher definierte Nordkontinent Laurasia entfällt.

Für den Fall, dass der Durchmesser der Erde zum Zeitpunkt der Auseinandersprengung der Kontinente nur gut 60 Prozent des heutigen betrug, könnte man folgern, dass die Gravitation nach Newtons Gesetz damals entsprechend geringer war, wodurch die Existenz von riesengroßen Dinosauriern überhaupt erst möglich wäre. Die Tatsache, dass unter heutigen Bedingungen keine größeren Landtiere als Elefanten existieren können, wird totgeschwiegen.

Die langhalsigen Sauropoden können auch nicht kompakt und muskelbewehrt gewesen sein, aus diversen Gründen, die in meinem »Dinosaurier Handbuch« diskutiert wurden. So war der winzige Kopf viel zu klein, um genügend Grünfutter durch das Maul passieren lassen zu können, um ausreichend Energie zur Bewegung der Muskeln zu erzeugen. Elefanten, die bis zu 18 Stunden am Tag mit der Nahrungsaufnahme beschäftigt sind und täglich mindestens 100 Kilogramm pflanzliche Nahrung zu sich nehmen müssen, stellen heutzutage die größte mögliche Lebensform an Land dar – größere kann es nicht geben! Ein 30 oder 50 Meter langer, muskelbewehrter Saurier wäre unter heutigen Bedingungen nicht lebensfähig. Diese Sauropoden wendeten einen Trick an und waren teilweise hohl, weil sie wahrscheinlich ein sehr großes »Gärungsfass« besaßen, das in kleinem Maßstab ähnlich funktionierte wie bei heutigen Kühen, wie mir Professor Dr. Josef Reichholf (*Zoologische Staatssammlung München*) in einem persönlichen Gespräch erklärte. Diese Sichtweise wurde von mir in einer Fernsehsendung des Wissenschaftsmagazins »Welt der Wunder« von »PRO7« erstmals am 22. September 2002 im Fernsehen dargestellt:

Im Gärungsfass wandelten Dinosaurier das pflanzliche in bakterielles Protein um, wovon diese Tiere dann lebten, und die Tiere waren deshalb wesentlich leichter, als heutige Rekonstruktionen zeigen, und benötigten weniger Futter (ausführlich: Zillmer, 2002, S. 100 ff.).

Deshalb braucht sich die Stärke der »Gravitation« auch nicht so drastisch geändert zu haben. Aber wie kann eine solche Änderung vonstattengegangen sein?

Elektrische Wechselwirkung

Anstatt einer Massenanziehung durch Gravitation hatten wir bereits alternativ eine Andrückung ohne Masse durch elektrostatische Kräfte im Sonnensystem beschrieben (siehe S. 85–152). Im elektrostatischen System stoßen sich zwei gleichsinnig geladene Körper gegeneinander ab, weshalb es stabile Planetenbahnen gibt. Durch eine Änderung des Spannungszustandes würden sich die Abstände der Planeten und die Stärke der Andrückung schnell ändern, wozu eine Gravitation nicht in der Lage wäre.

Wie wirkt jetzt Andrückung anstatt Gravitation? Im potenziellen Zustand besitzt die Elektrizität in der Sonne, also im jeweiligen Kältepol, ihre größte Dichte und geringste Spannung. Deshalb befindet sich dort auch der Minuspol, während an der Oberfläche die Anode positioniert ist. Die Sonne ist statisch stabil, da es sich um die räumliche Anordnung zweier gleich großer elektrischer Ladungen entgegengesetzter Polarität handelt, deren Ladungs-

bzw. Polschwerpunkte *nicht in einem Punkte zusammenfallen.* Die von außen auf den Kältepol im Inneren der Sonne zustrebende Energie steht mit der potenziellen Energie im Sonnen-Inneren in der Neutralkugelschale im statischen Gleichgewicht. Deshalb müssen Sonne und Planeten kugelförmig ausgebildet sein.

Die Bahnen der Körper im Planetensystem sind bei bestimmten elektrostatischen Spannungszuständen stabil. Während die Sonne der absolute Kältepol des Sonnensystems ist, bilden Planeten wie die Erde relative Kältepole und empfangen daher die von der Sonne ausgesendete Energie. Diese wird in deren Inneren gespeichert und materialisiert im metallischen Wasserstoff zu Substanzen, die dann unter Druckentlastung und Modifikation bis zur Neutralkugelzone der Erde aufsteigen bzw. zentrifugal zur Neutralkugelschale hingedrückt werden. Gleichzeitig müssen äußere Kraftgrößen zentripetal in Richtung Erdinneres, also von außen nach innen, gerichtet sein. Die inneren und äußeren Kraftgrößen befinden sich in der Neutralkugelzone im statischen Gleichgewicht bzw. neutralisieren sich dort.

In dieser »neutralen« Zone unter der Erdoberfläche ist die Erde am wärmsten, und die Temperaturen nehmen in Richtung Erdoberfläche einerseits und in Richtung Erdmittelpunkt andererseits jeweils ab. Folglich: Da die äußeren Kraftgrößen in Richtung Neutralkugelschale gerichtet sind, werden auch wir, wie früher die Dinosaurier, angedrückt, aber nicht angezogen!

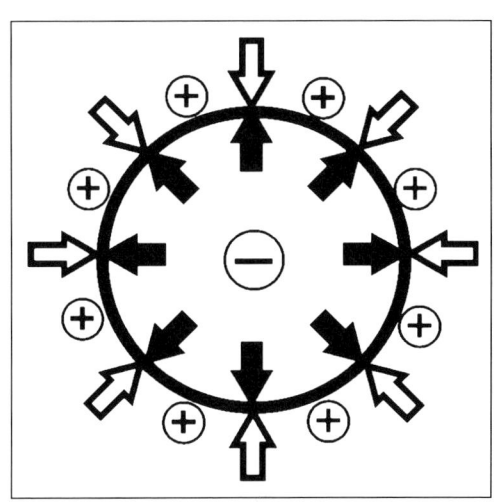

Abb. 76: **ELEKTRISCHES MONOPOL.** Die äußeren und inneren elektrischen Kräfte befinden sich im Gleichgewicht, weshalb sich der Minuspol im Inneren befindet, umgekehrt wie beim Elektron (Meyl, 1999, S. 101, vgl. auch Abb. 48, S. 122).

Die Anpressung von außen findet als »Gravitationswirkung« in der Neutralkugelschale ihr Ende. Bei freier Bahn würde ein Körper deshalb nur bis in diesen Bereich »fallen« bzw. gedrückt werden, nicht aber bis zum Mittelpunkt der Erde. Umgekehrt würde ein im Mittelpunkt der Erde befindlicher Körper nach außen, letztendlich bis in die Neutralkugelschale gedrückt, unabhängig von den durch die Rotation der Erde bedingten Fliehkräften.

Die fehlerhafte Interpretation der »Schwerkraft« wird besonders in der Raumfahrt deutlich, da praktisch alle Berechnungen hinsichtlich einer Landung auf anderen Planeten offensichtlich falsch sind, da *fast* alle geplanten weichen Landeversuche von Raumsonden scheiterten oder zu obskuren Ergebnissen führten. Deshalb wurden zum Beispiel die Fallschirme und Bremsraketen falsch berechnet, und die NASA stellte bei Marslandungen notgedrungen, aber erfolgreich, auf ein Gummiball-System um. Auch beim Mond brauchte man viele Anläufe, bis genug empirische Erfahrung gesammelt wurde. Die erste Mondrakete, die russische *Lunik 1*, sollte auf den Mond aufschlagen, verfehlte ihn aber um 6000 Kilometer, und die folgende amerikanische *Pioneer 4* flog sogar 60 000 Kilometer am Mond vorbei, angeblich wegen eines Defekts. Einschließlich dieser beiden waren in zehn Jahren insgesamt nur 21 von 68 Mondmissionen erfolgreich, bis dann 1968 plötzlich, wie aus heiterem Himmel, die erste bemannte Mondumkreisung durch *Apollo 8* stattgefunden haben soll.

Auch dem Mars näherte man sich langsam. *Mariner 4* erreichte 1964 als erste Raumsonde den Mars, flog aber in 9846 Kilometern Entfernung vorbei. Es wurden 22 Fernaufnahmen gemacht. *Mariner 6* und *Mariner 7* verringerten die Entfernung 1969 auf etwa 3430 Kilometer. Nach 14 Versuchen gelang es 1971, eine Sonde, die sowjetische *Mars 2*, in eine Umlaufbahn einschwenken zu lassen, bevor auch die amerikanische *Mariner 9* am 14. November 1971 als erster künstlicher Satellit auf eine Umlaufbahn einschwenkte. Von 1960 bis Ende 2005 wurden 37 Raumsonden zum Mars geschickt, von denen nur 13 erfolgreich waren. Der Rest waren wenige Teilerfolge wie *Phobos 2*, ansonsten komplette Fehlschläge.

Falls der Gravitationsfaktor nicht von der Masse der Körper und deren Entfernung untereinander und damit der Massenanziehung nach Newton abhängt, dann könnte jeder Himmelskörper eine andere Gravitationswirkung aufweisen, die wir nicht kennen. Umgekehrt kann man aber auch nicht die Masse von Himmelskörpern anhand des Gravitationsgesetzes rechnerisch bestimmen. Die vielen fehlgeschlagenen oder unerwartet verlaufenden Landeversuche auf anderen Himmelskörpern waren deshalb vorprogrammiert.

Eine mittlere »Gravitationswirkung« kann man *für die Erde* ermitteln, zwar nicht ganz exakt, aber diese empirische Formel sagt nichts über die

Ursache an sich aus! *Formal hat das Coulomb-Gesetz offenbar die gleiche Struktur wie das Gravitationsgesetz.* Beide Gesetze unterscheiden sich nur im Wirkungsprinzip; einerseits Anziehung und anderseits Abstoßung bzw. daraus folgernd: Andrückung. Diese Abstoßung erfolgt, falls nach den Gesetzen der Wirbelkinematik gleichnamige Polarität gegenübersteht, zum Beispiel bei den Planeten unseres Sonnensystems. Sind Planeten und andere Himmelskörper elektrisch leitfähig und besitzen gleiche Polarität, können diese nicht zusammenstoßen, sondern werden im Gegenteil auf bestimmten berechenbaren Bahnen gehalten. So fliegen viele kleinere Himmelskörper im »Formationsflug« mit der Erde. Zusammenstöße von Himmelskörpern können daher nur dann erfolgen, falls einer von beiden entweder elektrisch neutral oder die kinetische Energie größer ist als die elektrostatische Abstoßung, aber auch falls eine ungleichnamige Polarität bestehen sollte. Es ist jedoch möglich, dass sich die Planetenbahnen ändern, und zwar für den Fall, dass sich der Spannungszustand und damit die Größe der solaren Neutralkugelschale durch einen erhöhten oder verringerten Teilchenstrom aus dem Universum verändert. Von solchen »instabilen« Planetenbahnen berichten Überlieferungen alter Kulturen weltweit (ausführlicher in: »Irrtümer der Erdgeschichte«, 2008, S. 134 ff.).

Nachdem sich der Komet Wild 2 im Jahre 1974 dem Planeten Jupiter näherte, veränderte sich die Umlaufbahn des Kometen. Die Umlaufzeit verkürzte sich von vierzig auf nur etwa sechs Jahre. Beeinflussten die angeblich starken Gravitationskräfte des Jupiters die Umlaufbahn des Kometen, wie wissenschaftlich spekuliert wird, oder verringerte sich ganz einfach die Leitfähigkeit des Kometen, wodurch gemäß Coulomb-Gesetz eine engere Umlaufbahn und damit eine verkürzte Umlaufzeit erzwungen wurde?

Elektrodynamik kontra Raumzeit

Falls ein stationäres elektrisches oder magnetisches Feld nahe seiner Quelle bleibt, wie zum Beispiel das Erdmagnetfeld bei der Erde, könnte man Elektrostatik als eine Art Spezialfall behandeln. Für magnetische, zeitlich konstante Magnetfelder ist entsprechend die Magnetostatik maßgebend. Die Kombination aus beiden, der Elektromagnetismus, kann als Elektrodynamik bezeichnet werden, falls Ladungen nicht zu stark beschleunigt werden. Die meisten Vorgänge in elektrischen Schaltkreisen (z. B. Spule, Kondensator oder Transformator) lassen sich auf dieser Basis beschreiben. Die Erde wurde zuvor schon als Kugelkondensator dargestellt und unterliegt somit ebenfalls den Gesetzen der Elektrodynamik.

Sehen wir uns das Verhalten von elektrischen Ladungen oder Feldern in bewegten Systemen an und fragen, ob die einsteinsche Relativitätstheorie bzw. eine vierdimensionale Raumzeit zur Beschreibung derart bewegter Systeme überhaupt vonnöten ist.

In der klassischen Physik (Newton-Mechanik) ist die Beschleunigung nicht vom Bezugssystem abhängig. Dies bedeutet, dass die Zunahme der Geschwindigkeit je Zeiteinheit *nicht* von der bereits erzielten Geschwindigkeit abhängt. Bei rasch bewegten Teilchen fand man indessen heraus, dass dieses Gesetz nicht mehr stimmt. Experimentell wurde schon früh nachgewiesen, dass die ursprüngliche Masse des Elektrons mit zunehmender Geschwindigkeit anzuwachsen scheint, da im Sinne von Newtons Gesetz »Masse gleich Kraft durch Beschleunigung« immer mehr Kraft für eine fortwährende Beschleunigung benötigt wird. Diese Erkenntnis diente als Grundlage der vierdimensionalen Raumzeit nach Albert Einstein.

An dem zu beobachtenden Sachverhalt ist nicht zu zweifeln, jedoch ist der Begriff Masse falsch oder besser der Begriff »träge Masse« ist entbehrlich, solange nur Felder und Teilchen gleicher Art beteiligt sind. Bei Bewegung bleibt die »Abzählmasse«, also die tatsächliche Masse auf jeden Fall gleich, also identisch mit der Ruhemasse. Ein Teil des Wirrwarrs der modernen Physik kommt nur daher, dass man weiterhin die Beziehung zwischen Kraft und Beschleunigung als Masse bezeichnet.

Kaufmann (1901) selbst schrieb von *wahrer* elektromagnetischer Masse des Elektrons und einer infolge der Geschwindigkeit hinzukommenden, *scheinbaren* Masse, die jedoch *keine mechanische* sein kann (Kaufmann, 1902, S. 291 f.). Tatsächlich erfolgt keine Erhöhung der Masse, da das Elektron mit zunehmender Soll-Bewegung zwar langsamer als die Soll-Bewegung wird, weshalb man auf eine höhere, die Vorwärtsbewegung hemmende Masse schloss. Doch wenn das Elektron auf ein Hindernis trifft, wird genau wieder jene Energie und jener Impuls abgegeben, die mit der Fortbewegung scheinbar hinzugekommen war. Auf diese Weise wird die durch die Bewegung erhöht scheinende Masse wieder auf die ursprüngliche Ruhemasse reduziert, so wie es im stationären Zustand vor Beginn der Fortbewegung oder vielmehr der Beschleunigung der Fall war.

Im Gegensatz hierzu formulierte Albert Einstein die Annahme einer einzig maßgeblichen »bewegten Masse« bzw. des Äquivalents von Masse und Energie oder kurz: $E = mc^2$. Dies bedeutet, dass eine Änderung der inneren Energie auch eine Änderung seiner Masse bedeutet. Dies wäre nicht ganz so absurd erschienen, wenn sich hieraus nicht scheinbar unlogische Folgen ergeben hätten, wie das Aufgeben der normalen Addition von Geschwindigkeiten und die Relativierung der Zeit. Einstein ersetzte Newtons absoluten Raum und die absolute Zeit durch die vierdimensionale Raumzeit. Diese vereinigt Raum und Zeit in einer angeblich einheitlichen, vierdimensionalen Struktur und ist in der Relativitätstheorie dargelegt.

Da sich, nach Einstein und im Gegensatz zur klassischen Mechanik, mit der Beschleunigung eine sich erhöhende Masse ergibt, führte dies zu der Annahme, dass es in der Elektrodynamik ein bevorzugtes Bezugs- bzw. Äthersystem gibt. Da jedoch Versuche, wie zum Beispiel das bekannte Michelson-Morley-Experiment, die Geschwindigkeit der Erde im oder vielmehr relativ zum Äther zu messen, fehlschlugen, entwickelte Albert Einstein seine spezielle Relativitätstheorie.

Damit wurden quasi alle Theorien, die einen Äther zugrunde legten, als falsch verworfen. Alle bisherigen Äthermodelle berücksichtigten aber unisono einen mechanischen Äther. Legen wir jetzt anstelle des mechanischen den von uns beschriebenen nicht-mechanischen Plasma-Äther zugrunde, wird Albert Einsteins Relativitätstheorie die Basis entzogen, da diese einen ätherfreien Raum, also ein Nichts als Medium im Universum voraussetzt.

Aus den Maxwell-Gleichungen geht eindeutig hervor, dass *zeitlich veränderliche elektrische und magnetische Felder sich gegenseitig erzeugen und als elektromagnetisches Feld angesehen werden müssen*. Die Kräfte auf einen geladenen Körper ergeben sich also aus der elektrostatisch wirkenden Coulomb-Kraft sowie der Lorentz-Kraft aus den am Ort herrschenden Feldstärken. Des Weiteren ergibt sich, dass ein einmal erzeugtes elektromagnetisches Feld *unabhängig von seiner Quelle weiterhin existiert* und sich als elektromagnetische Welle durch den Raum fortpflanzt (Maxwell, 1881).

Sehen wir uns jetzt ein Elementarfeld an, welches durch ein elektrisches Teilchen, etwa ein Elektron oder auch einen Kugelkondensator wie die Erde, gebildet wird. Was passiert, falls dieses Teilchen sich sehr rasch hin zu einem anderen Ort fortbewegt? Wird dann das ursprüngliche Elementarfeld mitgenommen, im Sinne einer Fernwirkung (entsprechend der Theorie Einsteins), oder muss im Gegensatz zu dieser Vorstellung ein Feld völlig neu aufgebaut werden und zwar erst *mit* Eintreffen des Teilchens an einem bestimmten Ort? Wie zuvor beschrieben und wie es auch die Erfahrung lehrt, existiert das am alten Ort aufgebaute elektromagnetische Feld *weiterhin am ursprünglichen Ort fort*, obwohl sich das Teilchen schon fortbewegt hat. Gewissermaßen wird das zurückgelassene Feld von innen ausgehöhlt, da der »Kern« sich entfernt hat. Dies geschieht während der Bewegung mehrfach, sodass das Globalfeld des beschleunigten Teilchens mehrere Zentren besitzt, da sich die aufgebauten Felder jeweils um den Ort herum bilden, an dem sich das Elektron zur Emissionszeit befunden hat. Hieraus folgt, dass die elektromagnetischen Felder *nicht unmittelbar der gerade ausgeübten Beschleunigung unterliegen.*

Deshalb können bereits aufgebaute aber vom Elektron verlassene Felder noch auf das an einem neuen Ort befindliche Teilchen einwirken und zwar mit abstoßender Wirkung als Coulomb-Kraft. Dies bedeutet, dass diese Kraft entgegengesetzt zum gerade im Aufbau befindlichen neuen Feld gerichtet ist. Also wird die positive Ladung des sich am Ort des Elektrons neu aufbauenden Feldes reduziert oder besser verzögert (genannt: *retardiertes Potential*, vgl. Courant/Hilbert, 1968). In der Folge verringert sich die Geschwindigkeit des Elektrons und es bleibt hinter seiner Soll-Geschwindigkeit zurück. Dieser Effekt der auf sich selbst wirkenden Felder wirkt umso stärker, je mehr sich die Geschwindigkeit des bewegten Körpers erhöht.

Nun ist es kein Rätsel mehr, warum das Elektron bei einem Aufprall auf ein Hindernis genau den Impuls oder vielmehr diejenige Masse abgibt, die es vor der Geschwindigkeitsaufnahme, also in Ruhe mit der Ruhemasse aufwies. Die sich mit der Geschwindigkeit scheinbar erhöhende Masse stellt auf dieser Grundlage eine Als-Ob-Masse, also einen Effekt und nicht eine real erhöhte Masse dar.

Im Sinne einer mechanischen Interpretation kann daraus folgendes Fazit gezogen werden: *Das mit höheren Geschwindigkeiten effektiv auftretende Zurück-*

bleiben des Elektrons hinter der Sollgeschwindigkeit stellt sich als eine Verringerung der Geschwindigkeit infolge der quasi auf sich selbst einwirkenden Felder dar (retardiertes Potential): Das Teilchen wirkt retardiert auf sich selber ein! Dies führt zu einer Reduzierung des Beschleunigungsvektors oder vielmehr teilwesen Absorption des aktuell am Ort des Elektrons aufgebauten Feldes infolge einer Senke (avanciertes Potential). Einfach ausgedrückt verringert sich die zur Verfügung stehende Energie und damit Beschleunigung des elektrischen Feldes und das Elektron wird langsamer. Wenn wir das Newton-Gesetz *Kraft durch Beschleunigung* umgekehrt definieren, also *Beschleunigung durch Kraft*, dann ergibt sich auch hier eine geringere Beschleunigung durch Ausübung einer geringeren Kraft bzw. Energie, wie es schon zuvor postuliert wurde.

Es muss natürlich ausdrücklich festgestellt werden, dass die Verhältnisse eines sich bewegenden Elektrons in Wirklichkeit komplizierter und unübersichtlicher sind, wie soeben dargestellt, da das Teilchen zusätzlich zu seiner Vorwärtsbewegung rotiert.

Die Verlangsamung der Bewegung von Himmelskörpern drückt sich auch in der um knapp vier Zentimeter pro Jahr größer werdenden Erde-Mond-Entfernung aus. Die Rotation der Erde wird ständig, aber unregelmäßig in geringem Ausmaß langsamer, weshalb in zeitlich sporadischen Abständen, im Mittel etwa alle 18 Monate, jeweils eine Sekunde, die sogenannte Schaltsekunde eingefügt werden muss.

Erdgeschichtlich gesehen wird die Verlängerung der Tage deutlicher: Vor 1,4 Milliarden Jahren dauerte ein Tag damals angeblich nur 18 Stunden und 41 Minuten. Gleichzeitig war uns der Mond deutlich näher. Mit 341 000 Kilometern war er knapp 90 Prozent seiner heutigen Distanz (Meyers/Malinverno, 2017) entfernt. Offiziell sucht man die Lösung in der sogenannten Gezeitenreibung, also in der Relation der Anziehungskräfte zum Beispiel zwischen Erde und Mond und damit in der Gravitationswirkung. Da wir diese durch die stärkere elektrische Coulomb-Kraft ersetzt haben, ist der Grund für die Verlangsamung nicht in der Gravitation sondern in den zuvor beschriebenen Prinzipien der Elektrodynamik zu sehen.

Die elektrostatische Wechselwirkung ist jedoch nicht nur verantwortlich für stabile Bahnen im Planetensystem, sondern auch für den Zusammenhalt von Elektronen und Atomkernen in Atomen und Molekülen und damit für chemische und biologische Prozesse.

5. Chemische Energie und das Leben

Die Erde war vor mehr als vier Milliarden Jahren keine glühend heiße Magmakugel mehr, auf die ständig Meteoriten niederprasselten. Ein Forscherteam um Mark Harrison (2007) von der Nationalen Australischen Universität in Canberra untersuchte den Titan-Gehalt von Zirkonen in magmatischem Gestein aus Australien und Tibet und kam zu dem Schluss, dass die Erde ein relativ kühler Planet mit Ozeanen und Kontinenten war und es weniger höllisch heiß zuging als bislang angenommen; veröffentlicht im Fachmagazin »Geology« (Bd. 35, Juli 2007, S. 635–638). Schon während dieser ersten, turbulenten Jahrmillionen der Erdgeschichte könnte unser Planet belebt gewesen sein (Nemchin, 2008).

Nur teilweise aufgeschmolzen

Früher glaubte man, die Erde sei als ein glühend-heißer Körper im eiskalten Weltall entstanden. Inzwischen herrscht wissenschaftlich die Meinung vor, dass sich die Erde, ebenso wie die anderen inneren Planeten, erst allmählich bildete, also zusammenballte aus *festen* Bestandteilen, die sich in einer ursprünglich gasförmigen planetaren Scheibe befanden. Der sich angeblich erhöhende »Gravitationsdruck« und die Radioaktivität sollen bewirkt haben, dass die irdische Materie allmählich, aber *nur zum Teil* über den Schmelzpunkt hinaus erhitzt und verflüssigt wurde. Die *Erhitzung* soll sich dann fortgesetzt haben, teils durch Bewegung der Materialien infolge freigesetzter »Gravitationsenergie« und durch Energie aus spontanen chemischen Reaktionen in den Materialgemischen, sowie durch Einschläge von Meteoriten.

Deshalb blieb den Geologen keine andere Wahl, Erdöl als viel später, und ausschließlich aus biologischen Überresten entstanden zu deklarieren, da abiogen erzeugte Kohlenwasserstoffe durch hohe Temperaturen in der Erde zerstört worden wären. Aber falls diese Theorien von einer heißen Erde richtig sein sollen, dann müssten auch andere Planeten, wie der Mars, früher einmal heiß gewesen sein, und es dürfte dort *keine* Kohlenwasserstoffe geben. Aber auch auf dem Mars wurde Methan entdeckt! Inzwischen ist man bei der NASA überzeugt, dass sogar Methan-Vulkane existieren.

Auf dem Jupiter, Saturn und Neptun sowie in der Koma des Kometen *Hale-Bopp* wurde sogar der höherwertige Kohlenwasserstoff Ethan bereits nachgewiesen. Auf dem Zwergplaneten Pluto gibt es Ethan-Eis und auf dem Saturnmond Titan soll nach einer Meldung im Fachmagazin »Nature« vom 30. Juli 2008 ein See mit Ethan gefüllt sein (Raulin, 2008).

Die NASA-Raumsonde Cassini lieferte 2016 jedoch neue Überraschungen vom Saturnmond Titan. Der zweitgrößte See des Mondes besteht demnach tatsächlich aus fast reinem Methan und enthält nur wenig Ethan. Zudem entdeckte die Sonde mithilfe von Radarmessungen, dass sich am Grund des erstaunlich tiefen Sees eine dicke Schlammschicht aus organischen Ablagerungen befindet (NASA, ESA, 27.04.2016 – NPO).

Kohlenwasserstoffe wie Methan und Ethan *müssen* in Meteoriten ebenso wie auf dem Mars und anderen Planeten abiogen entstanden sein, da biologische Prozesse dort bisher nicht nachgewiesen wurden. Der Mars kann deshalb – wie die Kometen – nicht heiß-flüssig gewesen sein, sondern war höchstens *teilweise* aufgeschmolzen und bestand ursprünglich aus einem Niedertemperatur-Kondensat.

Sollte es Methan erzeugende Mikroben im Inneren des Mars geben, wie man mangels Alternativen für die Herkunft des Methans spekuliert, sind diese nicht in der Lage, solche Mengen von Methan für Quellen zu produzieren, die 36 Kilogramm Methan pro Minute ausstoßen und Wolken in der Atmosphäre bilden (Mumma et al., 2009). Die Auswertungen neuerer Daten zeigen sogar, dass Methan in noch wesentlich größeren Mengen in die Mars-Atmosphäre gelangt, da dieser Kohlenwasserstoff episodenweise an verschiedenen Stellen auf dem Mars produziert wird, von einer Quelle, die wissenschaftlich unbekannt ist (Webster et al., 2015).

Die Erde sollte hier keine planetare Sonderstellung einnehmen. Deshalb gab und gibt es auch auf der Erde abiogene Kohlenwasserstoffe seit der Bildung unseres Planeten. Diese Sichtweise wird durch die Ergebnisse der seismischen Tomografie gestützt, denn die dreidimensionalen Bilder des Erdmantels beweisen, dass heißes Magma nur in bestimmten Bereichen und bis in Tiefen von höchstens 400 Kilometern vorkommt (s. Abb. 66, S. 155) Müsste es nicht auch in tieferen Schichten des Erdinnern heiß sein, wenn ein glutflüssiger Erdkern das Mantelgestein aufheizt?

Das Modell der elektrischen Erde steht mit den Erkenntnissen der seismischen Tomografie in Einklang, denn der Kern der Erde ist kalt und erscheint nur im Bereich der Neutralkugelschale teilweise aufgeschmolzen. Radioaktivität wird deshalb nicht im Kern der Erde, sondern nur in diesem Bereich in magmatischen Gesteinen letztendlich durch kosmische Energien erzeugt. Deshalb ist es auch technisch möglich, Radioaktivität zu reduzieren.

Mit der patentierten Patterson-Transmutations-Zelle (insbesondere US-Patent Nr. 5.672.259 vom 30. September 1997), einer speziellen Elektrolysezelle, werden radioaktive Nuklide geladen. Während der folgenden Elektrolyse nimmt die gemessene Zerfallsaktivität drastisch ab. Am 28. Mai 1997 wurde im amerikanischen Fernsehsender ABC ein Experiment gezeigt, bei dem innerhalb einer Stunde rund 50 Prozent einer von Uran-Nitrat stammenden Radioaktivität beseitigt wurde und weitere 13 Prozent innerhalb einer weiteren halben Stunde (Gruber, 1998). In wenigen Stunden ergaben sich Reduzierungen der Radioaktivität von bis zu 80 Prozent. Dabei konnten Nuklear-Reaktionen beobachtet werden, bei denen neu entstandene Elemente nachgewiesen wurden (ausführlich in: Meyl, 1999, S. 136 ff.).

Mit dieser Elektrolysezelle wird die Radioaktivität eines radioaktiv strahlenden Materials verringert und gleichzeitig Wärme erzeugt. Der zu beobachtende Überschuss an Wärmeenergie im Vergleich zum Neutronenfluss kann nach Meinung einiger Fachleute durch eine Auskopplung von »Raumenergie« erklärt werden (vgl. Oesterle, 1996).

Was ist eine Elektrolyse? Bei der Elektrolyse wird elektrische in chemische Energie umgewandelt. Dies ist aber eigentlich der Prozess, der nach unserer bisherigen Diskussion im Inneren der kalten Sonne und auch der kalten Erde stattfindet. Im Grunde ist die Elektrolyse die *Umkehrung* der Vorgänge in einer Batterie, und man hat für den Fall der Zerlegung von Wasser in Wasserstoff und Sauerstoff einen umweltfreundlichen Motor für unsere Kraftfahrzeuge. Jedoch ist es bisher billiger, Wasserstoff aus Erdöl oder Erdgas zu gewinnen.

Interessant ist aber auch der Hinweis, dass in der Elektrolysezelle neue Elemente entstanden. Betrachten wir ein interessantes Beispiel, nämlich die Produktion der Schale eines Hühnereis. Diese besteht aus Kalzium, und solange Hühner kalziumhaltiges Futter fressen, sieht man kein Problem. Nun entzog man in Versuchen den Hühnern weitgehend alles Kalzium. Doch siehe da, die Hühner produzierten trotzdem Eier. Daraufhin wurden dem Futter weitere Stoffe entzogen. Es stellte sich schließlich heraus, dass erst beim Entzug von Silizium die Produktion von Eiern aufhörte. Es wurde der Schluss gezogen, dass Hühner aus Silizium, wahrscheinlich unter Verwendung von Kohlenstoff, das Kalzium selber produzieren. Dieses Beispiel, das Alchimisten vor Neid erblassen ließe, wird oft für eine sich vollziehende *Kalte Fusion* angeführt.

Zur Kalten Fusion muss angemerkt werden, dass diese offiziell bestritten wird, wobei durchaus wirtschaftliche Interessen eine Rolle spielen. Bekannt wurde die Kalte Fusion durch die beiden Chemiker Dr. Martin Fleischmann und Dr. Stanley Pons. Sie haben 1984 an der *Universität von Utah* mit Experimenten zur Spaltung von schwerem Wasserstoff (Deuterium) durch Anlegung einer Spannung (Elektrolyse) begonnen. Bei diesen Experimenten entstand mehr Energie als verbraucht wurde, wobei Überschusswärme entstand (Fleischmann et al., 1989). Obwohl einige Laboratorien in Europa, den USA und der UdSSR berichteten, den Fleischmann/Pons-Effekt reproduziert zu haben, schlugen die wissenschaftliche und öffentliche Meinung alsbald in Ablehnung um. Eine Kommission des *Energieministeriums der Vereinigten Staaten* (DOE) kam im November 1989 zum Schluss, dass *die gegenwärtigen Beweise* für die Entdeckung der Kalten Fusion als neuem kernphysikalischem Prozess nicht überzeugend seien (Maddox, 1989).

Im Kern unserer Erde könnte jedoch Kalte Fusion stattfinden, durch die Energie in Materie umgewandelt wird. »Im äußeren Kern bilden sich die unterschiedlichen Atome und Isotope aus, die bei ihren Fusionsvorgängen in der Summe mehr Energie abgeben als aufnehmen« (Meyl, 1999, S. 19). Es entsteht im Erdkern Wärme. Diese Wärme wird benötigt, damit die Temperatur der maximalen Umwandlungs-Wahrscheinlichkeit und Standfestigkeit der offenen chemischen Systeme rund 310 Kelvin oder 37 Grad Celsius beträgt, also der menschlichen Körpertemperatur entspricht. Diese ist deshalb kein Zufall, und die statistische Chemie bietet die Möglichkeit, die geochemischen Systeme einfach zu beschreiben, wie Dr. Otto Oesterle (1997, S. 90 f.) ausführlich beschreibt. Mit dem Anstieg des Druckes mit zunehmender Tiefe wächst auch die optimale Temperatur der Stoffumwandlung und chemischen Selbstorganisation entsprechend einer nichtlinearen Abhängigkeit (siehe Abb. 77).

Im Inneren der Erde bilden sich vor allem einfache Wasserstoffatome, die sich auf dem Weg nach außen mit Kohlenstoff- und Sauerstoffatomen verbinden. Dabei bildet sich ein Wasservolumen von vielleicht einem Kubikkilometer, das jedes Jahr in der Erde neu *hinzukommt*. Wasser spielt bei allen geochemischen Prozessen eine große Rolle. Heißer Wasserdampf verändert die physikalischen und chemischen Eigenschaften der Nebengesteine (Alteration). Es werden dabei auch neue Mineralien mit höherem Gehalt an Wasserstoff und Sauerstoff gebildet, was man durch mikroskopische Beobachtungen der Gesteine feststellen kann.

Hinzu kommt die Wirkung der Elektrizität im Inneren der Erde. Die Verteilung der chemischen Elemente im oberen Mantel und in der kontinentalen Kruste beweist das thermoelektrische Feld der Erde (Lehmann, 1994) und die beständige Entstehung neuer Atome. Mit anderen Worten, ohne elektrische Wirkungen würden sich die chemischen Elemente im Erdinneren nicht ständig neu bilden und an der Anode (oberer Mantel) einerseits sowie der Kathode (kontinentale Kruste) andererseits entsprechend ihrer elektrochemischen Spannungsreihe angereichert haben.

Die Elemente bewegen sich normalerweise durch Diffusion, und die Geochemie hat festgestellt, dass einige Elemente schneller und mobiler sind als andere. Als grobes Maß der Mobilität kann die Abweichung der Ionisierungsenergien von der Größe 8,26 eV (= Elektronenvolt) angesehen werden. So hat Helium die schwächsten Atombindungen, ist dafür aber sehr beweglich. Die festesten Bindungen haben die Moleküle von Kohlenmonoxid, ihre Energien liegen bei 10 eV.

Um ausufernde und langweilige Überlegungen zu vermeiden – ausführlich in dem Buch »Goldene Mitte: unser einziger Ausweg« von Otto Oesterle (1997, S. 53 ff.) – wird behauptet, dass *die Bindungsenergie mit dem Wachstum*

Abb. 77: **CHEMISCHE ENTWICKLUNG.**
Qualitativ vermutete Abhängigkeit von Druck (P) und Tiefe (H) für die optimale Temperatur der Selbstorganisation chemischer Systeme in der Erde (1) und die Temperatur in der Erde (2), für das Leben auf der Erdoberfläche (3) und auf dem Boden des Atlantischen Ozeans (4). Mit dem Wachstum des Druckes nach der Tiefe hin wächst auch die optimale Temperatur der Stoffumwandlung (36,5 Grad Celsius) und chemischen Selbstorganisation entsprechend einer nichtlinearen Abhängigkeit (Linie 1). Die Punkte 3 und 4 entsprechen dem Leben auf der Erdoberfläche und auf dem Boden des Ozeans in den »Black Smokers«. Linie 2 zeigt die reale Abhängigkeit der mittleren Temperatur der Erdkruste von der Tiefe. In den besonderen Zonen A und B, dort wo sich die Linien 1 und 2 überqueren, und in den Bereichen mit positiver Temperatur-Anomalie existieren optimale Bedingungen für die chemische Selbstorganisation, Komplettierung und Anordnung der Stoffe. In der Zone A befinden sich die Biosphäre und die Lagerstätten, weshalb die Wahrscheinlichkeit von deren Bildung mit der Tiefe prinzipiell abnimmt. Die Zone B ist bisher sehr schwach untersucht, sie

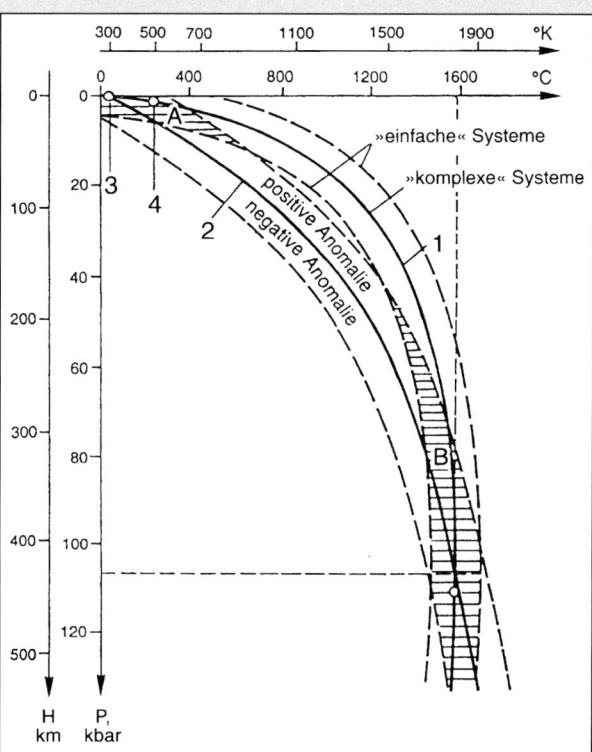

kann aber mit dem Entstehen von abiogenen Kohlenwasserstoffen verbunden sein. Die im Erdinneren gebildeten Wasserstoff-Atome verbinden sich auf ihrem Weg aus dem Erdinneren nach oben mit Kohlenstoff- und Sauerstoff-Atomen und bilden dabei »neues« (juveniles) Wasser sowie primäre Stoffe für Erdöl und Erdgas, die sich dann in der Nähe der Erdoberfläche verbinden, in »Fallen« ansammeln und Lagerstätten bilden. Aus: Oesterle, 1997, S. 91 ff. (an der TU Berlin entwickelt).

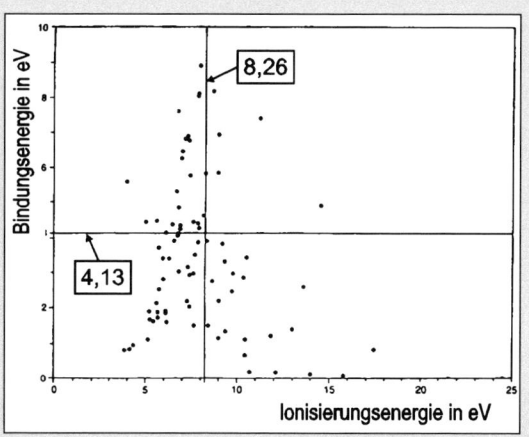

Abb. 78: **BINDUNGSENERGIE.**
Die festesten Atombindungen bilden Atome mit einer Ionisierungsenergie von 8,26 eV. Bei dieser werden nicht nur Stoffe mit den höchsten Bindungsenergien gebildet, sondern auch mit den höchsten Schmelztemperaturen und der größten Standfestigkeit thermodynamischer Systeme. Nach Oesterle, 1997.

der Komplexität der Moleküle zu einer mittleren Größe von 4,13 eV tendiert. »Wenn aber Atombindungen mit mittleren Energien öfter vorkommen als stärkere und schwächere, müssen auch Umwandlungen bei mittleren Temperaturen öfter vorkommen. Die Temperatur der maximalen Umwandlungswahrscheinlichkeit und Standfestigkeit der offenen chemischen Systeme (also mit mittleren Bindungsenergien von 4,13 eV) ... ist 36,5 ± 1,9 Grad Celsius gleich« (ebd., S. 90 f.).

Insgesamt erkennen wir eine Form der Systementwicklung, bei der formgebende, gestaltende Einflüsse von den Elementen des Systems selbst ausgehen. Mit diesem Prozess der Selbstorganisation entwickeln bestimmte geschlossene Systeme nach einer gewissen Zeit stabile Verhaltensformen bzw. Zustände. Jedes Verhalten eines solch geschlossenen Systems, das eigenständig aus sich selbst heraus »handelt«, wirkt auf sich selbst zurück und wird so zum Ausgangspunkt für weitere Entwicklungen.

Deshalb ist die Körpertemperatur des Menschen nicht rein zufällig knapp 37 Grad Celsius. Diese Temperatur entspricht dem dynamischen Gleichgewicht der Energie verbrauchenden und absorbierenden Prozesse. Die Körpertemperatur ist deshalb weder ein Zufallsprodukt noch das Ergebnis einer evolutiven Entwicklung, sondern eine Zwangsläufigkeit standfester Systeme.

Wie schon festgestellt, gilt diese Temperatur der maximalen Umwandlungswahrscheinlichkeit nur bei »normalem« Druck. Mit der Zunahme des Drucks mit zunehmender Tiefe wächst auch die optimale Temperatur der Stoffumwandlung und chemischen Selbstorganisation entsprechend einer nichtlinearen Abhängigkeit. Die mittlere Energie der Atombindungen des Erdöls ist zum Beispiel nicht 4,13 eV, sondern 5,5 eV. Hieraus ergibt sich eine optimale Temperatur für die Erdöl-Existenz von 80 bis 90 Grad Celsius. Unter Berücksichtigung der Druckverhältnisse erfolgt daher die Bildung in einer gewissen Tiefe anorganisch (abiogen) auf einem »systematischen« Weg. Kohlenwasserstoffe entstehen auf diese Weise in einer Tiefe ab 200 Kilometer in einem Bereich, der mit B in der Abbildung 67 markiert ist.

Diese Ansicht ist nur richtig, wenn die Erde nicht glutflüssig, sondern höchstens teilweise aufgeschmolzen war, denn ansonsten wären die flüchtigen Bestandteile als Erste an die Oberfläche aufgestiegen und verschwunden. Es hätte kein Grund bestanden, einen weiteren Zufluss solcher Bestandteile aus der Tiefe zu erwarten. Gerade umgekehrt müsste es sich bei einem ursprünglich kalten Körper verhalten. Hierbei erwärmt sich allmählich nacheinander Schicht für Schicht von innen heraus, und die flüchtigen Stoffe würden ausgetrieben: Die Erde gast aus.

Bei der entgegengesetzten Ansicht, also einer ursprünglich heißen Erde, wären die meisten Fluida sehr früh auf einen energetisch niedrigen Zustand gebracht worden, sodass es später nicht mehr zu chemischen Reaktionen bei entsprechender Freisetzung von Energie hätte kommen können.

Falls die Erde jedoch nicht heiß, sondern relativ kalt war und ist, ergibt sich das zu erwartende, heutzutage auch zu beobachtende Bild von der Zusammensetzung des oberen Erdmantels und der Lithosphäre: Die flüchtigen Bestandteile würden beim Austritt oft nicht mit ihrer Umgebung im chemischen Gleichgewicht stehen und könnten daher auch noch heutzutage eine Quelle für chemische Energie bieten (Thomas Gold in: »Annual Review of Energy«, 10, S. 53 ff.).

Falls im Inneren der Erde nicht nach wie vor eine Quelle für chemische Energie sprudelte bzw. zur Verfügung stünde, und sich alle chemischen Substanzen der Erde bereits in einem Gleichgewichtszustand befänden, »dann bliebe dem Leben nur noch das Sonnenlicht, das auf die Erde trifft, als Energiequelle übrig. Den Oxidationszustand des Kohlenstoffs innerhalb der Erde zu verstehen, ist daher für die Theorie von zentraler Bedeutung«, führt Thomas Gold (1999, S. 48) zutreffend aus.

Hingegen war die moderne Geologie vom 19. Jahrhundert bis in die zweite Hälfte des 20. Jahrhunderts von der Vorstellung geprägt, die Erde sei einmal in der Kälte des Weltraums glutflüssig gewesen. Deshalb wurde die geologische Forschung von dieser Ansicht grundlegend geprägt. Obwohl heutzutage deutlich geworden ist, dass das Material der Erde nur zum Teil geschmolzen war, wurden die geologischen Hypothesen bisher nicht entsprechend grundlegend überarbeitet. Dies wäre nach einer derart gravierenden Änderung der Grundannahme aber dringend erforderlich. »Nirgends zeigt sich das so deutlich wie in der Debatte über die Entstehung der flüchtigen Bestandteile der Erdoberfläche, des Wassers in den Weltmeeren, des Stickstoffs der Atmosphäre und der kohlenstoffhaltigen Ausdünstungen, die für den Kohlenstoffreichtum an der Erdoberfläche verantwortlich gewesen sein müssen« (ebd., S. 69).

Früher glaubte man allgemein, dass Kohlenwasserstoff-Moleküle, wie Methan, bei Temperaturen über 600 Grad Celsius zerfallen und bereits 300 Grad Celsius ausreichen, um die schweren Kohlenwasserstoffe in den Erdölvorkommen zu zersetzen. War die Erde früher aufgeschmolzen, könnte deshalb der *Ursprung* der heutzutage vorhandenen Kohlenwasserstoffe nicht in sehr großen Tiefen gelegen haben. Für diesen Fall gibt es keine Alternative zur Theorie der biologischen Entstehung von Erdgas und Erdöl, weshalb man vom fossilen Ursprung und von deshalb begrenzten Vorräten überzeugt ist.

Im Gegensatz zum konventionellen Modell würde eine kalte Erde jedoch genau das Gegenteil, das scheinbar Undenkbare nicht nur möglich erscheinen lassen, sondern sogar *bedingen*: Die angeblich »fossilen« Brennstoffe sind zumindest *zu einem sehr großen Teil nicht biogen, sondern abiogen (anorganisch) entstanden*! Umfangreiche Spektralanalysen haben mittlerweile erwiesen, dass Kohlenstoff als das vierthäufigste Element nach Wasserstoff, Helium und Sauerstoff im Universum vorkommt. Auf planetaren Himmelskörpern kommt Kohlenstoff jedoch meistens in Verbindung mit Wasserstoff, also als Kohlenwasserstoff vor, und zwar in gasförmiger, flüssiger oder fester Form. Nachgewiesen wurden u. a. die bis vor kurzer Zeit schulwissenschaftlich für unmöglich gehaltenen Vorkommen von Methan und Ethan auf anderen Planeten und ihren Satelliten in unserem Sonnensystem. Nicht nur der Komet *Halley* ist mit Kohlenstoffen bedeckt, weshalb seine Oberfläche pech-

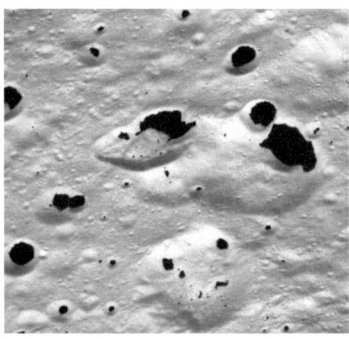

Abb. 79: **IAPETUS.** Dieser Saturnmond weist mit einer Albedo von 0,03 bis 0,5 den größten Helligkeitskontrast von allen Körpern im Sonnensystem auf und besitzt große Flächen, die teils weiß wie Schnee und teils schwarz wie Ebenholz sind. Es wurden auf Iapetus kleinere helle Einschlagkrater mit einem Durchmesser von 30 bis 60 m und einer Tiefe von etwa 10 m beobachtet, »die offensichtlich die oberste dunkle Kruste durchschlagen und helles Material aus dem Untergrund ausgeworfen haben ... Das schwarze Material scheint zudem nur eine dünne Kruste auf dem Mond zu bilden« (Kehse, 18. September 2007). Die Krater sollten Pockennarben sein, aus denen Gase ausbrechen. Die schwarzen Flecken bestehen in diesem Fall aus Ruß, der bei der unvollständigen Verbrennung vor allem von Kohlenwasserstoffen wie Methan entsteht. Bilder: Raumsonde Cassini (NASA).

schwarz wie mit Ruß überzogen erscheint. Stammt der Kohlenstoff aus dem Inneren der Kometen?

Gab es von Anfang an auch in der Ur-Erde große Mengen von Kohlenstoff, der bis zum heutigen Tag tief unter der Erdoberfläche zu finden ist? Werden deshalb ständig neue Kohlenwasserstoffe abiogen in der Tiefe der Erde produziert? Betrachten wir deshalb zuerst die Kometen, denn es soll sich um tiefgefrorene Reste des solaren Urnebels handeln, aus dem auch die Erde entstanden sein soll.

Überraschende Explosion

Gänzlich neue Informationen über Kometen haben seit 1999 die drei Raumfahrtmissionen *Deep Impact*, *Deep Space 1* und *Stardust* geliefert. Jedoch anstatt endlich, wie erhofft, die wahre Natur von Kometen zu enthüllen, haben die teils widersprüchlichen Daten dieser Missionen Wissenschaftler fast alles in Frage stellen lassen, was sie über diese faszinierenden Objekte zu wissen glaubten.

Der detailreich fotografierte Komet *Tempel 1* weist eine für Astronomen schockierende Vielgestaltigkeit seiner Oberfläche auf, wie zum Beispiel aalglatt neben rau erscheinenden Flächen und diversen Kratern.

Da das Maß für das Rückstrahlvermögen, also die Albedo, mit 0,04 bestimmt wurde, ist die Oberfläche von *Tempel 1* ähnlich schwarz wie die des Kometen Halley. Auch *Tempel 1* weist einen hohen Gehalt von Kohlenwasserstoffen auf. Am 4. Juli 2005 ließ man einen 372 Kilogramm schweren, kühlschrankgroßen Impaktor aus Kupfer einschlagen, der von der Raumsonde *Deep Impact* (engl. tiefer Einschlag) dem Kometenkern von *Tempel 1* zur Kollision gebracht wurde. Kurz nach dem Aufprall des Impaktors wurde zunächst ein kurzer, aber sehr heller Blitz beobachtet, in dem das Geschoss explosionsartig zerstört wurde. Die Helligkeitsanalyse zeigt, dass der Komet in der Minute nach dem Impakt zunächst stark aufleuchtete und in den folgenden sechs Minuten weiterhin an Helligkeit zunahm. Dann aber wurde der Komet für die nächsten 10 bis 15 Minuten noch heller, und erst nach 45 Minuten nahm die Helligkeit schließlich langsam ab. Einen Langzeiteffekt hatte der Impakt aber offenbar nicht, denn schon am 9. Juli 2005

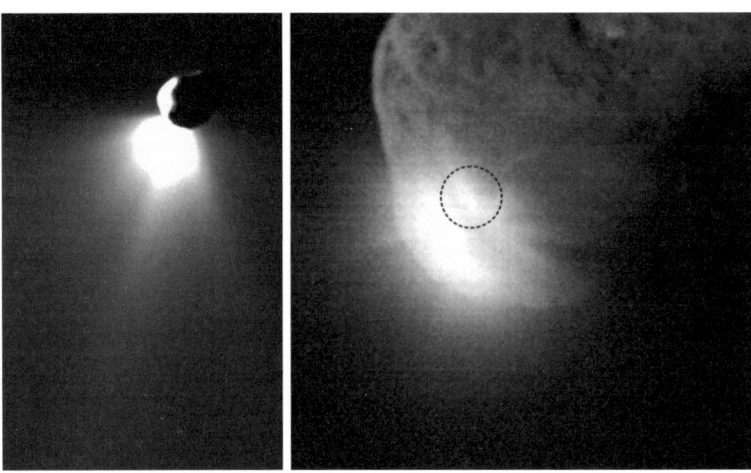

Abb. 80: **TEMPEL 1.** Linkes Bild: Dieses Bild wurde 45 Minuten nach dem Einschlag des Impaktors aufgenommen: Der Komet strahlt noch immer aus seiner Wunde. Rechtes Bild: Etwa fünf Sekunden nach dem Impakt begann ein zweiter Bereich auf Tempel 1 zu strahlen.

verhielt sich *Tempel 1* wieder wie gewohnt.

Im Auswurfmaterial konnten Karbonate, komplexe organische Verbindungen, Silikate (u. a. Olivin) und Tonminerale nachgewiesen werden. Zusätzlich zur Staubwolke entwickelte sich eine aus Gasen bestehende. Es scheint mehr flüchtige als feste Bestandteile zu geben, sodass Kometen eher als eisige Schmutzbälle denn als schmutzige Schneebälle bezeichnet werden müssen. Neben Wasser und Kohlendioxid wurden *vor* dem Einschlag Wasser, Kohlendioxid, Methanol, Blausäure (Cyanwasserstoff) und Ethan nachgewiesen. Diese Chemikalien spritzten in den interplanetaren Raum, wobei sich der Anteil von Ethan nach der Explosion sogar noch erhöhte. In dieser Wolke wurden dann *zusätzlich* u. a. Ethin (Acetylen) und Methan nachgewiesen. Später wurde nur noch Wasser und Kohlenmonoxid emittiert, vielleicht ein Hinweis auf eine unvollständige Verbrennung von Kohlenwasserstoffen. Dabei entsteht Wasser und Kohlenstoffmonoxid oder auch Kohlenstoff (Ruß), der für die tiefschwarze Färbung von Kometenkernen verantwortlich sein sollte.

Röntgenstrahlung wurde nicht gemessen, aber ultraviolettes Licht, das nach Interpretation der Forscher von sogenannten Hydroxyl-Radikalen stammt, einem Zerfallsprodukt von Wasser. Innerhalb von eineinhalb Stunden nach dem Einschlag hatte sich die Helligkeit der Hydroxylgruppe (Alkohole und Phenole) verfünffacht, bevor die Emission im ultravioletten Bereich zurückging.

Mit der »Schmutziger Schneeball«-Theorie sind Kometen offensichtlich nicht zu erklären. Der Komet war mit einer Oberflächen-Temperatur von

–13 bis +56 Grad Celsius mehr als 250 Grad wärmer als der ihn umgebende interplanetare Raum. Die wärmeren Stellen lagen im Bereich der günstigsten Temperatur für *Stoffumwandlungen,* während sich an kälteren Stellen noch Wassereis auf der Oberfläche halten kann. Zum ersten Mal wurde auf einem Kometen tatsächlich Wassereis entdeckt. Die Frage ist, warum ein solcher Komet als schmutziger Schneeball *ohne aktuelle Helligkeitsentwicklung* überhaupt so warm sein kann. Analog zur Sonne muss die Neutralkugelschale unmittelbar unter der Kometen-Oberfläche liegen. Die zur Sonne zeigende Seite des Kometenkerns ist natürlich wärmer, da hier die von der Sonne kommende kinetische Elektrizität (Sonnenwindplasma) stärker wirkt.

Wie bei Sonne und Erde festgestellt, muss es im Inneren dieser Himmelskörper unter der Neutralkugelschale mit zunehmender Tiefe kälter werden. Dies beweisen auch die großen Mengen an Wasserdampf, die nach dem Impakt registriert wurden: Sie zeugen von verdampften flüchtigen Bestandteilen, die nur in kalter Umgebung existieren können.

Kometen bestehen *entgegen* der bisherigen Ansicht überwiegend aus Gestein. Diese Ansicht bestätigt der amerikanische Astronom Professor William Reach vom *Spitzer Science Center* in Pasadena nach einer Untersuchung von 29 Kometen. Manche aus Stein bestehende Asteroide könnten daher auch ehemalige Kometen sein, die ihre elektrische Leitfähigkeit verloren haben. Deshalb verwundert es nicht, wenn der Komet *Wild 2*, von dessen Schweif die Raumsonde Stardust im Januar 2006 Proben zur Erde brachte, eine ähnliche Zusammensetzung wie ein typischer Asteroid aufweist (Ishii et al., 2008).

Aufgrund der emittierten Stoffe kann darauf geschlossen werden, dass im Inneren von *Tempel 1* Kohlenstoff bzw. Kohlenmonoxid vorhanden sein muss. Die pechschwarzen Oberflächen der Kometen bedeckt Ruß als Folge einer unvollständigen Verbrennung (Oxidation) von Kohlenwasserstoffen, die *Tempel 1* reichlich emittiert. Dabei können diese Himmelskörper total oder teilweise schwarz sein, genau dort, wo Gas ausbricht.

Der 2001 von der NASA-Sonde *Deep Space 1* fotografierte, nur acht Kilometer lange Komet *Borelly* wies sogar nur eine Albedo von 0,03 und teilweise sogar nur 0,007 auf. Diese Flächen sind so pechschwarz, dass fast kein Licht reflektiert wird. Da man die von uns skizzierten geochemischen Prozesse und die Existenz von Kohlenstoff bzw. Ruß leugnet, glaubt man eher an bisher *unbekannte Minerale* mit einem Rückstrahlungswert nahe Null. Mit einer falschen Theorie erzeugt man mehr Rätsel, als man löst.

Am 2. Januar 2004 besuchte die NASA-Sonde Stardust den kurzperiodischen Kometen *Wild 2*, der 4500 Millionen Jahre alt sein soll. Die Nahaufnahmen zeigen einen Kometenkern mit etwa fünf Kilometern Durchmesser. Die Oberfläche ist mit einem Rückstrahlungswert von 0,04 so schwarz wie die von *Tempel 1*. Seine raue Oberfläche ist mit flachen kesselartigen Mulden überzogene, deren Ränder aber steil und schroff sind. Neben kleinen lassen sich im Verhältnis zur Gesamtgröße *relativ riesige* Strukturen erkennen. Man glaubt, dass diese Einschlagkrater darstellen – die übliche konventionelle Erklärung. Aber während des Vorbeiflugs der Raumsonde waren mindestens zehn Gasjets, also gerichtete Gasströme aktiv. Demzufolge können die Krater auch durch Gasausbrüche entstanden sein, was die Steilheit der Kraterwände erklären würde. Falls die pockennarbige Oberfläche mancher Himmelskörper auch durch Gasausbrüche entstanden ist, dann stimmt auch die Altersbestimmung solcher Objekte nicht, da die Anzahl der Krater pro Flächeneinheit einen Maßstab für das Alter darstellt.

Auf jeden Fall überrascht die Impakt-Gaswolke bei *Tempel 1* vor allem durch einen völlig unerklärbar hohen Gehalt an organischen, meist nicht identifizierten Substanzen. Sie erschienen vor allem in der ersten Phase des Ausbruchs. Zudem wurde zu viel Wasserdampf gemessen, als durch *unmittelbaren* Übergang *vom festen* in den gasförmigen Zustand hätte entstehen können (Mumma et al., 2005).

Was chemisch ganz genau bei der Explosion auf *Tempel 1* passierte, kann derzeit nicht restlos geklärt werden, da man auf ein solch breit gefächertes Ereignis nicht vorbereitet war. Es handelte sich nach bisheriger Meinung ja nur um einen schlichten Schneeball. Aber klar ist, dass *Tempel 1* zu einem großen Teil aus Wasserstoff, Sauerstoff und Kohlenstoff besteht. Es wurden zahlreiche organische Verbindungen detektiert, die ausschließlich aus Kohlenstoff und Wasserstoff bestehen. Bereits vor dem Zusammenprall fand man den Kohlenwasserstoff Ethan (Äthan), neben Methan ein Hauptbestandteil des Erdgases.

Außer Wasser war auch Methanol vorhanden (Mumma et al., 2005), das sich aus Wasserstoff und Kohlenstoffmonoxid oder Kohlendioxid (bei gleichzeitiger Entstehung von Wasser) bilden kann. Einige Minuten nach der

Explosion entdeckte man dann zusätzlich das aus Kohlenstoff und Wasserstoff bestehende Ethin, auch als Azetylen bekannt. Dieses farblose Gas wurde auch in der Atmosphäre von Jupiter und in interstellarer Materie nachgewiesen. Bei hohen Temperaturen von 2000 Grad Celsius könnte Ethin unter Ausschluss von Sauerstoff aus Methan entstehen, und zwar in einer Gasentladung. In größerer Menge als Ethin war Methan in der Gaswolke enthalten, bevor hauptsächlich nur noch Wasser und Kohlenmonoxid detektiert wurde. Methan liegt in tieferen kalten Schichten in flüssiger Form vor, denn es schmilzt bei −182,6 Grad Celsius bei Atmosphärendruck. An der Oberfläche von *Tempel 1* ist es wärmer, und Methan ist dort gasförmig. Solange genügend Sauerstoff vorhanden ist, oxidiert bzw. verbrennt Methan vollständig, und es entstehen Kohlendioxid und Wasser. Verringert sich die Sauerstoffzufuhr, können Kohlenmonoxid und Wasser entstehen. Genau diese Stoffe wurden zuletzt nachgewiesen. Oder es entstehen Wasser und Kohlenstoff, also Ruß, weshalb *Tempel 1* auch eine schwarze Oberfläche aufweist. Im Inneren kann der in der interstellaren Materie reichlich vorhandene Wasserstoff mit Kohlenmonoxid, das eine sehr feste Atombindung aufweist, zu Methan und Wasser reagieren, wodurch der Wasserreichtum nicht nur des Kometen *Tempel 1* erklärt werden kann.

Der Ablauf der chemischen Reaktionen ist noch nicht geklärt, da einerseits die Staub-Gas-Wolke unerwartet viel organische Substanzen enthielt und andererseits elektrische Energie nicht berücksichtigt wird. Außerdem sind die Druck- und Temperaturverhältnisse nur unzureichend bekannt. Das zunächst ausgespuckte Material soll über 700 Grad Celsius heiß gewesen sein. Manche Quellen geben bis zu 3500 Grad Celsius für das mit der Explosion ausgeworfene geschmolzene Material an.

Da in der Gaswolke ständig Wasser vorhanden war, fragt sich, in welchem Aggregatzustand es sich befand? Beobachtungen mit dem Radioteleskop des NASA-Satelliten SWAS (*Submillimeter Wave Astronomy Satellite*) zeigen erstaunlicherweise kaum Wasserdampf im frei werdenden Material. Es handelte sich nach Meinung der Forscher eher um »feuchten Staub« als um »schmutzigen Schnee«. Wasser in flüssiger Form war auf Kometen bisher nicht vermutet worden.

Helligkeitsausbrüche können aufgrund eines plötzlichen Zündens leichtflüchtiger Anteile entstehen, da die Zündtemperatur für diese tiefer liegt als die gemessene Temperatur in der Explosionswolke. Durch verzögerte Wärmeleitung kann die kritische Temperatur erst später erreicht werden, die nachfolgende Helligkeitsausbrüche auslösen können. Diese Stoffe sind unter der Kometenoberfläche ungleichmäßig verteilt, denn bei leuchtenden Kometen ist immer nur ein geringer Teil der Oberfläche aktiv. So wurde auch Blausäure (= Cyanwasserstoff) entdeckt, und man vermutet, dass der Staub *Acetonitril* (C_2H_3N) enthalten könnte. Deshalb ist es denkbar, dass zusammen mit Sauerstoff explosive Gemische gebildet und durch elektrische Potenziale gezündet werden können.

Extremer Ausbruch

Wenn Kometen schmutzige Schneebälle darstellen, dann gibt es keine vernünftige Erklärung für explosive Helligkeitsausbrüche, die sich ereignen, nachdem der Komet den sonnennächsten Punkt bereits ein paar Monate verlassen hat und sich auf dem Rückweg in die Randbereiche unseres Planetensystems befindet. Genau dieses unerwartete Ereignis passierte im Oktober 2007.

Der bereits am 6. November 1892 nach seinem Entdecker Edwin Holmes benannte Komet *17P/Holmes* erreichte am 14. Mai 2007 nach sieben Jahren wieder seinen sonnennächsten Punkt, der noch außerhalb der Mars-Bahn liegt. *17P/Holmes* entwickelte seine Helligkeit aufgrund der großen Entfernung zur Sonne wie üblich äußerst unauffällig. Erwartungsgemäß wurde der Komet lichtschwächer, als er sich wieder von der Sonne entfernte. Nur mithilfe leistungsstarker Fernrohre war er überhaupt noch als schwacher Lichtfleck zu erkennen. Dieser Kometendurchlauf war deshalb bereits vergessen, als *17P/Holmes* am 24. Oktober 2007, über vier Monate *nach* Erreichen des sonnennächsten Punktes, hell zu strahlen begann. Rund 48 Stunden nach beginnendem Helligkeitsausbruch war er fast *eine Million Mal heller* als zuvor. Der Komet wirkte seltsam sternartig, *ohne erkennbaren Schweif*. Innerhalb der nächsten beiden Tage vergrößerte sich die Koma bei gleichbleibender Helligkeit drastisch. Mit einer Expansionsgeschwindigkeit von etwa 2000 Kilometern pro Stunde wuchs der Durchmesser der inneren Koma auf eine Länge von etwa 850 000 Kilometern an, während derjenige der äußeren Koma sogar rund zwei Millionen Kilometer betrug.

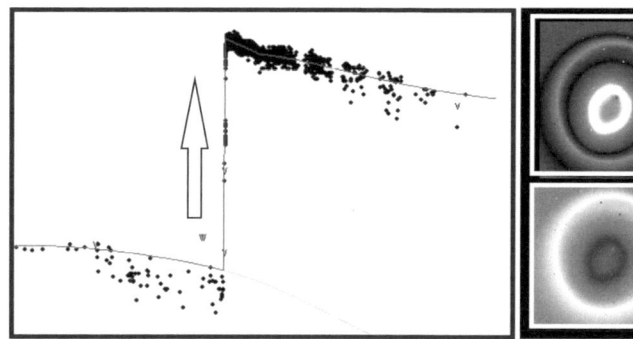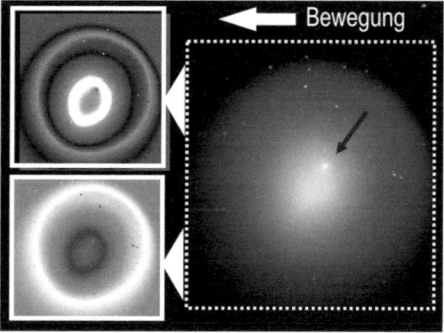

Abb. 81: **17P/HOLMES.** Die Grafik (links) zeigt die Helligkeitsentwicklung von Mai 2007 bis Mai 2008. Das am 2. November 2007 aufgenommene Foto (rechts) wurde vom Autor elektronisch unterschiedlich bearbeitet (= zwei Inserts), wodurch eine mehrfach strukturierte Ringstruktur sichtbar wird. Der schwarze Pfeil zeigt auf den Kern, der einen Durchmesser von nur 3,4 Kilometer aufweist.

Wenige Tage später wuchs der Durchmesser der inneren Koma auf sogar eine Million Kilometer (= gut 20 Bogenminuten) an. Der Schweif war recht kurz, und am 8. November 2007 kam es dann noch zu einem spektakulären Abriss des Ionenschweifs; einige Tage später war er verschwunden. Der Durchmesser der inneren Koma wuchs sogar bis Mitte November noch kräftig auf 30 Bogenminuten an. Die auffällig gelbe Farbe war inzwischen einem blauen Farbton gewichen. Im Dezember war dann der Spuk vorbei.

17P/Holmes war bereits 1892 bei der Entdeckung durch den britischen Sternforscher Edwin Holmes mit bloßem Auge sichtbar. Auch damals hatte sich offenbar ein Helligkeitsausbruch ereignet, mit folgendem Verblassen. Allerdings ereignete sich damals ein zweiter, schwächerer Ausbruch einige Monate später. In den Jahren 1899 und 1906 kam *17P/Holmes* wieder in Sonnennähe, allerdings blieb er während seiner gesamten Annäherung an die Sonne relativ lichtschwach. Danach galt der launische Komet als verschollen. Erst sechs Jahrzehnte später wurde er wieder entdeckt.

Warum die ausführliche Beschreibung dieser Ereignisse? Ganz einfach, weil die Helligkeitsausbrüche in den Jahren 1892 und 2007 mit der konventionellen Kometentheorie nicht zu erklären sind. Auch der bereits 1858 entdeckte Schweifstern *41P/Tuttle-Giacobini-Kresák* strahlte bei einer seiner Annäherungen im Jahr 1973 mehrfach heller als erwartet. Wie im Magazin »Sky & Telescope« am 15. November 2007 eingehend diskutiert, befriedigt *keine* der von Fachleuten angebotenen Erklärungen den Helligkeitsausbruch von *17P/Holmes*. Vermutet wurde ein Zusammenstoß mit einem anderen Himmelskörper. *Ein* solches Ereignis ist statistisch schon sehr unwahrscheinlich, aber drei sind unmöglich, um die mehrfachen Helligkeitsausbrüche zu erklären.

Auch ein Auseinanderbrechen dieses Kometen kann keine befriedigende Erklärung sein. Ein solches Ereignis konnte bereits 1995 beobachtet werden, als der Komet *73P/Schwassmann-Wachmann 3* in mehrere Teile zerbrach. Der Komet überraschte die Astronomen damals mit einem starken, unerwarteten Anstieg auf das 250-Fache seiner normalen Helligkeit (siehe Abb. 82).

Das Ungewöhnliche an dem unerwarteten Helligkeitsausbruch von *17P/Holmes* ist neben dem explosiven Verhalten die kugelige Gestalt der Lichterscheinung, insbesondere da dieser Komet bei anderen Annäherungen immer einen typischen Kometenschweif ausbildete. Irgendetwas muss 2007, aber auch 1892 grundsätzlich anders gewesen sein.

Abb. 82: **73P/SCHWASSMANN-WACHMANN 3.** Mehrfach brach der Komet auseinander. 1995 und 2006 machte sich das Auseinanderbrechen der Kometenteile in einer bis zu 250-fach zunehmenden Helligkeit bemerkbar – auch die Fragmente erstrahlten hell.

Die Lösung des Rätsels ist sicher nicht in einem rein mechanischen bzw. klassisch physikalisch-chemischen Szenario zu suchen, sondern elektrische und magnetosphärische Phänomene spielen eine wichtige Rolle. Leider kennen wir weder die elektrischen noch magnetischen Verhältnisse zu dem Zeitpunkt der ungewöhnlichen Helligkeitserscheinung. Es könnte sich um eine magnetische Rekonnexion (Neuverbindung) handeln, bei der sich die Struktur des Magnetfeldes – zum Beispiel während magnetosphärischer Teilstürme – abrupt ändert und große Energiemengen freigesetzt werden. Zur Rekonnexion kann es kommen, wenn ein starkes, veränderliches Magnetfeld in einem Plasma vorliegt. Es handelt sich um einen Prozess der Ausbildung einer Potenzialstruktur, bei dem durch Umwandlung von magnetischer in kinetische Energie in einem Plasma vorhandene Teilchen (Elektronen) beschleunigt werden können.

Magnetische Rekonnexion soll in der Sonnenkorona für Sonneneruptionen verantwortlich sein sowie im Erdmagnetfeld zum Polarlicht beitragen. Durch die Wirkung des Sonnenwinds können sich riesige elektromagnetische Tornados in den Weltraum schrauben. Den verdrillten Magnetfeldlinien folgen elektrisch geladene Teilchen, die auf die Ionosphäre prasseln, wodurch Polarlichter entstehen (»New Scientist«, Online 23.4. 2009).

Ohne jetzt eine hinreichende Erklärung für das unerwartete Aufleuchten des Kometen 17P/Holmes gefunden zu haben, ist trotzdem deutlich geworden, dass es sich nicht um Auftauprozesse eines Schneeballs, sondern um Entladungsprozesse handelt.

Bisher wurden 140 verschiedene Moleküle im Weltall identifiziert, sowohl in interstellaren Wolken als auch in Sternenhüllen. Ein Großteil davon ist organisch, basiert also auf Kohlenstoff, dem wichtigsten Element der irdischen Biosphäre. Kohlenstoffverbindungen bilden die molekulare Grundlage allen irdischen Lebens.

Anfang 2008 wurde Amino-Acetonitril innerhalb von *Sagittarius B2*, eines Entstehungsgebietes von Sternen, nachgewiesen. Es handelt sich um einen chemischen Verwandten und möglicherweise direkten Vorläufer der Aminosäure Glycin, auch Aminoessigsäure genannt (Belloche et al., 2008). Es ist die kleinste und einfachste Aminosäure, ein wichtiger Baustein fast aller Proteine und Knotenpunkt im Stoffwechsel von Lebewesen.

Wir haben festgestellt, dass sich auf Kometen durch verschiedene chemische Prozesse und Gasentladungen im Zusammenspiel mit elektrischen Entladungen viele organische Moleküle bilden, die als Bausteine des Lebens gelten. Man denkt unwillkürlich an die Experimente aus dem Anfang der 1950er-Jahre, die Stanley L. Miller unternahm, indem er *elektrische Entladungen* durch ein der irdischen Uratmosphäre ähnliches Gemisch schickte, das aus Wasser, Ammoniak, Methan, Wasserstoff und Kohlenmonoxid bestand. Nach mehreren Wochen konnten Aminosäuren und andere Substanzen nachgewiesen werden, die Grundbausteine von Biomolekülen sind. Nach heutiger Auffassung hatte die Ur-Atmosphäre jedoch eine andere Zusammensetzung.

Aber Millers Experimente können für die Erzeugung von Aminosäuren nicht repräsentativ sein, da sie in abgeschlossenen (!) Gefäßen erfolgte. Meere und Seen bilden homogene Medien, in denen Inhaltsstoffe gleichmäßig verteilt sind und miteinander im chemischen Gleichgewicht standen. Unter dieser Voraussetzung ist die Wahrscheinlichkeit, dass sich einfache organische Stoffe zufällig zu einer belebten Zelle organisiert hätten, gleich Null. In einem solchen System nimmt nicht Ordnung, sondern im Gegenteil Unordnung zu, falls nicht Konstanz vorherrscht – nach den Gesetzen der Thermodynamik.

Nur unter speziellen physikalischen Systembedingungen kann Ordnung zunehmen bzw. Entropie abnehmen. Eine dieser Bedingungen ist, dass die Moleküle nicht über das gesamte System verteilt sind und sich auch nicht im chemischen Gleichgewicht befinden dürfen, da ansonsten die Triebkraft fehlt, Reaktionen einzugehen. Chemische Substanzen müssen also in starken Konzentrationsunterschieden vorliegen. »Dies ist kaum vereinbar mit den Forderungen der Nichtgleichgewichts-Thermodynamik und setzt hinter allen Modellen einer rein erdgebundenen Lebensentstehung ein großes Fragezeichen. Auch der Eintrag biologischer Vorläufermoleküle aus dem All ändert an der Situation im Prinzip nichts – jedenfalls solange man annimmt, dass diese sich in den Urgewässern auflösten und nur deren Pool an biologischen Grundstoffen vermehrten« (Kissel/Krueger, 2000, S. 66).

Auf der Oberfläche unserer Erde oder im Meer kann biologisches Leben nicht durch zufällige Reaktionen entstanden sein, die bestimmte Komponenten in den passenden Konzentrationen erzeugten: »Demnach war die Entstehung des Lebens auf der Erde keineswegs nur eine extrem unwahrscheinliche Laune des Zufalls, die Hunderte von Jahrmillionen zum reinen Ausprobieren nach dem Prinzip von Versuch und Irrtum brauchte« (ebd., S. 71). Deshalb wird in letzter Zeit wieder die bereits 1906 von dem Nobelpreisträger Svante Arrhenius propagierte Panspermie-Theorie diskutiert, die zuletzt auch von Fred Hoyle vertreten wurde. Aber die Idee, dass einfache Biomoleküle als kosmische Lebenskeime die Entstehung des Lebens auf der Erde in Form eines Starter-Kits – bei Kontakt mit flüssigem Wasser – bewirkt haben, konnte sich nie durchsetzen – aus den bereits diskutierten Gründen zu Recht. Außerdem fand man durch Untersuchungen der Raumsonde Rosetta auf dem Kometen *Tschurjumow-Gerassimenko* eine andere Wasserzusammensetzung als in den Ozeanen der Erde.

Erst durch die hier dargelegten Erkenntnisse in der Kometenforschung wurde deutlich, dass auf den Oberflächen von Kometenkernen Aminosäuren entstehen können. Spuren der einfachsten Aminosäure, Glycin, konnten bereits in Proben nachgewiesen werden, die 2006 im Rahmen der Stardust-Mission der NASA vom Kometen Wild-2 zur Erde zurückgebracht wurden. Im Jahr 2014 konnte durch die Raumsonde Rosetta die Aminosäure Glycin in der Koma des Kometen *67P/Tschurjumow-Gerassimenko* nachgewiesen werden. Gleichzeitig wurden weitere organische Moleküle entdeckt, die Vorläufer von Glycin sein können und die auf mögliche Bildungsarten von Glycin hinweisen, das auch ohne flüssiges Wasser entstehen kann (Altwegg et al., 2016).

Dr. Jochen Kissel und Dr. Franz R. Krueger (2000, S. 64–71) beschreiben zutreffend, dass die kosmischen Staubteilchen Vorläufermoleküle sämtlicher Stoffklassen enthalten, die für die Biochemie von Lebewesen von Bedeutung sind. Alle Bausteine der Erbmoleküle finden sich in kometaren Staubteilchen!

Sollten keine Aminosäuren auf Kometen nachgewiesen werden können, dann hilft ersatzweise der Nachweis sogenannter ungesättigter »Nitrile, die im interstellaren Gas vorkommen. Ihre Reaktion mit Ammoniak, einem allgegenwärtigen kosmischen Molekül, führt zu Aminonitrilen. Von diesen ist aber bekannt, dass sie mit flüssigem Wasser über die sogenannte Strecker-Synthese spontan Aminosäuren bilden. Die Nitrile selbst reagieren dagegen mit Wasser zu Fettsäuren. Sie stellen folglich das Ausgangsmaterial für« eine große Stoffklasse dar, »aus denen Lebewesen bestehen: die Fette (Lipide)« (ebd., S. 68).

Anscheinend sind sämtliche wichtigen biologischen Moleküle für Leben im Kometenstaub enthalten. Jedoch genügt dies keineswegs, um solches auch entstehen zu lassen, obwohl auf der Oberfläche von *Tempel 1* teils Temperaturen im Bereich von 37 Grad Celsius zu herrschen scheinen. Bei dieser Temperatur erreicht die chemische Welt durch Kombination verschiedener Atomarten die höchste Komplexität. Wasser ist das einzige Lösungsmittel, das bei dieser Temperatur flüssig ist und gleichzeitig von allen Flüssigkeiten die größte Zahl an Stoffen gut löst. Außerdem kommt in

Kometen reichlich Kohlenstoff vor, der bei 37 Grad Celsius lange Ketten aus seinen Atomen bilden kann. Kohlenstoff ist in allen irdischen Lebewesen enthalten: Alles lebende Gewebe ist aus (organischen) Kohlenstoffverbindungen aufgebaut.

Deshalb beträgt, wie schon erwähnt, die Körpertemperatur des Menschen auch nicht zufällig rund 37 Grad Celsius. Bei niedrigeren Temperaturen ist der Stoffwechsel zu langsam, bei höheren entstehen viele Kopierfehler, und Lebewesen altern schneller. 37 Grad Celsius bedeutet maximale Stabilität und Widerstandsfähigkeit. »Alle sehr komplizierten chemischen Systeme unseres Universums können nur bei dieser Temperatur existieren«, unter der Voraussetzung, dass ein Druck von einem Bar herrscht (Oesterle, 1997, S. 122 ff.)

Der Toleranzbereich der Temperatur von Lebewesen hängt ab von der Komplexität. Je komplexer das System, desto intensiver ist der Stoffwechsel, der offenbar die besten Bedingungen bei 37 Grad Celsius (= 310 Kelvin) vorfindet. Die Einhaltung dieser Temperatur findet am besten bei Warmblütern statt. Je komplexer ein Organismus ist, desto empfindlicher verhält er sich gegenüber Temperaturschwankungen. Deshalb beträgt die mögliche Temperaturschwankung bei einem gesunden menschlichen Körper nur gut ein Grad um die optimale Temperatur, während dieser Bereich bei Bakterien auf ±20 Grad Celsius zunimmt.

Entsprechend kann man aus den Grenztemperaturen eines Systems dessen Komplexität errechnen. Diese beträgt bei Mineralien 1, bei Bakterien 20 bis 30 und beim Menschen etwa 300 (Oesterle, 1997, S. 123). Wenn man berücksichtigt, dass Minerale spontan entstehen können, muss man fragen, warum nicht auch komplexere chemische, vielleicht sogar *biologische Systeme spontan entstehen sollten*?

Der Ansatz von Kissel und Krueger (2000, S. 69) basiert auf einer Berechnung der NASA, dass etwa 0,1 Prozent des Kometen-Materials in Form von meter- bis millimetergroßen Bruchstücken die urzeitlichen Seen auf der Erde erreichte, wobei die poröse Kornstruktur erhalten blieb. Durch Eindringen des Wassers in die lose Teilchenstruktur könnte nun die präbiotische Chemie in Gang gekommen sein. Es bleibt aber der Einwand bestehen, dass sich das Wasser der Seen und Meere im chemischen Gleichgewicht befand und die Ausbildung einer in einem begrenzten Bereich vorliegenden

Nichtgleichgewichts-Thermodynamik sehr unwahrscheinlich ist, quasi wie ein Sechser im Lotto mit drei Superzahlen.

Bei der von Kissel und Krueger vorgestellten Theorie von der Starthilfe aus dem All besteht zumindest eine – wenn auch verschwindend geringe – Chance, dass ein Prozess der Biogenese starten könnte. Diese Autoren teilen die in meinen Büchern vorgetragene Meinung: »Keines der derzeit über hundert Biogenese-Modelle erlaubt der Natur, in so kurzer Zeit eine auch nur annähernd große Zahl von Versuchen zur Entstehung des Lebens im Stadium kompletter ›protozellularer‹ Systeme durchzuführen.«

Wenn man jetzt daraus schließt, dass die Urzeugung aus Kometenstaub die einzige derzeit denkbare Lösung des Problems darstellen kann, dann ist dies nur dann richtig, wenn man sich innerhalb des konventionellen Weltbildes bewegt, das eine heiße Erde voraussetzt. Welche andere Möglichkeit eröffnet sich für die Entstehung des Lebens, wenn wir von einer kalten Erde ausgehen?

Bei der zuvor diskutierten Urzeugung aus dem All sind wichtige Komponenten

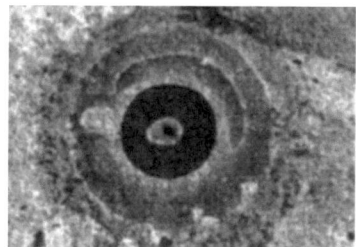
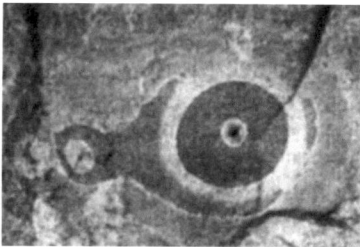

Abb. 83: **GEOLOGISCHE SELBSTORGANISATION.** Bändergefüge in der Geologie – wie im Sandstein sichtbare Muster – beruhen vielfach analog zu periodischen Strukturen in der physikalischen Chemie auf internen Vorgängen der Selbstorganisation. Das klassische Beispiel hierfür sind die 1896 entdeckten Liesegang-Ringe, die durch ein komplexes Wechselspiel von Diffusion, chemischer Reaktion und Fällungsvorgängen entstehen (Abb. 61, S. 148). Im linken Bild bildeten sich in Analogie zu Liesegang-Ringen konzentrische Bänderungen um Palmwurzeln im Münzenberger Sandstein. Das rechte Bild zeigt ein Muster der »chemischen Fernwirkung« in derselben Gesteinsplatte. Es handelt sich um ein starkes Argument für die Annahme einer diffus bedingten Genese (Entstehung) eines Fällungsmusters in Lemniskatenform (einer liegenden 8) zwischen zwei benachbarten Wurzelröhren. Nach Liesegang, R. E., in: »Umschau«, Bd. 34, 6/1930, S. 102 f.; zitiert in: Krug/Kruhl, 2001, S. 290 f.

ten enthalten, die wir bei der folgenden alternativen Betrachtung berücksichtigen müssen. Da ist zunächst einmal die Selbstorganisation als ein Prinzip, das meist in seiner Tragweite nicht entsprechend gewürdigt wird. Voraussetzung ist in der »Ursuppe« ein chemisches Ungleichgewicht, also ein offenes System. In diesem Fall gehen die formgebenden Einflüsse von den Elementen des sich organisierenden Systems selbst aus. Mit anderen Worten, *fernab eines chemischen* Gleichgewichts treten aus eigener Kraft neue stabile, hoch effiziente Strukturen und Abfolgen auf. Hierbei wird aus Chaos eine Ordnung geschaffen, *ohne dass eine Vision von der gesamten Entwicklung vorliegt*. Es gibt in vielen Bereichen sehr schöne Beispiele, nicht nur in der Physik, Chemie oder Geologie (siehe Abb. 83).

In einer im chemischen Ungleichgewicht stehenden Ursuppe existieren gewisse Konzentrationsgradienten, also ein Gefälle der Konzentration zwischen zwei Orten. So erfolgt die Diffusion von Stoffen aufgrund eines Konzentrationsgefälles. Für unsere Betrachtung sind auch elektrochemische Gradienten zu berücksichtigen, die ein Konzentrationsgefälle von gelösten Ionen darstellen. Gemäß unseren bisherigen Betrachtungen liegen diese in Kometen vor, die dann durch elektrische Entladungen neue Stoffe entstehen lassen.

Betrachten wir ein einfaches Beispiel: Bakterien sind nicht in der Lage, eine Bewegungsrichtung auszuwählen, um sich stets *geradeaus* fortzubewegen. Ein Bakterium wandert in abwechselnden Taumel- und Schwimmbewegungen. Innerhalb eines Stoffkonzentrationsgefälles passen sich Bakterien dieser Umgebung an und folgen einer Richtung, entweder zum Lockstoff hin oder vom Schadstoff weg. Für diesen Fall schwimmt es länger in einer geraden Richtung, *bevor Taumeln eintritt*. Falls es die falsche Richtung einschlägt, taumelt es eher und schlägt wahllos eine andere Richtung ein. So erreichen Bakterien den Bereich höherer Konzentration des Lockstoffes sehr effektiv. Die Wahl zwischen Schwimmen und Taumeln entspricht auch dem Computerprinzip, denn ein Bit als Maßeinheit für den Informationsgehalt nimmt den Wert 0 oder 1 ein, also in unserem Fall entweder Taumeln oder Schwimmen. Bei höheren Lebewesen, die ein Gehirn haben, erscheinen die chemisch-taktischen Reaktionen der Bakterien in Form von Vergessen, das Ingangsetzen von Bewegungen und die Beschlussfähigkeit (Berg, 2003).

All das zuvor Diskutierte hat mit Leben allerdings nichts zu tun, sondern es handelt sich um einen »chemische Evolution« genannten Prozess. Dieser kann sich jedoch nur dort entwickeln, wo gemäßigte Temperaturen existieren, sei es im Weltraum oder auf der Erde. Als optimale Temperatur hatten wir bereits knapp 37 Grad Celsius erkannt.

Nicht nur auf Kometen herrschen anscheinend optimale Temperaturen, sondern solche herrschten auch auf der Erde, falls wir nicht von einer *glühenden* Urerde ausgehen, sondern von einem Niedertemperatur-Kondensat wie bei Kometen. Optimale Temperaturen für Leben scheinen – in geologischen Zeiträumen betrachtet – auch prompt nach Entstehung der Erde geherrscht zu haben. Stoffwechselspuren im metamorphen Isua-Gestein aus Grönland zeigen, dass es schon vor 3,8 Milliarden Jahren flüssiges Wasser und bereits lebende Zellen auf der Erde gab. Obwohl bereits in dieser frühen Phase anscheinend Temperaturen für chemische Reaktionen ideal gewesen sind, konnte an der Erdoberfläche trotzdem keine chemische oder sogar biologische Evolution in Kraft gesetzt werden, *da in den Seen und Meeren ein evolutionsfeindliches chemisches Gleichgewicht vorgelegen haben muss.*

Allerdings sind die durch analytische Methoden bestätigten isotopenchemischen Signaturen umstritten, da eine derart frühe Entstehung des Lebens dem zeitlichen Ablauf der Evolutionsleiter widerspricht. Vielleicht handelt es sich tatsächlich um eine Fehlinterpretation, denn die wie Mikrofossilien aussehenden Gebilde sind nach Meinung anderer Fachleute *anorganische* Verbindungen, die auch an heißen Tiefseequellen vorkommen. Entsprechend wird ein anderer Fund kontrovers bewertet, der nicht in die angeblich langsam verlaufende, evolutive Entwicklung nach Charles Darwin passt: Die nach geologischer Zeitskala knapp 3,5 Milliarden Jahre alten Mikrofossilien der Apex-Formation in West-Australien (Brasier et al., 2002) erscheinen viel zu früh und belegen ein viel zu hohes Evolutionsstadium, um die wirklichen Anfänge des Lebens darzustellen – falls die Evolutionstheorie als Maßstab genommen wird. Obwohl diese Mikrofossilien (*Oscillatoriacea*) an der Basis des Evolutionsstammbaumes der Cyanobakterien (Blaualgen) stehen, muss die Evolution zu diesem Zeitpunkt schon eine längere Geschichte durchlaufen haben, um

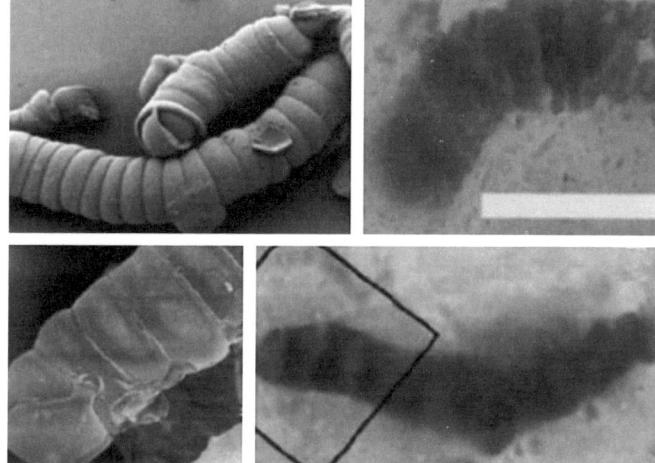

Abb. 84: **STRUKTUREN.** Vergleich von synthetisch hergestellten anorganischen Silizium-Karbonat- Strukturen (links) mit 3,5 Milliarden Jahren alten Mikrofossilien aus der Warrawoona-Formation in Australien (rechts). Nach García-Ruiz et al., 2003.

eine derart komplexe Lebensweise wie die *Fotosynthese* hervorzubringen. Allerdings stammen die Ablagerungen anscheinend nicht vom Boden eines flachen Meeres, sondern aus tief unter der Wasseroberfläche befindlichen Bereichen heißer Quellen. Damit wäre die Annahme widerlegt, es handle sich bei diesen scheinbaren Mikrofossilien um Fotosynthese nutzende Cyanobakterien, da das Licht nicht so tief ins Meer dringt. Es sollte sich daher um anorganische Strukturen handeln.

Aber auch die heutzutage durch Cyanobakterien gebildeten Stromatolithen, die als die ältesten Fossilien bezeichnet werden, scheint es schon vor 3,5 Milliarden Jahren gegeben zu haben. Auch diese anscheinend biologisch entstandenen Sedimentgesteine aus teils sehr fein geschichtetem Kalk sind umstritten. Einfache Schichtstrukturen können auch *rein* mineralischen Ursprungs, durch Selbstorganisation entstanden, und solchen biologischen Ursprungs ähnlich sein (siehe Abb. 85).

 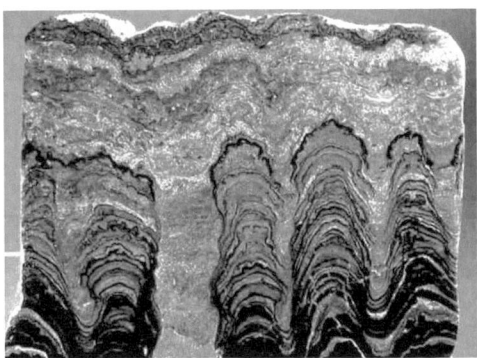

Abb. 85: **SEIT 3500 MILLIONEN JAHREN?** Linkes Bild: Lebende Stromatolithen im marinen Schutzgebiet an der westaustralischen Shark Bay. Rechtes Bild: Schnitt durch einen fossilen Stromatolithen aus der Zeit vor der kambrischen Explosion (Proterozoikum), als es noch kein Leben an Land gab. Handelt es sich bei solchen Funden, wie hier aus den östlichen Anden in Bolivien, um tierisches Leben oder um anorganische, durch Selbstorganisation entstandene Strukturen? (Vgl. Abb. 61, S. 148)

Wenn man bedenkt, dass Erdwissenschaftler noch immer Probleme haben, sich auf verlässliche Biosignaturen zu einigen, dann wird verständlich, dass zuverlässige Spuren einstiger primitiver Organismen wie auf dem Mars oder anderen Himmelskörpern kaum zweifelsfrei identifiziert werden können.

Unterirdisches Leben

Auf der Erde gibt es Lebensformen an der Erdoberfläche, die durch Fotosynthese Licht in Energie verwandeln. Nach den bisherigen Ausführungen kann Leben aber nicht an der Erdoberfläche entstanden sein! Aber es gibt einen anderen Lebensbereich, der nicht von der Sonne bzw. vom Licht abhängig ist. Weit unten in tiefen Gesteinsschichten und am Grund der Ozeane existieren Mikroorganismen, die sich von chemischer Energie ernähren. Es stellt sich die Frage, woher diese Energie kommt? Von oben herab aus der Atmosphäre bzw. oberflächennahen Schichten? Dann müsste diese Energie von oben bis in eine Tiefe von vielleicht zehn Kilometern durch die Erdschichten hindurch gelangen. Dies müsste ein beständiger Prozess sein, da diese Mikroorganismen nach der geologischen Zeitskala anscheinend schon vor 3500 Millionen Jahren existierten. Ist es vielleicht genau umgekehrt und die Energie muss nicht in die Tiefe transportiert werden, sondern ist dort unten vorhanden und strömt aus der Tiefe beständig herauf? Denn da Licht als Lebensenergie nicht zur Verfügung steht, muss eine andere Energiequelle vorhanden sein, die beständig Energie liefert, wovon sich die Mikroorganismen quasi über die ganze Erdgeschichte hinweg ernährten.

Normalerweise wird nicht nur von Evolutionsbiologen dargestellt, dass biologische Evolution eine unumstößlich bewiesene Tatsache ist und alle kontroversen Funde unisono Fälschungen darstellen. Als Beispiel für die allgegenwärtige Anpassung von Lebewesen werden dann gerne solche Mikroorganismen angeführt, die sich, (angeblich) ausgehend von der Oberfläche, tief unten am Grunde der Ozeane oder in tiefen Felsspalten von teils giftigen chemischen Elementen wie Schwefel ernähren. Staunend wird dann festgestellt, dass durch evolutive Entwicklungen sich das Leben auch an eigentlich lebensfeindliche Umstände anpassen kann. Aber dies muss eine falsche Sichtweise sein, obwohl Untersuchungen zeigen, dass die Lebensäußerungen sowohl im Bereich der Oberfläche wie auch in der Tiefe anscheinend auf einen gemeinsamen Ursprung zurückgehen, da beiden das gleiche genetische System zugrunde liegt.

Es hat sicher Kontakte zwischen dem Leben an der Oberfläche und in der Tiefe gegeben, aber hieraus kann man noch keine Abhängigkeit der beiden Lebensbereiche voneinander ableiten. Sollten wir eine Abhängigkeit des einen Bereichs vom anderen finden, dann sollte das Leben im unabhängigen Bereich entstanden sein und dort später auf den abhängigen übergegriffen haben. Da das Leben an der Erdoberfläche von der Fähigkeit zur Fotosynthese abhängt, müsste diese ja schon in einem *sehr frühen Stadium* auf einer Entwicklungsstufe entwickelt worden sein, also zu einem Zeitpunkt, als sich Lebewesen von chemischer Energie ernährten, die an der Erdoberfläche ununterbrochen zur Verfügung gestanden haben muss. Wenn das bereits zu Beginn des Lebens der Fall gewesen sein soll, dann hätte mit evolutiven Schritten dieses Leben in die Tiefe gelangen müssen, quasi in Form einer Invasion. Es hätte nicht nur eine Fähigkeit entwickelt werden müssen, die dort verfügbare Quelle chemischer Energie zu nutzen, da Fotosynthese dort unten nicht funktioniert, sondern die Mikroorganismen hätten in der Tiefe den dort herrschenden hohen Drücken und Temperaturen trotzen müssen. Ist dieses Szenario realistisch? Kaum, denn das Leben auf der Erdoberfläche kann zu Beginn noch keine Reparaturmechanismen gehabt haben, um unvermeidliche Schädigungen durch solare und kosmische Strahlung zu beheben. Im Gegensatz dazu sind die Lebensbedingungen unter der Erdoberfläche wesentlich günstiger.

Bereits der von mir sehr verehrte, leider verstorbene Professor Thomas Gold wies auf die Vorteile des Lebensraumes in der Tiefe hin und vermutete, dass sich der Start des Lebens mit großer Wahrscheinlichkeit in der Tiefe vollzog, und er nannte sie die »Biosphäre der heißen Tiefe« (Gold, 1999, S. 166 ff.).

Dort unten brauchen sich komplexe Moleküle nicht gegen Strahlungen zu schützen, die die Erdoberfläche bombardieren. Zwar gibt es radioaktive Strahlung in der Tiefe, aber diese dringt zu einem viel geringeren Grad durch die Felsen, als es an der Erdoberfläche der Fall ist. Hinzu kommt, dass die Intensität der Strahlung tief in der Erdkruste über lange Zeiträume hinweg sehr gleichbleibend ist. Ein Umstand, der an der Erdoberfläche in der Erdvergangenheit sicher nicht gegeben war. Das Leben an der Oberfläche war auch ständig durch Naturkatastrophen gefährdet.

Ein großer Meteoriteneinschlag war vielleicht sogar in der Lage, das Leben an der Oberfläche fast völlig zu vernichten, wie es nicht nur am Ende der Dinosaurier-Ära geschehen sein soll. Ein solch gigantischer Einschlag könnte sich für das Leben in der Tiefe dagegen günstig ausgewirkt haben, denn es hätten sich neue Risse in den Steinen gebildet. Durch diese wäre dann mehr Energie in Form von Kohlenwasserstoffen aufgestiegen, wodurch mikrobiologisches, aus Mikroben bestehendes Leben quasi inflationär hätte wuchern können. Das Leben in der Tiefe könnte ungestört sehr lange Zeiträume überstehen, falls es genügend Nachschub an chemischer Energie gibt.

Dort unten herrschen hohe Temperaturen, die Mikroben in der Tiefe leicht ertragen, während sie an der Oberfläche kochen würden. Der Grund ist, dass durch den hohen Druck in der Tiefe der Siedepunkt des Wassers wesentlich höher liegt. Flüssiges Wasser steht dem Leben in der Tiefe in einem viel größeren Temperaturbereich zur Verfügung als an der Erdoberfläche. Dies kommt den Mikroben aufgrund der geringen Komplexität zugute, die im Gegensatz zu komplexeren Lebewesen auch bei größeren Temperaturschwankungen lebensfähig sind.

In der Tiefe brauchen Mikroben auch kein schlechtes Wetter, Superfluten oder verdampfende Ozeane zu fürchten. Es herrschen dort unten gleichmäßige Temperaturen, während an der Erdoberfläche gewaltige Temperatursprünge auftreten können. Damit das Wasser bei dem relativ niedrigen Druck der Erdatmosphäre flüssig bleibt, dürfen die Temperaturen nur in einem engen Bereich liegen, und zwar über lange geologische Zeiträume hinweg, um Leben zu ermöglichen und zu erhalten. Eine Voraussetzung, die in der Tiefe der Erde gegeben ist, abgesehen vom Umfeld aktiver Vulkane und anderen punktuell heißen Gebieten (Hot Spots).

Wir können festhalten, dass sich das Leben in der Tiefe über lange Zeiträume hinweg relativ ungestört entwickeln konnte bzw. kaum durch äußere Einflüsse gestört wurde. Das ohne Fotosynthese in der Tiefe existierende Leben ist universeller. Voraussetzung ist, dass die zu nutzende chemische Energie ständig dort unten zur Verfügung steht. Falls nicht, kann es kein beständiges Leben in der Tiefe geben. Genauer betrachtet muss diese Energie sogar aus tieferen Zonen von unten aufsteigen, wo Leben nicht mehr existieren kann, weil dort die Verhältnisse von Druck und Temperatur außerhalb des Lebensbereichs von Mikroben liegen: Ansonsten hätten sie die Quellen der Energie »trocken gelegt«. Quasi im Gegenzug wurden die Mikroorganismen über die Erdvergangenheit hinweg gleichmäßig mit chemischer Energie, vor allem mit Kohlenwasserstoffen, versorgt.

Blicken wir jetzt kurz zum Mars, dann erscheint es nicht mehr unverständlich, dass die Viking-Sonden 1976 dort kein Leben nachweisen konnten. An der Marsoberfläche ist dies nach den bisherigen Darlegungen kaum möglich. Höheres bzw. komplexeres Leben wird man meines Erachtens dort sowieso nicht finden. Die vorgenommenen Experimente zum Nachweis von Stoffwechsel-Produktionen und insbesondere der Nachweis einer Fotosynthese mussten negative Ergebnisse erbringen. Es besteht ja auch keine Notwendigkeit für mögliches Leben auf dem Mars, eine Fotosynthese zu entwickeln, da chemische Energie zur Genüge vorhanden ist. Die Viking-Experimente brachten erwartungsgemäß dementsprechend keinen Hinweis auf biologische Tätigkeit bzw. auf Kohlenstoff basierende organische Reaktionen, hingegen jedoch auf chemische. Jedenfalls wurden so die Messungen durch die NASA interpretiert. Die Messergebnisse werden von Vielen bis heute bezweifelt. Warum führte eigentlich keine der weiteren auf dem Mars gelandeten Sonden entsprechende Labore für Tests mit sich? Warum beschränkt man sich auf die Suche nach Wasser, dessen Existenz auf bzw. im Mars ich schon seit 1998 vorausgesagt hatte? Weil Evolutionsbiologen davon überzeugt sind, dass Wasser die wichtigste Voraussetzung für die Entwicklung von Leben darstellt. Diese Voraussetzung trifft aber nur für solches zu, das sich der Fotosynthese bedient, nicht aber für Leben, das sich unmittelbar und ausschließlich von chemischer Energie ohne den Umweg über Fotosynthese ernährt. Wasser gibt es zwar auf dem Mars, aber Hinweise auf Fotosynthese sind deshalb nicht wahrscheinlicher geworden.

Nach Untersuchungen des Kometenstaubes vom Kometen *Wild 2* konnten im Jahr 2009 auch mikroskopische Spuren der Aminosäure Glycin nachgewiesen werden. Es war der erste Nachweis für einen Grundbaustein des Lebens in einem Kometen (Elsila et al., 2011). Dies stützt die These, dass Leben nach bestimmten Gesetzmäßigkeiten allgemein entstehen kann, auch zum Beispiel in tieferen Bodenschichten auf dem Mars.

Ich konnte nicht herausfinden, ob die Experimente der Viking-Sonden überhaupt die Möglichkeit besaßen, Methan nachzuweisen. Zu damaliger Zeit, im Jahr 1976, wäre man bei einem Hinweis von Methan auf dem Mars glatt für verrückt erklärt worden. Warum erhält man heutzutage kaum Informationen über Methan-Funde? Nur um Spekulationen über das Leben auf dem Mars zu verhindern? Nein, weil man im Rahmen der Kosmologie keine Erklärung für massenhaftes Vorkommen von Methan auf manchen Planeten und deren Trabanten vorweisen kann.

Aber Methan ist als der häufigste Kohlenwasserstoff eine hauptsächliche Energiequelle für chemisches Leben, das als Vorstufe des Lebens durch Fotosynthese angesehen werden könnte. Da verschiedene Raumsonden seit den Viking-Missionen Beweise für chemische Reaktionen erbracht haben, befindet sich der Mars *nicht im chemischen Gleichgewicht*. Deshalb sollte dort zumindest eine Selbstorganisation stattfinden, durch die anorganische Strukturen entstehen, die denen der Erde ähneln. Da auch Kohlenwasserstoffe im Mars vorhanden sind, können dann auch analoge Strukturen in organischer Form entstehen. Selbstorganisation findet in der organischen und anorganischen Chemie überall nach den gleichen Gesetzen statt. Mit anderen Worten, in der Tiefe des Mars können durchaus Lebensformen (Mikroben) existieren, die sich rein von chemischer Energie ernähren. Es sucht aber niemand danach, weil nach Ansicht der Evolutionsbiologen Leben im Wasser entsteht und sich durch Fotosynthese, also nicht chemisch ernährt.

Es verhält sich aber umgekehrt: Warum sollten sich eventuell in der Tiefe des Mars vorhandene Mikroben auf Fotosynthese, also Lichtenergie zur Energiegewinnung auf dem Mars umstellen? Die mittlere Temperatur auf dem Mars beträgt –55 Grad Celsius. Diese liegt also außerhalb des Temperaturbereichs der maximalen Umwandlungswahrscheinlichkeit, denn die auf der Marsoberfläche herrschende Höchsttemperatur von +27 Grad Celsius liegt für eine Existenz von Mikroben so gerade im Grenzbereich. Zum Erreichen der idealen Temperatur, bei der sich komplexere Lebensformen bilden können, fehlen heutzutage auch unter günstigen Voraussetzungen etwa zehn Grad Celsius. Aber im Inneren des Mars gibt es diese ideale Temperatur, und es sollte dort unten einfaches, sich rein chemisch ernährendes mikrobiologisches Leben geben.

Kommen wir zurück zur Erde. Wir können aus den bisherigen Betrachtungen die Arbeitshypothese entwickeln, dass für die Entstehung des Lebens nicht die Erdoberfläche, sondern die Tiefe der wahrscheinlichste Ort war. Nach der Theorie vom Gas aus der Tiefe migriert und diffundiert ein Strom von Kohlenwasserstoffen aufwärts. Dort unten ist es aber viel zu heiß, als dass Mikroorganismen, die von Kohlenwasserstoffen leben, zu deren Quelle hinunter gelangen können. Deshalb versiegt diese auch nicht, da sie nicht »trocken gelegt« werden kann. Aber solches Leben existiert in höheren Schichten bzw. in Rissen und Poren in Gesteinen, stetig versorgt mit chemischer Energie über lange Zeiträume hinweg.

»Das wären ideale Bedingungen für die Entstehung des Lebens und für sein gutes Gedeihen. Die gleichen Bedingungen konnten es den mikrobiologischen Lebensformen später erlauben, eine breite Palette chemischer Fähigkeiten zu entwickeln. Bewegliche Abenteurer im äußeren Grenzbereich der unterirdischen Lebenswelt – vielleicht in der Nachbarschaft von Tiefseevulkanen – könnten dann wärmeempfindliche Pigmente entwickelt haben, um in die energiereichen Ausströmkanäle zu gelangen, ohne von ihnen in den lebenswidrigen kalten Ozean fortgerissen zu werden. Vermutlich war der erste wichtige Schritt zur Fotosynthese die Fähigkeit, sich aufgrund der Wahrnehmung von Wärmestrahlung zu orientieren und entsprechend zu navigieren. Zur Fotosynthese wäre es dann gekommen, wenn einige dieser Mikroben es für abenteuerlich genug gehalten hätten, an oder doch in der Nähe der Erdoberfläche zu leben und schließlich ihre Energieversorgung durch den Gebrauch des Sonnenlichts anzureichern« (Gold, 1999, S. 168 f.).

Das angesprochene Prinzip der Richtungsfindung aufgrund von Wärmestrahlung in der Nähe von Tiefseevulkanen könnte eine Vorform der Fotosynthese darstellen, wie bereits 1995 Euan G. Nisbet vermutete (vgl. Nisbet/Fowler, 1996). Im Prinzip handelt es sich wieder um ein Beispiel der Selbstorganisation, denn Bakterien folgen der höheren Konzentration des Lockstoffes und im vorliegenden Fall Mikroben der Stärke der Wärmestrahlung.

Hyperthermophile, also übermäßige Hitze liebende Archaeen und Bakterien, sind die ältesten Lebensformen. Thomas Gold (1999, S. 169 f.) vermutete deshalb sehr wahrscheinlich zu Recht, »dass der Bereich um die Tiefseevulkane der Ort war, an dem das Leben entstanden ist. Aber welche chemische Energie wäre dort zur Verfügung gestanden, wenn nicht jene Fluida, die aus der Tiefe aufsteigen und Energie aus Reaktionen mit Materialien gewinnen, denen sie auf dem Weg nach oben begegnen? Auch wenn sie die Hypothese, nach der das Leben an der Erdoberfläche entstanden sei, nicht ausschließen können, unterstützen empirische Beweise doch sehr stark die Vermutung, dass das Leben unter der Erdoberfläche entstanden ist«.

Umgekehrt müsste eine Antwort auf die Frage gefunden werden, was Lebensformen veranlasst haben könnte, von der Erdoberfläche in die Tiefe abzuwandern? Da sich die Fähigkeit zur Fotosynthese logischerweise vorher, bereits in einer früheren Phase entwickelt haben müsste, scheint es unwahrscheinlich, dass sich dieses Leben Bereichen mit hohen Drücken und Temperaturen anpasst und *gleichzeitig* die Fähigkeit erlernt, *ausschließlich* die dort unten verfügbare chemische Energie zu nutzen.

Die konventionelle Darstellung der Evolutionsbiologie, dass sich das Leben an einem Ort an der Erdoberfläche mit einer Wahrscheinlichkeit von ungefähr gleich Null rein zufällig gebildet hat, hatten wir allein schon wegen des chemischen Gleichgewichts in den Seen und Meeren verwerfen müssen. Dass Leben dann auch noch die unwirtlichen Tiefen der Erde besiedelte, erscheint fast völlig absurd, denn wie viele vergebliche Versuche hätte das Leben starten sollen? Gab es überhaupt genug Lebenseinheiten, um ein Himmelfahrtskommando »Invasion in die Tiefe« zu starten? Hinzu kommt, dass bisher keine Zwischenformen (Missing links) bei der Entwicklung der Arten (Makroevolution) nachgewiesen wurden, wie schon in meinen früheren Büchern ausführlich diskutiert. Die Funde deuten darauf hin, dass bereits zu Beginn des Lebens an Land alle Tierstämme existierten und bis zum heutigen Tag existieren. Deshalb hatte ich auch die Konstanz der Arten propagiert und mich entschieden gegen eine stammbaumartige Entwicklung gewandt – ausführlich siehe mein Buch »Die Evolutions-Lüge« (Zillmer, 2017). »Darwins Selektionsdruck ist zu gering, um eine Entwicklung neuer mehrzelliger Lebewesen zu erreichen«, schreibt Professor Dr. Wolfgang Kundt (2005, S. 207), *Universität Bonn*. Dieses Problem wird auch als »Darwins Dilemma« bezeichnet.

Es gibt keinen Stammbaum, obwohl sich alle Tiere und auch der Mensch genetisch ähneln. Eine Maus und ein Pferd zum Beispiel unterscheiden sich rein äußerlich total, aber alle Wirbeltiere haben die *gleichen Arten von Zellen und Molekülen*! Im Gegensatz zur sich tagtäglich vollziehenden Mikroevolution konnte eine Neuentwicklung von großen Tieren oder auch gänzlich neu auftauchender Organe in Form von Makroevolution bisher nicht nachgewiesen werden. Der Grund liegt auf der Hand, denn es erfolgt kein evolutiver Aufbau verschiedener Körperzellen von bereits vorhandenen Tieren zu neuartigen, sondern es ändert sich nur die Anordnung bereits vorhandener

Zellen sowie die Geschwindigkeit und Anzahl der Generationswechsel der verschiedenen Zellen, die lebensfähig gehalten werden. Mit einfachen Worten, es wird nichts langsam neu entwickelt, sondern es wird nur neu kombiniert, wodurch unmittelbar neue voll funktionsfähige Lebensformen entstehen. Darwin irrte!

Nach Aussage von Charles Darwin selbst müsste die kambrische Explosion – mit plötzlich auftauchenden und wie ingenieurmäßig geplanten Organen – das Ende der Evolutions-Hypothese eingeläutet haben. Denn er schreibt selbst: »Ließe sich irgend ein zusammengesetztes Organ nachweisen, dessen Vollendung nicht möglicherweise durch zahlreiche kleine aufeinander folgende Modifikationen hätte erfolgen können, so müsse meine Theorie unbedingt zusammenbrechen« (Darwin, 1859, S. 206). Und sie ist zusammengebrochen, denn man hat unzählige Fossilien gefunden, die auf lange Zeiträume hindeuten, in denen es nicht oder kaum zu Veränderungen gekommen ist, um dann plötzlich einen unmittelbaren Übergang ohne Zwischenstufen zu anderen Formen und Größen feststellen zu können – wie in meiner Filmdokumentation »Kontra Evolution« ausführlich dargestellt.

Im Wissenschaftsmagazin »Science« (Bd. 293, 20. Juli 2001, S. 438 f.) wird bestätigt: »Der Beginn der kambrischen Epoche ... erlebte das plötzliche Auftreten von fast allen Hauptgruppierungen der Tiere (Phyle) im Fossilnachweis, die bis heute noch überwiegend die Biota ausmachen« (Fortey, 2001).

Der britische Paläontologe Derek V. Ager gesteht ein: »Wenn wir den Fossilnachweis im Einzelnen untersuchen, ob auf der Ordnungs- oder Spezies-Ebene, tritt ein Punkt hervor: Was wir immer und immer wieder finden, ist nicht eine allmähliche Evolution, sondern eine plötzliche Explosion einer Gruppe ...« (»Proceedings of the British Geological Association«, Bd. 87, 1976, S. 133).

Übergangsformen wurden nicht gefunden, dagegen aber ein urplötzliches Auftreten neuer und vollkommener Tiere ohne jegliche Übergangsform. Ein solches Szenario lässt sich in Schichten aus dem Kambrium (590 bis 500 Millionen Jahre) nachweisen. Dieses wunderbare Ereignis, das vor 542 Millionen Jahren nach geologischer Zeitskala als eine Art Urknall der Evolution höher entwickelter Tiere startete, wird in der geologischen Literatur als »kambrische Explosion« bezeichnet, denn in den Schichten des Präkambriums (Erdfrühzeit) lässt sich organisches Leben nur in Form von Ein- und Mehrzellern nachweisen, die kein Skelett und kaum Hartteile aufweisen. Aber *plötzlich* wimmelt es von komplexen Lebensformen aller Art. Diese entstanden ohne lang andauernde Evolution und ohne Zwischenstufen, bewiesen durch die in geologischen Formationen enthaltenen »idealen« Fossilien ohne Übergangsformen oder Fehlentwicklungen.

Wenn wir aber berücksichtigen, dass alle Tiere genetisch eng verwandt sind und nicht neuartige Körperzellen für das Erscheinen neuer großer Tiere entwickelt werden, sondern sich nur die Anordnung der Zellen und die Geschwindigkeit sowie Anzahl der Generationswechsel der verschiedenen Zellen ändert, dann können scheinbar neuartige intakte Tiere urplötzlich auftreten. Beispiele gibt es genügend.

So wurde im Jahr 2008 in Fengzhang, China, anscheinend ein rosaroter Affe geboren. Seine vier Geschwister sind aber gesunde Ferkel. Tatsächlich hat dieses affenähnliche Wesen wie seine Geschwister Schweinepfötchen. Dieses Affen-Schwein starb wenige Tage nach der Geburt an einer Erkältung. Plötzliche »Artenverwandlung« ohne Zwischenstufen scheint keine Hexerei zu sein (Abb. 86).

Derart kann auch erklärt werden, warum funktionierende zusätzliche Körperteile unmittelbar ausgebildet werden können. 1697 geriet ein unbekannter türkischer Bogenschütze in Gefangenschaft, der zwei Köpfe hatte. Ulisse Aldrovandus (1642) berichtet, dass am schottischen Königshof um 1490 ein Monstrum aufgezogen wurde, das zur Bewunderung der Zuhörer zweistimmig gesungen haben soll. Es gibt neben anderen auch das Phänomen der Vielbrüstigkeit. Ein Holzschnitt aus dem 19. Jahrhundert zeigt eine junge Mutter mit einer zusätzlichen Brustdrüse am linken Oberschenkel. An dieser wurde ein Kleinkind bis zum 23. Monat gesäugt, während gleichzeitig ein Säugling an der Mutterbrust gestillt wurde. Ein anderes Phänomen ist der plötzlich auftretende Riesenwuchs. Der größte Mensch soll der 1940 gestorbene Amerikaner Robert Wadlow mit einer Größe von 2,72 Metern gewesen sein, gefolgt

Abb. 86: **AFFEN-SCHWEIN AUS CHINA.** Plötzliche »Artenverwandlung« ohne Stufenleiter der Darwin'schen Makro-Evolution.

Abb. 87: **DOPPELKÖPFIGER TÜRKISCHER BOGENSCHÜTZE.** Plötzliche Entstehung einer neuen, voll funktionstüchtigen Art. Für eine Fortpflanzung würden zwei gleiche Individuen benötigt. Dies funktioniert bei Säugetieren aufgrund der geringen Anzahl von Individuen und Generationswechsel normalerweise nicht, bei Mikroben hingegen manchmal doch, insbesondere falls es sich um einen Eigenkatalysator handelt. Aus: Holländer, 1921.

von Grady Patterson (2,65 Meter) und John F. Carrol (2,64 Meter). Wieso können plötzlich Lebewesen entstehen, die ganz anders aussehen, aber funktionsfähig sind?

Alles basiert anscheinend auf einer einzigen von der Natur entwickelten Zellenart! Zwar gibt es verschiedene, bestimmte Funktionen erfüllende Zellarten, aber diese entstehen aus sogenannten Stammzellen, einer Art Ursprungszellen. Diese haben je nach Beeinflussung das Potenzial, sich in jegliches Gewebe (embryonale Stammzellen) oder in bestimmte Gewebetypen (adulte Stammzellen) zu entwickeln. Stammzellen können auch Tochterzellen generieren, die selbst wiederum die Eigenschaften der Stammzelle besitzen. Über das jeweilige Schicksal der Zellen entscheidet dabei vor allem das biologische Milieu. Die hierbei zum Tragen kommenden Mechanismen sind noch nicht vollständig geklärt. Diese Stammzellen, die man als pluripotent bezeichnet, können sich zu jedem Zelltyp eines Organismus differenzieren, da sie auf keinen speziellen Gewebetyp festgelegt sind. Jedoch sind diese selbst nicht in der Lage, einen gesamten Organismus zu bilden. Leben ist scheinbar universell und beruht gleichzeitig auf bestimmten, anscheinend festgelegten Prinzipien, die an Selbstorganisation wahrscheinlich nicht zufällig erinnern. Im Prinzip muss sich nur einmal zu einem bestimmten Zeitpunkt eine einzelne Stammzelle entwickelt haben, die sich massenhaft reproduzierte. Es setzte dann eine funktionelle und strukturelle Spezialisierung in Form einer individuellen Entwicklung einzelner Zellen ein, einhergehend mit einer Abnahme der Zellteilungsrate und des Verlusts der Alleskönnerschaft.

Dagegen können zufällige Mutationen bei höher entwickelten Lebewesen kein angemessener Mechanismus für evolutive Veränderungen gewesen sein, denn es gibt körpereigene Reparaturmechanismen, die willkürliche Fehler beseitigen. Die nach Darwin erforderlichen Fehler in der Erbsubstanz, für diesen Fall dann *günstige* Mutationen genannt, würden daher eine exorbitant hohe Anzahl von Versuchen erfordern. Hierfür ist jedoch die Zahl der lebenden Exemplare einer bestimmten Tierart pro Dauer des jeweiligen Generationswechsels zu gering. Kann es nicht andere Gründe für genetische Abweichungen geben, als zufällige Fehler, die sich als günstige Mutationen auswirken sollen? Kann es einen Prozess der Selbstorganisation für die Entstehung von Leben geben?

Lebewesen, die in unendlicher Zahl vorkommen, bestehen aus nur einer Zelle. Im menschlichen und tierischen Darm befinden sich zum Beispiel *Escherichia coli*, kurz *E. coli* genannte Bakterien, die für die *chemische* Verdauung unserer Nahrung lebensnotwendig sind. Im Verdauungstrakt eines jeden Menschen gibt es etwa eine Million mal eine Million, also 10^{12} solcher Bakterien. Multipliziert mit der Anzahl lebender Menschen ergibt dies die unvorstellbare Anzahl von vielleicht etwa 10^{22} E. Coli-Bakterien. Diese vermehren sich bei normalen Bedingungen etwa alle 20 Minuten. Bei dieser unvorstellbar großen Anzahl von Vermehrungsmöglichkeiten ist es vorstellbar, dass ein Mikrobenstamm zufällig ein Enzym oder ein sehr komplexes Molekül »entwickelt« (synthetisiert), das in einem Stoffwechselprozess eine nützliche Funktion ausüben kann.

Vergleichen wir jetzt diese fast unendlich erscheinenden Entwicklungsmöglichkeiten mit denen von Säugetieren. Falls sich üppig vermehrende Mikrobenstämme einen Entwicklungsschritt möglicherweise in 100 Jahren schaffen, dann dauert dieser, übertragen auf makro-biologische Lebensformen, zum Beispiel bei Elefanten mit einem Generationswechsel von zehn Jahren, etwa 10^{18}, also eine Milliarde mal eine Milliarde Jahre.

Neben vielen empirischen Beweisen und Funden, wie in meinem Buch »Die Evolutions-Lüge« (2017) ausführlich dargestellt, spricht auch die Wahrscheinlichkeitsrechnung gegen eine Entwicklung einer günstigen Mutation bei makro-biologischen Lebensformen, denn für einen auch nur kleinen Entwicklungsschritt liegen eine Milliarde mal eine Milliarde Jahre außerhalb jeglicher Wahrscheinlichkeit. Um zu Veränderungen der inneren chemischen Prozesse zu gelangen, wären aber zahlreiche, *jeder* dieser schon für sich allein als unmöglich zu wertenden Zwischenschritte erforderlich. Deshalb führen zufällige Mutationen bei makrobiologischen Lebensformen häufig auch zu Schädigungen und nicht zu einer Weiterentwicklung.

Mit anderen Worten, eine makro-biologische Entwicklung »würde niemals stattfinden. Wir müssen uns nun fragen, ob solche genetischen Vorgänge in der Natur vorkommen. Dabei müssen sie zunächst als höchst unwahrscheinlich erscheinen. Sie müssen nur in einem für die Evolution zuträglichen Zeitraum zulassen, dass ein Molekül aus einer Mikrobe in das Material eines größeren gerät« (Gold, 1999, S. 179).

Auf diese Art und Weise übernehmen Mikroben zum Beispiel die chemische Verdauung im Verdauungstrakt eines jeden Menschen. Die Fähigkeit hierzu besaßen die Mikroben schon, bevor es Menschen gab, weshalb es auch keine makroevolutive Entwicklung im Menschen selbst gegeben hat, wie es sich Charles Darwin vorstellte. Dies schließt nicht aus, dass der bereits vorher funktionierende Bakterienstamm anschließend innerhalb eines anderen Organismus sich nicht noch weiter entwickelt, wie bereits beschrieben.

Größere Neuerungen in Bezug auf den Stoffwechsel wurden fast vollständig im Lebensbereich von Mikroben erzielt, wie überzeugende empirische Belege und theoretische Argumente von Lynn Margulis zeigen (»Journal of Theoretical Biology«. Bd. 14, Nr. 3, S. 255–274). Sie entwickelte die bereits von dem deutschen Botaniker Andreas Schimper (1883) postulierte und von Konstantin Mereschkowski (1905) erneut vorgeschlagene *Endosymbionten-Theorie*, die annimmt, dass die heutigen komplexen Zellen sich aus weniger komplexen Bestandteilen zusammensetzten und letztlich die *chemische Evolution* (!) den Ausgangspunkt der Entstehung von Lebewesen bildet.

Diese Theorie besagt weiter, dass die Zelle eines einzelligen Lebewesens durch einen anderen Einzeller einverleibt wurde und so zu einem Bestandteil der anderen Zelle und damit eines plötzlich entstandenen höheren Lebewesens wurde. Derart entstanden immer komplexere Lebewesen. Auch Bestandteile menschlicher Zellen gehen ursprünglich auf einzellige Lebewesen zurück.

Gehen wir zum Anfang der Entwicklung des Lebens zurück. Die Endosymbionten-Theorie besagt, dass in einer frühen Phase der Entwicklung im Bereich der Eukaryoten – in dem alle Lebewesen (höheren Organismen) mit Zellkern, Zellmembran und mehreren Chromosomen zusammengefasst sind – sogenannte zelluläre Lebewesen (Bakterien und Archaeen), die keinen echten Zellkern besitzen, durch einen Einstülpungsvorgang der Biomembran (Endozytose) in eine Vorläufer-Urzelle aufgenommen wurden. Derart entwickelten sie sich zu Organzellen. Mit anderen Worten, die Einzeller sind eine sogenannte Endosymbiose mit einer eukaryotischen Zelle eingegangen und leben *in* ihrer Wirtszelle zum gegenseitigen Vorteil.

Gerne wird diese Weiterentwicklung von Leben unter den Begriff Evolution gemäß Evolutionstheorie gestellt, aber es sollte klar geworden sein, dass *keine* unmerklich langsame Entwicklung von makro-biologischen Lebensformen gemäß Evolutionstheorie erfolgt, sondern es kommt zu einem schnellen Entwicklungssprung des aufnehmenden Organismus. Damit wird das in meinen Büchern postulierte Prinzip der Plötzlichkeit im Gegensatz zu einer kaum merklich vonstattengehenden Entwicklung nach Charles Darwin gestützt und begründet! Es wird aber auch bestätigt, dass durch Kooperation und eben nicht Darwin'scher Konfrontation ein besseres Ergebnis erzielt werden kann (Zillmer, 2005, S. 302 f.). Darwin irrte!

Man könnte sich jetzt vorstellen, dass immer komplizierter aufgebaute Lebewesen durch schnelle Entwicklungssprünge quasi ohne Zwischenschritte entstanden, nachdem ein bestimmtes Prinzip erst einmal erfolgreich war. Und falls es Zwischenschritte gab, waren diese schon zu dem Zeitpunkt funktionsfähig, als sie Teil des höher entwickelten Organismus wurden. Dagegen kann Darwins Gedanke von einer sich *unendlich langsam* vollziehenden Entwicklung nicht richtig sein, denn nur zum Teil entwickelte, noch nicht funktionsfähige Organe oder Extremitäten, zum Beispiel eine Zwischenstufe von Flosse und Hand, machen ein Tier zu einem Krüppel, das nach Darwins Gesetz ausgemerzt wird.

Hinzu kommt vielleicht noch ein anderer Mechanismus, der schnelle Entwicklungssprünge ohne Zwischenschritte ermöglichte, nämlich die Genübertragung von einem Organismus auf einen anderen (vgl. Miller, 1998). Diese gibt es bei Viren und wird horizontaler Gentransfer genannt. Es ist bekannt, dass Bakteriophagen (kurz: Phagen), eine bestimmte Gruppe von Viren, ihre Erbsubstanz in Wirtszellen injizieren, wodurch Bakterien oder Archaeen massiv verändert werden. Beispielsweise zeigt das Stickstoff fixierende *Azotobacter vinelandii* nach Aufnahme des Bakteriophagen A21 eine völlige Verwandlung in Gestalt, Begeißelung und Zellhülle. Solche Zellen, die vom Stammorganismus derart stark abweichen, wurden ursprünglich für andere Organismen gehalten. Jedoch fand man inzwischen heraus, dass eine fremde Art nur so lange vorzuliegen schien, wie sich das fremde Erbgut (Phagen-Genom) in der Wirtszelle befand. Der Vorgang der Veränderung konnte hernach rückgängig gemacht werden, war also reversibel. Durch Übertragung von Genen entsteht aber keine neue genetische Information, sondern vorhandene Gene werden zwischen verschiedenen Individuen neu verteilt. Es handelt sich um Mikro-, aber eben nicht um Makro-Evolution, da nichts universell Neues hinzugefügt wird.

Kann genetisches Material in der Natur von einer Gattung auf die andere übertragen werden, dann bekommt das Zusammenleben bestimmter unterschiedlicher Kreaturen zum wechselseitigen Vorteil eine tragende Bedeutung: Kooperation statt Konfrontation (vgl. »Die Evolutions-Lüge«, 2017, S. 300 ff.).

Man kann heutzutage bei unterschiedlichen Lebewesen verschiedene Stadien zwischen Symbiose und Endosymbiose beobachten, beispielsweise leben die Wurzeln einiger Pflanzen in Symbiose mit Stickstoff fixierenden Bakterien oder aber Blattläuse in Symbiose mit Algen oder Bakterien. Könnten sich solche Kolonien auch ihr genetisches Material mitgeteilt haben? Für diesen Fall entsteht allein dadurch schon ein neuer komplexer, vielzelliger Organismus, ohne makro-evolutive Zwischenschritte. Bereits Vilmos Csányi (1989) hat als bestmögliche Erklärung für die grundlegenden Unterschiede der Zelltypen im Tierkörper die symbiotische *Verschmelzung* verschiedener *mikro*biologischer Stämme vorgeschlagen.

Mutationen können erfolgreich nur bei Mikroben aufgrund der unvorstellbar riesigen Anzahl und schnellen Fortpflanzungsrate erfolgen. Für höher entwickelte Tiere gilt dies nicht, wie in dem Buch »Evolution« von Ruth Moore (1970, S. 91) bestätigt wird: »Die Arbeit in vielen Laboratorien zeigte, dass die meisten Mutationen schädlich sind und die drastischen sogar gewöhnlich tödlich verlaufen. Sie schlagen gewissermaßen die falsche Richtung ein, in dem Sinne, dass jede Veränderung in einem harmonischen, gut angepassten Organismus sich nachteilig auswirkt. Die meisten Träger tiefgreifender Mutationen bleiben nie lange genug am Leben, um die Veränderungen ihren Nachkommen zu vererben.«

Wenn man in einem Roboter oder spezialisierten Organismus eine planlose Veränderung durchführt, wird der Mechanismus sicher nicht verbessert, sondern aller Voraussicht nach beschädigt, oder bestenfalls zeigt sich gar keine Auswirkung. Ein komplexer Mechanismus, der leben soll, muss von vornherein, also unmittelbar funktionieren. Etwas vereinfacht könnte man das hier vorgeschlagene Prinzip mit einer industriellen Fertigungsstraße in modernen Autofabriken vergleichen. Dort werden die jeweils bereits funktionierenden, außerhalb des Montageortes gefertigten kompletten Bauelemente in ein vorhandenes System integriert.

Entwicklungssprünge erfolgen daher nicht über den Aufbau unterschiedlicher Körperzellen von größeren Tieren, sondern in der Anordnung dieser Zellen und in der Geschwindigkeit und Anzahl der Generationswechsel der verschiedenen Zellen, die unterhalten werden. Mikroben ragen hier durch die Vielfalt ihrer Stoffwechselmöglichkeiten heraus. Endosymbiose und Gentransfer sind vielfältige Wege, um *plötzliche* Entwicklungssprünge zu ermöglichen.

Wenn diese beschriebenen Vorgänge und Szenarien so stattfinden, »dann sollten wir die große Vielfalt der Lebensformen über die Zeiten nicht als einen Stammbaum der Evolution beschreiben, bei dem sich jeder einzelne Zweig aus sich selbst in einzelne, neue Gattungen weiterentwickelt hat. Wir denken dann eher an eine insgesamt zusammenhängende Evolution irdischen Lebens. Dabei würde aber das Leben weiterhin eng miteinander und mit dem Bestand höchst produktiver Gene, dem der Mikroorganismen, in Beziehung stehen«, gibt Gold zu bedenken (1999, S. 183).

Man könnte deshalb behaupten, ohne Mikroorganismen gibt es kein komplexes Leben, wie wir es auf der Erde kennen. Das Leben kann kaum an der Erdoberfläche entstanden sein, sondern entwickelte sich in der Tiefe. Unser Ausgangspunkt war die unter der Erdoberfläche stattfindende chemische Selbstorganisation. Seltsamerweise hatten wir anorganische Strukturen entdeckt, die den organischen zum Verwechseln ähnlich sind. Es handelt sich um zwei verschiedene Entwicklungsrichtungen, die jedoch durch dasselbe Prinzip geprägt wurden: Selbstorganisation. Wir können deshalb *nicht* erwarten, dass aus anorganischen Strukturen plötzlich lebende werden, da alle uns bekannten Lebensformen auf Kohlenstoffbasis aufgebaut sind.

Es wird wahrscheinlich auch kein einzelner Schritt auszumachen sein, der ein Stadium der belebten Materie von der strukturell gleichen, aber unbelebten Materie trennt und dementsprechend ein Bindeglied darstellt, da diese Entwicklung ausschließlich im Bereich der Mikroorganismen vorgekommen sein kann. Die belebte Zelle ist also nicht plötzlich und zufällig entstanden, wie man mithilfe der »statistischen Chemie« zeigen kann. Die belebte Substanz besteht aus Verbindungen mit Kohlenstoff. Der Urahn des Lebens sollte deshalb ein Mineral des Kohlenstoffs sein. Hierzu passt Grafit als stabile Form des Kohlenstoffs, da dieser viele Stoffe absorbieren kann und chemisch aktiv ist (Oesterle, 1990).

Die intensiven Forschungen von W. J. Sawenkow (1991) haben gezeigt, dass die belebte Zelle durch Selbstorganisation von fadenförmigen Grafitkristallen mit schraubenartigen Dislokationen (Versetzungen) entstanden sein kann, die um diese herum Hüllen aus organischen Stoffen gebildet haben. Der Abstand zwischen den Windungen im Grafitkristall und denen im DNS-Faden ist ungefähr gleich. Der bekannte österreichische Wissenschaftler Erwin Schrödinger (1951) glaubte, dass die genetischen Informationen in so etwas wie einem »aperiodischen Kristall« verschlüsselt sein könnten, der sich immer wieder aufzubauen vermag.

Die Natur hat nur 20 Aminosäuren als Bausteine der Proteine ausgewählt, die genügend Kombinationsmöglichkeiten bieten, um alle für das Leben notwendigen Eiweiße entstehen lassen zu können. Bei diesen chemischen und physikalischen Vorgängen wird Energie benötigt, die zugeführt werden muss. Stanley L. Miller versuchte, wie bereits beschrieben, dies nachzuahmen, indem er ein Gemisch aus einfachen chemischen Substanzen in einer hypothetischen Uratmosphäre *elektrischen Entladungen* aussetzte, die Blitze simulieren sollten. Danach konnten Aminosäuren und andere Substanzen, also Grundbausteine von Biomolekülen, nachgewiesen werden.

Obwohl so an der Erdoberfläche kein Leben entstehen kann, sind die elektrischen Entladungen interessant und simulieren die Verhältnisse in der Tiefe analog unserer Theorie der kalt-elektrischen Erde, da es in der Tiefe Entladungen gibt bzw. elektrische Ströme fließen. Da auch die von Miller vermischten Substanzen in der Tiefe vorhanden waren, könnten derart dort Aminosäuren entstanden sein.

Auch auf Kometen könnten diese Prozesse ablaufen, da zwischen der kalt-elektrischen Urerde und den Kometen kein wesentlicher Unterschied besteht, außer dass die Druck- und Temperaturverhältnisse etwas anders sind. Deshalb verwundert es nicht, dass in Kometen, in denen die von Miller verwendeten chemischen Substanzen vorkommen, auch ohne Atmosphäre Aminosäuren entstehen können.

Der bereits im Jahr 1864 in Frankreich niedergegangene Orgueil-Meteorit wurde 2001 erneut untersucht. Pascale Ehrenfreund von der Sternwarte im niederländischen Leiden untersuchte eine relativ einfache Mischung von Aminosäuren, die *nicht* durch irdische Verschmutzung in den Felsbrocken gelangt waren. Diese Ergebnisse wurden dann mit den vorliegenden Untersuchungen von drei anderen Meteoriten verglichen: Murchison, Murray und Ivuna. Die ersten beiden enthielten eine sehr komplexe Mischung von Aminosäuren, während in Ivuna und Orgueil im Wesentlichen zwei verschiedene Aminosäuren nachgewiesen wurden.

Auch im Weltall hat man Derartiges entdeckt: Glycin (Amino-Essigsäure), die kleinste und einfachste Protein aufbauende Aminosäure (Belloche et al., 2008). Glycin ist ein wichtiger Knotenpunkt im Stoffwechsel und wichtiger Bestandteil nahezu aller Proteine.

Die Rolle der elektrischen Energie wird gerne vernachlässigt, ob bei Millers Experimenten, der Bildung von Lebensbausteinen allgemein oder auch der Funktionsfähigkeit von komplexen Biokörpern – aber auch in der Geologie. So lassen sich durch naturverwandte Elektrolyse-Experimente rhythmische Mineralgefüge erzeugen, wie zum Beispiel Bänderungen, die bislang durch Schwerkraft oder sequenzielle Stoffzufuhr nicht hinreichend erklärt werden konnten (Jacob et al., 1992). Mit anderen Worten, im Labor können mit der Durchleitung von elektrischem Strom *in wenigen Tagen* Bänderungen und andere seltsame Gefüge in homogenen Mineralgemischen erzeugt werden, die nach konventioneller Ansicht Millionen von Jahren für ihr gebändertes Erscheinungsbild benötigen!

Das Streben der offenen chemischen Systeme zur maximalen Standfestigkeit, auch konservative Selbstorganisation genannt, ist die Triebkraft der Entwicklung. Derart werden nicht nur Lagerstätten, sondern auch Bändergefüge in der Lithosphäre gebildet. Dies geschieht analog zu periodischen Strukturen in der physikalischen Chemie durch interne Selbstorganisation.

Man kann also behaupten, das Leben auf der Erde ist genauso gesetzmäßig entstanden wie zum Beispiel Mineralien. Niemand behauptet, dass Mineralien aus dem Weltall auf die Erde importiert sein müssen. Ebenso wenig stammt das Leben auf der Erde ursprünglich aus dem Weltall. Da die Entstehung des Lebens einerseits durch Selbstorganisation und die Gesetzmäßigkeiten der Mikroevolution beschrieben werden kann, und es andererseits eine sich langsam vollziehende Makro-Evolution komplexer Lebenssysteme gemäß Darwin'scher Evolutionstheorie nicht gibt, möchte ich einen neuen Begriff für die zuvor skizzierte Entstehung des Lebens durch Selbstorganisation einführen und dieses Prinzip »autogene Bioorganisation« nennen.

Wie schnell entwickelte sich das Leben? Die Wahrscheinlichkeitsrechnung führt uns in den Bereich unvorstellbar großer Zahlen, in dem sich das erste magische Molekül inmitten einer großen Zahl nutzloser Begleiter gebildet haben soll. Dieses allein kann eigentlich gar nichts bewirken, außer es ist in der Lage, sich schnell zu reproduzieren, um derart in kurzer Zeit den gesamten Bestand der »Ursuppe« zu besiedeln. Dies ist der Fall, falls es sich um einen sogenannten Eigenkatalysator gehandelt hat. Ein normaler Katalysator veranlasst nur die Bildung von irgendwelchen anderen Molekülen, aber ein Eigenkatalysator lässt aus den chemischen Bestandteilen der »Ursuppe« immer wieder Kopien seiner selbst entstehen.

Da die reproduzierte Kopie dem Original gleich ist, arbeitet auch diese als Eigenkatalysator und lässt wiederum Kopien entstehen. Da auch diese Kopien wieder Kopien erzeugen, wächst die Anzahl dieser Moleküle exponentiell rasend schnell. Nach einem Tag gibt es vielleicht zwei, nach zwei schon vier, nach nur 30 Tagen schon rund eine Milliarde und bereits nach 60 Tagen theoretisch mehr als 10^{18} Moleküle, also eine Milliarde mal eine Milliarde.

Natürlich wird dieser Prozess begrenzt, einerseits durch einen auftretenden Mangel an Nachschub bestimmter Elemente bzw. Atome und andererseits durch das maximale Porenvolumen in den Gesteinen der Lithosphäre. Damit Mikroben noch tief unter der Erdoberfläche in dem Gestein leben können, muss dieses mit Rissen und Klüften durchzogen sein.

Überholte Geologie-Lehrbücher

Das tiefste Loch in die Erdkruste wurde im Norden Russlands gebohrt und erreichte eine Tiefe von gut elf Kilometern. Noch in dieser Tiefe wurde fließend heißes, mineralhaltiges Wasser in Rissen des aus Granit bestehenden Grundgesteins gefunden (Kozlovsky, 1982).

In Deutschland wollte man noch tiefer, zumindest aber zehn Kilometer tief bohren und startete das kontinentale Tiefbohrprogramm der Bundesrepublik Deutschland (kurz: KTB) nahe der Stadt Windischeschenbach. In diesem Bereich stoßen angeblich die Kontinentalplatten »Ur-Europa« und »Ur-Afrika« aneinander. Vor 320 Millionen Jahren soll es hier deshalb ein Gebirge mit den Ausmaßen des Himalajas gegeben haben, das angeblich wieder abgetragen wurde – allerdings handelt es sich nur um ein rein der Plattentektonik geschuldetes Gedankenmodell. Man kann die heutigen geologischen Formationen auch alternativ ohne urzeitliches Gebirge durch eine Expansion der Erde erklären.

Wie auch immer, die Bohrung musste am 12. Oktober 1994 vorzeitig abgebrochen werden, da alle geologischen Erwartungen und Voraussagen über den Haufen geworfen wurden. Ein Ziel des Projekts, die angeblich vor 320 Millionen Jahren zwischen den tektonischen Platten gebildete Naht nachzuweisen, schlug fehl. Außerdem floss überreichlich salziges Wasser, das sich bereits in höheren Lagen in das Bohrloch ergoss, zum Erstaunen der Geophysiker auch noch in einer Tiefe von etwa acht Kilometern:

»Man denkt normalerweise, dass das darüber liegende Gestein die Risse dort unten schließt, weshalb das Bohrloch dort unten mit der Tiefe trockener werden sollte, aber es verhielt sich genau umgekehrt«, stellt Karl Fuchs von der Universität Karlsruhe fest (»Science«, Bd. 266, 28, Oktober 1994, S. 545).

Weil in diesem Wasser auch metallhaltige Minerale enthalten sind, widerspricht diese Entdeckung der Ansicht vieler Geophysiker vom Bild der geologischen Formationen. Auch die Ansicht, bis in welche Tiefe Risse im Grundgestein vorkommen, musste geändert werden. Die Bohrergebnisse werden offiziell derart kommentiert, dass man das Projekt vorzeitig beendet hatte, da man früher als erwartet alle erwünschten Ergebnisse erhalten habe. Aber das Gegenteil ist der Fall, nur es wird darüber offiziell nicht diskutiert, und die kontroversen Ergebnisse werden von einigen Forschern nur in aller Stille beachtet. Dr. Peter Kehrer wurde 1994 im Fachmagazin »Science« zitiert (ebd., S. 545):

»Das durch das Tiefbohrprogramm erhaltene Wissen bedeutet, dass die Geologie-Lehrbücher umgeschrieben werden müssen.« Ein Ziel des Projekts war, die Zone zu erreichen, in der durch hohe Temperaturen und hohen Druck der Fels von einem festen Gefüge, welches reißt, in ein »fließendes« Gestein transformiert wird. Die KTB-Forscher hatten nicht erwartet, dort unten einen »brüchig-biegsamen Übergang« zu finden, unter dem normalerweise keine Erdbeben vorkommen, bevor nicht eine Tiefe von zehn Kilometern und eine Temperatur über 300 Grad Celsius erreicht wird. Deshalb sind die Meinungen geteilt, ob bereits in 9,1 Kilometern Tiefe bei einer Temperatur von »nur« 280 Grad Celsius der Beginn der Übergangsphase erreicht wurde.

Beweise für eine Plattenverschiebung in Form von weichen, wasserhaltigen Mineralien (Fluida) wurden nicht erbracht. Auch ein Verschieben oberhalb des Bereichs von durch Flüssigkeitsdruck erzeugten Rissen, was auf dehnbare Felsen und Verschiebungsszenarien in der Übergangszone hindeuten würde, konnte nicht festgestellt werden. Tatsächlich war man gezwungen, die Bohrung zu beenden, da sich das Bohrloch immer wieder schloss (Kerr, 1994). Eine Fortsetzung der Bohrung war technisch überhaupt nicht möglich!

Wir können festhalten, dass bis in etwa acht Kilometern Tiefe salziges Wasser in das Bohrloch floss und erst in neun Kilometern Tiefe der Granit von einem festen in einen plastischen Zustand transformiert wurde. Es gibt unterschiedliche Meinungen unter Fachleuten, aber es wurden die Voraussagen über das angebliche Verhalten tektonischer Platten in dieser Tiefe nicht bestätigt. Die Plattentektonik-Hypothese wurde definitiv in Frage gestellt!

Wenn man, wie zuvor zitiert, der Meinung ist, dass die geologischen Schichten mit der Tiefe durch zunehmenden Druck zusammengequetscht werden, sodass schließlich alle Poren geschlossen sind und aufgrund der höheren Temperatur diese Schichten beginnen plastisch zu werden, dann geht man von ganz falschen Voraussetzungen aus. Tatsächlich stimmen die bis in etwa 9000 Metern Tiefe vorgefundenen Bedingungen mit der hier zugrunde gelegten Theorie überein, die Gasquellen in noch größerer Tiefe voraussetzt.

Berücksichtigen wir das in etwa acht Kilometern ins KTB-Bohrloch noch eingeströmte Wasser, dann kann sich das der Dichte des Wassers entsprechende Druckgefälle des Porenraums im Gestein nicht über eine bestimmte Tiefe hinaus fortsetzen, weil das Gestein eine *begrenzte* Festigkeit besitzt. Wird die Bruchfestigkeit überschritten, gibt das Gestein langsam nach, und die Poren schließen sich, da das Gestein plastisch fließt. Dies ist exakt der durch die Tiefbohrung in neun Kilometer nachgewiesene Zustand! Gleichzeitig wird die Kontinuität des Porendrucksystems, also der untereinander verbundene Porenraumbereich unterbrochen, und es fließt kein Fluid mehr (Abb. 88). Bis in diesen Bereich hinein erfolgte die Tiefbohrung bei Windischeschenbach, und die Bohrung konnte nicht fortgesetzt werden.

Die Höhe eines solchen Bereichs hängt ab von der Dichte des Gesteins, der Dichte des Fluids bei entsprechend herrschendem Druck, der Festigkeit des Gesteins unter Kompression und natürlich der dort unten herrschenden Temperatur. Für Methan und hartes kristallines Gestein beträgt diese Höhe unter normalen Umständen (Temperaturverlauf) zwischen vier und acht Kilometer.

Wenn Flüssigkeiten ausschließlich von oben hinab in die Tiefe kommen würden, dann gäbe es *unterhalb* der kritischen Tiefe, in der das Gestein keine Porosität mehr aufweist, keine

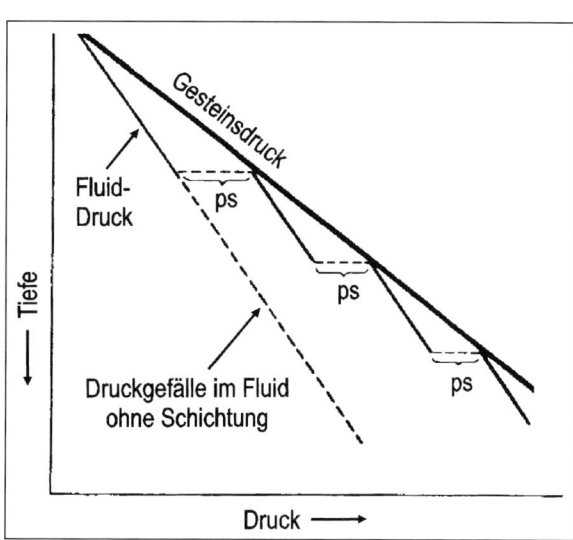

Abb. 88: **DRUCKGEFÄLLE.** Die schematische Darstellung zeigt das Drucksystem in Gestein und in den darin enthaltenen Porenräumen, die mit Fluid gefüllt sind. Die Höhe eines fluidgefüllten Bereichs ist begrenzt, weil das Gestein nur einem begrenzten Druckunterschied standhält. Für Fluida, die weniger dicht sind als Gestein, versagt dieses bei Druckspannung (Kompression) an der Unterseite und bei Zugspannung an der Oberseite eines Schichtbereichs, der eine bestimmte Höhe überschreitet (ps = kritischer Druck im Gestein). Bereiche mit dieser kritischen Höhe wandern nach oben. Nach Gold (1987, S. 83).

Flüssigkeiten mehr. Falls es jedoch weit unterhalb dieses kritischen Niveaus wiederum Flüssigkeiten (Fluida) gibt, dann ist die Situation eine gänzlich andere. Dieses Szenario wurde bereits ausführlich beschrieben und begründet von Thomas Gold (1987, S. 81 ff.).

Nachdem die Poren am Grunde eines Bereichs, wie am Ende des KTB-Bohrlochs in 9100 Metern Tiefe, zusammengefallen sind, liegt dieser Bereich nunmehr über der Zufuhrquelle und bildet eine Art undurchlässigen Deckel. Durch die weiterhin von darunter aufsteigenden Flüssigkeiten (Gase) steigt der Druck mit der Zeit in der Deckelschicht wieder an, und es wird neue Bruchporosität geschaffen oder reaktiviert. Der von unten erzeugte Druck wird nach gewisser Zeit höher sein als derjenige, der sich aus dem oberen Bereich aufbaut. Mit anderen Worten, die aufsteigenden Gase brechen die vorher dichte, also keine Poren beinhaltende Deckelschicht auf.

Durch die geschaffene Bruchporosität setzt eine sehr schnelle Aufwärtsströmung der Gase in den über der kritischen Schicht liegenden Bereich ein. Der Druck im Bereich der neu geschaffenen oder reaktivierten Brüche fällt dann aber sehr schnell ab, und die Poren fallen wieder zusammen – es entsteht erneut eine kritische, undurchlässige Schicht, bis sich wieder genügend Fluida darunter aufstauen. Da die in den höheren Schichtbereich aufgestiegenen Flüssigkeiten dort zusätzlichen Druck erzeugen, wird auch in dieser neue Porosität geschaffen, während die darunter befindliche zusammenfällt. Unter Beachtung der Festigkeits- bzw. Materiallehre ergibt sich die einfache Regel: In dem Augenblick, in dem ein Bereich mehr Höhe überspannt, als aus Gleichgewichts- und damit Stabilitätsgründen möglich ist, steigt das Fluid »etagenartig« in einer Aufwärtskaskade nach oben, während *das Gestein in demselben Bereich verbleibt*.

Weil das Druckgefälle in allen verbundenen Porenräumen notwendigerweise vom Druckgefälle im Gestein abweicht, können sich diese nur über ein begrenztes Höhenintervall ausbilden. Die Flüssigkeiten sind also mit zunehmender Tiefe bereichsweise gestaffelt. Jeder Schichtbereich enthält »freies« Wasser, das mir die Bohringenieure auf den Erdgasfeldern westlich von Ft. Worth in Texas als »Formationswasser« beschrieben. Den Grund hierfür finden wir in der Festigkeitslehre, denn die Flüssigkeiten müssen sich selbst durch eine Reihe von Druckgefällen schrittweise an das Druckgefälle im Gestein annähern (Abb. 89). Dies kann aber nur geschehen, falls es voneinander unabhängige Bereiche mit Formationswasser gibt.

Also dringen von unten Flüssigkeiten in den darüber liegenden Bereich ein. Dies kann durch Risse und Spalten oder eine langsame Diffusion von Molekülen erfolgen. Der kontinuierliche Aufstieg von Fluida (Gas) aus tiefer

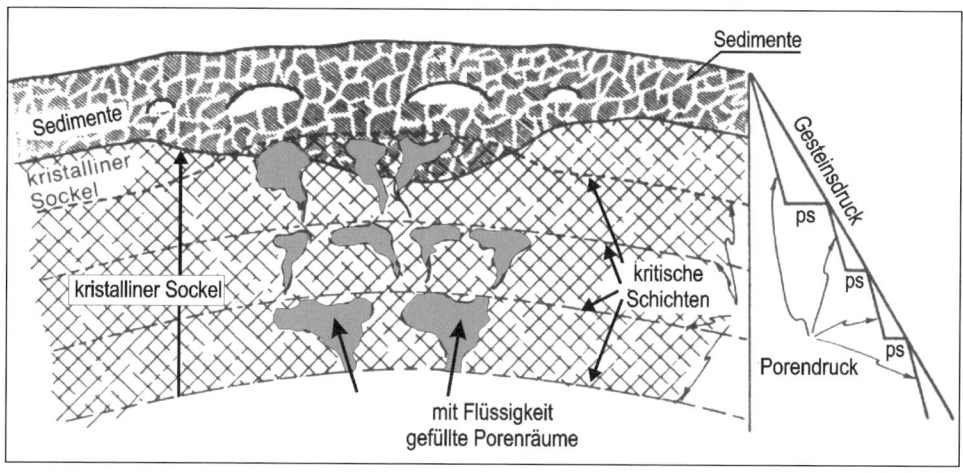

Abb. 89: **DRUCKSYSTEME**. Einzelne stockwerksweise abgegrenzte Bereiche, die eine senkrechte Folge von Drucksystemen bilden, sind mit Flüssigkeiten gefüllt (vgl. Abb. 88) und werden durch kritische Schichten begrenzt, die kontinuierliche horizontale Flächen darstellen – ohne notwendigerweise eben zu sein. Die Flüssigkeiten (Fluida, Gase) strömen stockwerksweise nach oben, nachdem Bruchporosität in der oberhalb befindlichen kritischen Schicht erzeugt wurde (ps = kritischer Druck im Gestein). Dringen Fluida schließlich in die über dem kristallinen Sockel liegenden Sedimente ein, können Schichten geringer Durchlässigkeit Gesteinskappen schaffen, unter denen sich eine Lagerstätte, also ein Reservoir bildet. Das waren die hauptsächlich gesuchten Formationen bei der Suche nach Erdöl und Erdgas. Nach Gold, 1987. Schneller steigen Flüssigkeiten jedoch durch Brüche, Spalten und Verwerfungen in der Erdkruste auf (vgl. Abb. 90, S. 239).

liegenden Schichten sorgt dafür, dass die übereinander gestapelten Bereiche nacheinander, mehr oder weniger langsam, immer wieder aufgefüllt werden. Derart kann die Tatsache erklärt werden, dass sich ausgebeutete Gas- und Ölfelder regenerieren.

Als die Geologen des 19. Jahrhunderts durch den Einfluss der Evolutionstheorie das Gleichförmigkeitsprinzip akzeptierten und ihr Weltbild neu entwickelten, wusste man nicht, dass tief unter der Erdoberfläche Flüssigkeiten in riesigen Mengen vorkommen. Man ging deshalb davon aus, dass nur die Festigkeit des Gesteins maßgebend ist. Heute wissen wir mehr, und jeder Bauingenieur, der wie ich Ingenieur-Geologie studiert hat, kann das hier beschriebene Szenario unter Berücksichtigung der Festigkeitslehre leicht nachvollziehen, falls dort unten Flüssigkeiten bzw. Gasquellen existieren.

Nun könnte der Einwand kommen, das aufsteigende Methan werde durch den in den Gesteinen enthaltenen Sauerstoff oxidiert, sodass kein Methan über größere Bereiche hinweg aufsteigen kann. Es existieren auch entsprechende Berechnungen, die aber immer nur von einer kleinen Menge Methan ausgehen. Unter dieser Voraussetzung wäre der Einwand gerechtfertigt, aber es verhält sich anders. Ein Ausgasungsprozess, der »Wege« ins porenlose Gestein bricht, setzt eine große und eben nicht kleine Menge von Gas voraus. Die Sauerstoffmenge entlang der freigesprengten Wege und Gesteinsflächen, die an die mit Gas gefüllten Risse stoßen, ist begrenzt! Wenn der in diesen Bereichen vorhandene Sauerstoff erst einmal aufgebraucht ist, findet in diesem Bereich keine weitere Oxidation statt, und nachfolgendes Gas migriert unverändert in höhere Bereiche.

Dieser Ausgasungsprozess kann die Erklärung für verschiedene katastrophische Ereignisse sein, die sich in zeitlichen Abständen wiederholen. Dringt Gas in Lavaschlote ein, die über lange Zeiträume nicht aktiv waren, löst dies heftige Aktivität aus. Tatsächlich kann bei Vulkanausbrüchen auch Methan nachgewiesen werden. Jedoch wird das meiste Gas auf dem Weg nach oben vor Erreichen der Erdoberfläche oxidiert, und es entsteht Wasserstoff und Kohlendioxid. Deshalb, oft unbeobachtet und unkommentiert, entweichen riesige Wolken von Wasserdampf aus den Vulkanschloten. Dies konnte Anfang August 2001 am Ätna auf Sizilien beobachtet werden. Gerne übergeht man diese Tatsache, da die konventionelle Geophysik keine überzeugende Erklärung für diese Wasserdampfwolken besitzt.

Gasausbrüche werden im Zusammenhang mit Erdbeben als plötzlich auftretende Vorläufererscheinungen zwar von Tieren und manchmal auch von Menschen registriert, allerdings nicht von Geowissenschaftlern, die fernab des Geschehens auf Ausschläge ihrer seismischen Geräte warten. Gasausbrüche sind auch für plötzliche Aktivitätsphasen bei Schlamm- wie Lavavulkanen verantwortlich, weshalb diese auch oft mit Erdbeben verbunden sind. Solche Aktivitäten sind aber auch mit elektrischen Feldern in der Erdkruste verbunden, die sich von Zeit zu Zeit entladen, weshalb bei Vulkanausbrüchen oft Blitze zu sehen sind oder elektrische Funken zur Entzündung des aus der Erde herausschießenden Gases führen, manchmal hohe Flammenzungen erzeugend, wie die bereits beschriebenen über 2000 Meter hohen in Baku (vgl. Foto 10).

Durch das Temperaturgefälle im Erdinneren und die Diffusion der Elektronen aus dem Erdinneren (Thomson-Effekt) entsteht ein elektrisches Feld an der Erdoberfläche (Oesterle/Jacob, 1994). Die Kimberlitröhren, diamantführende senkrechte Schlote, können deshalb durch Kurzschlüsse dieser Thermo-Elektrizität entstanden sein, wobei auch plötzliche, impulsive Druckänderungen vorkommen. Diese »Durchschlagsröhren« entstehen dort, wo extreme Wärmeansammlung (Akkumulation) und steile Temperaturgefälle am stärksten ausgebildet sind. »Starke Magnetfeldanomalien bestätigen die ›elektrische‹ Genese (Herkunft) der Kimberlitröhre« (Oesterle, 1997, S. 99).

Solche Gasausbrüche mit, aber auch ohne elektrische Entladungen am Grunde von Ozeanen sind in der Lage, plötzlich *alle* Moleküle der gesamten, mehrere Kilometer hohen Wassersäule in Schwingungen zu versetzen, wodurch ein sich blitzschnell ausbreitender Tsunami entsteht (s. S. 149f.). Eine gegebenenfalls auch ruckartige zentimeterweise Bewegung von tektonischen Platten reicht dagegen impulsmäßig nicht aus, um einen Tsunami zu erzeugen. Es sind große Bewegungen der Ozeankruste erforderlich!

Treten Gase unter Wasser aus, sind sie an aufsteigenden Blasen erkennbar. In trockenen Gebieten kann man bei Windstille manchmal beobachten, wie stärkere Gasströmungen losen Sand in Bewegung versetzen. Aber Erdgas tritt nicht immer gleichmäßig strömend wie ein ununterbrochener Hauch aus, sondern manchmal plötzlich, wiederholt plötzlich oder explosionsartig. Eine solch plötzliche Gasentladung führte zu den Erdbeben (nicht umgekehrt!) vor Sumatra und zum fürchterlichen Tsunami 2004 im Indischen Ozean.

»Untermeerische Gasausbrüche kennt man vom Kaspischen Meer, an der Küste Birmas und Borneos, an der Küste von Peru und im Golf von Paria zwischen Trinidad und Venezuela. An der Küste von Baku strömten bei Bibi Eibat untermeerische Gasquellen manchmal plötzlich mit solcher Heftigkeit aus, dass Boote kenterten, wenn sie dem Strudel zu nahekamen. Bei ruhiger See sind solche Gasausbrüche weithin sichtbar. An der Südostecke von Trinidad hat man untermeerische Gasexplosionen beobachtet, welche Wassersäulen emporwarfen, die von Pech und Petroleum begleitet waren« (Stutzer, 1931, S. 280).

Erdgasquellen können aber auch jahrelang brennen, wie die ewigen Feuer des Altertums. Die schon von Herodot erwähnte Schimäre von Lykien brannte *angeblich* zwei bis drei Jahrtausende. Die brennenden Gase von Ninive und Babylon waren im Altertum weithin bekannt. Die Feuer von Baku, in der Nähe Methan emittierender Schlammvulkane, haben zu Tempelbauten der Feueranbeter geführt. Aufgrund von Bohrungen und der damit einhergehenden Entgasung sind diese Feuer verschwunden. Auch der Feuerkult der Perser sollte auf brennendes Erdgas zurückzuführen sein. Im Laufe der Jahrhunderte haben sich manche Austrittsstellen brennender Gase verlegt. Dies ist ein Hinweis darauf, dass Erdgas aus größerer Tiefe aufwärts migriert und sich unterschiedliche Wege des kleinsten Widerstandes durch poröse Gesteine, Risse und Sedimentschichten sucht.

Verschleimte Tiefe

Die früher bestrittene, aber inzwischen durch die Tiefenbohrungen in Russland und Deutschland bewiesene Ansicht, dass es noch in mehreren Kilometern Tiefe fließendes Wasser gibt, zeigt, dass es tief unten noch Porenzwischenräume gibt. Die von Thomas Gold (1999) formulierte Theorie der »Biosphäre der heißen Tiefe«, nach der es Leben bis ungefähr in zehn Kilometern Tiefe gibt, beruht auf diesen unzweifelhaften Tatsachen.

Nach der Theorie vom »Gas aus der Tiefe« steigen Kohlenwasserstoffe in flüssiger Form auf und dringen in die Porenzwischenräume der Erdkruste ein, wo eine »Ursuppe« entsteht, bereits kurz nach Beginn der Planetenbildung. Mikroben können ungefähr bis in einer Tiefe von zehn Kilometern leben, da es noch weiter unten zu heiß für Leben wird. Diese winzigen Lebewesen ertragen in der Tiefe aber leicht Temperaturen, bei denen an der Erdoberfläche Wasser schon kochen würde, weil der Siedepunkt aufgrund des hohen Drucks dort unten wesentlich höher liegt. Deshalb steht flüssiges Wasser dem Leben in der Tiefe in einem viel größeren Temperaturbereich zur Verfügung, und Bakterien können einen solchen aufgrund der geringeren Komplexität zum Menschen im Bereich von etwa ±20 Grad Celsius nutzen (s. S. 206 f.).

Bei höheren Temperaturen laufen auch alle chemischen Reaktionen schneller ab, und es bilden sich deshalb in der Suppe dort unten viel mehr Verbindungen als an der Erdoberfläche. Das Volumen des Lebensraums der

Mikroben umfasst daher das gesamte Porenvolumen im Gestein der Erdkruste bis hinunter in eine Tiefe von ungefähr zehn Kilometern.

Wir können jetzt die gesamten Porenzwischenräume abschätzen, die vielleicht ein Prozent des geschätzten Gesteinsvolumens von 5,1 mal 10^{18} Kubikmetern ausmachen. Die Masse der diese Hohlräume füllenden Suppe würde dann 5,1 mal 10^{16} Tonnen ausmachen. Nehmen wir an, das durchschnittliche Molekulargewicht dieser Suppe läge bei 50 Einheiten Atommasse, dann errechnet Gold (1999, S. 171 ff.) rund 6 mal 10^{44} solcher Moleküle. Falls jedes einzelne Molekül einmal am Tag die Chance hat, eine chemische Veränderung durchzumachen, die durch Wärme, das Zusammentreffen von miteinander reagierenden Molekülen und/oder zusätzlicher (elektrischer) Energie ausgelöst werden kann, dann ergäbe dies in einem Zeitraum von nur 10 000 Jahren 3,65 mal 10^6 Veränderungen *eines jeden einzelnen* der 6 mal 10^{44} Moleküle. Insgesamt ergeben sich rein rechnerisch etwa 2 mal 10^{51} Veränderungen. Das ist eine unvorstellbar große Zahl mit 51 Nullen.

Diese Berechnung ist natürlich spekulativ, jedoch ergibt sich im *Gegensatz* zu einer Entwicklung an der Erdoberfläche – aufgrund des großen Volumens der Suppe dort unten – eine riesengroße Anzahl von Möglichkeiten, um ein bestimmtes Molekül zu bilden. Falls es sich dann um einen Eigenkatalysator handelt, dominierten seine Kopien die Ursuppe relativ schnell, wie bereits beschrieben. Damit wächst auch die Chance für eine weitere Entwicklung dieses Stammes exponentiell steil fast bis ins Unendliche. Diese Entwicklung des Lebens durch Selbstorganisation konnte aber nur starten und über den langen Zeitraum der Erdvergangenheit hinweg aufrecht erhalten bleiben, falls eine Versorgung mit Energie und der Zustrom von Fluida aus noch tieferen Schichten erfolgt, bis zu denen hinunter das Leben nicht gelangen kann. Mit anderen Worten, die Theorie vom Gas aus der Tiefe ist eine zwingend notwendige Voraussetzung für frühe, unterirdisch gebildete Lebensformen.

Der Bereich bis in etwa zehn Kilometern Tiefe muss allein aus Wahrscheinlichkeitsgründen bei Überlegungen über den Ursprung des Lebens vorrangig in Betracht gezogen werden. Gibt es Beweise für die Existenz von Mikroben in der Tiefe, für Leben ohne Sonnenlicht unterhalb der Kellerböden unserer Häuser? Trotz lebensfeindlicher Bedingungen ist die Tiefe keineswegs leblos. Geologen und Mikrobiologen isolierten in den vergangenen Jahren aus Minen und Bohrkernen zahllose Mikroben, die kilometertief in der Erde gedeihen und sich von Wasserstoff, Mineralien, Kohlenwasserstoffen (vor allem Methan) oder Kohlendioxid ernähren.

In der südafrikanischen Goldmine East Driefontein katalogisierte der Geologe Tullis Onstott aus Princeton in einer Tiefe von 3,5 Kilometern und bei einer Hitze von rund 65 Grad Celsius zahlreiche Arten. Den Tiefenrekord halten derzeit Bakterien, die bei einer Gasbohrung im schwedischen Gravenberg aus 5278 Metern zu Tage kamen und dort bei etwa 70 Grad Celsius lebten.

Als ich auf den Erdgas- und Erdölfeldern westlich von Ft. Worth in Texas mit den Fachleuten vor Ort die Probleme der Gas- und Ölförderung diskutierte, hörte ich erstaunt von einem mir nicht bekannten Problem, das aber den Ausschlag für die in diesem Buch angestellten Überlegungen gab. Obwohl man dort in Texas vor allem nach Erdgas bis in eine Tiefe von gut 3000 Metern bohrt, stößt man immer auch auf Erdöl. Dabei steht man manchmal vor dem Problem, dass die Bohrleitungen total verstopfen. Schuld sind Mikroorganismen, die scheinbar von diesem Öl leben und quasi darin »baden«. Gibt es zu viele davon in der ölhaltigen Schicht, dann wird das Öl zu dickflüssig und kann nicht mehr gefördert werden.

»Einzig die Temperatur scheint der Ausbreitung der Einzeller nach unten Grenzen zu setzen. Die zähesten wachsen bis 113 Grad Celsius, wie der Regensburger Mikrobiologe Karl Otto Stetter feststellte. Dies entspricht etwa acht bis zwölf Kilometern Tiefe – je nach Dichte der Erdkruste. ›Bis dort hinab‹, so Martin Fisk, Geologe von der *Oregon State University*, ›vermuten wir Leben‹ – die tiefe, heiße Biosphäre« (»Focus«, 34/2000).

Tiefbohrungen sind teuer, und noch wurde *keine allein* mit dem Ziel unternommen, den Geheimnissen des Lebens in der Erdkruste auf die Spur zu kommen. So steht die Erforschung der tiefen, heißen Biosphäre erst an ihrem Anfang, denn die geheimnisvollen Mikroben wurden lange übersehen. Sie produzieren u. a. Methan. Der schwedische Mikrobiologe Professor Karsten Pedersen, Universität Göteborg, glaubt, dass Mikroorganismen vor Milliarden von Jahren in der Tiefe am Anfang des Lebens standen. Dieses Ökosystem ist so neu und vielfältig, wie es der tropische Regenwald vor 200 Jahren für die Europäer war, ist der Biologe überzeugt. Er forscht in einem Mikrobiologie-Labor in Schweden, 460 Meter unter dem Meeresspiegel, in der Nähe von Äspö, rund 300 Kilometer südlich von Stockholm. Bisher hat der schwedische Forscher mehr als 200 Arten entdeckt, darunter solche, die das im Granit gebundene Eisenoxid atmen können und den *Fels dabei auflösen*. Andere ernähren sich von Schwefel und produzieren giftiges Schwefelwasserstoff-Gas. Sogenannte Methanogene bilden aus Wasserstoff und Kohlendioxid Methan, während Acetogene aus den gleichen Ausgangsstoffen Essigsäure erzeugen. Herausgesaugt und über die gesamte Erdoberfläche verteilt, sollen diese Wesen rein rechnerisch einen mehr als 1,50 Meter hohen Schleim bilden.

Pedersen ist überzeugt davon, dass *das Leben* nicht von der Erdoberfläche aus tief hinunter in die Erde, beispielsweise mit abfließendem Wasser eingedrungen sein kann, sondern er stellt umgekehrt die schon von uns formulierte Frage: Wie kam das Leben von unten aus der Tiefe nach oben an die Erdoberfläche? Sich von Methan ernährende, Hitze liebende Mikroben ähneln äußerlich sehr den fotosynthetisierenden. Vielleicht war der Bereich um Tiefseevulkane herum der Ort, an dem das Leben entstanden ist, weil dort Methan im Boden aufwärts strömt.

Bisher nicht berücksichtigt wird jedoch, dass elektrische Felder einen wesentlichen Einfluss auf die Entwicklung des Lebens ausüben. Nach dem Ersten Weltkrieg elektrisierte die Prager Elektrizitätsaktiengesellschaft während des Frühlings und Sommers Feldfrüchte. Der Ernteertrag war wesentlich größer wie auf normalen Feldern. Der Mehrertrag belief sich bei Weizen auf 50 Prozent und bei Hafer auf fast 100 Prozent.

Ende der Achtzigerjahre machten die Schweizer Forscher Dr. Guido Ebner und Heinz Schürch in Laborexperimenten beim Pharmakonzern Ciba-Geigy AG (heute: Novartis AG) eine sensationelle Entdeckung, die patentiert wurde. Dabei setzten sie Fischeier und Getreide einem elektrostatischen Feld aus, in dem kein Strom fließt. Es entwickelte sich beispielsweise Mais in einer Urform, wie er einst in Südamerika spross, mit bis zu zwölf anstatt drei Kolben pro Stiel. Ohne Einsatz von Dünger oder Pestiziden konnten das Wachstum und der Ertrag von Mais wesentlich gesteigert werden. Bei Weizen wuchs aus einem einzigen Weizenkorn ein ganzer Weizenbusch mit mehreren Ähren, und dies so schnell, dass das Getreide schon nach sechs Wochen erntereif war. Der Konzern Ciba-Geigy AG unter band die Forschung unverzüglich, da der Verkauf von Pflanzenschutzmitteln eingebrochen wäre.

Interessant für unsere Betrachtung war der Versuch, Eier normaler Regenbogen-Zuchtforellen einem elektrostatischen Feld auszusetzen. Es entstand eine fast ausgestorbene Riesenforellen-Art, die um ein Drittel größer war, ausgestattet mit roten Kiemen und einem ausgeprägten Lachshaken am Unterkiefer.

Wie die Nachrichtenagentur »Associated Press« am 24. Mai 1989 berichtete, waren elektromagnetische Wellen, vermutlich Gammastrahlen, für einen Riesenwuchs bei Pflanzen verantwortlich. Zu diesem kam es in der Umgebung des Atomkraftwerks in Tschernobyl in der Ukraine, nach einer Kernschmelze und Explosion im Kernreaktor.

Elektrostatische und elektromagnetische Felder können einen »speziellen schöpferischen« Einfluss auf die Entwicklung von Pflanzen und Tieren bzw. die Mikro-Evolution ausüben, sodass neue Lebensformen durch »Artenverwandlung« *plötzlich* entstehen können, teils auch rückwärts zur (scheinbaren) »Entwicklungsrichtung« hin zu »Urformen« gerichtet – ganz ohne Darwin'sche Makro-Evolution.

Was bedeutet es für die Entwicklung des Lebens, wenn, worauf Messwerte der Stärke des Erdfeldes hindeuten (Berckhemer, 1997, S. 146), die Intensität des »Dipolfeldes« der Erde in den letzten 2000 Jahren auf die Hälfte abgesunken ist (vgl. »Irrtümer der Erdgeschichte«, 2001, S. 301 f.)? Steht die Ausbildung der Arten in Zusammenhang mit der Stärke elektrischer und elektromagnetischer Felder? Wurde der Start des Lebens überhaupt erst durch elektrische Felder in Gang gesetzt? Falls Mikroben in der Tiefe das Leben »erfunden« haben und sie seitdem dort unten existieren, dann muss es eine dauerhaft »sprudelnde« Quelle chemischer Energie geben, die tiefer liegt, als der Lebensbereich dieser Winzlinge reicht. Nur so konnte die Zufuhr von Energie über lange Zeiträume hinweg gewährleistet werden, während gleichzeitig ein andauerndes chemisches *Ungleichgewicht* erhalten blieb, damit ein ständiger Prozess der Selbstorganisation ablaufen kann. Dieser bot einerseits die Voraussetzung für den Start des Lebens und sorgt andererseits für die andauernde Erneuerung »fossiler« Energien. Gibt es Beweise für eine tief liegende Quelle der Kohlenwasserstoffe?

6. Die Gasquellen in der Tiefe

»Eigentlich kann nicht eindringlich genug betont werden, dass Erdöl nicht das Zusammensetzungsbild bietet, das von modifizierten biogenen Produkten erwartet wird, und alle Schlussfolgerungen aus den Bestandteilen alter Öle passen gleichermaßen gut, oder sogar noch besser, zu der Vorstellung einer ursprünglichen Kohlenwasserstoffmischung, der Bioprodukte hinzugefügt sind«, gab der bekannte Chemiker Sir Robert Robinson, Präsident der Royal Society in London, bereits 1963 zu bedenken (»Nature«, Bd. 199, 1963, S. 113 f.).

Alte Überzeugungen

Kohlenwasserstoffe können bei Temperaturen und Luftdrücken nahe der Erdoberfläche in fester (Kohle), flüssiger (Erdöl) und gasförmiger Form (Erdgas, mit Methan als größtem Anteil) auftreten. Erdöl enthält eine große Bandbreite verschiedener Kohlenwasserstoffe, die aber gemeinsame Züge aufweisen. Deshalb kann man auf eine ähnliche Art der Entstehung schließen.

Die Wissenschaftler der westlichen Welt behaupten, dass die Herkunft des Erdöls geklärt ist. Es soll von Ablagerungen biologischer Reste herrühren, auf die geologische Prozesse eingewirkt haben. Deshalb müssten quasi global auf dieser Erde fast unzählige Alchimisten-Kunststücke in vergangenen Erdzeitaltern stattgefunden haben, denn Erdöl findet man inzwischen fast überall auf der Erde. Dabei sollen erhöhte Temperaturen, aber nicht zu hohe, und erhöhter Druck, wie er in der Tiefe der Erde herrscht, bei hinreichend langer Verweildauer dafür gesorgt haben, dass die unter Ablagerungen von Erdmaterial begrabenen biologischen Reste ganz allmählich umgewandelt werden. Deshalb bezeichnet man Erdöl auch als *fossilen* Brennstoff, der nur begrenzt vorrätig sein soll. Dies scheint eine Selbstgewissheit zu sein, obwohl die nachgewiesenen Reserven von Jahr zu Jahr nicht geringer werden. Im Gegenteil, trotz fast zum Erliegen gekommener Suchaktivität steigen die nachgewiesenen Reserven ständig an. Ich erinnere an die drei autofreien Sonntage im Jahr 1973, als man spätestens für das Jahr 2000 das Ende aller Erdölvorräte voraussagte.

Im Gegensatz zu dieser offiziellen Meinung haben Forscher um J. F. Kenney (2002) von der *Russischen Akademie der Wissenschaften* in Moskau im Labor *anorganisch* Erdöl hergestellt. Sie sind überzeugt, dass aus thermodynamischen Gründen komplexe Kohlenwasserstoff-Gemische und damit Rohöl aus stark oxidierten Kohlenstoffverbindungen – aus denen tote Lebewesen bestehen – *nicht in der Natur entstehen können*. Hingegen kann sich bei hohen Drücken und hohen Temperaturen Erdöl spontan aus Kohlenwasserstoffen (Methan) bilden. Die geeigneten Bedingungen herrschen in größeren Tiefen als 100 Kilometer im Erdmantel, aber nicht in den oberflächennahen Sedimentbecken, die bislang als Entstehungsort des Erdöls angenommen wurden. Die Überlegungen der russischen Forscher wurden experimentell bestätigt. Erdöl ist demzufolge eine Hochdruck-Variante von Methan, ähnlich wie sich Grafit bei hohem Druck in Diamant umwandeln kann.

Im Gegensatz hierzu konnte Erdöl im Labor noch nie aus echtem Pflanzenmaterial hergestellt werden, obwohl immense finanzielle Mittel für seine Erforschung ausgegeben wurden. Wenn man angeblich weiß, wie Erdöl entsteht, sollte man die Entstehung von Erdöl im Labor nachvollziehen können, aber dies gelingt ebenso wenig, wie den angeblichen Start des Lebens an der Erdoberfläche im Labor nachzubilden.

Die Forscher in der westlichen Welt profitieren von beiden unbewiesenen Theorien in erheblichem Maß, und es werden viele Ehrungen und Doktorwürden verliehen sowie Forschungsgelder für die Untermauerung dieser Thesen vergeben. Aber Quantität ersetzt nicht Qualität. Die Theorie über den biogenen Ursprung der Kohlenwasserstoffe galt in den USA und in Europa als derart selbstverständlich, als dass in keine andere Richtung *auch nur ansatzweise* geforscht wurde. Im Gegensatz dazu vertraten hauptsächlich russische Forscher schon seit dem 19. Jahrhundert die Meinung, dass Erdöl abiogen, also nichtbiologisch entstanden ist. Der bekannte russische Chemiker Dmitri Iwanowitsch Mendelejew (auch: Mendeleev), auf den die periodische Tabelle der chemischen Elemente zurückgeht, schrieb bereits 1877: »Die wichtigste Tatsache ist die, dass Erdöl in den Tiefen der Erde geboren wurde, und auch nur dort müssen wir seinen Ursprung suchen.«

Im Jahr 1889 veröffentlichte W. Sokoloff eine Arbeit über den kosmischen Ursprung von Bitumen, womit früher die gesamte Palette von Erdöl bis hin zu Pech und Teer bezeichnet wurde. Er wusste schon damals, dass manche Meteoriten bituminöse Stoffe enthielten und brachte diese Tatsache in Zusammenhang mit bituminösen Substanzen in unserer Erde. Sokoloff vertrat bereits die in diesem Buch erarbeitete Hypothese, dass die Erde sich wahrscheinlich aus meteoriten-ähnlichen Stoffen, also als Niedertemperatur-Kondensat gebildet hatte, und zwar unter Bedingungen, wo Wasserstoff im Überfluss war.

Er konnte auch *keinen* Zusammenhang zwischen dem Vorkommen von Fossilien und Ablagerungen von Kohlenwasserstoffen auf der Erde finden und wies auf Funde von Öl und Teer in kristallinem Grundgestein hin, wie im Basalt am Fuße des Ätnas. Sollten Kohlenwasserstoffe aus biologischen Überresten entstanden sein, dürfte man *kaum* Öl, allerhöchstens geringfügige Einsickerungen in Graniten oder Basalten finden. Entstanden Kohlenwasserstoffe biogen, sollten diese bis auf äußerst geringe Mengen nur dort vorkommen, wo biologische Überreste (Fossilien) zu finden sind: in *Sedimentgesteinen* wie Kalk- und Sandstein sowie Schiefer. Erdöl findet man hingegen beispielsweise in Tiefengesteinen wie dem kambrischen Gneis in den Quellen am Ostufer des Baikalsees, in einem ringförmigen Lager (Siljan-Ring) im Gneis von Zentralschweden oder im Grundgestein der russischen Halbinsel Kola.

Der bekannte russische Geologe und Erdölfachmann Nikolai Kudryavtsev (1959) wird oft als Vater der Theorie von der abiogenen Herkunft des Erdöls angesehen. Er erkannte, dass Erdöl *in allen geologischen Schichten unterhalb* jeder größeren Lagerstätte (Anhäufung) vorhanden ist. Dieser Umstand zeigt keine Abhängigkeit von der Zusammensetzung und dem Zustand der Gesteinsformationen, die diese Horizonte bilden. Erdöl kann je nach Beschaffenheit der Schichten manchmal nur in geringen Mengen vorhanden sein, während sich kommerziell interessante Ansammlungen in durchlässigen Gesteinsarten befinden, über denen undurchlässige Zonen liegen, also eine Verschlusskappe bilden. Diese Systematik wird »Kudryavtsev-Regel«

genannt, und es wurden viele bestätigende Beispiele beobachtet (Kropotkin/Valyaev, 1984).

So weist das »Lost Soldier«-Ölfeld in Wyoming ölhaltige Gesteinspartien auf jedem Horizont des geologischen Profils auf, die auf dem alten kristallinen Sockel lagern. Öl ist in der oberen Ablagerung aus der Kreidezeit ebenso vorhanden wie in dem aus dem Kambrium stammenden Sandstein, der unmittelbar über dem Sockel liegt. Ich konnte vor Ort in Texas, nordwestlich von Dallas, feststellen, dass dort bis in die maximale Bohrtiefe von etwa 3000 Meter vor allem Gas gefördert wird, aber Öl unabhängig von der Ergiebigkeit in jeder über der untersten erreichbaren Schicht (Barnett Shale) vorkommt. Die unterhalb dieser gas- und ölhaltigen Formation liegenden Schichten bis hin zum kambrischen Sand, der über dem vermuteten Granit-Sockel liegt, wurden bisher nicht angebohrt, da derartig tiefe Bohrungen derzeit noch zu teuer sind. Man wird aber auch in diesen vier noch nicht untersuchten Schichten Kohlenwasserstoffe finden, da sich hier eine Verwerfung zwischen zwei tektonischen Platten erstreckt, aus dem Erdgas leicht aufwärts strömen kann.

Kudryavtsev gab viele Beispiele für Funde von Erdöl in kristallinen oder metamorphen Sockeln oder in Sedimenten, die unmittelbar über solchen Sockeln liegen, die häufig Brüche aufweisen und aus denen das Öl nach oben quellen kann. Er fügt seiner Argumentation aber auch eine Reihe von Beobachtungen hinzu, auf die heutzutage gar nicht mehr geachtet wird, da anscheinend niemand mehr Augenzeugen befragt. So wurden über Vulkanausbrüchen heftige Blitze und während der Ausbrüche mancher Vulkane große Flammensäulen beobachtet. Eine solche züngelte beispielsweise im Jahr 1932 beim Merapi-Ausbruch auf Sumatra 500 Meter hoch. Kudryavtsev wies auch darauf hin, dass der Verlust einer riesigen Gasmenge, die von Schlammvulkanen während heftiger Eruptionen freigesetzt wird, jedes darunterliegende, auch noch so große Gasvorkommen *erschöpft haben müsste*! Auch die Tatsache, dass Lava- und Schlammvulkane oft miteinander verbunden sind, fiel ihm auf.

In den folgenden Jahren gab es verschiedene Fachleute und Wissenschaftler in der Sowjetunion, die vom abiogenen Ursprung von Öl und Gas überzeugt waren und Beweise für diese Theorie in Büchern und Fachzeitschriften vorlegten (u. a. in: »Amer. Assoc. Petrol. Geol. Bull.«, Bd. 58, 1974, S. 3–33).

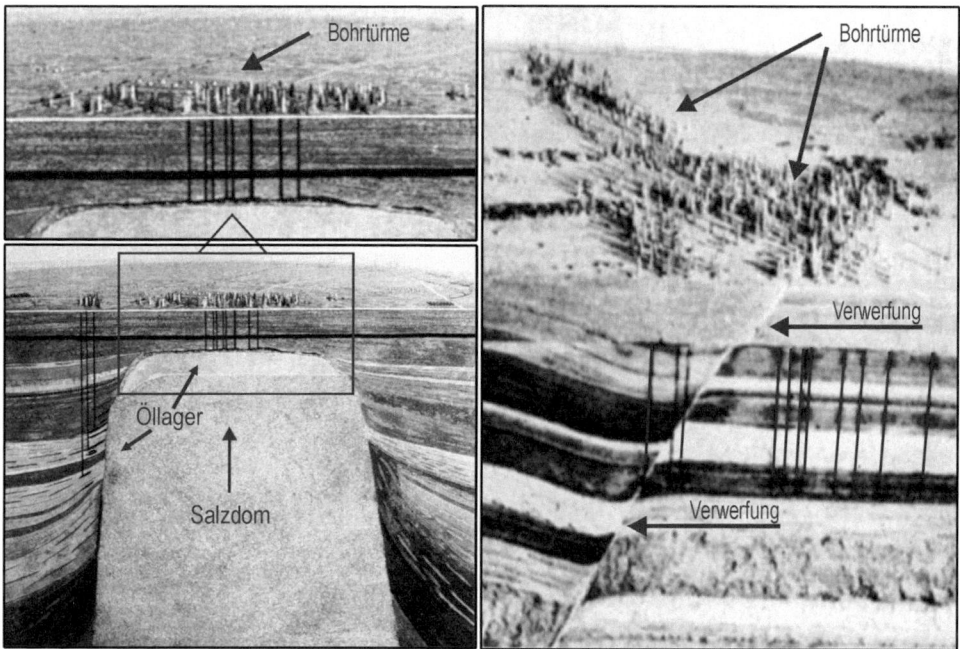

Abb. 90: **ÖLVORKOMMEN.** Linkes Bild: Ein »aufschwimmender« Salzdom (vgl. »Irrtümer der Erdgeschichte«, S. 264 ff.) schob Erdöl führende Schichten nach oben in Richtung Erdoberfläche. Erst 25 Jahre nach Förderung dieses Erdöls wurde an den Flanken des Doms auch Erdöl entdeckt (vgl. Abb. 89, S. 227). Rechtes Bild: Erdölfelder erstrecken sich oft entlang von Verwerfungen wie beim Powell-Erdölfeld in Texas, da Gas und Öl leichter aufwärts strömen können und sich solche Felder schneller regenerieren. Bilder ergänzt aus Landes, 1970.

Es gab aber solche Stimmen auch außerhalb der Sowjetunion. Sir Robert Robinson, der wie Mendelejew zu den bedeutendsten Chemikern seiner Zeit gehörte, kam aufgrund eingehender Untersuchungen zu dem Schluss, dass Erdöl im Allgemeinen viel mehr Wasserstoff enthielt und weniger oxidiert war, als man dies aufgrund einer biologischen Entstehung hätte erwarten können. Er war von einem wasserstoffreichen Urmaterial überzeugt, das später durch biologische Substanzen kontaminiert wurde, da dies am besten zu der Zusammensetzung von Erdöl passt. Er untersuchte die Mengenverhältnisse bestimmter Moleküle im Erdöl und stellte eine bemerkenswerte Übereinstimmung mit ähnlichen Mengenverhältnissen in künstlich produzierten Ölen fest. Seine Untersuchungen wurden zweimal im Fachmagazin »Nature« veröffentlicht (Robinson, 1963 und 1966).

Der Geologe Pyotr Nikolaevich Kropotkin nahm an der Suche nach Erdöl im westlichen Teil des Urals teil und arbeitete am Geologischen Institut der *Russischen Akademie der Wissenschaften* (RAS). Er erhielt 1994 den Demidov-Preis, eine der ältesten und begehrtesten Auszeichnungen für wissenschaftliche Leistungen. Bereits 1976 kam er zusammen mit P. N. Valyaev zu der Überzeugung, dass sich Erdöl überall dort bildet, wo die Druckbedingungen die Kondensation schwerer Kohlenwasserstoffe zulassen, die aus großen Tiefen von schnell aufsteigenden Strömungen transportiert werden. Kropotkin veröffentlichte und präzisierte 1986 noch einmal die Theorie von der abiogenen Herkunft von Erdöl und Erdgas.

Gemäß Kropotkin und Valyaev (1984) kann »in der Mehrzahl von Ablagerungen demonstriert werden, dass eine senkrechte Wanderung von Kohlenwasserstoffen aus Schichten heraus erfolgt, die sich weit unterhalb von Formationen mit reichlich organischer Materie befinden, die selbst als das Ausgangsmaterial für Erdöl angesehen wurden«.

Es wurden nicht nur zahlreiche Beispiele vorgestellt, wo die Kudryavtsev-Regel erfüllt wird, sondern auch solche beschrieben, wo Öl und Gas innerhalb des Grundgesteins oder unmittelbar darüber in Gebieten gefunden werden, wo *keine* organischen Ablagerungen vorkommen, die zur Erklärung der biogenen Herkunft dieser Kohlenwasserstoffe dienen könnten.

In meinem Buch »Darwins Irrtum« wurde dargelegt, dass Erdölvorkommen in Gebieten gefunden werden können, wo Meteoriten in die Erdkruste einschlugen (Zillmer, 1998/2006, S. 213 ff.). Diese Beobachtung drängte sich nach dem Studium der Lage von Kratern und Erdölfeldern auf. Die von mir beobachtete Verteilung von Erdölvorkommen lässt sich mit dem Aufstieg der Kohlenwasserstoffe zwanglos erklären, denn durch Einschläge von Himmelskörpern entstehen Risse in der Erdkruste, durch die Kohlenwasserstoffe ohne größeren Widerstand, also ohne schichtweisen Pumpvorgang, nach oben Richtung Erdoberfläche aufsteigen können.

Nach einiger Zeit meldete sich der bekannte Astronom Prof. Dr. Wolfgang Kundt bei mir und fragte, ob ich diese Erkenntnis von Prof. Thomas Gold übernommen hätte, dessen Bücher ich aber damals noch nicht kannte. Jedoch führte mich dieser Hinweis zu Golds Buch »The Deep Hot Biosphere« (Biosphäre der heißen Tiefe), das im gleichen Jahr wie mein erstes Buch erschienen war. Schon 1992 hatte er unter dem gleichen Titel einige Aspekte seiner Theorie in einem Fachmagazin veröffentlicht (»Proceedings of the National Academy of Sciences«, 1. Juli 1992, Bd. 13, S. 6045–6049).

Thomas Gold gilt heutzutage als der moderne Vertreter der Theorie von der abiogenen Entstehung des Erdöls, und er vermutete, auch unter Bezugnahme auf die Forschungen russischer Wissenschaftler, dass große Mengen von Kohlenwasserstoffen seit Entstehung der Erde in großen Tiefen vorhanden sind und beständig nach oben strömen. Demzufolge befinden sich fast unerschöpfliche Erdgas- und Erdöllagerstätten in der Tiefe der Erde. Welche Hinweise für diese Theorie gibt es in der Erdkruste?

Helium mit Methan

Als Edelgas nimmt Helium an keinem biologischen Prozess teil. Deshalb kann eine biologische Konzentration von Helium ausgeschlossen werden. Man hatte zunächst empfindliche Geräte entwickelt, um Helium aufzuspüren, denn man glaubte, unterirdische Uranlager finden zu können, da diese als größere Heliumquellen betrachtet wurden. Obwohl das meiste Helium dieser Erde aus dem radioaktiven Zerfall von Uran und Thorium entsteht, erwies sich diese Methode des Aufspürens von Uranlagern als wenig erfolgreich. Jedoch ergab sich, dass diese Methode erfolgreich war, um Öl- und Gasfelder zu entdecken.

Es wäre schwierig zu verstehen, warum Helium, das nicht biologisch (biogen) entsteht, dasselbe Reservoir mit Gasen teilen soll, die im Gegensatz zu diesem Edelgas biologisch entstanden sein sollen. In vielen Teilen der Welt gibt es eine enge Beziehung zwischen Methan und Helium. Allein diese klare Tatsache lässt Zweifel am biologischen Ursprung von Methan aufkommen. Woher kommt das Helium und warum findet man in manchen Gebieten wesentlich mehr von diesem Edelgas, als aus allen Radioaktivitäten in Gesteinen hätte entstehen können? Da Helium mit keinem anderen Element eine chemische Verbindung eingeht, kann kein Vorgang, ob biologischer oder nicht-biologischer Art, bewirken, dass Helium aus einer niedrigen zu einer höheren Konzentration übergeht.

In vielen Gasfeldern der Welt kommen Helium-Konzentrationen von etwa ein bis drei Prozent vor, vereinzelt bis zu zehn Prozent in Methan-Stickstoff-Gemischen! Alle diese hohen Konzentrationen kommen an Orten vor, wo Methan, Erdöl und häufig Stickstoff unter einer *undurchlässigen* Schicht gespeichert werden, die dicht genug ist, um ihr Entweichen in die Atmosphäre zu verhindern.

Das in der Tiefe durch radioaktiven Zerfall entstandene Helium kann allein *nicht* den Druck erzeugen, der nötig ist, um die Poren im Gestein so weit zu öffnen, dass dieses Gas in größeren Mengen ausströmen kann. Als Aufstiegsmöglichkeit bliebe nur eine molekulare Diffusion denkbar. Da eine allgemeine Ausgasung von Krustengestein durch Diffusion jedoch ein *unwesentlicher* Prozess ist, kann als Erklärung für hohe Helium-Konzentrationen nur eine mechanische Pumpaktivität herangezogen werden. Eine solche Massenbewegung von Gasen durch Porenräume kann allerdings nur dort vorkommen, wo es Quellen von Gasen oder Flüssigkeiten gibt, die genügend konzentriert sind, um Bruchbildung im Gestein zu erzwingen und diese *gegen den Gesteinsdruck offen zu halten*. Einen solchen Pumpvorgang, durch den Kohlenwasserstoffe aus der Tiefe schichtweise durch die

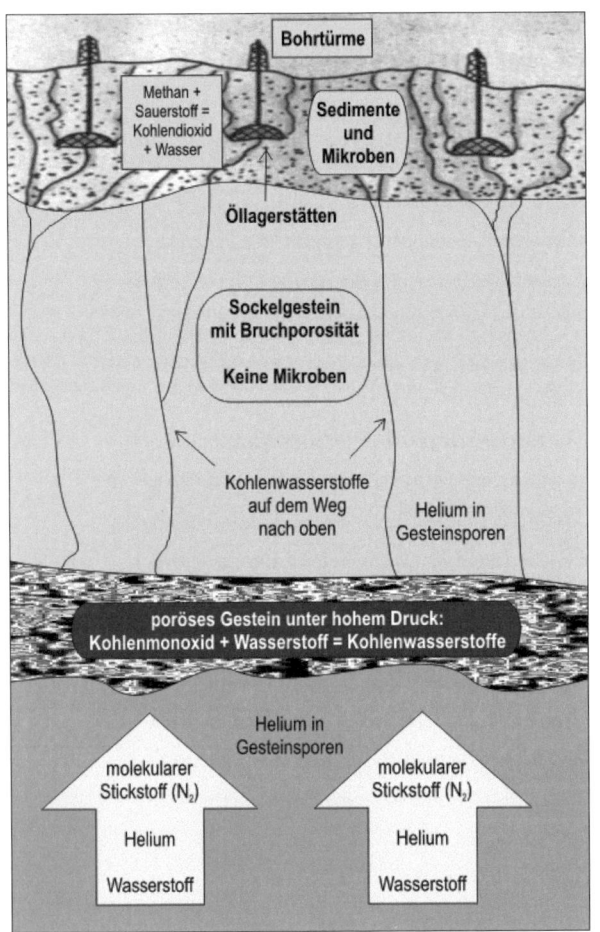

Abb. 91: **KOHLENWASSERSTOFF:** Entstehung und Aufstieg. Da im Verhältnis zu den radioaktiven Zerfallsprodukten ein Übermaß an Helium gefunden wird, muss dieses aus Gesteinsschichten stammen, die unterhalb der jeweiligen Sedimentgesteine liegen. Dort kommt es zusammen mit Stickstoff (N_2) und Kohlenwasserstoffen in einem für die jeweilige Gegend typischen Gemisch vor. Nur so kann in verschiedenen Vorkommen bzw. Fördergebieten einer Region das gleiche oder doch sehr ähnliche Gasgemisch vorgefunden werden. Dazu kann es nur kommen, wenn das gleiche Gasgemisch bereits von unten her in die Sedimente und von dort in die einzelnen Lagerstätten eindringt. Nach Gold, 1999.

Gesteinshorizonte hinaufströmen, haben wir schon diskutiert. Nur durch diesen kann es zur Konzentration von Helium in den oberflächennahen Kohlenstofflagern kommen, denn das dünn und diffus verteilte Edelgas schließt sich dem aufwärts gerichteten Strom der anderen Fluida an.

Mit diesem Vorgang wird Helium freigesetzt, unter Berücksichtigung von Entfernungen im Gestein, die das Edelgas selbst gerade noch durch Diffusion überwinden kann. Die in Bewegung geratene, relativ große Menge von Helium wäre vielleicht sogar vergleichbar mit der anderer Gase oder Flüssigkeiten, aber trotzdem waren die anderen Fluida zwingend zur Freisetzung von Helium notwendig. Nur die Antriebskraft infolge des Pumpvorgangs der Kohlenwasserstoffe »bringt ganz natürlich das Helium mit in höher gelegene Regionen, die wir als kohlenstoffhaltig bestimmt hatten. Dies wäre dann der Vorgang, der für die enge Beziehung zwischen Helium und Kohlenwasserstoff verantwortlich ist und der zur Konzentration von Helium in den oberflächennahen Kohlenstofflagern führt« (Gold, 1999, S. 75).

Die Beziehung zwischen Helium und Kohlenwasserstoffen ist so eng, dass die Gewinnung von Helium für wirtschaftliche Zwecke weitgehend nur auf Öl- und Gasfeldern stattfindet. Falls Helium unabhängig, also ohne ein Trägerfluidum über die maximale Entfernung eines Diffusionsvorgangs hinaus fließen bzw. aufsteigen könnte, sollten sich größere *unabhängige* Vorkommen mit einer Konzentration von Helium angesammelt haben, als man diese in einigen Gasfeldern antrifft. Man hat derartige Ansammlungen *ohne* Methan oder Stickstoff aber bisher nicht entdeckt. An Hunderten von Messstellen auf der Erde fand man dagegen in so geringer Tiefe, wie derjenigen von landwirtschaftlichen Wasserbrunnen, ein enges Verhältnis zwischen Methan- und Heliumkonzentration (Welhan/Craig, 1983).

Je *tiefer* die Quelle der Kohlenwasserstoffe liegt, desto mehr können die aus dem radioaktiven Zerfall entstandenen Helium-Atome mit dem Gasaufstieg aufgesammelt werden. Die Helium-Konzentration im Gas kann daher als Hinweis auf die Tiefe dienen, aus der das Gas aufgestiegen war. Entsprechende Berechnungen erlauben uns in grober Annäherung zwischen möglicherweise biogen entstandenen Gasen aus bis zu etwa 8000 Metern und abiogenen aus vielleicht 150 Kilometern Tiefe zu unterscheiden. Derart können wir auch erklären, dass die flächenmäßige Ausdehnung der Austrittsgebiete spezieller

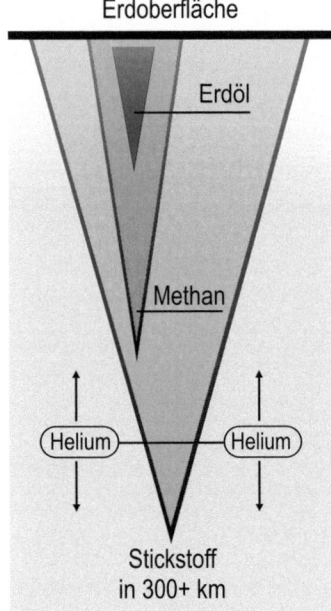

Abb. 92: **HELIUM-AUFSTIEG.** Helium wird von wenig Stickstoff in sehr großen Tiefen und viel Methan in höheren Bereichen ausgewaschen.

Gasgemische in einer Beziehung zur Herkunftstiefe steht. Treten eindeutig bestimmbare Gasgemische aus einem weit ausgedehnten geografischen Gebiet aus, deutet dies auf eine sehr tief gelegene Quelle hin.

Thomas Gold und Marshall Held analysierten vom *U.S. Bureau of Mines* (US-Bundesamt für Bergbau) zur Verfügung gestellte Daten von 1038 Bohrlöchern, die aus sich über 320 Kilometer lang erstreckenden Erdölfeldern in Texas und Kansas vorlagen. Sie entdeckten, dass von allen flüchtigen Elementen und Bestandteilen Stickstoff (N_2) und Helium häufig aus tiefen Schichten stammten, denn bestimmte typische Mischungsverhältnisse dieser Stoffe erstrecken sich manchmal in der Horizontalen dicht unter der Erdoberfläche über *weitaus größere* Gebiete als solche, in denen zusätzlich Methan zu finden ist. Erdgas (Methan) stammt wegen dieser *kleinräumigeren* Verteilung aus der nächst höher gelegenen Schicht, und in noch höheren kommt Öl mit verschiedenen Beimischungen anderer Kohlenwasserstoff-Gase vor. Aber all diese Herkunftstiefen liegen allesamt wesentlich tiefer als die auf dem kristallinen Sockel lagernden Sedimente (Gold/Held, 1987).

Kann Methan aus oberflächlichen Sedimentschichten stammen, während die Helium-Stickstoff-Mischung von ganz tief unten in die ganze Region eingedrungen ist? Für diesen Fall könnte nicht erklärt werden, warum das Mischungsverhältnis der Helium-Stickstoff-Gase für Felder bestimmte und eben nicht willkürliche Werte im Verhältnis zur Konzentration von Methan annimmt.

Die beste Erklärung für die räumliche Verteilung und nach bestimmten Verteilungsmustern auftretenden Konzentrationen dieser Stoffe scheint zu sein, dass Stickstoff das in über 300 Kilometern Tiefe durch radioaktive Zerfälle entstehende Helium auswäscht. Die derart entstandene Helium-Stickstoff-Mischung musste dann auf dem Weg nach oben eine methanreiche Schicht durchqueren. Das durch diese Region hindurchgehende und oben austretende Gas besitzt dann ein etwa *konstantes* Helium-Stickstoff-Verhältnis, hätte aber eine bestimmte Methanmenge aufgenommen, die regional abhängig und damit unterschiedlich ist. Das sich unter jeder Gesteinskappe ansammelnde Gas besäße ein bestimmtes Mischungsverhältnis *ohne jeden Einfluss der* örtlichen *Umstände* – völlig ungeachtet der Natur und des geologischen Alters oder der Tiefe der Formation, die *bisher* als Quelle des Gases angesehen wurde.

Undenkbar ist, dass sogar zwei getrennte Mischungen aus zwei separaten Reservoirs in geringer Tiefe hätten stammen können, um dann alle Bohrungen mit einem festen begrenzten Verhältnis zu speisen: »Ein sedimentärer Ursprung des Methans kann die Mischungsverhältnisse nicht erklären, die in all diesen großen kommerziellen Feldern zu beobachten sind« (Gold, 1987, S. 120).

Es gibt auch einige Fälle, die umgekehrt liegen und wo die Rollen von Stickstoff und Methan vertauscht sind. Dann befindet sich die Quelle des Stickstoffs in geringerer Tiefe als die von Methan.

Aus den beschriebenen Beobachtungen kann *ein Fazit zugunsten der abiogenen Herkunft von Erdgas gezogen werden*. Die allgemeine globale Beziehung zwischen Helium und Methan lässt die begründete Annahme zu, dass Methan aus tiefen Schichten kommt und Helium aufnimmt, das mit einer kleinen Menge von Stickstoff aus noch größeren Tiefen nach oben gekommen ist und eine hohe Konzentration von Helium liefert. Wäre die Masse des Methans aus biologischen Ablagerungen gekommen, gäbe es definitiv keinen Grund für die beobachtete Beziehung. Auf den kurzen Wegen durch flach liegende Sedimente, die ein biogen entstandenes Methan hätte nehmen müssen, kann dieses nicht mehr Helium sammeln als Wasser oder Kohlendioxid auf Wegen, die mehrere Hundertmal üblicher sind, aber im Allgemeinen viel weniger Helium enthalten.

Karbonat-Zement

Die enge Beziehung zwischen Helium- und Kohlenwasserstoff-Vorkommen kann nur durch die abiogene Entstehung von Erdgas und Erdöl hinreichend erklärt werden. Als weiteres starkes Argument ist die Tatsache zu werten, dass sich Erdöllager wieder auffüllen. Hinzu kommt die Eigenart der umfangreich vorkommenden Karbonat-Zemente, die als Füllmaterial in Felsspalten, aber nicht als geologische Schichten vorkommen.

Es zeigt sich, dass die in den Karbonat-Zementen zu verzeichnende weite Bandbreite von Kohlenstoff-Isotopenverhältnissen auf eine ebenfalls weit gefächerte in dem aufwärts strömenden Methan zurückgeführt werden kann. Karbonat-Zemente stammen vom Methan ab und sind deshalb *in ölhaltigen Schichten verbreitet*. Außerdem bewirken diese Karbonate, Deckgebirge zu »zementieren« und weniger durchlässig zu machen, sodass sich darunter abbauwürdige Öl- und Gaslagerstätten bilden.

Abb. 93: **KALKSPATGÄNGE.** Die den Massenkalk durchsetzenden (senkrechten) Klüfte sind in der Donnerkuhle bei Hohenlimburg mit reinem weißem Kalkspat (Kalzit) ausgefüllt (Kukuk, 1938, S. 35). Mensch (im gepunkteten Oval) zum Größenvergleich.

Das geologische Interesse an Kohlenstoff-Isotopen besteht in den leichten Abweichungen, die von unterschiedlichen natürlichen Quellen herrühren. Das jeweilige Isotopen-Mischungsverhältnis kann etwas über die Entwicklung aussagen, die ein bestimmtes karbonisches Material durchlaufen haben mag. Viele Erdölgeologen glauben, dass auf dieser Grundlage der biologische Ursprung von Erdöl und Erdgas bewiesen ist. Sehen wir uns deshalb diesen Aspekt näher an.

Der natürliche Kohlenstoff der Erde enthält überwiegend Karbon-12 und zu einem Anteil von einem Prozent Karbon-13 als stabile Isotope. Es gibt keine Prozesse, die in der Lage wären, dieses scheinbar durch die Sonne vorgegebene Mischungsverhältnis grundsätzlich zu verändern. Nur durch ganz spezielle Prozesse kann das Verhältnis entweder *geringfügig* zugunsten des leichten oder schweren Isotops beeinflusst werden. Man spricht dann von einem Prozess der Fraktionierung. Kleine Abweichungen des Karbon-13-Gehalts der Probe von der

Norm, ein in der Mitte der Verteilung angesiedeltes Meereskarbonat (PDB genannt), werden in der Regel als Teile pro Tausend, mehr oder weniger, angegeben.

Die Verteilung des Karbonat-Isotopenverhältnisses in unterschiedlichen Formen von Kohlenstoff gibt einen deutlichen Hinweis auf die Herkunft. Das atmosphärische Kohlendioxid, aus dem Meereskarbonate wie Kalkstein und Dolomit abgelagert worden sein sollen, scheinen trotz lang andauernder geologischer Zeiträume einen bemerkenswert stabilen Isotopwert zu besitzen, da all diese Karbonate in den Bereich −5 bis +5 fallen (Schidlowski, 1975). Ein Umstand, der mit der biogenen Theorie nicht erklärt werden kann, denn durch einen *Kreislauf nichtoxidierter Kohlenstoffablagerungen* (durch das Magma hindurch) *sollten sich* »*die abgelagerten Kohlenstoffverbindungen vielmehr in hitzebeständige und nicht mehr zu trennende, elementare Kohlenstoffe umgewandelt haben*« (Gold, 1999, S. 68).

Erdöl zeigt einen Bereich von −20 bis −38 der Isotopen-Verhältnisse, wohingegen Kohlenstoff in Pflanzen isotopisch leicht ist und von −10 bis −35 reicht. Wie aus Abbildung 83 zu entnehmen ist, überspannen nur Methan und die Kalzite im Gestein einen viel breiteren Bereich. Dieser Umstand allein weist darauf hin, dass Kalzite im Allgemeinen aus Methan erzeugt werden. Die Verschiebung des Kalzits zur schwereren Seite deutet auf eine Fraktionierung hin, die eintritt, wenn Methan oxidiert und sich dann mit Kalziumoxid verbindet, um Kalzite (Kalkspat) zu bilden.

Diese Kalzite werden in großen Mengen über Gas- und Ölfeldern lagernd angetroffen, während kleinere Mengen auch an anderen Orten gefunden werden können. So sind teils undurchlässige Deckgebirge entstanden, sodass sich darunter abbauwürdige Lagerstätten von Kohlenwasserstoffen ansammeln können. Die in vielen Sedimenten vorkommenden karbonatischen Zemente (Kalzite) unterscheiden sich von Meereskarbonaten (Gold, 1999, S. 69):
- Sie füllen Felsspalten und treten nicht in Schichten auf.
- Man findet diese vermehrt in erdölhaltiger Umgebung.
- Man trifft bei ihnen auf eine viel größere Bandbreite im Verhältnis der beiden Kohlenstoff-Isotope zueinander als bei irgendwelchen anderen Karbonaten.

Interessant ist, dass aus Kalzit (Kalkspat) »normaler« Ton (Aluminium-Silikat-Hydrat), eine Hauptbodenart neben Sand und Schluff, neu entsteht, falls

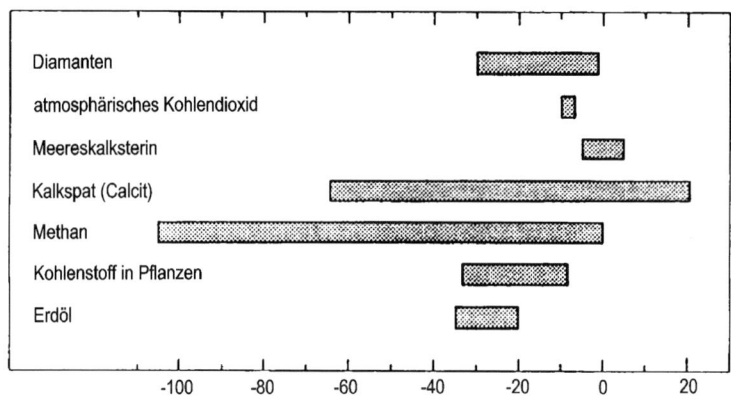

Abb. 94: **ISOTOPENVERTEILUNG.** Es wird die Verteilung des Verhältnisses der stabilen Isotopen Karbon-13 und Karbon-12 in unterschiedlichen Stoffen (PDB-Skala) auf der Erde dargestellt (nach Gold, 1999, S. 70). Methan und Kalkspat (Kalzit) überspannen einen viel größeren Bereich von Isotopenverhältnissen als alle anderen Formen von Kohlenstoff auf der Erde. Diese enge Beziehung zeigt: Kalzite werden im Allgemeinen aus Methan erzeugt.

Kohlensäure hinzutritt. Wenn der Ton in reiner Form vorkommt und eine weißliche Farbe aufweist, handelt es sich um Kaolin (Porzellanerde). Ein Teil des Tonvorkommens, dessen massenhafte Herkunft (konventionell) rätselhaft erscheint, ist dem Aufstieg von Methan zu verdanken, während darüber hinaus Tonminerale an der Erdoberfläche durch Verwitterung anderer Minerale entstehen.

Regionen, die augenscheinlich Kohlenwasserstoffe aufweisen, neigen dazu, in *allen* Schichten darunter, bis hinab in den Sockel solche aufzuweisen. Dieser »Kudryavtsev-Regel« können wir die »Galimow-Regel« hinzufügen, nach der das Methan dazu neigt, in jeder derartigen senkrechten Säule isotopisch leichter zu sein, je höher sich die Schicht befindet, aus der die Probe stammt (Galimow, 1969). Dies trifft auf die große Mehrzahl der untersuchten Fälle zu, ohne Rücksicht auf die Art und das Alter der jeweiligen geologischen Formation, aus der die Probe entnommen wurde. Auf dem Weg nach oben geht immer etwas Methan durch Oxidierung verloren. Das daraus entstandene Kohlendioxid reagiert bereitwillig mit dem im Gestein enthaltenen Kalziumoxid und bildet Karbonat-Zement bzw. Kalzit (Calcit). Dieses zieht immer das schwere Isotop vor. Derart wird das übrig bleibende Methan auf dem Weg nach oben isotopisch immer leichter. Kalzite rühren demnach in jeder Schicht vom fraktionierten Methan her.

Diese beständige, über die Höhe hinweg mit dem Aufströmen stattfindende Fraktionierung ist ein sehr wichtiger Prozess, weil das jeweils übrig bleibende Material in eine sehr viel stärkere Fraktionierung getrieben wird, *als es durch einen einzigen chemischen Schritt möglich wäre.* Die Möglichkeit, dass eine solch progressive Fraktionierung und damit Reduzierung von Kohlenstoff-13 unter natürlichen Umständen überhaupt stattfinden könnte, wurde offiziell nicht berücksichtigt, da keine Alternative zur biogenen Entstehung von Erdgas und Erdöl in Erwägung gezogen wurde. Obwohl es bei der von uns diskutierten natürlichen Fraktionierung nicht um einen eigenständigen Beweis für die abiogene Entstehung von Kohlenwasserstoffen handelt, so ist mit dem beschriebenen Szenario auf jeden Fall eine Alternative zur Behauptung aufgestellt, dass die reduzierten Kohlenstoff-13-Gehalte einen eindeutigen Beweis für die biogene Herkunft darstellen!

Um die zuvor diskutierte abiogene Herkunft von Karbonaten zu leugnen, wurde behauptet, dass anormale, isotopisch leichte Karbonate an Orten gefunden werden, wo es keine bekannten Vorkommen von Kohlenwasserstoffen gibt. Es ist direkt zu erwidern, dass in diesen Gebieten bisher zwar kein Gas und/oder Öl nachgewiesen wurde, aber trotzdem unentdeckt in der Tiefe lagern kann, weil dort bisher niemand nach Kohlenwasserstoffen gesucht hat. Die Geologie hat definitiv keine Möglichkeit, die Existenz von Gas- oder Öllagern theoretisch vorauszusagen.

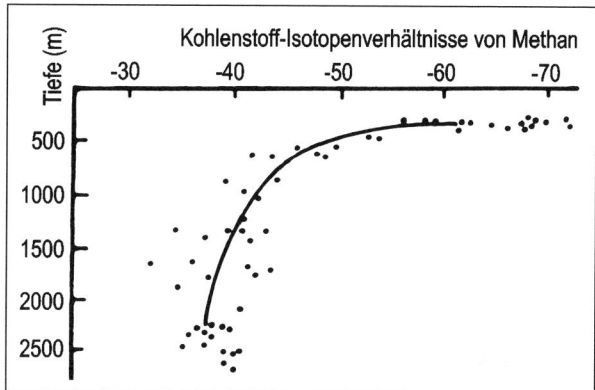

Abb. 95: **KOHLENSTOFF-ISOTOPENVERHÄLTNISSE VON METHAN.** Dort, wo Methan in verschiedenen Schichten desselben Gebiets gefunden wird, wird es fast immer isotopisch leichter (weniger Karbon-13 im Verhältnis zur Norm), je dichter die Schicht unter der Erdoberfläche liegt. Nach Galimow, 1969.

Tatsächlich findet man auch isotopisch leichte Karbonate in eruptiven und metamorphen Gesteinen, also genau dort, wo die konventionelle Geologie die Möglichkeit von Kohlenwasserstoff-Vorkommen abgestritten hatte. Deshalb vermutete man, diese Karbonate müssten einen anderen, *bisher unbekannten* Ursprung haben. Aber genau diesen können wir mit dem Ausgasungsprozess von Methan aus tiefen Schichten erklären. Es handelt sich um einen üblichen Vorgang, der jedoch regional in unterschiedlicher Intensität bis zur Erdoberfläche stattfindet.

Kein Öl in Arabien?

Die bis zum Rand gefüllten Gas- und Öl-Lagerstätten stehen *nicht in Einklang mit den geologischen Erklärungen*. An den Grundlagen der derzeit gelehrten Geologie hat sich seit 1920 nichts Grundlegendes geändert. Deshalb ist es eine schöne Geschichte, dass den führenden Ölgesellschaften der Welt ganze 15 Jahre lang die Konzession für Kuwait angeboten wurde. Obwohl reiche Ölsickerungen in dem Gebiet bekannt waren, lehnten alle Ölkonzerne dankend ab. Sie *wussten*, dass es in Arabien kein Öl gibt, weil es geologisch undenkbar war (Pratt, 1952). Schließlich erwies sich das dort entdeckte Ölfeld als das zu jener Zeit bei Weitem größte. Auch heutzutage werden Bohrungen nach Öl nicht aufgrund eines geologischen Kenntnisstandes vorgenommen, sondern derzeit wird nur jede siebte neue Bohrung fündig, falls es sich nicht um Erweiterungsbohrungen in bestehenden Feldern handelt. Werden seismische Untersuchungen zur Sondierung vorgenommen, weiß man nicht, ob sich da unten nicht vielleicht nur Wasser oder ein anderes Fluidum befindet. So fördert man gegebenenfalls nur Salzwasser.

Hingegen wird offiziell dargestellt, man wisse, wie und wo Kohlenwasserstofflager entstehen. Deshalb findet erst gar keine Diskussion statt. Die biologische Herkunft von Erdöl und Erdgas ist eine Selbstgewissheit. Jeder weiß es genau, aber keiner kann es erklären. Falls eine Theorie über den Ursprung der Kohlenwasserstoffe ansatzweise Anerkennung finden soll, müsste man in der Lage sein, ein derart riesiges Ölfeld wie in Arabien wenn schon nicht vorauszusagen, dann aber zumindest geologisch zu erklären. Welche Erklärung wird angeboten?

Die konventionelle Geologie kann keine bieten, da die Abschnitte der mittelöstlichen Öl- und Gasfelder, die sich vom Südosten der Türkei bis zum Ausgang des Persischen Golfs erstrecken, in ganz unterschiedlichen geologischen Formationen verschiedener Erdzeitalter zu finden sind. Diese Feststellung gilt auch für andere große Öl- und Gaslagerstätten. Es fehlt ein gemeinsames Merkmal, das erklären könnte, warum das Öl in bestimmten Gebieten der Erde konzentriert ist. Genauer betrachtet haben die Ölfelder im Mittleren Osten wenig gemeinsam. Einerseits befinden sie sich in flachen Ablagerungen der arabischen Wüste und andererseits in den gefalteten Bergen Irans. Die Gasfelder und die darüber liegenden Ölfelder erstrecken sich über ganz unterschiedlich alte geologische Zeitalter und sind durch Gesteinskappen überdeckt, die aus ganz verschiedenen Materialien bestehen.

Organische Sedimente, die eindeutig als Quelle für die größten Ölfelder der Welt angesehen werden könnten, wurden nicht eindeutig bestimmt und sind deshalb bei Fachleuten umstritten. Der Grund ist in dem Umstand zu sehen, dass die Menge an organischen Sedimenten als unzureichend für die riesigen Öl- und Gasvorkommen angesehen werden muss. Dies gilt insbesondere für die Tatsache, dass es umfangreiche natürliche Sickerungen in diesem Gebiet gibt (Barker/Dickey, 1984).

Geologische Untersuchungen bestätigen: »Es ist ein bemerkenswerter Umstand, dass die reichste Öl führende Region der Welt einen Mangel an konventionellem Mantelgestein aufweist«. Weiter wird ausgeführt, dass die ölhaltigen Reservoirs im Alter vom mittleren Jura (vor ungefähr 164 Millionen Jahren) bis ins Miozän (vor fünf Millionen Jahren) verteilt sind, mit einem Maximum in der mittleren Kreidezeit und im Oligozän. Trotzdem gibt es eine »bemerkenswerte Homogenität in der chemischen Zusammensetzung der Öle, und es gibt eine Vermutung, dass sie einen gemeinsamen stratigrafischen Ursprung hätten« (Kent/Warman, 1972).

Es wurde außerdem festgestellt, dass sowohl in den Bergen Persiens als auch in den Ebenen von Arabien neben Gas- und Öl- auch Kohleablagerungen gefunden wurden. Steht auch die Entstehung von Kohle im Zusammenhang mit der von Gas und Öl?

Falls auch bei einem einzelnen der vielen Ölfelder eine Erklärung hinsichtlich eines biologischen Ursprungs angeboten werden sollte, so ist diese unzureichend, solange damit nicht der allgemeine Reichtum der gesamten Region und die *gemeinsame Beschaffenheit aller* Öle erklärt werden kann. Aus diesen Gründen kann auch der übliche Hinweis auf eine »reiche Biologie« nicht hinreichend sein, da diese Aussage für das gesamte Gebiet in seiner Ausdehnung vom Südosten der Türkei bis zum Ausgang der Persischen Golfs Gültigkeit haben müsste und dies über *geologisch sehr lange Zeitspannen, insgesamt* über mehr als 160 Millionen Jahre hinweg. Aber man glaubt, riesige Mengen organische Bestandteile enthaltende Sedimente hätten dort begraben und durch Gesteinskappen unten gehalten werden können, um den ungewöhnlichen Reichtum an »fossilen« Ablagerungen zu schaffen.

Man muss fragen, woher denn das ganze Material für die undurchlässigen Gesteinskappen, die hinsichtlich ihrer chemischen Zusammensetzung und in Bezug auf das geologische Alter sehr unterschiedlich sind, *jeweils* gekommen sind? Wie schnell ging dies vonstatten? Unmerklich langsam nach der der Geologie zugrundeliegenden Gleichförmigkeitstheorie (Lyell-Hypothese)? Über 160 Millionen Jahre hinweg sollen nacheinander in dieser Region biologische Relikte begraben worden sein, um dann jeweils durch Gesteinskappen schön langsam überdeckt zu werden? Ohne schnelle Abdeckung kann sich kein biogen entstehendes Erdölfeld entwickeln! Deshalb handelt es sich um ein unwahrscheinliches, anscheinend gewillkürtes Szenario, das ja auch für andere immer neu hinzukommende Erdöl-Regionen quasi weltweit Gültigkeit besitzen müsste. Erforderlich sind unzählige Zufälle in Hülle und Fülle, und zwar weltweit!

Da die Zusammensetzung des Mantels und der Erdkruste in dieser Erdölregion außerordentlich unterschiedlich ist, sollte eine andere Erklärung gefunden werden. Nehmen wir im Sinne der abiogenen Entstehung an, dass ein Gebiet des Erdmantels sehr reich an Kohlenwasserstoffen ist. In der Folge füllt und überfüllt sich jede vorhandene, als Tasche wirkende »Falle« in der *darüber liegenden* geologischen Schicht. Überschüssiges Erdöl steigt bis zur Erdoberfläche auf. Dies geschieht dann unabhängig davon, ob diese zur Speicherung geeigneten Reservoirs sich in flachen Ebenen oder in steilen Bergen befinden, in tiefen oder weniger tiefen Schichten liegen und ob die geologischen Formationen alt oder jung sind. Liegt die Quelle der Kohlenwasserstoffe tief unten, dann müssen zwangsläufig chemisch eng verwandte Ablagerungen von Erdöl in Gebiete der Kruste eindringen, die sich in jeder Hinsicht *durch örtliche Merkmale unterscheiden*. Deshalb verwundert es auch nicht, wenn durch Untersuchungen festgestellt wurde, dass »die meisten Reservoirs verdächtig voll sind bis zum Überlaufpegel« (Kent/Warman, 1972), und die weltweiten Erdölreserven sich als umfangreicher denn je erweisen.

Will man im Gegensatz hierzu den fast unvorstellbar großen Reichtum an Kohlenwasserstoffen in der Erdkruste im Sinne der biogenen Theorie durch eine ursprünglich mächtige Kohlendioxidhülle der Uratmosphäre erklären, dann muss diese gewaltig stark gewesen sein. Aus der Menge der derzeit bekannten Karbonat-Gesteine kann man auf eine Masse an Kohlendioxid schließen, die »etwa achtmal größer war, als die Gesamtmasse der gegenwärtigen Atmosphäre und in etwa so dicht wie die Atmosphäre unseres Schwesterplaneten Venus«. Gute Gründe gibt es für die Annahme, »dass die Erde ursprünglich nicht so viel gasförmiges Material besessen hat. Einer davon ist der geringe Anteil an Edelgasen wie Neon, Argon (soweit es nicht bei der Kernspaltung erzeugt wurde), Krypton und Xenon in der heutigen Atmosphäre. Kein physikalisches Verfahren könnte diese Edelgase aus dem ursprünglichen Gasgemisch des Sonnensystems ausgemustert haben, in dem sie – wie man weiß – entsprechend reichlich vertreten sind«. (Gold, 1999, S. 62 f.).

Hinzu kommt ein wichtiger Gesichtspunkt hinsichtlich des Alters bzw. der geologischen Zeiträume, in denen sich die Karbonat-Gesteine gebildet haben sollen.

Anstelle einer Verlangsamung der Bildung von Karbonaten im Laufe der Zeit aufgrund des abnehmenden Kohlendioxidgehalts der Atmosphäre »lassen die Sedimente im Laufe der letzten zwei Milliarden Jahre – das ist der Zeitraum, über den die Sedimentablagerungen einen brauchbaren Aufschluss geben – eher eine recht stetige Zunahme von oxidiertem sowie auch nicht oxidiertem Kohlenstoff erkennen. Es zeigt sich sogar sehr deutlich, dass die Menge an Kohlenstoffen in den Oberflächenschichten der Erde gegenüber den frühesten Zeiten *zugenommen* hat. Der Kohlenstoffkreislauf kann dafür nicht herhalten. Dafür muss man wohl eher einen steten Zufluss aus Quellen tief im Innern der Erde in Anspruch nehmen« (ebd., S. 83 f.).

Woher kam all das Kohlendioxid, das seinen Anteil in der Atmosphäre und in den Weltmeeren auf einem gewissen Niveau hielt, damit Karbonat-Gesteine über lange geologische Zeiträume hinweg abgelagert werden konnten und trotzdem der Kohlenstoffgehalt der Luft soweit erhalten blieb, dass die Pflanzen davon leben konnten? Unter den genannten Voraussetzungen müsste die durchschnittliche Rate des Ausgasens etwa alle 2,7 Millionen Jahre den Bestand an Kohlendioxid in der Atmosphäre und in den Ozeanen ersetzt haben. Daraus ergibt sich, dass der Vorrat an Kohlenstoffen in den letzten zwei Milliarden Jahren 740-mal erneuert worden sein müsste.

Da augenscheinlich die biogene Theorie die empirisch bestätigten Verhältnisse und Szenarien nicht beschreiben kann, wundert es nicht, dass ein Berater der britischen Regierung vor Probebohrungen mitteilte, er werde

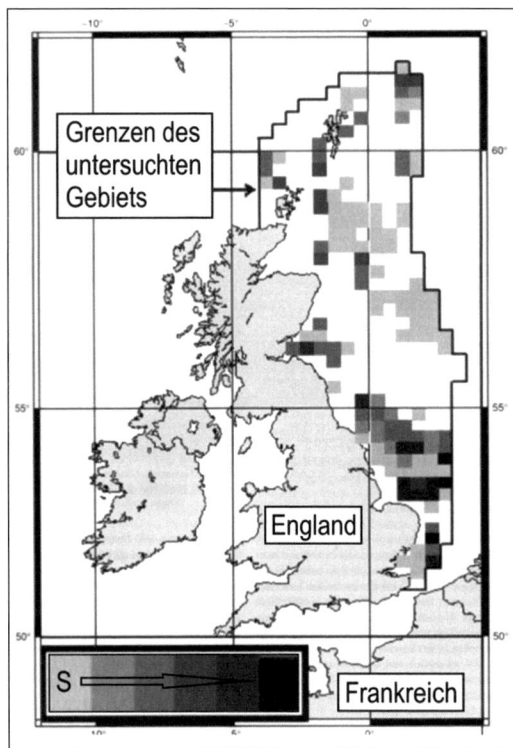

Abb. 96: **METHAN-SICKERUNGEN.** Stärke (S) der vermuteten Dichte von Gas-Sickerungen im Nordsee-Sektor von Großbritannien. Nach Judd et al., 1997.

jede Tasse Erdöl trinken, die man aus der Nordsee holen würde. Dieses sei ein hoffnungsloses Gebiet für Erdöl, so die Voraussagen und Gutachten. Tatsächlich gibt es riesige Gas- und Ölvorkommen bis hinauf nach Spitzbergen. In heutzutage vereisten Gebieten gibt es dort riesige Kohleablagerungen, aber auch Hinweise auf große Mengen von Methan.

Es gibt viele Gas- und Erdölgebiete, die durch Zufall gefunden wurden und für deren Existenz es keine hinreichenden geologischen Gründe gibt. Sehen wir uns aber noch ein Gebiet an, das uns schon hinsichtlich der Entstehung des fürchterlichen Tsunami 2004 im Indischen Ozean interessiert. Man hat festgestellt, dass die Ostpazifische Schwelle, ein Senkungsgraben im Pazifischen Ozean, über einen großen Teil seiner Länge Methan ausstößt, zusammen mit sehr heißem Wasser, weshalb sich dort kein Methanhydrat bilden kann (Kim et al., 1983).

Prinzipiell handelt es sich hier um einen Riss in der Erdkruste, der zwei tektonische Platten trennt bzw. wo sich nach gebetsmühlenartig wiederholter Darstellung der Geophysiker der sehr dünne Meeresboden millimeterweise unter die mächtige und schwerere Kontinentalplatte schieben soll, um derart nach »elastischer« Speicherung von Spannungen Tsunamis auslösen zu können. Ein materialtechnisch nicht zu beweisender oder berechenbarer Vorgang, der deshalb einen rein der Plattentektonik geschuldeten Erklärungsversuch darstellt.

Dieser lächerlich erscheinende, weil viel zu geringe Energieimpuls, durfte von Vertretern des *GeoForschungsZentrums Potsdam* (GFZ) in den deutschen Fernsehnachrichten kurz nach dem Ereignis mehrfach für die Auslösung eines Tsunami dargestellt und damit als »Gewissheit« zementiert werden.

Die Ostpazifische Schwelle ist aber das am besten dokumentierte Beispiel für eine Region, die keine umfangreichen Sedimente aufweist und aus der trotzdem Methan aus der Tiefe aufströmt, zusammen mit Helium und auch Kohlendioxid in großer Menge. Im Wesentlichen handelt es sich hier um einen vulkanischen Bereich, aber entlang dieses Risses (= Tiefseegraben) sind im Inselbogen Indonesiens auch große Schlammvulkane zu finden (s. Abb. 21, S. 61). Hier werden alle Bedingungen der Theorie der abiogenen Herkunft von Kohlenwasserstoffen erfüllt. Das hier aufsteigende Kohlendioxid ist das Oxidationsprodukt von Methan, welches nur aus der Tiefe der Erde kommen kann, da es *keine* mächtigen Sedimentschichten auf den Ozeanböden gibt, aus denen es stammen könnte. Gleichzeitig ereignen sich viele Erdbeben, die durch aufsteigende Kohlenwasserstoffe erzeugt werden. Dieser Quellmechanismus ist auch für die Aktivität der Lava- und Schlammvulkane in diesem Gebiet verantwortlich.

Auch andere Inselbögen zeigen, wie die Ostpazifische Schwelle, eine ähnliche Beziehung zwischen Vulkanen, Erdbeben und dem Vorkommen von Gas und Öl in beträchtlicher Menge. Die Kurilen, ein etwa 1200 Kilometer langer, aus mehr als 30 Inseln bestehender Inselbogen, der wie eine Brücke die russische Halbinsel Kamtschatka mit der japanischen Insel Hokkaido verbindet, weist etwa 100 Vulkane auf, von denen 39 aktiv sind. Es ereignen sich häufig Erdbeben, und es gibt auffallende Ausströmungen von Kohlenwasserstoffen. Es wurde geschätzt, wie viel Methan in den ungefähr (nach geologischer Zeitrechnung) 80 Millionen Jahren ihrer Existenz zur Erdoberfläche aufgestiegen wäre, falls die gegenwärtige Menge als konstant vorausgesetzt wird. Es handelt sich angeblich um 380 Trillionen (= 3,8 mal 10^{11}) Kubikmeter Gas (Kravtsov, 1975).

Die beiden gerade beschriebenen Inselketten zeigen das gleiche Muster wie andere Inselbögen. An der Außenrundung ist ein Meeresgraben angeordnet, dann folgen nach innen hin eine Reihe aktiver Vulkane und dann tiefer liegende Erdbebenquellen. Auf der Innenseite des Bogens erstrecken sich Kohlenwasserstoff-Vorkommen hauptsächlich parallel zu den aktiven Vulkanen. Diese Systematik können wir erweitern, denn es wurden schon die globalen Muster diskutiert, »die von den Linien gebildet werden, auf denen Erdbeben üblich sind, und auch die starken Beziehungen, die diese zu den kommerziellen Kohlenwasserstoff-Vorkommen zeigen. Natürlich gibt

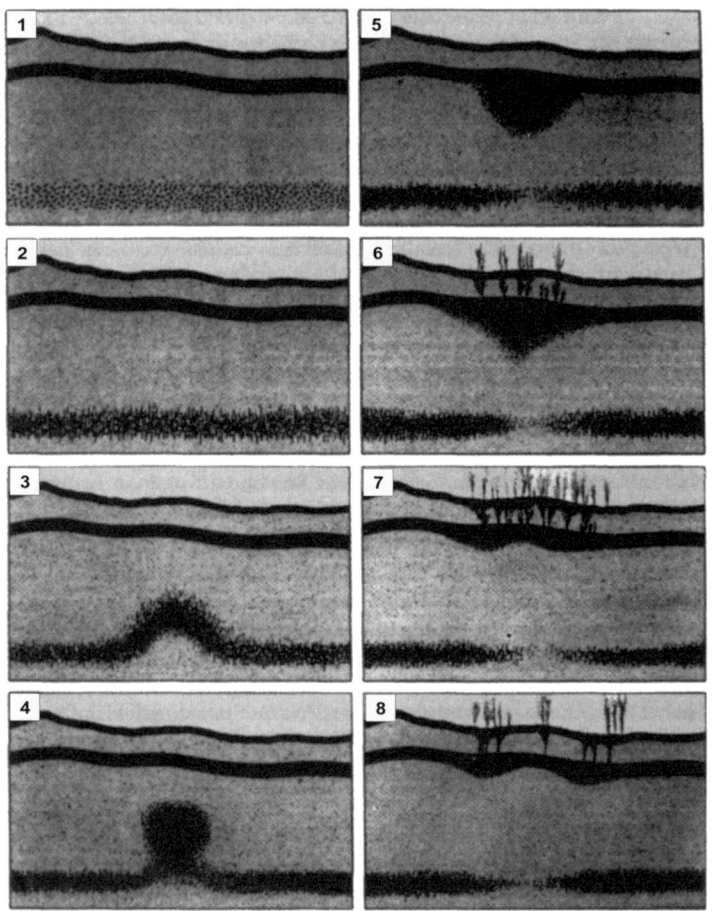

Abb. 97: **AUFQUELLENDE GASE ALS URSACHE VON ERDBEBEN.** Fluida, darunter Kohlenwasserstoffe aus einer Tiefe von vielleicht 150 km, verursachen im Gestein Versprödung und Brüche. Die Festigkeit des Gesteins wird abgebaut, bis dieses bricht. Es werden Erdbeben ausgelöst. Deren Ursache ist nicht eine Erhöhung der inneren Spannung des Gesteins, sondern umgekehrt eine »Materialermüdung« und Reduzierung der Bruchfestigkeit. Derart kann erklärt werden, warum Nachbeben in der Regel ein größeres Gebiet erfassen. Nach Gold/Soter, 1980 (vgl. Abb. 62, S. 149).

es auch außerhalb der seismisch aktiven Gebiete viele Kohlenwasserstoff-Vorkommen, aber trotzdem ist klar, dass es eine starke Wechselbeziehung (Korrelation) gibt« (Gold, 1987, S. 131 f.).

Nicht nur entlang von Inselketten, sondern allgemein gibt es eine enge Beziehung zwischen aktiven Vulkanen und Gas- und Ölvorkommen, denn die Schlote verbinden die oberflächennahen Schichten mit tief liegenden. Methan migriert aufwärts und wird unter Freisetzung von Wärme zu Wasser und Kohlendioxid oxidiert, während nicht oxidierte Kohlenwasserstoffe sich an den Flanken von Vulkanen sammeln. So gab es beim Ätna auf Sizilien, über dessen Krater auch Flammen erschienen (Hoffe, 1824, S. 239), eine Gas- und Ölproduktion an seinen Flanken. »Das Bergöl (Petroleum), welches ... häufig in Sizilien vorkommt, findet man, außer in den schon erwähnten Quellen und Wasserbehältern, bei dem Dorfe Petralie (das seinen Namen davon bekommen hat), auf Wasserquellen bei Mistretto, Lionforte, Bivona; solche aus der

Gegend von Agrigent erwähnen schon Dioscorides und Plinius. Erdpech findet sich ... (und) Asphalt ... an Schwefel ist, wie bekannt, Sizilien sehr reich« (ebd., S. 250).

Karl von Hoffe berichtet 1824 ebenso über das Phänomen des Gasausblasens an einigen Orten Siziliens: über »unzählige kleine Hügel Kreidemergel, jeder mit einem Loche in der Mitte, welches durch Gasausblasen gebildet wurde. Einige solcher Hügel bei Terrapilata unweit Caltanisetta sollen bei Erdbeben, die Sizilien treffen, jederzeit Risse bekommen, die sich weit von ihnen ab erstrecken« (ebd., S. 248).

In einem derartigen Lavavulkan-Gebiet mit Gasaustritten und heftigen Erdbeben, die durch tiefes Grollen über etliche Tage hinweg begleitet werden, sind auch Schlammvulkane in Form von Bodenverflüssigung zu erwarten. Ein solch außerordentliches Phänomen ereignete sich am 18. März 1790 »auf einer hohen Fläche, einige Meilen von der südlichen Meeresküste, wo Terranova liegt. Zuerst hörte man unter dem genannten Dorfe ein unterirdisches starkes Getöse. Tags darauf erfolgten Erschütterungen; dann sank der Boden drei italienische Meilen im Umkreis nach und nach, und an einer Stelle bis auf dreißig Fuß tief nieder ... (dann) brach in dem gesunkenen Boden eine Öffnung auf, von ungefähr 30 Fuß Durchmesser, durch welche drei Stunden lang mit großer Gewalt ein Strom von Schlamm hervordrang ... Der Schlamm war salzig ... er roch nach Schwefel und Erdöl« (ebd., S. 249).

Bereits am 29. September 1777, als sich einer der bisher stärksten Ausbrüche des Ätna ereignete, »hörte man in weitem Umkreis dumpfes Brüllen; auf etliche italienische Meilen bebte der Boden, und in der Mitte der Fläche, wo sich ein großer Schlund geöffnet hatte, stieg bis zu einer Höhe von 100 Fuß eine mächtige Schlammsäule empor, vermischt mit Steinen verschiedener Größe. Die Explosion dauerte eine halbe Stunde, dann erfolgte Ruhe; nach einigen Minuten begann sie von Neuem, und diese Erscheinung wiederholte sich mehrmals während des ganzen Tages; zugleich verbreitete sich weit umher ein starker Geruch von Schwefel-Wasserstoff-Gas« (ebd., S. 246 f.).

Diese Augenzeugen schildern exakt die in diesem Buch beschriebenen Begleiterscheinungen, wenn Methan aus der Tiefe aufwärts migriert und diffundiert. Das konventionell-geophysikalische Weltbild bietet weder für das Auftreten von Erdbeben *innerhalb* tektonischer Platten noch für das Austreten von Schlamm mit Steinen und Kohlenwasserstoffen eine plausibel erscheinende Erklärung an. Angeblich hilft die Vulkanhitze dabei, organische Sedimente zu trocknen und in Kohlenwasserstoffe umzuwandeln. Aber die Sedimentmengen in Sizilien sind sehr klein, und die natürliche Verflüchtigungsrate der Gase in der Nachbarschaft war sehr groß. Solche Regionen sind jedoch für die Produktion und Rückhaltung *wesentlicher* Mengen von Methan und Öl alles andere als günstig.

Kalabrien, die südwestliche Halbinsel Süditalien, und die östliche Spitze Siziliens bestehen bis gegen den Ätna aus Granit, sodass der große Vulkan am Rand des Urgebirges steht. Da der Granitsockel scheinbar einen undurchlässigen Deckel bildet, quellen Kohlenwasserstoffe an dessen Rand empor. Auch die nördlich von Sizilien gelegenen Inselvulkane Stromboli und Vulcano – beide den Liparischen Inseln zugehörig, die sämtlich vulkanischer Beschaffenheit sind – scheinen mit dem Ätna in Verbindung zu stehen. So kündigten die beiden Vulkane 1693 durch Ausbrüche und Bewegungen die damaligen Eruptionen des Ätna und Erdbeben in der Umgebung an. Interessant ist, dass Vulcano dauernd brannte, aber zu dieser Zeit auch Stromboli, bei dem von Flammen ansonsten seltener berichtet wurde (ebd., S. 260). Es handelt sich um einen eindeutigen Hinweis, dass hier Gasentladungen stattfanden.

Geophysiker sind ratlos, weil einerseits die Theorie für Tiefbeben in Subduktionszonen auf Widerspruch stößt (Frisch/Meschede, 2005, S. 115) und anderseits, weil diese sogar inmitten und eben nicht am Rand einer tektonischen Platte vorkommen, wie nördlich von Sizilien. Ebenso unerklärt bleiben häufige Verlagerungen des Hypozentrums eines Tiefenbebens in stockwerksartiger Abfolge nach oben hin. Das Abstürzen der über gebildeten Hohlräumen befindlichen Decken erfolgt in der Tiefe nicht gleichzeitig, sondern nacheinander, wodurch diese Art der Tiefbeben in Zusammenhang mit dem in diesem Buch beschriebenen Aufstieg der Kohlenwasserstoffe und das Vorkommen von Lava, Schlamm, Erdöl und Erdgas elegant erklärt werden kann.

Da man die abiogene Entstehung von Kohlenwasserstoffen offiziell ignoriert, kann man auch nicht Fundorte von Erdöl und Erdgas voraussagen. Das geologisch-geophysikalische Weltbild ist falsch! Denn würde man annehmen, dass dort unten ein reiches, biogen entstandenes Quellengestein die Kohlenwasserstoffe produzieren würde, dann müssten die einzelnen Schichten, die jeweils einem bestimmten geologischen Alter zugeordnet sind, zu

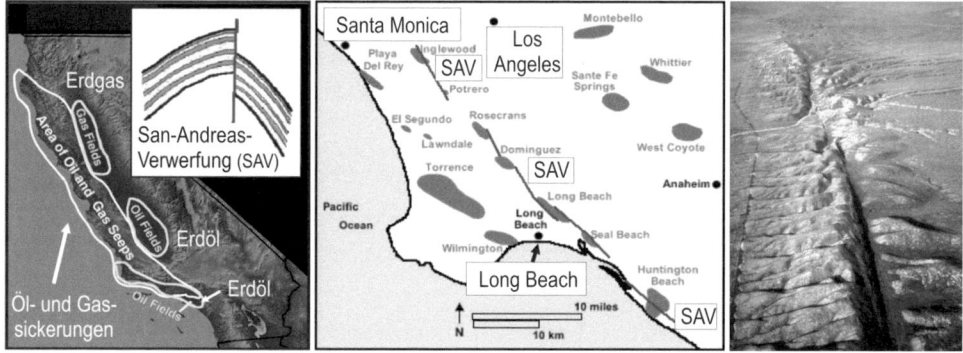

Abb. 98: **BRUCHZONEN.** Linkes Bild: Entlang von Verwerfungen, wie der San-Andreas-Verwerfung (SAV) in Kalifornien, sickern Kohlenwasserstoffe auf, und es kann Erdöl und Erdgas gefördert werden. Mittleres Bild: Ein Ausschnitt der Landkarte um Los Angeles mit Erdölfördergebieten entlang und in Abstand parallel zur Verwerfungszone, die eine rund 1100 km lange Bruchlinie infolge Höhen- und Längsversatz in der Erdkruste darstellt (rechtes Bild). (Vgl. auch Abb. 90, S. 239)

unterschiedlichen Zeiten Kohlenstoff aufgenommen haben. Deshalb sollte man eine Erklärung für ein großes, 6000 Meter tiefes Gasfeld im Persischen Golf vorweisen können, das noch *unterhalb* der großen, in geringer Tiefe liegenden Ölfelder in Abu Dhabi entdeckt wurde. Da konventionell *nicht von einer einzigen* Quelle von Kohlenwasserwasserstoffen ausgegangen wird, *muss* im Sinne der biogenen Theorie folgerichtig angenommen werden, dass dieses Erdöl »sich in weit auseinanderliegenden Zeiten an derselben Stelle wiederholt bildete« (Stutzer, 1931, S. 328) – ein abenteuerliches Szenario!

Als Beispiel werden Lagerstätten in Nordamerika, aber auch im niedersächsischen Wietze bei Hannover angeführt. Dort gibt es mehrere übereinander liegende Horizonte, wobei einer, zum Keuper (Sandstein) gehörender, über 201 Millionen Jahre alt sein soll, während die sechste *darüber* liegende, Öl führende Schicht nach geologischer Zeitskala zur Oberkreide gerechnet wird, also ein Alter von mehr als 65 Millionen Jahre aufweist (vgl. Kraiss, 1916). »Günstige Voraussetzungen zur Entstehung von Erdöl scheinen in Norddeutschland zu verschiedenen Zeiten an denselben Stellen bestanden zu haben« (Stutzer, 1931, S. 328).

Dies bedeutet gemäß der biogenen Theorie zur Erdölgenese, dass sich abgestorbene Meeresorganismen wie Algen über viele Jahrmillionen hinweg immer wieder an derselben Stelle übereinander ablagerten.

Diese müssen jeweils *von einer dichten Deckschicht* überdeckt worden sein, um dann formationsweise jeweils separat zu Erdöl transformiert zu werden. Dies bedeutet aber auch, dass sich immer wieder dieselben für den Transformationsprozess günstigen Temperaturen und Drücke hätten einstellen müssen. Ein typisch konventioneller Denkansatz, der dem Grundprinzip der Gleichförmigkeit (Aktualismus) geschuldet wird, das leider, den Gegebenheiten und Funden widersprechend, allgemein unserem Weltbild zugrunde liegt.

Deshalb musste die Annahme von »primärer Lagerung, also Wiederholung der Ölbildung an derselben Stelle zu ganz verschiedenen Zeiten« in dem Fachbuch »Erdöl« von Professor Dr. Otto Stutzer relativiert werden: »In fast jedem Ölgebiet trifft man mehrere Ölhorizonte übereinander an. Ein Ölgebiet mit nur einem einzigen Ölhorizont ist eine Seltenheit. Für erschöpft gehaltene Gebiete leben bisweilen wieder auf, wenn man tiefer bohrt und neue Öl führende Horizonte entdeckt« (Stutzer, 1931, S. 326). Exakt diese Feststellung ist richtig! Sich wieder auffüllende Öllager, ein sicher weithin unbekannter Fakt, hatten wir ja bereits als Beweis für die abiogene Herkunft von Kohlenwasserstoffen angeführt, da Erdgas und auch Erdöl in Kaskaden schichtweise nach oben steigt, wenn die Bruchfestigkeit der jeweils darüber liegenden Schicht überschritten wird.

Falls man also die Quelle der Kohlenwasserstoffe nicht in den Sedimentschichten, sondern noch wesentlich tiefer unter diesen liegend vermutet, dann strömen Kohlenwasserstoffe sowieso von unten herauf, und für diesen Fall ist die senkrechte Stapelung ein übliches Merkmal von Gas- und Öllagerstätten. Gemäß konventioneller Ansicht dürfte man Öl nicht im kristallinen, fossilfreien Sockelgestein finden, das *unter* den Sedimenten liegt. Mit der biogenen Theorie ist es unvereinbar, dass aus dem Sockel in größerer Menge Kohlenwasserstoffe aufsteigen. Falls Öl in entgegengesetzter Richtung von *oberhalb* in das darunterliegende kristalline Sockelgestein einsickern sollte, sind die Mengen sehr gering.

Tatsächlich aber erfolgt im US-Bundesstaat Kansas eine kommerzielle Förderung bei zahlreichen Bohrungen aus dem über 590 Millionen Jahre alten, aus dem Präkambrium stammenden kristallinen Sockelgestein. »Die zuerst entdeckte Quelle produzierte täglich 1800 Barrels aus brüchigem präkambrischem Quarzit. Danach sind mehr als 50 produzierende Bohrungen im Sockelgestein dieses Gebiets niedergebracht worden« (Landes, 1970, S. 106–118). Normalerweise liegt dieses Sockelgestein derart tief, dass man dieses mit der derzeitigen Bohrtiefe nicht erreicht.

In diesem Gebiet, wie vielleicht auch in vielen anderen, ist es möglich, die Beziehung der produzierenden, weniger tiefen Quellen zu den Verwerfungsmustern im Sockel darunter zu erkennen« (Gold, 1987, S. 133). Findet man über geologischen Besonderheiten des Sockelgesteins aufquellende Kohlenwasserstoffe, so gibt es eine hohe Wahrscheinlichkeit, dass auf derartige Funde entlang dieser Besonderheit auf ihrer gesamten Länge geschlossen werden kann (Abb. 88).

Die Tatsache, dass sich Erdöllager wieder auffüllen, die isotopische Zusammensetzung und andere Eigenarten der umfangreichen Karbonat-Lagerstätten in der Erdkruste, die enge Beziehung zwischen Helium- und Kohlenwasserstoff-Vorkommen und die horizontweise Stapelung von Kohlenwasserstoffen sprechen für die abiogene Entstehung von Erdöl und das Aufsteigen von Methan aus der Tiefe, durch Migration und Diffusion. Gerade die letzten

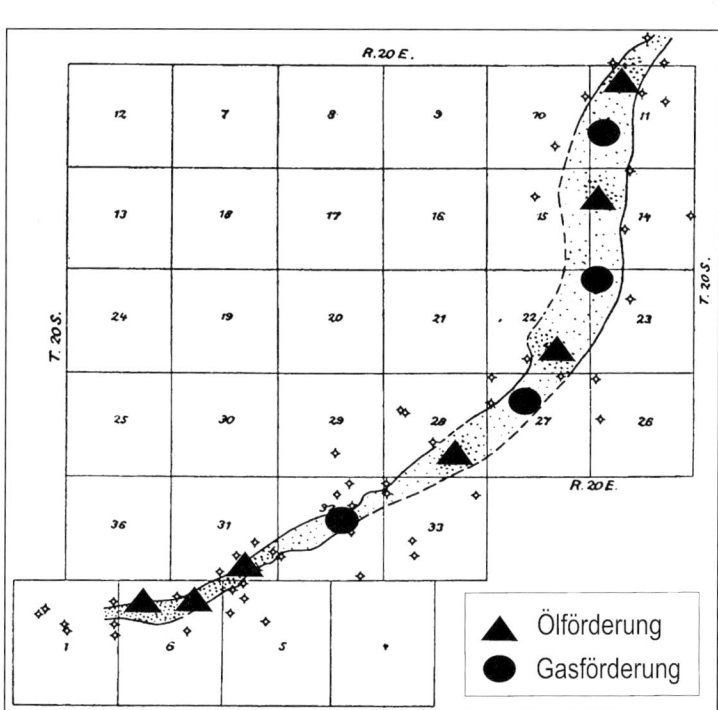

Abb. 99: **SCHLAUCHARTIGE** Öllagerstätten. Ein Beispiel für Öllager in schlauchiger Gestalt: Der »Garnett Shoe String« in Ost-Kansas. Nach Rich, 1923.

Jahre intensiver Erforschung der planetaren Himmelskörper durch viele Raumsonden haben uns ein verbessertes Verständnis für die Chemie anderer Planeten und ihrer Monde, aber auch für die Natur der Kometen und Asteroiden gebracht. Es ist deshalb an der Zeit, viele Überzeugungen zu überprüfen, die bereits zuvor als Dogmen manifestiert wurden.

Weil man entgegen früherer Überzeugung feststellen musste, dass Vorkommen von nicht oxidiertem Kohlenwasserstoff auf und in planetaren Himmelskörpern nicht nur überhaupt, sondern häufig in sogar sehr großer Menge vorhanden sind, ist die Zeit reif, solche Vorkommen auch für die Erde in Betracht zu ziehen. Möglicherweise kann unter ideal-günstigen Umständen Erdöl aus biologischen Relikten entstehen, aber diese Entstehung (Genese) wird aufgrund der speziell erforderlichen Randbedingungen auf wenige Lagerstätten und kleine Mengen begrenzt bleiben.

Zu heiß?

»Bei der Annahme einer anorganischen Entstehung des Erdöls lässt sich … nicht nur die Zusammensetzung des Erdöls aus Kohlenwasserstoffen, sondern auch die Anwesenheit von stickstoff- und schwefelhaltigen Verbindungen, sowie von Harzen aus Asphalten erklären«, können wir in dem bereits zitierten älteren Fachbuch nachlesen (Stutzer, 1931, S. 299). Trotzdem werden schon seit *langer* Zeit zwei hauptsächliche Gründe gegen die anorganische Entstehung von Erdöl vorgebracht. So ist Öl mit Resten von biologischen Molekülen, die darin zu finden sind, kontaminiert. Es besteht kein Zweifel, dass solche Moleküle aus den Membranen toter Zellen stammen. Wir werden diesen gewichtigen Einwand gegen die abiogene Theorie nach Diskussion eines anderen hauptsächlichen Einwandes abhandeln.

Im Konsens mit der überwiegenden Mehrzahl der Wissenschaftler führt Otto Stutzer rein chemische Gründe gegen eine anorganische Entstehung in großer Tiefe an, da die Kondensationspunkte der meisten Bestandteile des Erdöls zwischen 0 und 300 Grad Celsius liegen.

»Das Erdöl müsste aus heißen tiefen Zonen also dampfförmig emporgestiegen sein. Man sollte erwarten, dass sich dann nur in verschiedener Höhe je nach Abkühlung (Temperatur) ein bestimmter Bestandteil kondensiert hätte, mehr in der Tiefe die schwereren, weiter oben die leichteren Fraktionen« (ebd., S. 300).

Die Wärmeresistenz von Kohlenwasserstoff in der heißen Tiefe der Erde ist ein zentrales Problem. Falls die Theorie von einer ehemals heißen Erde richtig ist, dann wären im zunächst glutflüssigen Zustand die flüchtigen

Bestandteile als Erste an die Erdoberfläche aufgestiegen. Nach Abkühlung des Mantels wäre mangels Nachschub ein weiterer Zufluss von Kohlenwasserstoffen aus der Tiefe unmöglich. Man würde also nur solange eine Ausgasung erwarten, wie die Temperaturen in irgendeinem Teil der Erde ansteigen. Demzufolge wären auf einer ursprünglich heißen Erde die meisten Fluida bereits in einem frühen Stadium auf einen energetisch niedrigen chemischen Zustand gebracht worden. Zu Reaktionen mit entsprechender Energiefreisetzung hätte es daher später nicht mehr kommen können, und alle Substanzen befänden sich im chemischen Gleichgewicht. Für das Leben bliebe dann nur das Sonnenlicht als Energiequelle übrig, und es hätte sich deshalb nur an der Erdoberfläche entwickeln können. Das ist die Grundlage unseres konventionellen Weltbildes.

Wenn wir jedoch von einer anfangs kalten Erde ausgehen, dann würden die flüchtigen Bestandteile beim Austritt oft *nicht* mit ihrer Umgebung im chemischen Gleichgewicht stehen und könnten daher eine Quelle für chemische Energie sein. Diese Ansicht vertraten schon mehrere Forscher, u. a. Pascual Jordan (1966) und Thomas Gold (1985). Für das Energieproblem und mehr noch für die Entstehung des Lebens ist daher von zentraler Bedeutung, den Oxidationszustand des Kohlenstoffs innerhalb der Erde zu verstehen und zu erklären.

Es wurden in diesem Buch bereits diverse Beweise und Hinweise vorgelegt, die zeigen, dass die Erde ursprünglich kalt und eben nicht heiß war. Heutzutage ist sie nur teilweise aufgeschmolzen, und zwar im oberen Mantel – nach meiner Ansicht hauptsächlich im Bereich der Neutralkugelschale. Diese Sichtweise wird neuerdings bestätigt, denn die Quelle des Magmas befindet sich nicht in sehr großer Tiefe des Erdmantels, sondern meist in einer Kammer *nahe der Erdoberfläche*, wie inzwischen auch für den Yellowstone-Vulkanismus nachgewiesen wurde (Bindemann, 2006, S. 43 f.).

Es stellt sich also die zentrale Frage, ob Kohlenwasserstoffe in großer Tiefe thermodynamisch stabil sind. Mit der Behauptung, dass Temperaturen von 300 Grad Celsius ausreichen, um schwere Kohlenwasserstoffe in Erdölvorkommen zu zersetzen und Methan bei über 600 Grad Celsius zerfallen zu lassen, soll bewiesen werden, dass Kohlenwasserstoffe in der Tiefe nicht hätten überstehen können. Da solche Temperaturen generell bereits in Tiefen von wenigen tausend Metern erreicht werden sollen, schien ein Ursprung von Kohlenwasserstoffen aus noch tiefer liegenden anorganischen Quellen undenkbar zu sein.

Aber unterhalb dieser scheinbaren Grenzbereiche für die Existenz von Kohlenwasserstoffen herrscht ein höherer Druck! Solange man an einen biologischen Ursprung der Kohlenwasserstoffe glaubte, war es scheinbar nicht erforderlich, solche Moleküle unter den dort herrschenden Bedingungen zu untersuchen. Deshalb ersparte man sich die sehr teuren Hochdruck- und Hochtemperatur-Experimente. Die ersatzweise von westlichen Wissenschaftlern durchgeführten Berechnungen berücksichtigten jedoch nicht, dass hoher Druck Kohlenwasserstoffe gegen ihre thermisch bedingte Zersetzung stabilisiert.

In Russland widmete man sich diesem Problem ohne die Scheuklappen eines Dogmas, da man nicht von Forschungsgeldern abhängig war. Die 1976 veröffentlichten thermodynamischen Berechnungen des Russen Emmanuil B. Chekaliuk zeigen, dass Methan der chemischen Zersetzung bis in eine Tiefe von 300 Kilometern widersteht, solange die Temperatur dort nicht 2000 Grad Celsius übersteigt. In vulkanischen Gebieten liegen andere Bedingungen vor, da in diesen der Temperaturverlauf ein anderer ist (Chekaliuk, 1976). Die untere Grenze, bis zu der Methan auf der Erde vorkommen kann, liegt vielleicht sogar in einer Tiefe von 600 Kilometern (Gold, 1999, S. 50).

Erdöl wurde schon in bedeutenden Mengen bereits unterhalb von 5000 Metern gefunden. In diesen Fällen scheinen Temperaturen bis zu 300 Grad Celsius förderbares Bitumen nicht zerstört zu haben (Price, 1982).

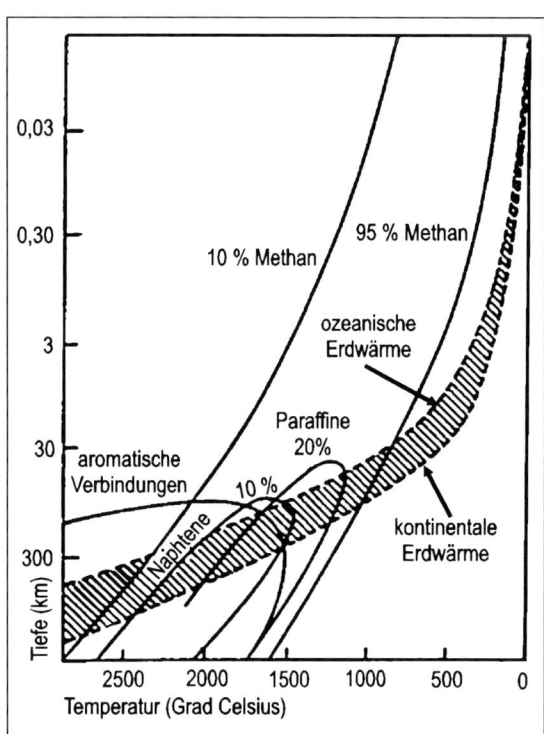

Abb. 100: **KOHLENWASSERSTOFF-RESISTENZ.** Thermodynamische Berechnungen geben den Bereich an, in dem verschiedene Kohlenwasserstoffe stabil sind. Nach diesen Berechnungen wären die meisten Erdölkomponenten in einer Tiefe zwischen 100 und 300 km im Gleichgewicht vorhanden, und nach oben strömendes Methan könnte einen bedeutenden Bruchteil zur Oberfläche bringen. Nach Chekaliuk, 1976.

Die schweren Kohlenwasserstoff-Moleküle, die den größten Teil des natürlich vorkommenden Erdöls bilden, sind nach thermodynamischen Berechnungen aus Russland und der Ukraine »im Temperatur- und Druckbereich, der zwischen 30 und 300 Kilometern Tiefe vorherrscht, nicht nur stabil, sondern diese bilden sich auch, wenn es in diesen Tiefen ein Gemisch aus einfachen Kohlenstoff- und Wasseratomen gäbe. In einer Tiefe von vielleicht 200 Kilometern ist ein Gemisch von Kohlenwasserstoff-Molekülen das zu erwartende chemische Gleichgewicht, und zwar auch wenn die thermischen Bedingungen, ohne Berücksichtigung des herrschenden Druckes, den Grenzwert, an dem sie zerbrechen müssten, weit übersteigen« (Gold, 1999, S. 50 f.).

In welcher Form liegen Gemische von Kohlenwasserstoffen in derartigen Tiefen überhaupt vor? Auch wenn Methan unter den hier diskutierten Bedingungen technisch gesehen ein Gas ist, wird es sich chemisch bei hohem Druck wie eine Flüssigkeit verhalten. Unter Hochdruck stehendes Methan ist ein gutes Lösungsmittel, in dem alle flüssigen Kohlenwasserstoffe sowie viele der festen lösbar sind. Falls der Anteil von Methan hoch genug ist, handelt es sich bei dieser Lösung um eine Flüssigkeit niedriger Viskosität, die sehr gut in vorhandene Bruchstellen im Gestein eindringen kann.

Liegen Hochdruckgase in flüssigen Dichten vor, nennt man diese auch »Superkritische Gase«. Substanzen, die von solchen Fluida in einer Strömung mitgeführt werden, fällen bei Druckabfall plötzlich aus; ein Prozess, der auch bei industriellen Anwendungen genutzt wird. Aber gerade diese Druckabfälle bzw. abrupten Druckveränderungen hatten wir in Zusammenhang mit dem schichtweisen Ausgasungsprozess diskutiert. Dies bedeutet, dass bei jedem Ausgasungsprozess in die nächsthöher gelegene Schicht einige der gelösten Substanzen ausgefällt, also abgelagert werden. Derart können wir die schichtweise Lagerung der Kohlenwasserstoffe erklären.

All diese tiefer liegenden Druckstufen befinden sich unterhalb des Bereichs, den wir bisher durch Bohren erreichen. Manchmal kann man solche Ablagerungen jedoch sehen, wenn Gesteine nach oben gedrückt und damit für uns zugänglich gemacht werden (vgl. Abb. 90, S. 239).

»Der Bereich, den wir kennen, ist jedoch jener oberhalb des letzten größeren Druckabfalls, den ein nach oben strömendes Gas erleiden würde. Es ist der Bereich, wo das Gas den ›hydrostatischen‹ oder ›normalen‹ Druck erreicht, mit dem die Erdölindustrie vertraut ist. In Sedimenten liegt dieser letzte Druckabfall für die Gase (der erste Druckanstieg für die Bohrleute) in einer Tiefe zwischen drei und sechs Kilometern« (Gold, 1987, S. 140).

Nach dem Austritt aus dem Sockelgestein verlieren die Kohlenwasserstoffe auf ihrem Weg nach oben infolge Oxidation Wasserstoff. Sobald ein Kohlenwasserstoff-Molekül mit einem freien oder durch einen Katalysator (Mikroben) zur Verfügung gestellten Sauerstoff-Atom zusammentrifft, fängt es dieses ein und verliert gleichzeitig neben einem Kohlendioxidmolekül zwei Wasserstoff-Atome, woraus nach dieser Oxidation dann möglicherweise Wasser entsteht (Formationswasser). Natürlich können auch andere Atome wie Stickstoff oder Schwefel anstelle des Sauerstoffatoms den Platz des Wasserstoffatoms einnehmen, falls diese vorhanden sind.

In diesem Streben hin zum chemischen Gleichgewicht ist der Grund zu sehen, dass mit dem Aufwärtsstreben von Kohlenwasserstoffen diese oxidieren, womit ein fortschreitender Verlust an Wasserstoff verbunden ist. Deshalb steigt das Verhältnis von Kohlenstoff zu Wasserstoff an, und viele Ölfelder sind geschichtet wie eine Torte. Ganz unten befinden sich Methanlager mit viel chemisch gebundenem Wasserstoff, darüber leichte Öle, auf denen wiederum schwerere lagern, die viel Kohlenstoff und weniger Wasserstoff beinhalten. Die *schwersten* Öle liegen oben auf, obwohl sich über jeder Schicht eine gewisse Menge Methan ansammeln kann. Aber in einigen Feldern bilden die obersten, kohlenstoffreichsten Öle nicht den Abschluss der »Tortenschichtung«, sondern noch darüber kann sich Steinkohle ablagern. Je größer der Kohlenstoffgehalt, desto mehr Wasserstoff wurde freigesetzt und umso mehr Wasser, aber auch Kohlendioxid konnte sich bilden. Deshalb konnten sich unmittelbar über Steinkohlenlagern Gewässer bilden, in denen u. a. Dinosaurier schwammen und auf der Kohlenschicht Trittsiegel hinterließen.

So liegen über Ölvorkommen nicht selten Felder von Steinkohlen, wie im San-Juan-Becken in New Mexico oder im Anadarko-Becken von Oklahoma. Fast alle Länder, die für ihre großen Ölvorkommen bekannt sind, ob Alaska oder Saudi-Arabien, besitzen ebenfalls große Kohlenfelder. Manchmal stieß man auch auf Kohle *innerhalb* der ölhaltigen Schichten, wie in Wyoming.

Es wurde gezeigt, dass in Zonen mit aufwärts strömenden Kohlenwasserstoffen es eine starke Neigung zu Ablagerungen von Kohlenstoff gibt, die zu großen Konzentrationen anwachsen. Von unten nach oben findet im Regelfall also eine Fraktionierung statt, durch die einerseits Kohlenstoff angereichert und andererseits Wasser und Kohlendioxid gebildet wird. Jedoch ist Oxidation nicht der einzige Grund, warum Kohlenwasserstoffe auf ihrem Weg nach oben Wasserstoff verlieren. Die bei hohem Druck im Erdmantel entstandenen komplexen Verbindungen werden bei abnehmendem Druck in der Nähe der Erdoberfläche instabil, und mit der Zeit lösen sich allmählich Wasserstoff-Atome heraus.

Kohle über Erdöl

Die Tatsache, dass Kohlenvorkommen über Öllagerstätten liegen, ist durch die biogene Theorie nicht zu erklären, denn es soll sich ja um zwei völlig verschiedene Arten von biologischen Resten handeln. Diese sollen sich unter recht unterschiedlichen Umständen und dort, wo sie übereinander liegen, zu sehr unterschiedlichen geologischen Zeitepochen abgelagert haben. Im Allgemeinen geht man davon aus, dass Öl sich aus abgestorbenen Meeresorganismen (Plankton) gebildet hat, während Kohle aus Überresten der Landvegetation entstand. Derart unterschiedliche Substanzen sollten, geografisch gesehen, rund um den Erdball eigentlich nicht derart nahe beieinander liegen. Bohrfachleute wissen aber, dass man mit hoher Wahrscheinlichkeit auf Öl trifft, wenn man auf Kohle gestoßen ist (siehe Abb. 101).

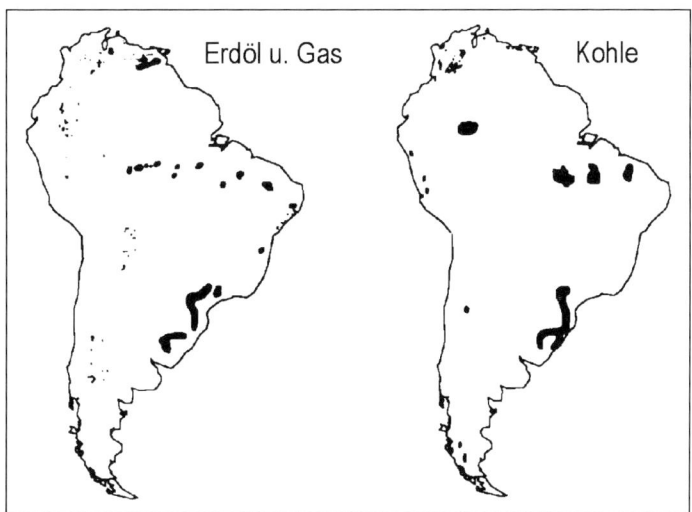

Abb. 101: **ÜBERLAGERUNG.** Kohle- und Ölvorkommen in Ostbrasilien überlagern einander, wie auch in vielen anderen Gebieten. Aus Gold, 1999, S. 98.

Durch einen Inkohlung genannten Prozess soll in Jahrmillionen frisches Pflanzenmaterial zu Huminsäuren und Torf, dann über Braunkohle und Steinkohle zu Anthrazit (Kohlenstoffgehalt über 91 Prozent) und in einzelnen Fällen zu Grafit, also stabilem Kohlenstoff umgewandelt werden. Wie man zugibt, ist es nicht gelungen, diesen Prozess im Rahmen der biogenen Theorie restlos zu verstehen, noch ihn technisch nachzuahmen. Gibt es eine Erklärung im Rahmen der abiogenen Entstehungstheorie von Kohlenstoff-Lagerstätten?

Da wir von der Tiefe bis hin zur Erdoberfläche eine zunehmende Konzentration von Kohlenstoff in den jeweiligen Horizonten als Grundprinzip erkannt haben, zeigt sich, dass *Torf und Braunkohle* nicht in eine Systematik passen, die von ihrer anorganischen Entstehung und von einer Ablagerung von Kohlenstoff ausgehen, denn Torf und Braunkohle enthalten einfach zu wenig Kohlenstoff. Tatsächlich sind in Torf und Braunkohle die Strukturen der ursprünglichen Pflanzen noch gut erkennbar. Es handelt sich definitiv ursächlich um Erzeugnisse der Erdoberflächen-Biosphäre. Hingegen passen *Steinkohle und Anthrazit* in die abiogene Systematik der von unten nach oben geschichteten Konzentration von Kohlenstoff, insbesondere weil Steinkohlelagerstätten oft über Erdöl- und Gasvorkommen liegen, was kaum ein Zufall sein kann.

Unsere Annahme wird gestützt durch die Tatsache, dass nirgends Zwischenstufen eines allmählichen Übergangs von Torf und Braunkohle zur Steinkohle entdeckt wurden. Immer zeigt sich eine scharfe Abgrenzung zwischen Stein- und Braunkohle, wobei durch die Aufwärtsbewegung von steinkohlehaltigen Schichten im Kontaktbereich sich eine sogenannte Kontakt-Metamorphose vollziehen kann. Aber man wird einen allmählichen Übergang von Braun- zur Steinkohle ebenso wenig finden wie Übergangsformen bei großen Tieren (Makro-Evolution). Auch beim Inkohlungsprozess sollte es deshalb analog zur Makro-Evolution eine andere Systematik geben.

Gegen die biogene Herkunft von Erdöl und Steinkohle spricht auch, dass noch niemand in einem Behälter aus irgendwelchen biologischen Materialien Derartiges zusammengebraut hat. Im Gegensatz dazu konnte im Labor auf *anorganischem* Weg Erdöl chemisch hergestellt werden (Kenney, 2002).

Ebenso wie es verhältnismäßig viel zu wenige Mikroorganismen für eine biogene Entstehung des gesamten Erdöls gegeben hat, so gab es für Steinkohle zu wenig Pflanzen bzw. Bäume, die in Mooren verrotteten und sich zu Kohle umformen konnten. Die nach dem deutschen Botaniker Henry Poto-

Abb. 102: **FEINE GLIEDERUNG.** Beispiel der reichen Gliederung eines mächtigen Einzelflözes aus dem Ostrau-Karwiner Kohlenbecken. Die konventionelle Moortheorie von der Kohlenentstehung versagt nicht nur für derartig feine Gliederungen, sondern auch für die Erklärung der Herkunft von Schieferkohle oder schiefriger Kohle, des Sohlenschiefertones oder der meist kaum fingerdicken »Kohleflözchen«, die oft in zahllosen Wiederholungen mit ebenso zarten Schieferton-Mittel-Schichten (»Mittelchen«) wechsellagern. Kohleflözchen von nur ein paar Zentimetern Stärke wechsellagern mit ebenso dünnen Mittelchen von Taubgestein (vgl. Abb. 61, S. 148). Wie könnten da die reinliche Scheidung und die große Flächenausdehnung solcher Mittelchen und Flözchen während des jahrtausendelangen Hebens und Senkens des Lyell'schen Bodens in bzw. zwischen den Potonié'schen Mooren erhalten bleiben? K = Kohle, SK = Schieferkohle, ST = schwarzer Tonsandstein, WT = weißer Ton. Aus Fischer (1923, S. 63).

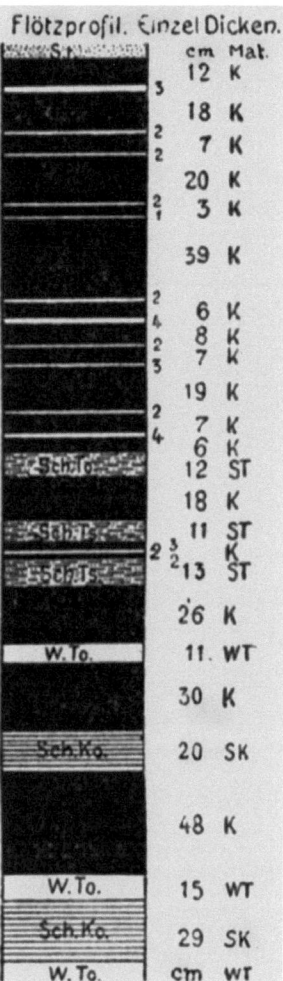

nié (1905) benannte Waldmoor-Theorie versagt schon allein *mangels genügender biologischer Masse*. Wenn wir uns einen 100-jährigen Buchenwald vorstellen, würde dieser den Baustoff für ein nur zwei Zentimeter dickes Flöz liefern. Eine derartige, an Ort und Stelle des Moores (autochthon) gewachsene Kohlenschicht versagt als Erklärung durch die Moortheorie auch, weil sich solche Flöze in gleicher Mächtigkeit horizontal und im weiteren Verlauf auch an Steilhängen hinauf hinziehen.

Im Normalfall existieren aber etliche Kohlenflöze als getrennte Schichten übereinander. Betrachtet man das Ruhrgebiet, so kommen wohl an die 1000 Einzelflöze zusammen, was entsprechend vielen Waldmooren an der gleichen Stelle entsprechen müsste: Tausend Waldmoore von zuweilen jeweils an die 100 Meter Mächtigkeit oder mehr, alle übereinander! Ein unvorstellbarer Gedanke. Erschwerend kommt hinzu, dass sich eine nicht unterteilte Kohlenschicht manchmal auf einer Seite in zahlreiche Flöze auftrennt, die durch Kalksteinschichten und andere Formationen getrennt sind.

Einzelne Kohlenflöze sind aber manchmal 20 und mehr Meter mächtig. Kein Wald vermag eine derartige Kohlenschicht zu produzieren. Man schätzt, dass zur Entstehung einer nur 30 Zentimeter starken Kohlenschicht eine vier Meter mächtige Torfschicht erforderlich wäre, und eine derartige

Torfablagerung würde eine 40 Meter hohe Schicht pflanzlicher Überreste bedingen. Wie hoch und wie dicht muss dann ein Wald sein, um ein Kohlenflöz von nicht nur 30 Zentimetern, sondern von 20 Metern Mächtigkeit zu produzieren? An einigen Orten muss es 50 bis 100 solch riesiger Wälder gegeben haben, die immer übereinander gewachsen, abgestorben und begraben sein müssten. Die Berücksichtigung dieser Unmengen von pflanzlichen Massen erfordert eine andere Theorie als die auf den (ur-)alten Hypothesen von Charles Lyell und Henry Potonié beruhende.

Auch nicht zur Potonié'schen Torfmoor-Theorie passen verfestigte Kohlenwasserstoffe, die als Albertite bezeichnet werden. Diese Vorkommen sehen manche Wissenschaftler als kohleartig an, was gegen die Torfmoor-Theorie sprechen würde, denn in New Brunswick, Kanada, füllt diese »Kohle« einen fast *senkrechten* Riss, der durch viele horizontal gebettete Sedimentschichten hindurch verläuft (Hitchcock, 1865). Verfechter der organischen Herkunft bezeichnen Albertite aber als (solidharten) Asphalt. Dieser soll aus Erdöl entstanden sein, nachdem sich die leichteren Kohlenwasserstoffe verflüchtigt haben, weil nur eine breiige oder flüssige Masse *alle* Hohlräume hätte vollkommen ausfüllen können. Wie jedoch bereits eingangs dieses Buches berichtet, musste ich bei meinen Dinosaurier-Recherchen feststellen, dass Steinkohle früher weich gewesen sein muss und den Boden von Gewässern bildete, denn überall im Westen von Amerika sanken Dinosaurier in die Kohlenschicht ein. In vielen Museen sind derart hinterlassene Trittsiegel ausgestellt.

Mit der biogenen Theorie ist auch kaum die bereits erwähnte Tatsache zu erklären, dass Kohlenflöze an Stellen auftreten, an denen sie eigentlich nicht vorkommen dürften, und in Steigungswinkeln lagern, die sie eigentlich nicht einnehmen könnten. Aber es gibt nicht nur Kohlenlager, die zwischen Sedimentschichten, sondern auch zwischen vulkanischer Lava ohne jegliche Sedimente lagern, u. a. im Südwesten von Grönland (Pedersen/Lahm, 1970).

Ungewöhnlich sind auch einzelne Klumpen von Karbonat-Gestein, die man in Kohlenflözen antreffen kann. Bricht man diese Gesteinsbrocken auf, findet man in ihrem Inneren manchmal Fossilien, die helles Holz ohne Anzeichen einer Inkohlung bzw. eines Verkohlungsprozesses enthalten. Nach der biogenen Theorie müsste man schwarzes Holz erwarten. Wie schon ausführlich in meinem Buch »Irrtümer der Erdgeschichte« (Zillmer, 2001,

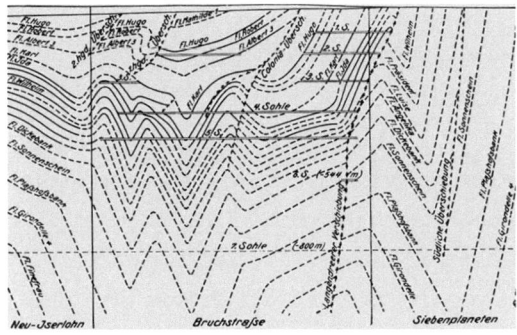 

Abb. 103: **OHNE RISSE.** Linkes Bild: Flöze sind oft extrem steil disharmonisch gefaltet. Bei dem etwa 1000 m Tiefe darstellenden Nord-Süd-Schnitt eines Grubenfeldes bei Langendreer in Bochum stellt sich unter flachliegenden Fettkohlenschichten sehr schnell spitze Faltung ein (Kukuk, 1938, S. 322). Trotz extremer Faltung sind die Schichten meist (rissefrei) homogen, weshalb die Lagen dieser betroffenen Schichtpakete plastisch gewesen sein müssen oder aber unmittelbar in dieser steilen Lage Schicht über Schicht abgelagert wurden. Beide Möglichkeiten widersprechen der Potonié'schen Moortheorie: Nachträgliche Faltung erhärteter Schichten widerspricht der Festigkeitslehre, da je nach Größe der Auflast-, Zug- und/oder Scherkräfte die Flöze unter Bruchbildung zerreißen würden. Rechtes Bild: Homogene Wellenlage gefalteter Kohle aus der Zeche Wehoven in Walsum: »Mangels vergleichbarer Erscheinungen aus rezenten Torfmooren ist die genetische Deutung dieser Flöz-Unregelmäßigkeiten schwierig« (ebd., S. 252). Es wäre zu prüfen, inwieweit elektrochemische Vorgänge einen Einfluss ausübten.

S. 278) dokumentiert, wurden in verschiedenen Kohlenlagern nicht nur einzelne Baumstämme, sondern viele *stehende* Stämme entdeckt, die mehrere Schichten durchstoßen.

Im Donez-Becken in der Ukraine reichen solche Baumstämme sogar durch ein Kohlenflöz zur Gänze hindurch. Der untere und obere Teil der versteinerten Stämme steckt jeweils im unter und über dem Flöz liegenden Karbonat-Gestein. Interessant ist, dass diese Fossilien gekokelt sind, soweit sie im Kohlenflöz stecken, aber sie sind nicht verkohlt, wo diese sich außerhalb im Karbonat befinden (Gold, 1999, S. 97). Aus diesem Umstand können wir schließen, dass die gemäß Torfmoor-Theorie erforderlichen höheren Temperaturen für den Inkohlungsprozess gar nicht vorgelegen haben können.

Ein weiterer Sachverhalt, der niemals auf die konventionelle Art als autochthon, also durch an Ort und Stelle gewachsene Bäume erklärt werden kann, betrifft die riesigen Areale von Kohlenlagern. So finden wir im Kohlenfeld in den Appalachen im Osten der USA Flöze, die sich über

132 000 Quadratkilometer erstrecken, immer im gleichen Abstand zueinander. Auch das einheitlich geschlossene Pittsburger Flöz ist auf etwa 50 000 Quadratkilometer geschätzt worden.

Viele Forscher rätselten an Lehm- und Tonschichten von nur wenigen Zentimetern Mächtigkeit herum, die einige Kohlenvorkommen ohne Unterbrechung über einige hundert Kilometer weit horizontal durchziehen und derart Flöze horizontal zerteilen (Wanlass, 1952). Bis zum heutigen Tag gibt es keine befriedigende Erklärung über die Entstehung dieser Sedimentschichten innerhalb von Flözen im Sinne der biogenen Theorie.

Wenn allerdings eine solche Schicht aus Ton mit sehr kleinen Porenräumen über einem Strom aufsteigender Kohlenwasserstoffe liegt, dann wirkt diese als eine Art Filter. Die schweren Moleküle der Kohlenwasserstoffe bleiben in den Poren des Tons stecken, bis das Porenvolumen komplett gefüllt ist. Schließlich entsteht ein bituminöser Tonstein, der Ölschiefer genannt wird. Dabei handelt es sich aber nicht um Schiefer im petrografischen Sinne, sondern um geschichtete, aber nicht geschieferte Sedimentgesteine. Gerne wird im Sinne der biogenen Theorie angeführt, dass dieses im Ton enthaltene Öl abgestorbenes Plankton enthält. Da auch das »normale« Erdöl, von dem das Öl im Ölschiefer ja herstammt, tote Meeresorganismen enthält, gilt dieser Umstand als schlagender Beweis für die organische bzw. biologische Herkunft des Erdöls. Ehe wir diesen Einwand endgültig behandeln, wenden wir uns dem Torf und der Braunkohle zu.

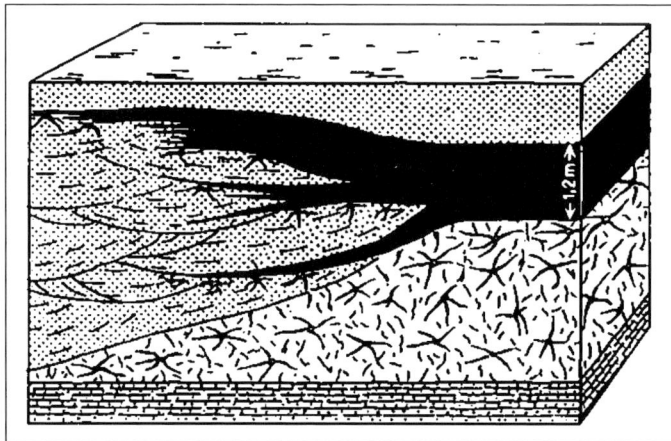

Abb. 104: **AUSGEFRANST.** Eine auf der einen Seite nicht unterteilte Kohle der Flöze zerschlägt sich manchmal ohne besondere Anzeichen plötzlich gabelartig oder fischschwanzförmig auf der anderen Seite, um dann völlig durch einen Sandsteinkörper ersetzt zu werden. Bild: Zeche Wehofen (Kukuk, 1938, S. 250).

Ausnahme Torf und Braunkohle

Ähnlich wie zwischen Öl und Steinkohle gibt es zwischen Torf und Braunkohle eine nahe Verbindung, aber keine Zwischenstufen von Braun- zu Steinkohle. Bei Braunkohle spielt das organische Material abgestorbener Bäume, auch ganzer Baumstümpfe, Sträucher und Gräser eine Rolle, welches nach der Überdeckung mit verschiedenen Sedimenten unter Druck und Luftabschluss geochemisch umgewandelt wird. Von Torf spricht man, wenn der Gehalt an organischer Substanz 30 Prozent erreicht, ansonsten spricht man von Feuchthumus, früher auch als Moorerde bezeichnet.

Bei Torf und Braunkohle wurde die übliche Zersetzung verhindert, sodass der Kohlenstoff *nicht* in Kohlendioxid umgewandelt wurde, um auf diese Art wieder in die Atmosphäre zu gelangen. Derart bleibt ein kohlenstoffhaltiger Schlamm übrig. Die darin enthaltenen Materialien bleiben über längere Zeiträume beständig und halten auch das Wasser zurück. Jedoch ist Braunkohle im Gegensatz zur Steinkohle wesentlich jünger und soll normalerweise nach dem Ende der Dinosaurier-Ära im Tertiär(-Zeitalter) entstanden sein.

Da es in diesen Sümpfen zu einem Mangel an Sauerstoff kommt, können sich von Methan ernährende Mikroben gegen solche durchsetzen, die Sauerstoff verbrauchen. Deshalb kommt es zur Erscheinung von »Sumpfgas«, das sich gelegentlich selbst entzündet. Aber reicht die Menge des im Sumpf bzw. in Braunkohlenfeldern biogen entstandenen Methans aus, um ein Alter

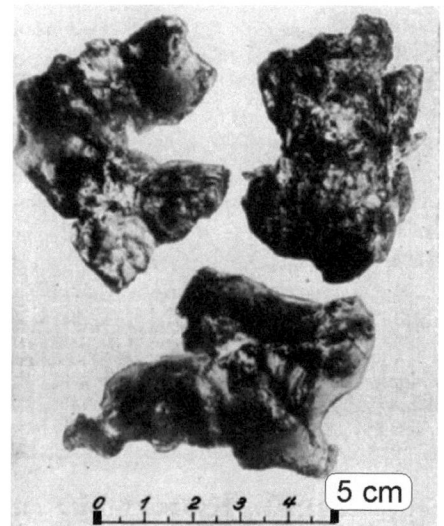

Abb. 105: **ERDWACHS.** Dieses seltene Mineral kommt meist als hauchdünner Überzug vor. Nur wenige Fälle von größeren Vorkommen sind bekannt geworden. Auf der Zeche Rheinpreußen I/II fand man eine größere Menge einiger Millimeter dicker, milchig gelber Plättchen aus Erdwachs, welche die Klüfte des Sandschiefers erfüllten. Das Mineral bestand zu 14,04 Prozent aus Wasserstoff und 85,03 Prozent Kohlenstoff. »Irgendeine Beziehung zu Erdölvorkommen konnte nicht festgestellt werden« (Kukuk, 1938, S. 570). Fast reiner Kohlenstoff kann schwerlich durch einen Inkohlungsprozess im Sinne der Torfmoor-Theorie in hauchdünnen Überzügen auf Klüften entstehen.

von mehreren Millionen Jahren wahrscheinlich werden zu lassen? Es wurde häufig nachgewiesen, dass aus Braun- und Steinkohlenfeldern mehr Methan entweicht, als in diesen je enthalten sein könnte. Diese Tatsache trifft auch für Steinkohlenfelder zu!

Ein charakteristischer Zeitraum, in dem biogen gebildetes Methan aus einem zwei Meter mächtigen Kohlenflöz in das umgebende Gestein diffundieren kann, beträgt geschätzte 10 000 Jahre. Wenn man jetzt ein Alter von vielleicht 40 Millionen Jahren, also das 400-Fache, für das Kohlenlager ansetzt, dann wird deutlich, dass nach diesem Zeitraum kaum noch Methan im Kohlenflöz vorhanden sein kann. Und doch sind in vielen Bergwerken Methanexplosionen gefürchtet, denn trotz sehr kräftiger Grubenbelüftung haben sich solche Katastrophen vielfach ereignet. Der Kohlenbergbau auf der japanischen Insel Hokkaido musste sogar eingestellt werden, weil die am besten belüfteten Kohlengruben der Welt durch eine latente Explosionsgefahr gefährdet waren.

Berücksichtigt man noch, dass nach konventioneller Lehre das organische Material erhitzt werden muss, um zu Kohle zu werden, hätten hohe Temperaturen die Produktion von Methan anfangs sehr stark beschleunigt. Die Diffusion wäre dann auch schon früh auf eine sehr hohe Rate gestiegen, und die später in der Kohle freigesetzte Methanmenge wäre viel geringer.

Wie können die heutzutage aus Kohlenflözen austretenden, manchmal sehr hohen Mengen von Methan erklärt werden, wenn biologisch gar nicht so viel erzeugt werden kann? Entweder sind diese Kohlenvorkommen wesentlich jünger als anhand der geologischen Zeitskala ausgewiesen, also höchstens ein paar tausend Jahre alt, oder es tritt ständig neues Methan in die Kohlenfelder ein. Aber genau dieses Szenario bietet uns die Theorie von der abiogenen Herkunft der Kohlenwasserstoffe: Insbesondere Methan migriert aus der Tiefe der Erde aufwärts und tritt sogar unbemerkt durch Bruchzonen in die Atmosphäre aus, falls solche Kohlenwasserstoffe nicht, wie es meist geschieht, vorher oxidieren. Die senkrechte Stapelung von horizontal lagernden Kohlenflözen bestätigt dann, dass in diesem Gebiet eine Ausgasung von Methan über einen längeren Zeitraum stattgefunden hat bzw. noch stattfindet, solange Bedingungen vorliegen, die die Ablagerung von Kohlenstoff begünstigen. Derart kann ein gleichmäßiger oder periodischer Gasaustritt über längere geologische Zeiträume aufrechterhalten werden. Dagegen würden unter Berücksichtigung einer biogenen Kohlenentstehung aus Pflanzenresten die Mengen von Kohlenstoff aus Pflanzenmaterial mit der Zeit immer geringer werden. Für diesen Fall kann das Verhältnis von Kohlenstoff zu Mineralien derart geringe Werte erreichen, wie sie bei der Oberflächenvegetation niemals vorkommen. Denkt man an zig Millionen Jahre alte Kohlenlager, dann sollte der *heutzutage messbare hohe Methangehalt* fast ganz auf einer anorganischen Entstehung beruhen.

Besonders deutlich wird dies in Gegenden, in denen über abbauwürdigen Gas- und Ölfeldern große Torf- oder Braunkohlenvorkommen liegen, wie in Sumatra oder an der Magellanstraße. Die Anreicherung von Torf- und Braunkohlelagern durch abiogen entstandene Gase wird auch gestützt durch die Tatsache, dass in Torfvorkommen nicht nur Methan (CH_4) gemessen wurde, sondern eine ganze Palette von Kohlenwasserstoffen, die von Ethan (C_2H_6) bis hin zu Pentan (C_5H_{12}) reicht:

»Ein solches Gasgemisch wird gewöhnlich nicht von Pflanzen erzeugt, wenn sie sich zersetzen. Mikroben erzeugen einfach kein Pentan, wenn sie Kohlehydrat zersetzen« (Gold, 1999, S. 101).

Pentan ist kein Gas, sondern eine farblose, benzinartig riechende Flüssigkeit. Interessant in diesem Zusammenhang ist auch, dass »weiße Ölquellen« vorkommen. So gab es »im Gebiet von Achwas in Südpersien zwei Quellen, die am Tage 75 Liter farbloses Öl« lieferten (Stutzer, 1931, S. 272). Auch in Baku am Kaspischen Meer wurde weißes Erdöl gefördert. Dieses Feld war klein, und es gab eine nur begrenzte Fördermenge. Da dieses Erdöl eine sehr hohe Qualität besitzt, wurde es nie exportiert. Mischt man dieses weiße Erdöl einzig mit Wasser, kann es in manchen Maschinen unmittelbar als Treibstoff eingesetzt werden.

Die vielfältigen Hinweise, Tatsachen und Theorien für die anorganische Entstehung der aus der Tiefe aufsteigenden Kohlenwasserstoffe wird offiziell konkret nicht ernsthaft diskutiert, denn *ein* Beweis scheint unwiderlegbar: Erdöl zeigt häufig optische Eigenschaften, die als Produkte der Lebenstätigkeit von Organismen entstehen. Das in der Natur vorkommende Erdöl enthält *eindeutig* Zerfallsprodukte organischer Moleküle, die unmöglich in einem anorganischen Prozess entstanden sein können – wird kategorisch behauptet. Durchdringt polarisiertes Licht eine Ölprobe, hat sich seine Polarisationsebene beim Wiederaustritt nach links gedreht. Die Drehung rührt von rechtsdrehenden Molekülen her, die im Erdöl in einer vom statistischen Mittelmaß abweichenden Anhäufung vorhanden sind. Eine Richtung dominiert also und ist für biologische Flüssigkeiten typisch. In anorganisch entstandenen Flüssigkeiten ist dies nicht der Fall.

In Ölen sind jedoch nicht nur eine große Zahl unterschiedlicher Moleküle enthalten, von denen manche Rechtsrotation und andere Linksrotation verursachen, sondern einigen anderen Ölen *fehlt eine solche Eigenschaft völlig.* Falls Öle *organischen* Ursprungs wären, dann sollten diese auch eine analog zu den Mikroorganismen entsprechende Asymmetrie aufweisen, denn die meisten biologischen Stoffe weisen eine Symmetrie auf. *Jedoch besitzen* manche Öle *nicht die geringste* optische Aktivität, die aus unterschiedlichen Reservoirs mit unterschiedlichen Temperaturen *ein und desselben* Ölgebiets stammen, wie für das Lake-Washington-Feld in Louisiana nachgewiesen (Philippi, 1977). Öle ohne optische Aktivität zeugen entweder im Sinne der biogenen Entstehung von einer gründlichen chemischen Zerstörung aller Moleküle oder aber von einer abiogenen Entstehung.*

Wie können wir das Vorhandensein von toten Mikroben im Erdöl erklären? Eigentlich scheint die Frage im Sinne der abiogenen Theorie bereits beantwortet zu sein: Auf dem Weg nach oben, so könnte man meinen, schwemmen Kohlenwasserstoffe das in den Sedimentschichten vorhandene biologische Material heraus, wodurch die Biomoleküle ins Erdöl gelangen.

Allerdings besitzen einige Vorkommen von Erdöl keine direkte Verbindung zu einer Sedimentschicht, aus der das biologische Material herstammen könnte. Wir haben aber schon festgestellt, dass Mikroben in unvorstellbar großer Anzahl in den Poren und Hohlräumen der Sedimente und Gesteine leben, bis hinunter zu einer Tiefe von ungefähr zehn Kilometern, da in diesen Bereichen noch eine Temperatur herrscht, bei der solche Mikroorganismen existieren können. Diese von Thomas Gold (1999) vorgetragene Ansicht schien lange utopisch zu sein, da man sich bis vor kurzer Zeit kein Leben in dieser Tiefe vorstellen konnte. Man nahm an, das Gestein wäre durch den dort unten herrschenden Druck fugenlos zusammengepresst. Leben war deshalb nur an der Erdoberfläche denkbar, insbesondere unter Berücksichtigung einer heißen Erde.

Im Jahr 1984 erschien (meines Wissens) erstmals eine fundierte Studie renommierter Chemiker von der Universität Straßburg, die bestätigte, dass es bis weit unten in der Tiefe eine reiche Biosphäre mit einer großen Menge an biologischem Material gibt (Ourisson et al., 1984). Aber diese Wissenschaftler nahmen an, dass die dort unten lebenden Bakterien die Öl- und Kohlenvorkommen (biologisch) erzeugt hätten. Man muss fragen: Mit welchen Nährstoffen? Wie auch immer, für die Produktion von derart viel Öl wäre eine sehr große Anzahl von Mikroorganismen nötig, die wiederum riesige Mengen von (Lebens-) Energie benötigen. Welche Quelle soll das sein, wenn Kohlenwasserstoffe ausscheiden?

Genau umgekehrt wird ein Schuh daraus: Nicht Öl wird von Bakterien erzeugt, außer in Einzelfällen, sondern Öl stellt die Nahrung für ein üppiges mikrobakterielles Leben dar. Dieses konnte sich ausbreiten, »weil die Ausgasung der Kohlenwasserstoffe aus dem Inneren der Erde in den oberflächennahen Schichten der Erdkruste chemische Energie bereitstellte und dank der Fotolyse, also Spaltung von Wasser durch Licht, bei gleichzeitiger Verflüchtigung des Wasserstoffs in den Weltraum, reichlich Sauerstoff vorhanden war. Bakterien mit der Fähigkeit, Methan zu oxidieren (möglicherweise auch Wasserstoff, Kohlenmonoxid und Wassersulfid), können im kristallinen Gestein gedeihen (...) Die Flora, die das Ausgasen am Leben erhielt, hat ihre besondere biologische Note im Öl und in der Kohle hinterlassen«, schrieb Thomas Gold zur Erwiderung (»Scientific American«, 251/5, S. 6).

Man fand aber auch heraus, dass die biologische Note im Erdöl von einer Gruppe Moleküle stammt, die »Hapanoide« genannt wurde (ebd., S. 44–51). Solche wurden in 2,7 Milliarden Jahre alten australischen Gesteinsschichten gefunden und gehören damit zu den ältesten Hinweisen auf Leben auf diesem Planeten (Brocks et al., 1999). Es besteht kein Zweifel, dass diese Moleküle aus den Membranen einst lebender Zellen stammen.

Hapanoide sind in Erdölproben sehr zahlreich vertreten, und Ourisson (et al., 1984) schätzte den Bestand an Hapanoiden auf mindestens 10^{13} Tonnen. Dies ist eine 10-fach größere Menge von organischem Kohlenstoff, als in *allen* an der Erdoberfläche lebenden Organismen mit etwa 10^{12} Tonnen enthalten ist. Zu berücksichtigen ist aber, dass die Forscher 1984 noch nicht zwischen Bakterien und Archaeen (früher: Archaebakterien) unterschieden. Interessant ist aber eine Frage, die die Forscher nicht beantworten konnten. Es wurde einerseits festgestellt, dass ausschließlich Bakterien langkettige Kohlenwasserstoff-Moleküle mit bis zu 36 Kohlenstoff-Atomen bilden, solche aber andererseits nicht in Bäumen, Gräsern und Algen enthalten sind. Die in natürlich vorkommenden Kohlenwasserstoffen enthaltenen biologischen Moleküle sind allesamt Bestandteile von Bakterien oder Archaeen. Sie kommen aber nicht in der Flora und Fauna an der Erdoberfläche vor. Dies bedeutet, dass kein auf Fotosynthese beruhendes Leben zur Erklärung der Anwesenheit biologischer Moleküle im Erdöl herangezogen werden kann.

Im Prinzip wusste man dies schon im Jahr 1963 aus anderen Gründen, denn es ist höchst unwahrscheinlich, dass biologische Überreste in Kohlenwasserstoffen, die mit Wasserstoff gesättigt sind, umgewandelt werden können. Der bekannte Chemiker Sir Robert Robinson, Präsident der *Royal Society* in London, gab deshalb zu bedenken: »Eigentlich kann nicht eindringlich genug betont werden, dass Erdöl nicht das Zusammensetzungsbild bietet, das von modifizierten biogenen Produkten erwartet wird, und alle Schlussfolgerungen aus den Bestandteilen alter Öle passen gleichermaßen gut, oder sogar noch besser, zu der Vorstellung einer ursprünglichen Kohlenwasserstoffmischung, der Bioprodukte hinzugefügt sind« (Robinson, 1963).

Noch niemand hat analog zur Theorie der biologischen Entstehung von Kohlenwasserstoffen in einem Laboratorium durch Anwendung von erhöhtem Druck und höheren Temperaturen Rohöl oder auch Kohle aus Meeresorganismen (Plankton) erzeugt! Im Gegensatz hierzu, wie bereits ausgeführt (s. S. 236), haben Forscher um J. F. Kenney (2002) von der Russischen *Akademie der Wissenschaften* in Moskau im Labor *anorganisch, also abiogen* Rohöl hergestellt.

Bleibt die Frage zu klären, warum im Erdöl fast immer Reste *toter* Mikroorganismen enthalten sind. Diese Tatsache scheint die biogene Theorie zu bestätigen. Als Thomas Gold 1992 seine Theorie über die »Biosphäre der heißen Tiefe« veröffentlichte, wurde diese zurückgewiesen. Man war überzeugt, dass dort in der heißen Tiefe keine Mikroben leben könnten. Diejenigen, die bei Bohrungen heraufgebracht wurden, deklarierte man *nicht* als Bewohner der Tiefe, sondern als Verunreinigung, die mit der Bohrflüssigkeit von oben nach unten hinabgespült wurde (vgl. Parkes/Maxwell, 1993).

Das Argument der Kontaminierung wurde wissenschaftlich erst im September 1995 widerlegt, und zwar im Fachmagazin »Nature« (Bd. 377, 21. September 1995, S. 223 f.). Es wurde bewiesen, dass die Mikroben, auf die man in einer Tiefe von 1600 Metern in Frankreich gestoßen war, tatsächlich von einer dort unten lebenden thermophilen Lebensgemeinschaft herstammen (L'Haridon, 1995). Bereits im folgenden Jahr wurde im Fachmagazin »Science« (Bd. 273, 26. Juli 1996) berichtet, dass auf den Ölfeldern von Alaska in einer Tiefe von 4200 Metern biologisch aktive, also lebende Mikroben bei einer herrschenden Temperatur von 110 Grad Celsius angetroffen wurden (Fyfe, 1996). Es geht noch tiefer: In Schweden entdeckte man sogar in gut 5200 Metern Tiefe eine aktive Lebensgemeinschaft (Szewzyk, 1994). Neue Tiefenrekorde stehen bevor ...

Tief unten, dort wo es Öl gibt, leben also Organismen. Fördert man dieses Erdöl mitsamt den lebenden Mikroben, sterben diese mit dem Förderprozess an der Erdoberfläche ab. Der Grund liegt ganz einfach darin, dass diese Lebewesen nur unter bestimmten, dort in der Tiefe herrschenden Druck- und Temperaturverhältnissen leben können. Man kann dies vergleichen mit Tiefseefischen, die in mehreren Kilometern Wassertiefe leben. Diese sterben auch, sobald man sie an die Wasseroberfläche holt.

Fördert man also Erdöl aus der Tiefe, dann *müssen* darin tote Mikroben sein, die sich dort unten von Öl als chemische Energiequelle ernähren, aber auf dem Weg nach oben durch die Druckentlastung absterben! Die Mikroorganismen sind dort unten teilweise derart reichlich vorhanden, dass die Bohrrohre am unteren Ende verstopfen – ein Horror-Szenario für Bohrfachleute. Als ich die Gas- und Ölfelder nordwestlich von Dallas besuchte, verstopfte gerade eine niedergebrachte Bohrung (Foto 3). Im Erdöl enthaltene Reste von toten Mikroorganismen beweisen dementsprechend nicht, dass Erdöl biologisch aus bereits toten Mikroorganismen entstanden ist.

Um die im Öl enthaltenen Mikroorganismen lebend nachweisen und studieren zu können, muss man deshalb eine Probe tief unten entnehmen, diese vor Ort versiegeln und dann im Labor kultivieren. Bei auf diese Weise in Schweden entnommenen Proben wurden dann auch zwei zuvor unbekannte Mikrobenstämme entdeckt, die sich *nur* unter den dort unten herrschenden Bedingungen, in diesem Fall im Bereich von 60 bis 70 Grad Celsius, vermehren (Szewzyk, 1994). Von diesen Mikroben nimmt man zu Recht an, dass sie sich von Kohlenwasserstoffen ernähren, wobei allerdings offiziell unterstellt wird, dass diese Kohlenwasserstoffe aufgearbeitete Reste von Lebewesen sind, die einst von Fotosynthese an der Erdoberfläche lebten. Dementsprechend werden die in der Tiefe lebenden Mikroben, die sich von Kohlenwasserstoffen ohne Sauerstoff ernähren, als *mit dem biologischen*

Material verschüttet angesehen – in diesem Fall über 5000 Meter tief. Dieses unglaubhafte Szenario wird der angeblich biogenen Entstehung von Erdöl geschuldet.

Um der Wahrheit, also in der Tiefe entstandenem Leben auf die Spur zu kommen, müsste man entsprechende Behältnisse bauen, die den dort unten herrschenden Druck bei der entsprechenden Temperatur aufrecht erhalten. Solche Experimente sind aber sehr teuer, und es gibt kaum Versuchseinrichtungen, die das Überleben von in bis zu zehn Kilometern Tiefe lebenden Mikroben simulieren können. Bisher haben wir nur einen höchst flüchtigen Blick in den Lebensbereich tief unter der Erdoberfläche werfen können. Wahrscheinlich stehen uns noch spektakuläre Entdeckungen bevor, denn chemische Energie gibt es dort unten in verschiedensten Formen in Hülle und Fülle. Deshalb wird es auch eine entsprechende Vielfalt von Mikroorganismen geben, die sich von unterschiedlicher chemischer Energie ernähren und wiederum diverse chemische Produkte erzeugen.

Da Sauerstoff das zweithäufigste Element in der Erdkruste darstellt, hängt das Leben dort unten auch von Sauerstoff-Atomen ab, die schwach an andere Elemente gebunden sind. Nimmt man beispielsweise Eisenoxiden einen Teil des Sauerstoffs, bleibt weniger stark oxidiertes Eisen mit magnetischen Eigenschaften zurück. Hierzu zählen zum Beispiel Mineralien wie Magnetit (Fe_3O_4) und Greigit (Fe_3S_4). Nimmt man den Sulfaten Sauerstoff, dann bleibt entweder reiner Schwefel oder Sulfid übrig, zum Beispiel Eisensulfid. Das Vorhandensein solcher Stoffwechselprodukte in tieferen Schichten der Erdkruste lässt auf biochemische Prozesse schließen, die dort stattgefunden haben.

Die in der Tiefe lebenden Organismen müssen von einer gleichmäßig fließenden Energiequelle versorgt worden sein, die von den Mikroben nicht erreicht werden konnte, denn ansonsten hätten sie sich massenhaft vermehrt und den gesamten Vorrat an chemischer Energie relativ schnell aufgebraucht. Dies hätte ihre Entwicklung verhindert. Deshalb muss die Quelle der chemischen Energie (Kohlenwasserstoffe) tiefer liegen, unterhalb des Lebensbereichs der Mikroben. Im Gegensatz zur Erdoberfläche liegen in der Tiefe relativ konstante Bedingungen vor, die eine Entwicklung der Mikroben auch über lange geologische Zeiträume hinweg garantieren.

Die »Biosphäre der heißen Tiefe«, die konträr zur konventionell-geologischen Vorstellung von porenlosen Gesteinen in wenigen Kilometern Tiefe steht, ist in den letzten Jahren eindeutig durch Funde von dort unten lebenden Mikroben bestätigt worden. Genauso ablehnend stand man der Meinung entgegen, dass die Quelle der chemischen Energie in Form von Kohlenwasserstoffen noch unterhalb des Lebensbereichs der Mikroben liegen könnte. Man war bis um die Jahrtausendwende absolut sicher, dass Kohlenwasserstoffe in sehr großer Tiefe des oberen Erdmantels nicht existieren könnten, da gemäß der Theorie von der heißen Erde die dort herrschenden Temperaturen so hoch sein sollen, dass Kohlenwasserstoffe zersetzt würden. Deshalb wurde die anorganische Entstehung von Kohlenwasserstoffen im oberen Erdmantel von den meisten westlichen Forschern nicht ernsthaft in Erwägung gezogen.

Aber diese seit Jahrzehnten vertretene wissenschaftliche Auffassung ist im Wandel begriffen. An der Obergrenze des Erdmantels in einer mittleren Tiefe von etwa 40 Kilometern sollen jetzt »nur noch« Temperaturen von wenigen hundert Grad herrschen. Diese liegen aber bei den dort unten herrschenden Drücken *unterhalb* der sogenannten Solidustemperatur, bis zu der Substanz vollständig in fester Phase vorliegt. Diese liegt nach Vorstellung der Geophysiker bis in einer Tiefe von 60 bis 210 Kilometern unterhalb der Erdoberfläche vor. Unterhalb des Bereichs mit Stoffen in fester Phase soll sich die Asthenosphäre befinden, deren untere Grenze sich in einer Tiefe von 300 bis 410 Kilometern befinden soll. In diesem Bereich soll die Solidustemperatur überschritten werden, jedoch sind nur ein bis fünf Prozent *partiell* aufgeschmolzen.

Unterhalb der Asthenosphäre soll dann kein flüssiges, sondern wieder *hartes und sprödes Material* vorhanden sein. Damit wird meine bereits 2001 in »Irrtümer der Erdgeschichte« vorgestellte Ansicht von einem nur teilweise aufgeschmolzenen Erdmantel bestätigt. Die Voraussetzung für Kohlenwasserstoffe, die aus tiefen Quellen aufsteigen, liegt also vor. Da das überwiegende Material in der Asthenosphäre nicht aufgeschmolzen ist, wird heutzutage in dieser auch ein gewisser Gehalt an Gesteinswasser akzeptiert, ein noch vor wenigen Jahren als blühende Fantasie abgetaner Gedanke.

Eine wichtige Voraussetzung für die Richtigkeit der abiogenen Theorie wurde bestätigt. Also kommen Kohlenwasserstoffe von dort unten? Nach neuesten Forschungsergebnissen wird diese Frage sogar von einigen Fachleuten mit Ja beantwortet. Wenn man die wissenschaftliche Diskussion der letzten 40 Jahre berücksichtigt, dann ist man überrascht, ja verwundert!

So wird neuerdings in einer Dissertation aus dem Jahr 2006 die Existenz von stabilem Kohlenstoff in etwa 400 Kilometern Tiefe vermutet (Shcheka, 2006). Dieser Kohlenstoff-Überschuss der Erde wurde »aus kosmochemischen Daten abgeleitet, basierend auf der Beobachtung, dass bei Meteoriten und anderen Objekten im Planetensystem, trotz des relativen Abbaus von flüchtigen Substanzen, das Verhältnis von diesen zu anderen ähnlichen sich oft unabhängig vom Abbau-Prozess verhält« (ebd., S. 6).

Diese durch neueste Satelliten-Forschung bestätigte Merkwürdigkeit der scheinbar relativen Konstanz bzw. des unverhältnismäßig großen Vorrats von flüchtigen Substanzen bei Kometen lag auch meinen lang jährigen Recherchen zugrunde. Wir haben diese als Bestätigung einer Kohlenstoff-Quelle im Inneren von Planeten, manchen Monden und auch der Erde interpretiert, insbesondere da neuerdings Kohlenstoff in der »heißen« Tiefe des oberen Erdmantels akzeptiert wird.

Aber da die *biologische* Herkunft der Kohlenwasserstoffe, insbesondere von Methan, im Sinne der konventionell-biogenen Theorie – auch von der Politik, den Regierungen und den großen Medien – als unumstößliches Dogma dargestellt und ohne jeden Zweifel akzeptiert wird, ist man gezwungen, einen theoretischen Ausweg im Sinne der biogenen Herkunft der Kohlenwasserstoffe zu finden. Dieser wird auch angeboten: Da die anorganische (abiogene) Entstehung nicht akzeptiert wird, muss man jetzt die früher aus Temperatur-Gründen vehement *bestrittene Existenz von Kohlenwasserstoffen bzw. Kohlenstoff im oberen Mantel neu und anders erklären.*

Gedanklich geht das ganz einfach. Bisher glaubte man, dass der Kohlenstoff in den über dem granitischen Sockel liegenden Sedimentschichten durch einen Kohlenstoff-Kreislauf gespeichert wird. Jetzt wird dieser Kreislauf *rein gedanklich* derart in die Tiefe erweitert, dass dieser nicht nur maximal etwa zehn Kilometer tief *bis* zum kristallinen Sockel, sondern jetzt sage und schreibe etwa 400 Kilometer tief in den oberen Erdmantel hinein reichen soll! Also ungefähr bis in die Bereiche, die wir, aufgrund der Erkenntnisse neuester Planeten- und Kometenforschung, als *ursächliche* Quelle des Kohlenstoffs angesehen haben.

Natürlich kann der Kohlenstoff-Kreislauf sich kaum durch die granitischen Kontinentalplatten hindurch vollziehen. Deshalb macht man die subduzierte ozeanische Kruste für das Versenken in den Erdmantel verantwortlich. Wie schon in meinem Buch »Irrtümer der Erdgeschichte« (S. 71 ff.) ausführlich begründet, kann es Subduktionsprozesse (Abb. 7, S. 22) nicht geben, da erstens die zu versenkenden Gesteinsschichten leichter sind als das Material, in das dieses abtauchen soll, und zweitens, weil die zu versenkenden Gesteinszungen aus statischen und materialtechnischen Gründen (Druck-, Zug- und Scherfestigkeit) zerreißen würden, ehe diese abtauchen könnten (s. Abb. 8, S. 23).

Die angebliche Regenerierung von Kohlenstoff durch Subduktion, also Absenkung von Sedimentschichten in den Erdmantel hinein, wurde bereits 1982 im Fachmagazin »Nature« (Bd. 300, 11. November 1982, S. 171 ff.) vorgestellt. Es wird begründet: »Diese Schlussfolgerung wurde durch einen Vergleich des aus dem Erdmantel aufsteigenden Stroms von integrierten Materialien und dem Vorkommen von körperfremden Kohlenstoff-Reservoirs gezogen« (Javoy et al., 1982). Immerhin entspricht diese Begründung der in diesem Buch erarbeiteten Auffassung von aus großer Tiefe aufwärts strömenden Kohlenwasserstoffen. Aber da nach konventioneller Ansicht dort unten *keine Quelle sein darf*, denkt man sich den Kohlenstoff plötzlich 400 Kilometer und mehr in die Tiefe versenkt, »damit die beobachtete Balance von Kohlenstoff aufrecht erhalten werden kann« (Shcheka, 2006, S. 9). Ich unterstreiche das Wort Balance, denn man glaubt ja an eine konstante Kohlenstoffmenge und damit an einen in sich geschlossenen Kreislauf.

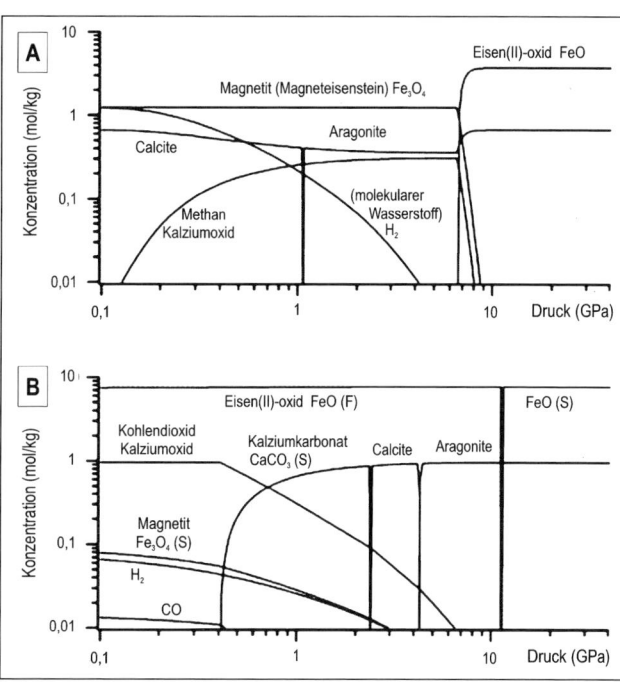

Abb. 106: **RESULTATE THERMOCHEMISCHER KALKULATIONEN**. Bild A zeigt die Konzentrationen bei 500 Grad Celsius: Bei Drücken von mehr als 0,9 Gigapascal (GPa) entsteht Methan. Bild B: Bei Temperaturen von mehr 1500 Grad Celsius dominiert jedoch molekularer Wasserstoff (H_2) und Kohlendioxid anstatt Methan. Flüssige Zustände sind mit (F) und feste Zustände mit (S) gekennzeichnet. Nach Scott et al., 2004.

Einige Forscher widersprachen dieser Meinung (u. a. Marty/Jambon, 1987 und Cartigny et al., 1998). Dann erschien im September 2004 die Beschreibung intensiver Laborversuche, an denen Wissenschaftler mehrerer renommierter Institute und Laboratorien in den USA teilnahmen (Scott et al., 2004): Diese Untersuchung demonstriert die Möglichkeiten der abiogenen Bildung von Kohlenwasserstoffen bei herrschenden Drücken von fünf und elf Gigapascal sowie Temperaturen von 500 bis 1500 Grad Celsius im oberen Mantel der Erde. Es wird stichhaltig vermutet, »dass der Kohlenstoff-Gehalt der Erde größer sein könnte als konventionell vorausgesetzt« (ebd., S. 14023).

Die Berechnungen dieser Untersuchung prognostizieren, dass die Konzentrationen von Kalziumoxid (CaO), also gebranntem Kalk, und Methan (CH_4) bei einer herrschenden Temperatur von 500 Grad Celsius nahezu gleich sind. Hieraus kann auf eine Zersetzung von Kalziumkarbonat ($CaCO_3$) geschlossen werden, *wenn (molekularer) Wasserstoff (H_2) hinzukommt* (ebd., S. 14025), der gemäß unserer Diskussion *aus dem Erdinneren aufströmt*:

$$4\,H_2 + CaCO_3 = CH_4 + CaO + 2\,H_2O \quad (A)$$

Es entstehen Methan, Kalziumoxid und zwei Moleküle Wasser. Die Berechnungen zeigen aber auch, dass die Produktion von Methan mit dem Verlauf von höheren Temperaturen zurückgeht. Bei einer Temperatur von 1500 Grad Celsius entsteht eine ungefähr gleich hohe Konzentration von Kalziumoxid (CaO) und – statt Methan – von Kohlendioxid (CO_2):

$$CaCO_3 = CaO + CO_2 \quad (B)$$

Wenn wir jetzt die Hochtemperatur- (B) von den Niedrigtemperatur-Reaktionen (A) abziehen, bleibt die (allgemeine) Methan-Reaktion der Methanbildung (CH_4) aus molekularem Wasserstoff und Kohlendioxid übrig, wobei auch zwei Moleküle Wasser im oberen Mantel entstehen:

$$4H_2 + CO_2 = CH_4 + 2H_2O$$

Allgemein wird von diesen Forschern festgestellt, dass bei höheren Temperaturen Wasserstoff und Kohlendioxid sowie bei niedrigeren

Temperaturen favorisiert Methan und Wasser entstehen. Interessant ist auch die Beobachtung, dass bei einer Verringerung des Drucks und Abkühlung auf Zimmertemperatur Methan-Blasen gebildet werden. Die Forscher um Henry P. Scott (2004) schlussfolgern (Abb. 95):

Die »Analysen zeigen, dass die Produktion von Methan begünstigt wird in einem weiten Bereich von *Hochtemperatur*-Verhältnissen.

Die in dieser Untersuchung dokumentierte, sich über einen weiten Druck-Temperatur-Bereich erstreckende Stabilität von Methan ergab Schlussfolgerungen hinsichtlich des Kohlenwasserstoff-Reichtums unseres Planeten und weist darauf hin, dass Methan wesentlich mehr vorherrschend für die Lagerung von Kohlenstoff im Mantel ist als bisher angenommen, womit Hinweise auf die Existenz einer ›Biosphäre der heißen Tiefe‹ verbunden sind. Zwar zeigen isotopische Nachweise die weite Verbreitung von biogenen Kohlenwasserstoff-Gasreservoirs in großen Sedimentbecken, aber diese Beobachtungen und Analysen schließen nicht die großen abiogenen Lagerstätten im Mantel aus. Vielmehr muss die Vermutung, dass Kohlendioxid der einzige Träger von reichlich aus dem Mantel entweichenden Gasen ist, überdacht und neu bewertet werden. Schließlich mag das Potenzial für eine Bildung von schweren Kohlenwasserstoffen unter Hochdruck-Bedingungen existieren, wobei das im Mantel entstandene Methan als Vorläufer anzusehen ist« (ebd., S. 14026).

Die Entstehung von Kohlenwasserstoffen im Mantel und deren Aufstieg aus großer Tiefe wird nach diesen thermodynamischen Berechnungen als realistisch angesehen. Im Bereich der Sedimente werden die Schichten systematisch mit Kohlenstoff angereichert, wobei auf dem Weg nach oben Wasserstoff abgegeben und durch Oxidation Wasser und Kohlendioxid gebildet wird. Derart erhalten wir das Bild einer systematisch geschichteten »Torte«, die auf dem kristallinen Sockel liegt.

Auch die Tatsache, dass Steinkohlenlager über Ölvorkommen liegen, ist durch die biogene Theorie kaum zu erklären. Eine Antwort hat man auch nicht auf die Frage, warum Steinkohlenschichten einst Gewässerböden bildeten und Dinosaurier teils in die weichen Kohlenschichten einsanken! Diese unumstößliche Tatsache widerspricht der konventionellen Theorie von einem fast unendlich lang dauernden Inkohlungsprozess bei hohen Drücken und Temperaturen, ganz zu schweigen von der damals *fehlenden Deckschicht*.

Es gibt einen weiteren kaum diskutierten Aspekt, denn Steinkohle enthält Substanzen, deren Anwesenheit durch biologische Herkunft und einen Inkohlungsprozess nicht erklärt werden kann. So enthalten Kohle *und* Erdölprodukte bis zu vier Prozent Schwefel. Bei der Verbrennung der »fossilen« Brennstoffe entsteht Schwefeldioxid. Aber es gibt *noch* einen konventionell nicht erklärbaren Bestandteil der Kohle.

Strahlende Steinkohle

Auf die Frage, ob man in der Nähe eines Kern- oder Kohlekraftwerks stärker als durch die *natürliche* Radioaktivität bestrahlt wird, erhält man meist eine falsche Antwort. Die Strahlenbelastung der Bevölkerung in der Umgebung eines Kohlekraftwerks ist deutlich höher als bei einem Kernkraftwerk, denn Kohle enthält teils recht viel Uran, sogar bis zu 60 Gramm pro Tonne Kohle. Das radioaktive Edelgas Radon als Zerfallsprodukt des Urans passiert *ungehindert* alle Rauchgasfilter und gelangt so in die Atmosphäre.

In der durch Verbrennung von Kohle erzeugten Asche ist die Konzentration von Uran dann mehr als zehnmal höher als in der ursprünglichen Kohle, weil ja durch den Verbrennungsvorgang der Uran-Anteil erhöht wird. Auf diese Art erhält man Konzentrationen, wie sie für einige uranhaltige Erze, die bergmännisch abgebaut werden, typisch sind. Uranhaltige Aschehalden können deshalb mancherorts eine Bedrohung für das Grundwasser darstellen. Sinnvoll wäre es, die Flugasche unmittelbar zur Gewinnung von Uran zu nutzen. Einerseits würden die Aschehalden saniert, und andererseits könnte dieses Uran dann in Kernkraftwerken genutzt werden. Die Halbwertszeit der in den Aschen enthaltenen (radioaktiven) Nuklide wird im Reaktor stark verringert (!), und es bleibt nur ein geringer Rest übrig, der endgelagert werden muss.

Neben Uran ist in Kohle sogar in noch größerem Maß Thorium enthalten, das in Kernkraftwerken als Primärenergieträger eingesetzt wird. Nach Schätzungen des *Oak Ridge National Laboratory* in Tennessee werden von 1940 bis 2040 durch die Nutzung von Kohle weltweit 828 632 Tonnen Uran, davon 5883 Tonnen Uran-235, sowie 2 039 709 Tonnen Thorium freigesetzt (Gabbard, 1993).

Eine kanadische Bergbaufirma will in der Provinz Yunnan in China aus der ständig anfallenden Asche von drei Kohlekraftwerken jährlich etwa 120 Tonnen natürliches Uran gewinnen. Auch in Europa gibt es genügend solcher Uran-Quellen. Beispielsweise finden sich in Tschechien und Ungarn Braunkohlen mit vergleichbarem Urangehalt.

Heutzutage werden keine neuen Erzvorkommen erschlossen, da es auch zukünftig genügend Uran gibt, sogar im Meerwasser. Würde man beispielsweise am Einlauf des Gezeitenkraftwerks La Rance im Nordwesten Frankreichs nur 20 Prozent des tatsächlich im Meerwasser gelösten Urans extrahieren, dann könnte man ein Kernkraftwerk von 1500 Megawatt elektrischer Leistung betreiben, 25-mal mehr als das Gezeitenkraftwerk selbst produziert (Prasser, 2008).

In Steinkohle ist also ein teilweise sehr hoher Uran-Gehalt enthalten. Glaubt man, dass Kohle tatsächlich aus organischem Material entstanden ist, stellt sich die Frage, wie Uran in die Braun- und Steinkohle oder bereits in die angeblich zuvor existierenden Torfmoore gelangt ist. Es wurden Untersuchungen an Kohlenschichten im Colorado-Plateau gemacht, also in einem Gebiet, wo Dinosaurier auf weichen kreidezeitlichen Kohlenschichten herumliefen. Es ergab sich interessanterweise, dass Zerfallsprozesse einzelner Atome an verschiedenen Orten stattfanden. Man fand in mehreren untersuchten Kohlenvorkommen sehr viele *isolierte* Polonium-210-Nuklide, die aber in der Zerfallskette von Uran-238 die zuletzt gebildeten radioaktiven Nuklide sind, bevor stabiles Blei-206 (Pb 206) entsteht.

Jede Stufe des radioaktiven Zerfalls eines Uran-Atoms ist in einer erhärteten Matrix wie Kohle zu erkennen, da jedes (radioaktive) Nuklid ein Halo mit einem charakteristischen Durchmesser, also einen dreidimensionalkugeligen, ballähnlichen Strahlungseffekt hinterlässt. Wenn Polonium ohne seine radioaktiven Zerfalls-Vorstufen bzw. deren spezielle Halos entdeckt wird, muss Polonium von dem ursprünglichen Ort des Uran-Zerfalls wegtransportiert worden sein, in diesem Fall in die Kohle hinein. Dies muss passiert sein, bevor die Kohlenschicht erhärtete, da Polonium-210 schnell zerstrahlt und in knapp 139 Tagen nur noch die Hälfte der Menge vorhanden ist. Größere Entfernungen können daher nicht durch einen *langsamen* Diffusionsvorgang zurückgelegt werden. Eine Bewegung von Polonium kann deshalb nur in einem höchstens plastisch-verformbaren Zustand des Trägermaterials, hier der Steinkohle, in einem Zeitraum erfolgen, der nur Monate, aber keine Jahre andauert. Die Infiltration von Polonium muss also schnell erfolgen sein, als die »Kohle« noch weich war – wie eine bereits 1976 veröffentlichte Untersuchung zeigt (»Science«, Bd. 194, 15. Oktober 1976, S. 315 ff.). Hieraus folgt, dass diese Kohle schnell und eben nicht gemäß Lyell-Hypothese »unmerklich langsam« erhärtete. Außerdem ist unwahrscheinlich, dass pflanzliches Material vor dem Inkohlungsprozess eine derart plastisch-verformbare Masse bilden konnte.

Die anorganische und eben nicht organische Entstehung der Steinkohle würde auch erhärtet durch die Beantwortung der Frage, ob aufwärts strömende Kohlenwasserstoffe neben Helium auch Uran-Atome mit nach oben spülen. Erklären könnte man derart auch, dass bei einem schnellen schichtweisen Aufquellen aus der darunter lagernden Gesteinsschicht Polonium-210-Nuklide von ihren Mutter-Nukliden hinweggespült werden! Diese erstarrten Kohlenwasserstoffe sind an der Erdoberfläche vorhanden, weshalb Saurier und andere Tierarten Spuren in der Schicht unter der Kohlenschicht sowie auch auf dieser hinterlassen konnten.

Das geringe Alter dieser Steinkohlenschichten wird bestätigt, da viel zu wenig Blei, die letzte und stabile Stufe radioaktiver Zerfälle, im Verhältnis zum Uran als Ausgangsprodukt entdeckt wurde. Um zu überprüfen, ob es sich um eine Ausnahme handelt, wurde alternativ die kohlehaltige *Chattanooga-Shale-Formation* untersucht, die sich über weite Gebiete Nordamerikas erstreckt (Abb. 96, S. 304). In dieser Schicht (Gentry et al., 1976) ergab sich ein Verhältnis von Uran-238 zu Blei-206, das um den Faktor 1000 zu hoch ist, um mit dem angeblich hohen geologischen Entstehungsalter zu korrespondieren. Dieser *Chattanooga-Schiefer* soll noch vor dem Karbon-Zeitalter im Devon vor über 360 Millionen Jahren entstanden sein. Unter weiterer Berücksichtigung der Tatsache, dass

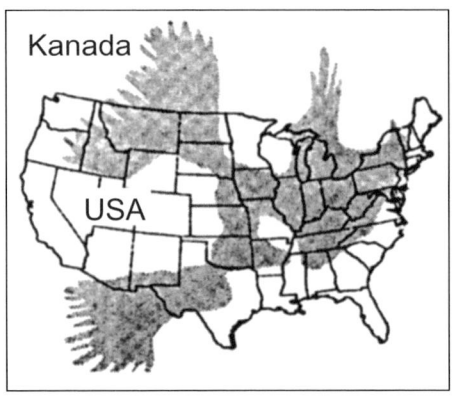

Abb. 107: **CHATTANOOGA-SCHIEFER.** Dieses über weite Gebiete Nordamerikas anzutreffende Gestein besitzt ein folienartiges Aussehen und ist stark mit Kohlenstoff vermischt. Diese Formation wird als Quelle von Öl- und Gasfeldern in Tennessee angesehen. Eine kommerzielle Ausbeutung fand bisher nicht statt, jedoch zeigen neuere Bohrungen im Osten von Tennessee, dass größere, abbauwürdige Mengen von Erdgas in dieser Schieferschicht vorhanden sind.

nur 2,5 Prozent der Uran-Atome überhaupt *ein Anzeichen* eines äußeren Halos irgendeiner Zerfallsstufe aufweisen, kamen die Forscher zu dem Schluss, dass »sich möglicherweise beides, die Infiltration des Urans und der nachfolgende Inkohlungsprozess, innerhalb der letzten paar tausend Jahren vollzogen hat« (ebd., S. 317). Da Dinosaurier also auf jungen Kohlenschichten herumliefen, können Indianer durchaus diese Tiere in Sümpfen und Gewässern gesehen haben. Es gibt tatsächlich prähistorische Zeichnungen von Dinosauriern. Die Überlieferungen der Navajos berichten, dass ihre Vorfahren und Dinosaurier am Anfang der Welt zusammenlebten. Diese Thematik wird ausführlich in meiner Filmdokumentation »Kontra Evolution« dokumentiert.

Todesfalle Asphaltgruben

Neben der weichen Kohle am Grunde ehemals flacher Gewässer kann man aufgequollene Kohlenwasserstoffe an der Erdoberfläche beobachten, »kalte Erdöl-Sickerstellen« genannt. So gab es Löcher, die mit Asphalt gefüllt waren, im Erdölgebiet in Wietze bei Hannover. Dieser wurde noch um 1900 abgebaut. Bekannter sind die Teergruben mit natürlichem Asphalt bei La Brea im Süden Kaliforniens, wo Anfang des 20. Jahrhunderts außerhalb von Los Angeles noch viele Ölbohrtürme standen, in den damals *Salt Creek Oilfields* genannten Gebieten.

Bereits vorher wurden Tausende von Tonnen natürlichen Asphalts gewonnen und nach San Franzisko transportiert. Schichten von Ölschiefer weisen an vielen Orten eine Mächtigkeit von ungefähr 700 Metern auf. Dort wo sich heute noble Einkaufszentren befinden, versanken etwa 60 Arten von Säugetieren, allein über 2500 Säbelzahnkatzen, neben anderen Großkatzen, Mammuts, Mastodons, wolfsähnliche Riesenhunde, amerikanische Löwen (*Panthera leo atrox*), Jaguare, Pumas, Luchse, Kojoten, Zwergantilopen, Truthähne, elefantengroße Riesenfaultiere oder die in Amerika ausgestorbenen Kamele und Pferde (*Equus occidentalis*), auch Vögel, einschließlich Pfauen; aber seltsamerweise auch Fische, Amphibien, Reptilien, Weichtiere, Insekten, Spinnen, zahlreiche Pflanzen, auch deren Pollen und Samen. Versanken diese Landtiere, weil sie die Asphalt-Seen mit Wasserteichen verwechselten

Abb. 108: **LA BREA-TEERGRUBEN.** Zu Beginn des 20. Jahrhunderts standen in dem Gebiet der heutigen Touristen-Attraktion Beverly Hills viele Ölbohrtürme. Das rechte Bild zeigt einen Block mit einem Wirrwarr von fossilen Knochen aus der Asphalt-Grube »Pit 8« in La Brea aus dem Jahr 1914.

oder auch nur zufällig in diese »Asphalt-Sümpfe« gerieten? Und die Wassertiere?

Tatsächlich sind die tierischen Überreste in den Asphaltgruben in unglaublichen Haufen zusammengedrängt und vermengt. Bei der ersten Ausgrabung entdeckte man durchschnittlich 20 Säbelzahnkatzen- und Wolfsschädel pro Kubikmeter (Merriam, 1911). Bis heute entdeckte man mehr als 166 000 Knochen. Da die Mehrheit der Tiere im Teer gefangen worden sein soll, hatte ich bei meinem Besuch der Teergruben in La Brea erwartet, dass zusammenhängende Skelette im Asphalt gefunden werden, was jedoch nur eine Ausnahme darstellt (ebd., S. 212). Die Knochen sind zwar gut erhalten, doch sind sie zersplittert und zu einer höchst heterogenen Masse vermengt, so wie diese nicht aus zufälligem Versinken von umherstreichenden Tieren hätte resultieren können.

Quollen in diesem ehemaligen Gebiet vielleicht Kohlenwasserstoffe kaskadenartig auf? Wurden Rudel verängstigter Tiere, vor allem Fleischfresser, in La Brea von einer Naturkatastrophe überwältigt, als Stürme die Landschaft verwüsteten, Steine zu fliegenden und fallenden Geschossen wurden? Schossen aus dem Boden fontänenartig Kohlenwasserstoffe, nachdem die Deckschicht durch den Überdruck plötzlich brach, mehrere hundert Meter hoch in die Luft? Überschüttete niederfallendes Bitumen die Tiere, die darin versanken? Es wurden auch 17 Knochen einer Frau gefunden, die auf ein Alter von 9000 Jahren datiert wurden. Der Schädel zeigt keine Unterschiede zu dem eines modernen Menschen.

Der Asphalt kam plötzlich an die Erdoberfläche und erhärtete teils auch sehr schnell, sodass durchaus Tiere auf solchen noch teils weichen Oberflächenschichten, wie die beschriebenen Dinosaurier auf Steinkohlenschichten, herumlaufen konnten. Ein solches Szenario kann man heutzutage am größten Asphalt-See der Welt beobachten, bei einem Ort, der auch La Brea heißt, sich aber auf der Karibikinsel Tobago befindet. Aus einem Krater, dessen Durchmesser 1500 Meter beträgt, quillt zähflüssiger Naturasphalt empor. Dieser härtet an der Oberfläche rasch aus, sodass man auf weiten Teilen des Sees laufen kann. Nur auf einem Viertel seiner Oberfläche ist der Asphalt noch flüssig. Entlang der Ränder sinkt man etwas ein, wie die Dinosaurier in der Steinkohle.

Aus der blubbernden Masse flüssigen Naturasphalts entweicht Methan und erzeugt schillernd bunte Blasen, und im trockenen Bereich sickert aus manchen Stellen Erdöl, das sich als dünner Film über die Asphaltoberfläche legt. Die tatsächliche Tiefe des Asphalt-Sees ist noch unbekannt. Man merkt hier, wie aktiv die Erde wirklich ist. Nicht nur im Kraterbereich, sondern auch in dem nahe liegenden Ort La Brea steigt der Asphalt teils mitten im Ort aus den Tiefen der Erde empor.

7. Der Energie- und Klima-Betrug

Will man das Klima der Vergangenheit, der Gegenwart und der Zukunft verstehen, muss man sich einen Überblick über die Zusammenhänge des Klimasystems verschaffen, die von inneren, also planetengebundenen, und äußeren, universal-kosmischen Energien beeinflusst werden. Die kosmischen Energien werden von der Sonne auf dem Weg durch das Universum aufgefangen und modifiziert, um dann hin zu den Himmelskörpern unseres Sonnensystems übertragen zu werden. Fängt die Sonne mehr oder weniger Energien aus dem Weltall ein, hat das direkte Auswirkungen auf die Höhe der Lufttemperaturen auf der Erde.

Der Kohlendioxidskandal

Der derzeitige *Klimawandel ist menschengemacht*. Darüber herrscht angeblich Konsens in der Wissenschaft. Diese Aussage wird scheinbar unwidersprochen über die Medien verbreitet. Schuld für den Klimawandel soll ein vermehrter Anteil von Kohlenstoffdioxid (CO_2) in der Atmosphäre sein, der vor allem von den Menschen verursacht werden soll.

Betrachten wir zuerst den Anteil von Kohlendioxid in unserer Atmosphäre. Laut neueren Messungen – zum Beispiel des *Mauna Loa Observatoriums* in Hawaii (abgerufen: 12.5.2019) – soll der Anteil von Kohlendioxid bei etwa 416 Teilchen pro Million Teilchen Luft (ppm) betragen. Das sind, anders ausgedrückt, *nur 0,42 Prozent des Luftvolumens*!

Berücksichtigt man weitere Klimagase wie Methan, Lachgas und fluorierte Gase (L-Gase) zusätzlich zum Kohlendioxid, dann betrug die zusätzliche Konzentration von diesen Treibhausgasen in der Atmosphäre Ende 2018 (laut Umweltbundesamt, abgerufen: 12.1.2020), umgerechnet in Kohlendioxidäquivalente, insgesamt etwa 0,05 Prozent des Luftvolumens. *Insgesamt beträgt die Konzentration der Klimagase also weniger als 0,5 Prozent des Luftvolumens!* Kann ein derart verschwinder Anteil von Spurengasen in der Atmosphäre energetisch überhaupt einen spürbaren Klimawandel bewirken?

Aus Satellitenmessungen kann die Wasserdampfmenge der heutigen Atmosphäre und daraus der Treibhauseffekt des Wasserdampfes ermittelt werden. Allein auf Wasserdampf sind etwa 60 Prozent des Treibhauseffekts zurückzuführen. Dieser Klimafaktor lässt sich dauerhaft nur über eine Änderung der globalen Durchschnittstemperatur der Erde beeinflussen, also *nicht* durch Klimagase. Der Mensch hätte demnach theoretisch allenfalls Einfluss auf die restlichen 40 Prozent des Treibhauseffekts.

Zusammenfassend können wir in signifikanter Übereinstimmung mit wissenschaftlichen Erkenntnissen feststellen, dass Wasserdampf der wichtigste Energiespeicher der Erdatmosphäre ist und die anderen Klimagase Energie nur in vergleichsweise geringem Maße aufnehmen! Hinzu kommt, dass Kohlendioxid im Verhältnis zu Wasserdampf etwa den fünffach höheren Anteil in der Atmosphäre benötigt, um einen bestimmten Anstieg zu erreichen (Berner/Streif, 2004, S. 26 f.).

Rein physikalisch-energetisch gesehen, nimmt Wasserdampf in einem breiten Spektrum langwellige Strahlung und damit Energie auf, während die übrigen Treibhausgase nur in sehr begrenzten Wellenbereichen wirksam sind und damit eine *untergeordnete* energetische Rolle spielen.

Nur in diesen sehr *begrenzten Wellenbereichen wirkt Kohlendioxid als Klimagas oder vielmehr als Speicher für Strahlungsenergie, zum größten Teil aber auch nicht.* In den »Physikalischen Blättern«, einem Publikationsorgan der Deutschen Physikalischen Gesellschaft, veröffentlichte Professor Dr.-Ing. Alfred Schack bereits 1972 einen Artikel mit dem Titel »Der Einfluss des Kohlendioxidgehalts der Luft auf das Klima der Welt«: Darin führt er aus, dass die Absorption des Kohlendioxids in den einzelnen Wellenlängen-Bereichen entweder nur gering oder gar nicht mehr in Erscheinung tritt, da der Wasserdampf die durchfallende Wärmestrahlung, z. B. der Wellenlängen ab 30 μm (siehe Abb. 109: Bereich 3), bereits absorbiert hat, bevor Kohlendioxid überhaupt aktiv werden kann. Bedingt wird dies durch die Lage des Kohlendioxid-Absorptionsstreifens, der sich *vollständig oberhalb* des klimabeeinflussenden Absorptionsstreifens von Wasserstoff befindet und auf diese Weise eine *Klimawirkung des Kohlendioxids regelrecht abschirmt*.

Da Kohlendioxid auch nur denjenigen Höhenbereich beeinflusst, in dem die Kohlendioxidlinien (graue Bereiche in Abb. 109) überhaupt in die Lage kommen können, Wärmestrahlung zu absorbieren, sind nur kleine Bereiche der Absorptionsstreifen von Kohlendioxid effektiv klimabeeinflussend wirksam! Der Einfluss von Kohlendioxid auf bodennahe Lufttemperaturen, zum Beispiel bei hohem Dampfgehalt der Luft wie an schwülen Tagen oder in den Tropen, ist somit äußerst gering, wenn nicht sogar komplett ohne Auswirkung.

An wasserdampfarmen Tagen – wie in der Wüste oder an kalten, klaren Wintertagen in gemäßigten Breiten – verringert sich die Absorption, also Aufnahmefähigkeit des Wasserdampfes und ein größerer Teil der von der Erdoberfläche ausgehenden Wärmestrahlung geht in den Raum. Hierauf ist die Abkühlung der Erdoberfläche in klaren Nächten, die zur Taubildung führt, zurückzuführen. Die Absorption des Kohlendioxids wird dabei *in geringem Umfang* wirksam, absolut wolkenlosen Himmel vorausgesetzt. Falls Wolken vorhanden sind, ist die Absorption des Wasserdampfes noch stärker (Schack, 1972, S. 28).

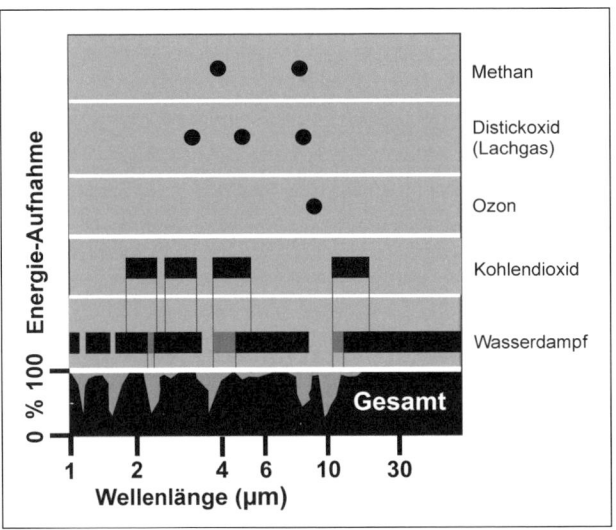

Abb. 109: **WELLENLÄNGEN.** Wasserdampf ist das überwiegend wirksamste Treibhausgas, da es langwellige Strahlung in einem breiten Wellenlängenbereich aufnehmen kann. Die übrigen Gase wie Kohlendioxid können daher nur geringe, sozusagen übrigbleibende Strahlungsenergie in einem begrenzten Wellenlängenbereich aufnehmen – siehe mittelgrau angelegte Bereiche für Kohlendioxid – da Wasserdampf bereits den größten Teil der Strahlungsenergie aufgenommen hat. Verändert nach Berner/Streif, 2004, S. 25).

Das Fazit: Kohlendioxid als Klimagas weist daher effektiv eine noch *wesentlich geringere* als die bereits zuvor als relativ *unbedeutend* verifizierte Wirkung auf den Klimawandel auf. Diese Feststellung beantwortet auch die eingangs formulierte Frage, ob Kohlendioxid, aufgrund der sehr schmalen Wellenlängenbereiche, überhaupt in der Lage sein kann, das Klimageschehen signifikant zu beeinflussen.

Was aber geschieht bei einer Erhöhung des Kohlendioxidgehalts der Atmosphäre? »Die Absorption der Wärmestrahlung durch das Kohlendioxid der Atmosphäre nimmt bei einer Verdoppelung des CO_2-Gehaltes praktisch nicht mehr zu, und es ist für die Treibhauswirkung des Kohlendioxids gleichgültig, ob der CO_2-Gehalt durch die Verbrennung der fossilen Brennstoffe mehr oder weniger zunimmt« (ebd. S. 27).

Und Professor Schack schließt seine Untersuchung mit der interessanten Feststellung:

»Aus diesen Zahlen folgt, dass der eigentliche Faktor, der die Ausstrahlung der Erdoberfläche in den Weltraum behindert, der Wasserdampf ist. Die Summe der maximalen Absorption des Wasserdampfs ist 60 Prozent der von der Erdoberfläche ausgestrahlten Wärme, die des Kohlendioxids 14 Prozent. Sie fällt mit der Absorption des Wasserdampfes zusammen und *wird deshalb nur an trockenen Tagen wirksam*« (ebd., S. 28).

Der Mensch hat demzufolge nur eine ganz untergeordnete, kaum feststellbare Einflussmöglichkeit auf den Klimawandel infolge einer verringerten Freisetzung von Kohlendioxid. Zu beachten ist, dass das angeblich hochwirksame Klimagas Methan mit Sauerstoff sehr schnell reagiert bzw. oxidiert, wodurch Wasser und Kohlendioxid entstehen. Die Verweildauer von Methan in der Atmosphäre soll nur neun Jahre betragen (Turner et al., 2017). Methan muss in diesem Zeitraum also vollständig nachgeliefert werden, damit sein Anteil in der Atmosphäre konstant bleiben soll. Für die Halbwertszeit von Kohlendioxid wird ein Zeitraum von 15 oder auch 18 Jahren angesetzt, je nachdem wie man den Verlust von Kohlendioxid im gekoppelten System Atmosphäre-Biosphäre ansetzt sowie den Austausch mit den Meeren berücksichtigt. Da sich in diesen Zeiträumen der Kohlendioxidgehalt in der Atmosphäre um die Hälfte reduziert, muss Kohlendioxid wieder zugeführt werden, damit Leben auf unserem Planeten überhaupt möglich bleibt: Mehr Kohlendioxid bedeutet eine grünere Erde!

Pseudowissenschaft Globalklimatologie

Die zuvor zitierte Untersuchung eines kompetenten Wissenschaftlers ist seit 1972 in keiner wissenschaftlichen Zeitschrift widerlegt worden und dies wird auch nicht geschehen, da die physikalischen Fakten unumstößlich sind. Kritik gibt es, ja muss es geben, da ansonsten die Legende des angeblich von Menschen verursachten Klimawandels wie ein Kartenhaus in sich zusammenfällt und die Medien unisono *Fake-News* (Falschmeldungen) verbreiten würden. Man beruft sich allgemein auf Computerberechnungen, also Simulationen, da man angeblich alles verstanden hat und dann auch berechnen kann – eine neue »Wissenschaft« wurde erfunden, die Globalklimatologie.

Die Globalklimatologen kombinieren realitätsferne Simulationsprogramme für die Meeresströmungen und schlechte Simulationsrechnungen für die atmosphärischen Strömungen miteinander. Weder die Strömungen in den Ozeanen noch die in der Atmosphäre sind hinreichend erforscht, um Klimaprognosen über einen längeren Zeitraum realitätsnah zu berechnen. Entsprechend kann das sich mehrere Wochen in der Zukunft vollziehende Wettergeschehen mittels Simulationsrechnungen realitätsnah *nicht* erfasst und somit auf keinen Fall vorausgesagt werden. Entsprechend verhält es sich mit den Auswirkungen von klimaverändernden Naturphänomenen in den Ozeanen, wie zum Beispiel das Auftreten des Klimaphänomens El Niño im Ostpazifik vor der Westküste Südamerikas.

Außerdem wurden Berechnungen des Strahlungstransports von Astrophysikern in die global-klimatologischen Simulationen eingebaut, obwohl diese mathematisch überhaupt nicht zu den aus den hydrodynamischen Gleichungen abgeleiteten Differenzengleichungen der Strömungsmodelle passen.

»Die physikalischen Grundlagen der Computersimulationen sollten ein System partieller Differentialgleichungen sein, das man für die gesamte Erde nie lösen kann. Mehr als die Differentialgleichungen bestimmen bei partiellen Differentialgleichungen die Randbedingungen die Lösungen. Es gibt Strahlungs-, Wärme-, Impuls-, Massen-, Energieübergänge usw. durch bewegte und unbewegte Grenzflächen zwischen verschiedenen festen Stoffen, Flüssigkeiten, Gasen, Plasmen. Insbesondere für die bewegten Grenzflächen gibt es keine verwendbare Theorie. Für die Erde kann man diese

Bedingungen noch nicht einmal aufschreiben. In den globalen Modellen sind die Gitter zu riesig, um zweite Ableitungen näherungsweise zu berechnen. Deshalb kann in den numerischen Modellen die Dissipation durch Reibung und die Wärmeleitfähigkeit nicht berücksichtigt werden, weil diese Terme zweite Ableitungen benötigen. Selbstverständlich war und ist dies allen Klimasimulierern klar. Trotzdem gaukeln sie den Politikern vor, sie könnten den Einfluss der Konzentration des Kohlendioxids auf das Wetter der Erde modellieren, obwohl sie nichts lösen können«, schreibt der weltbekannte Professor für mathematische Physik Professor Dr. Gerhard Gerlich (2007).

Programme, die mit Strömungs- und Strahlungsparametern gefüttert wurden, die nicht die Wirklichkeit abbilden, liefen dann auch monatelang und mussten während des Programmlaufs verändert werden. Man nennt das Flusssteuerung, damit das System nicht in »unphysikalische Zustände« gelangte. Deshalb sind derartige Modellrechnungen grundsätzlich falsch und besitzen keinerlei Aussagewert, wie mir Professor Gerlich in einem persönlichen Gespräch erläuterte. Er führte weiter aus, »dass der Mensch das Wetter nicht beeinflussen kann und deshalb auch nicht das aus den Wetterparametern berechnete Klima. »Das ist simple Logik« (vgl. Gerlich, 2002) und weiter im Vortragsmanuskript »Der Betrug mit dem Globalklima« für die Klimakonferenz in Prag am 15. November 2007:

»Klima ist die Abhängigkeit der lokalen Wetterparameter in Abhängigkeit zur Stellung der Sonne oder der geographischen Breite der Gegend. Es gibt auf der Erde sehr viele Klimate, die das lokale, mittlere Wettergeschehen beschreiben. Es gibt für die Erde kein Klima im Singular, insbesondere existiert also kein globales Klima der Erde (Erdklima). Globalklimatologie ist also ein Widerspruch in sich, also die leere Menge, ein Nichts. Es gibt deshalb keine globalen Klimaänderungen, nur mögliche zeitliche Veränderungen berechneter globaler Zahlen, für die es keine Wissenschaft gibt. Um Klimakunde handelt es sich auf keinen Fall. Eventuell handelt es sich um ein Teilgebiet der Astrologie, die mehr physikalische Gesetzmäßigkeiten verwendet als die globale Computerklimatologie« (Gerlich, 2007).

Für Klimaberechnungen und einen sich vollziehenden Klimawandel wird ein Strahlungshaushalt der Erde als wichtigster Bestandteil des Energiehaushalts der Erde zugrunde gelegt. Die effektive Energiebilanz soll dabei nahezu Null sein, weil sie sich langfristig auf einen Wert einpendeln soll. Vorausgesetzt die astrophysikalischen Rahmenbedingungen sind stabil, soll dies ein – in geologischem Maßstab – weitgehend stabiles Klima zur Folge haben (globale Durchschnittstemperatur). Dieses propagierte Grundprinzip ist jedoch falsch:

»Es gibt keinen *Gesamtstrahlungshaushalt*, da es keine separaten Erhaltungsgleichungen für die einzelnen Energieformen gibt. In der Rotationsenergie der Erde und der kinetischen Energie der Bewegung um die Sonne stecken z. B. Energien, die um Größenordnungen größer sind als die Strahlungsenergie, die in Jahren auf die Erde fällt. Die Abstrahlung richtet sich nach der Temperatur (und Absorptions- bzw. Emissionseigenschaften) und nicht die Temperatur nach der Abstrahlung« (Gerlich, 2007). Mit anderen Worten, der Kohlendioxidgehalt der Erdatmosphäre folgt einer Erwärmung und nicht umgekehrt!

Nicht nur komplizierte, sondern auch einfache Berechnungen erbringen falsche Ergebnisse. So behauptete der in den öffentlich-rechtlichen Fernsehanstalten oft präsentierte »Klimapapst« Professor Dr. Hans Joachim Schellnhuber, Direktor des 1992 von ihm gegründeten Potsdam-Instituts für Klimafolgenforschung (PIK), am 30.10.2009 im ZDF, die Klimawissenschaft könne *sehr leicht* ausrechnen, dass bei zwei Grad globaler Erwärmung die Himalaya-Gletscher in 30 bis 40 Jahren komplett abgeschmolzen sein werden! Drei Monate später musste der Weltklimarat IPCC zugeben, dass es sich bei der Himalaya-Schmelze-Behauptung im Weltklimabericht 2007 um einen »peinlichen Fehler« gehandelt habe.

In diesem IPCC-Report war »als Datum für ein weitgehendes Abschmelzen das Jahr 2035 genannt. Gemeint war aber *angeblich* das Jahr 2350, wie im Nachhinein bekanntgegeben, und auch diese Angabe hatte der Weltklimarat, der sich eine wissenschaftliche Kompetenz wie kein anderes Gremium zugutehält, nicht wissenschaftlich ergründet, sondern einfach aus einer Broschüre des WWF abgeschrieben«, hieß es in einem Internet-Kommentar von Ulli Kulke im Internet bei www.welt.de am 25. 11. 2015. Die angeblich mehrfach vorgenommene Klimaberechnung des Klimarats hat es offenbar nie gegeben und wurde auch nirgendwo dokumentiert.

Ganz ähnlich verhält es sich mit der Feststellung, dass von uns produzierte Treibhausgase Sonnenwärme in die Atmosphäre hereinlassen, aber schlecht wieder herauslassen. Die Folge sei ein langfristiger Wärmestau, verursacht durch Klimagase wie das Kohlendioxid. Aber warum stieg dann zum Beispiel die Kohlendioxidkonzentration in der Luft sowie die Lufttemperatur seit 1880 an, bis sich der Trend umkehrte und die Temperaturen zurückgingen, während die Kohlendioxidkonzentration zunahm? Historische Daten belegen, dass eine erhöhte Kohlendioxidkonzentration immer erst nach einer Temperaturerhöhung stattfindet und nicht umgekehrt. So sollen am Ende von Kaltzeiten die Temperaturen gestiegen sein. Die Kohlendioxidkonzentration stieg ebenfalls, aber erst später, also zeitversetzt. Ist ein Anstieg des Kohlendioxids also eine Folge der Erderwärmung? Zum Beispiel wird mit der Erwärmung der Meere und Ozeane im Wasser gebundenes Kohlendioxid in die Erdatmosphäre freigesetzt.

Es gibt auch keinen Treibhauseffekt auf der Erde! Professor Gerhard Gerlich führt hierzu aus, dass es sich beim angeblich errechneten Treibhauseffekt der Erde *nicht* um zwei *errechnete*, sondern postulierte Temperaturen handelt, aus deren Differenz der Treibhauseffekt berechnet wird. Zum einen handelt es sich um −18 Grad Celsius, die über das Bolzmann'sche Strahlungsgesetz und Strahlungsintensität der Sonne ermittelt wird und zum anderen will man eine Temperatur von 15 Grad Celsius als bodennahe Mitteltemperatur über die ganze Erde hinweg gemessen haben. Eine entsprechende Messreihe gibt es aber gar nicht, da allein 70 Prozent der Erdoberfläche von Ozeanen bedeckt ist! Die Differenz beider Temperaturen beträgt rechnerisch 33 Grad Celsius und soll den »natürlichen« Treibhauseffekt der Erde repräsentieren. Gerlich (1996) weist nach, dass man diese Werte nicht vergleichen darf, sie zudem falsch berechnet sind und »es den Kohlendioxid-Treibhauseffekt nicht gibt«: Es existiert kein Lehrbuch der Physik, in dem der atmosphärische Treibhauseffekt wissenschaftlich begründet und erklärt wird! Deshalb gibt es auch keinen Treibhauseffekt u. a. auf dem Saturnmond Titan, obwohl dort Wolken, Regen, Flüsse und Seen vor allem vom Klimagas Methan gebildet werden.

Gefälschter Kohlendioxidverlauf und Klimawandel

Klimatologen behaupten weiterhin, die Welt stehe wegen der Erderwärmung vor einer Klimakatastrophe, obwohl es in den letzten 1000 Jahren mehrfach ähnlich warm oder noch wärmer war als heutzutage. Diese Aussage wird begründet mit der vorgeblichen Tatsache, dass erst mit der Industrialisierung der Kohlendioxidgehalt der Erdatmosphäre angestiegen sein soll (siehe gestrichelte Linie in Abb. 110), nachdem dieser etwa 1000 Jahre lang auf konstant niedrigem Niveau geblieben sein soll. Die entsprechende, vom »Klimarat« der Vereinten Nationen (IPCC) gefertigte Kurve ist aber falsch, worauf bereits der Chemiker Professor Hans-Eberhard Heyke vor Jahren hinwies. Der Biologe Ernst Beck erstellte daraufhin eine umfangreiche Studie, für die mehr als 90 000 präzise Werte berücksichtigt wurden (Beck, 2007) – vergleiche ebenfalls Abb. 110.

Das IPCC verwendete überhaupt nur rund zehn Prozent der 390 seit dem Jahr 1800 vorhandenen, wissenschaftlichen Arbeiten, von denen wiederum nur drei als korrekt anerkannt wurden, da nur diese genau die Werte lieferten, mit denen die Treibhausthese »bewiesen« werden konnte – das Ziel stand von vornherein fest! Darüber hinaus ergab sich, dass zwei der drei berücksichtigten Arbeiten sogar falsch sind. Die IPCC-Kohlendioxidkurve, mit der ein von Menschen verursachter Treibhauseffekt bewiesen werden soll, basiert auf schlampiger Forschung und Datenselektion. Ernst Beck ging mit großer Sorgfalt vor, da der »Klimarat« bereits einen prägenden Einfluss auf die Politik ausübte. Die insgesamt über 90 000 Kohlendioxidmessungen ergaben, dass das Kohlendioxid dem Klima folgt und nicht umgekehrt, wie vom IPCC behauptet. Viele Ergebnisse aus Eisbohrkernen sind schlichtweg falsch interpretiert, wie in meinem Buch »Irrtümer der Erdgeschichte« ausführlich begründet. Ein menschenverursachter Treibhauseffekt ist nicht nachweisbar.

Gehen wir in unserer europäischen Geschichte zurück, dann beginnt das letzte Jahrtausend mit einem Klimaoptimum, der *Mittelalterlichen Warmzeit*, neuerdings auch als *Mittelalterliche Klima-Anomalie* bezeichnet. Der Höhepunkt dieser Warmzeit ist nicht nur in Mitteleuropa bis Schottland und Norwegen nachweisbar, sondern auch in Island, Grönland und Nordamerika, also in der nördlichen Hemisphäre.

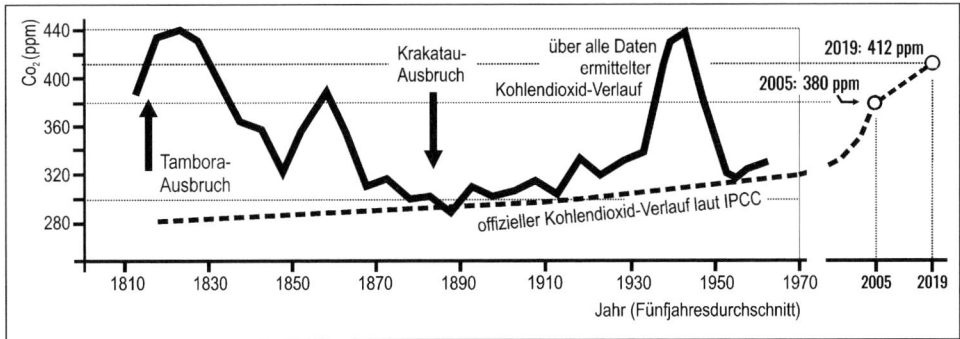

Abb. 110: **KOHLENDIOXIDVERLAUF**. Der von Klimaforschern behauptete, angeblich eindeutig mit dem Grad der Industrialisierung einhergehende Trend (gestrichelte Linie) existiert nicht – nach Beck, 2007. Heftige Vulkanausbrüche, wie der Tambora-Ausbruch 1815 in Sumbawa, Indonesien (s. S. 58), bewirken einen erheblichen Anstieg von Kohlendioxid in der Atmosphäre mit der Folge, dass es nicht wärmer, sondern kälter wird (Oppenheimer, 2003) – entgegen aller Voraussagen von Klima- und Umweltaktivisten.

Professor Brian Fagan (Universität von Kalifornien) beschreibt qualitativ richtig, dass der Klimawechsel »eine längere Wärmeperiode einleitete, die etwa um 800 n. Chr. (heutzutage eher um 900 n. Chr.) begann und zwischen 1150 und 1300 ihren Höhepunkt erreichte« (Fagan, 2001, S. 195), die Zeit der Entdeckungen durch die Wikinger und der Missionierung durch die irischen Mönche.

In einzelnen Regionen, wie etwa in England, lagen die Temperaturen über zwei Grad Celsius höher als im 20. Jahrhundert. Eine neuere Untersuchung zeigt, dass es um 950 bis 1050 bis zu 0,6 Grad Celsius *wärmer* gewesen sein soll als in der Referenzperiode 1880 bis 1960, bevor 1580 bis 1720 während der *Kleinen Eiszeit* die Temperaturen um 1,6 Grad Celsius niedriger ausfielen als um 1000 (Christiansen/Ljungqvist, 2012).

Analog zum Kohlendioxidgehalt der Atmosphäre, also etwa seit Beginn der modernen Temperaturmessung Ende des 19. Jahrhunderts und dem Ende der *Kleinen Eiszeit* soll sich ein Klimawandel vollziehen. Bis vor kurzer Zeit sprach man deshalb noch von einem von *Menschen* verursachten Klimawandel, jetzt nur noch »der Klimawandel« genannt. Aber Änderungen des Klimas hat es auch zu Zeiten unserer Vorfahren gegeben, ohne dass es Kraftwerke, Industrieanlagen oder Autos als behauptete Mitverursacher des Klimawandels gab.

In der Mittelalterlichen Warmzeit konnte kälteempfindlicher Weizen in Norwegen nördlich von Trondheim, in den *Lammermuir Hills* im Südosten von Schottland bis in 425 Metern Höhe sowie zeitweise, aber in geringerem Umfang, sogar auf Grönland angebaut werden, bewiesen durch archäologische Ausgrabungen. Außerdem konnten in Westengland bis in einer Höhe von 200 Metern über dem Meeresspiegel Weinstöcke kultiviert werden. Dies alles ist heutzutage und auch in näherer Zukunft gar nicht möglich. Die Durchschnittstemperaturen der Britischen Inseln lagen zwischen 1140 und 1300 wohl um 0,8 Grad Celsius höher als die zwischen 1900 und 1950. Daraus folgt, dass der heutige, seit etwas mehr als 100 Jahren ausgemachte Treibhauseffekt im Verhältnis zum 13. Jahrhundert nur eine Klimanormalisierung in Form einer Erholungstendenz darstellt.

Der relative Wohlstand während der Mittelalterlichen Warmzeit in Europa führte, infolge eines erhöhten Kohlendioxidgehalts der Atmosphäre, zu einer Intensivierung des Ackerbaus und ermöglichte eine Stadtgründungswelle ab der ersten Jahrtausendwende. Im 12. Jahrhundert kam es in Europa zu einer sich nahezu explosionsartig ausbreitenden Bautätigkeit von Kathedralen. Chartres und andere Kathedralen waren eine Verherrlichung der Fruchtbarkeit des Bodens und des Reichtums von Generationen (ausführlich in Zillmer, »Die Erde im Umbruch«, 2011). Zu dieser Zeit erreichte auch die Kultur der Inka ihren Höhepunkt.

Betrachten wir das Wirken der Wikinger in der damals, laut Klimaaktivisten und IPCC, scheinbar kalten, nördlichen Hemisphäre etwas genauer. Nachdem die Wikinger, den Kelten folgend, Ende des 9. Jahrhunderts Island besiedelten, dessen alte Küstenlinie heutzutage unter dem Meeresspiegel liegt, kolonisierten sie ab 982 Grönland, das zutreffend *Grünland* (englisch: Greenland) genannt wurde. Die grönländischen Wikinger waren Farmer, bauten in Grönland etwas Getreide an, betrieben Feldgraswirtschaft und besaßen Milchkühe: Allein der Bischof von Gardar (Ostsiedlung) hatte die beträchtliche Anzahl von einhundert Kühen im Stall stehen (Lechler, 1939, S. 22). Eine Mitteilung des Königsspiegels besagt, dass Grönland »viel Butter und Käse« besitze, aber wenig Korn. Aus den Abfallgruben wissen wir, dass neben Kühen noch Schafe und Ziegen gehalten wurden, seltener Schweine.

War Grönland damals überhaupt (oder noch) vereist? Diese Insel besaß zu Recht den Namen Grünland, denn die Täler waren eisfrei und nur die hohen Bergspitzen, die heute unter dem Eis liegen, trugen Eishauben. Das damalige Klimaoptimum und das während dieser Warmzeit infolge der Erwärmung, aus den Meeren freigesetzte Kohlendioxid beschleunigte den Pflanzenwuchs erheblich, wodurch wiederum das Leben der Tiere gefördert wurde. Steigende Ernteerträge verhalfen den Wikingern nicht nur auf Grönland zu Wohlstand. Die klimatische Situation Grönlands während des Klimaoptimums bis zum Beginn der Kleinen Eiszeit im 14. Jahrhundert unterscheidet sich radikal-positiv von der heutigen!

Während der Mittelalterlichen Wärmeperiode gab es aber auch einen Wasserweg, nicht nur für die grönländischen und isländischen Wikinger, der bis vor kurzer Zeit komplett vereist war, und erst in heutiger Zeit auch für Kreuzfahrtschiffe wieder zeitweise schiffbar wird. Diese Meeresroute führt an Spitzbergen und der Nordspitze Grönlands vorbei oder durch die Davisstraße, zwischen Kanada und Grönland hindurch bis zur Beringstraße, die zu dieser Zeit ebenfalls eisfrei war. Nach Überwindung dieser Meeresenge war der Weg nach Mittel- und Südamerika, aber auch bis nach China, Indien und vielleicht bis Afrika frei. Im Jahr 1956 fand man auf der damaligen Insel Lillön (Schweden) zur großen Überraschung der Ausgräber eine Buddhafigur aus Bronze (Oxenstierna, 1962, S. 130), die dem 7. Jahrhundert zugeordnet wird und aus Kaschmir stammt. Chinesische Seide konnte in einem Wikingergrab in Birka nachgewiesen werden (ebd., S. 91).

Die von grönländischen Wikingern vor Beginn der Kleinen Eiszeit benutzte, eisfreie Nordwestpassage wurde von den späteren Kolonialmächten im 15. Jahrhundert verzweifelt gesucht, denn man wusste von einem ehemaligen Wasserweg nach China und Indien. Die Nordwestpassage konnte nicht mehr entdeckt werden, da mit dem Einsetzen der Kleinen Eiszeit die vorher befahrbaren Gewässer ab dem 14. Jahrhundert zufroren. Auf 72 Grad nördlicher Breite, also weit nördlich des Polarkreises, fand man einen Runenstein. Einen Hinweis auf den weiten Aktionsradius der Wikinger gibt die Untersuchung von A. W. Greely (1912).

Während der Mittelalterlichen Warmzeit, als es auch auf Grönland warm war, hatte sich das Packeis im nördlichen Atlantik weit nach Norden zurückgezogen, und die Landgletscher verschwanden fast vollständig. Diese Erwärmung erlaubte es den Wikingern auf Island und Grönland zu siedeln. Das Polarmeer war in beiden Richtungen schiffbar. Dann setzte im 14. Jahrhundert die Kleine Eiszeit mit einem kühleren Klima, aber erheblichen Klimaschwankungen ein. Mit dem Ende der Kleinen Eiszeit etwa 1880, als die Temperaturen begannen, vom damaligen Tiefpunkt auf ein »normales«, bereits bekanntes Temperaturniveau zu steigen, setzte die moderne Temperaturmessung ein. Der Temperaturanstieg soll seither bis zum Jahr 2017, laut Angaben des Klimarats IPCC, etwa ein Grad Celsius betragen haben. Dies stellt jedoch nur eine Erholungsphase dar, hin zu höheren Lufttemperaturen, die bereits in der Mittelalterlichen Warmzeit, aber auch in der Jungsteinzeit und Bronzezeit in der nördlichen Hemisphäre vorgeherrscht haben. Fazit: Bisher wurde das Temperaturniveau der Mittelalterlichen Warmzeit *nicht annähernd erreicht*.

Während der Kleinen Eiszeit, um 1350, mussten die Wikinger die grönländische Siedlung von Gotthab aufgeben und 1500 war auch die größte östliche Siedlung verwaist. Zu dieser Zeit gab es vor Grönland auch keine Kabeljaubestände mehr. Die Wassertemperaturen gingen von 1600 bis 1830 in Grönland und Island rapide zurück. Während des 17. Jahrhunderts verschwand der Kabeljau dann fast völlig aus norwegischen Gewässern.

Die Gletscher weiteten sich während der Kleinen Eiszeit wieder stark aus, und die Gletscherzungen reichten bis weit in die Täler hinunter, auch in den Alpen. Die Kirchenbücher der kleinen Berggemeinden hoch oben in den Alpen dokumentieren, dass um 1300 die Gletscher begannen, die Hänge herabzukommen und ab 1590 brachten sie das Eis bis in die Täler. Die Zahl der Gehöfte nahm rapide ab, weil die Menschen vor dem vordringenden Eis flüchten mussten. Die Les Bois-Gletscherzunge, die zum Mer de Glace (zu deutsch Eismeer), dem größten Gletscher Frankreichs gehört, wuchs nach alten Aufzeichnungen jeden Tag um einen Musketenschuss, also etwa 120 Meter, selbst im August. Die Gletscher der europäischen Alpen schoben sich zwischen 1640 und 1650 so weit in die Täler vor wie angeblich seit 10 000 Jahren nicht mehr. Weitere Phasen von Gletschervorstößen gab es 1818 bis 1820 und 1850 bis 1855. Dann, innerhalb von nur etwa 40 Jahren bis um 1900, also ohne entscheidenden Einfluss des Menschen, hatten sich viele Gletscher um mehr als zwei Kilometer in die Berge zurückgezogen.

Klimaaktivisten werden jetzt behaupten, dass dies nur örtlich begrenzte Klimaphänomene sind. Einerseits verzeichneten wir während der Mittelalterlichen Warmzeit bereits die höheren Temperaturen in der nördlichen Hemisphäre und andererseits findet man immer häufiger menschliche Hinterlassenschaften unter dem sogenannten »ewigen« Eis und dies nicht nur in Skandinavien oder in den Alpen, sondern beispielsweise auch in Alaska. Forscher um Projektleiter Dr. Rick Knecht von der Universität von Edinburgh, Schottland, gruben (2019, Ausgrabung noch andauernd) im Yukon-Kuskokwim-Delta Überreste einer 700 Jahre alten Siedlung nahe Quinhagak im Südwesten Alaskas aus, die mit der Eisausbreitung verschüttet wurde. Es wurden unter anderem gefunden: Spielzeuge, Holz- und Tongefäße, Messer, Figuren und Nähnadeln aus Knochen, unzählige Objekte aus dem Alltagsleben und die Reste einer Schule. Viele Fundstücke sind aus Holz gefertigt und verfallen, sobald sie beginnen, an der Luft zu trocknen.

In Skandinavien fand man einen Schuh und das älteste Kleidungsstück Norwegens, die ein Wanderer im Jotunheimen-Gebirge Südnorwegens in 2000 Metern Höhe entdeckt hatte. Die Fundstücke wurden zunächst in das Frühmittelalter datiert. Aufgrund einer Datierung des Leders mit der Radiokarbonmethode soll der Schuh allerdings rund 3400 Jahre alt sein und würde damit aus der Bronzezeit stammen (vgl. Abb. 111).

In Grönland mussten die Wikinger ihre Farmen wegen des Klimawandels aufgeben. So lag 600 Jahre lang die Wikingerfarm bei Nipaatsoq in Grönland unter Gletschersand begraben. »Bodenuntersuchungen haben gezeigt, dass die Mitte des 14. Jahrhunderts einsetzende Kleine Eiszeit ein Leben an Grönlands nördlicheren Küsten unerträglich machte«, so Charles Schweger, Professor für Archäologie an der Universität von Alberta. Wurden die Farmer von diesem Ereignis überrascht? Nein, Ausgrabungen unter Leitung von Jette Arneborg (2012) brachten ungefähr 2000 Artefakte ans Tageslicht, die alle darauf hindeuten, dass die Wikinger in Ruhe zusammengepackt und ihre Siedlung aufgegeben haben. Archäologische Analysen sowie Bodenproben und Pollenuntersuchungen ergaben, dass nicht, wie lange vermutet, kriegerische Auseinandersetzungen zu einer Aufgabe der Siedlung geführt haben, sondern ein Klimawandel – ausführlich beschrieben in »Kolumbus kann als Letzter« (Zillmer, 2012, Kapitel 7).

Sehen wir uns die Jungsteinzeit und die darauffolgende Bronzezeit unter dem klimatischen Aspekt näher an, dann fällt auf, dass es zu dieser Zeit über Jahrtausende hinweg wesentlich wärmer war als heutzutage, wie die Abb. 111 mit einem Überblick über die Temperaturen in der nördlichen Hemisphäre zeigt. Sie wurde unter anderem von dem bekannten Klimaforscher Dr. Christian-Dietrich Schönwiese, Professor an der Goethe-Universität in Frankfurt am Main erstellt.

Um diese Klimakurve als falsch zu brandmarken, wird von Klimaaktivisten gebetsmühlenartig die Behauptung wiederholt, dass die Temperaturen heutzutage weit höher sind als jemals zuvor im Holozän, auch Nachzeitalter genannt. Diese Aussage steht jedoch im Widerspruch zu den nachgewiesenen Fakten. So wurde wissenschaftlich festgestellt, dass zum Beispiel im nördlichen Grönland vor 8000 Jahren die Temperatur um etwa 2,5 Grad höher lag als heute (Lecavalier, et al., 2013 u. 2017, Borzenkova, 2015). Eingehende Untersuchungen am Agassiz-Gletscher in Alaska ergaben Folgendes: »Unsere Resultate zeigen, dass die Temperaturen im frühen Holozän diejenigen von heute um ein paar Grad Celsius übersteigen« (Lecavalier, 2017). Und zusammenfassend:

»Unsere Rekonstruktion aus der Agassiz-Eisdecke (Ellesmere Island, Kanada) zeigt ein früheres und wärmeres holozänes Temperaturmaximum mit frühen holozänen Temperaturen, die im Vergleich zu einer früheren Rekonstruktion um 4–5 Grad Celsius wärmer sind und die für einen Zeitraum von 3000 Jahren damals regelmäßig die aktuellen Werte überschreiten. Unsere Ergebnisse zeigen, dass die Lufttemperaturen in dieser Region in den vergangenen 6800 bis 7800 Jahren am wärmsten waren (...)« (ebd., 2017).

In dieser Zeitperiode war es in Alaska, Kanada, Grönland und Mitteleuropa, also in der nördlichen Hemisphäre *wesentlich wärmer als heute*. Dies zeigt, dass es zu dieser Zeit einen lang anhaltenden Klimawandel mit einer erheblichen Temperaturerhöhung auch ohne eine von Menschen verursachte Erhöhung des Kohlendioxidgehalts in der Atmosphäre gegeben hat.

Qualitativ bestätigt wird die ältere und sicher etwas ungenaue Temperaturkurve der Abb. 112 (S. 308) auch durch die bisher in der Diskussion nicht beachtete, historische COMNISPA-Temperaturkurve, mitentwickelt vom Heidelberger Forscher Prof. Augusto Mangini. Für diese Temperaturkurve werden historische Temperaturen mithilfe von Untersuchungen an Stalagmiten in Tropfsteinhöhlen ermittelt. Ausgewiesen wurden insbesondere die Wärmeoptima im Mittelalter und vor etwa 3500 Jahren (Mangini, et al., 2007). Während dieser Zeitperioden wurden wesentlich höhere Temperaturmaxima festgestellt als heute. Temperaturwerte, die aus Eisbohrkernen gewonnen wurden, sind hingegen wesentlich niedriger. Dies deutet darauf hin, dass chemische Vorgänge in Eisbohrkernen die Ergebnisse negativ beeinflussen.

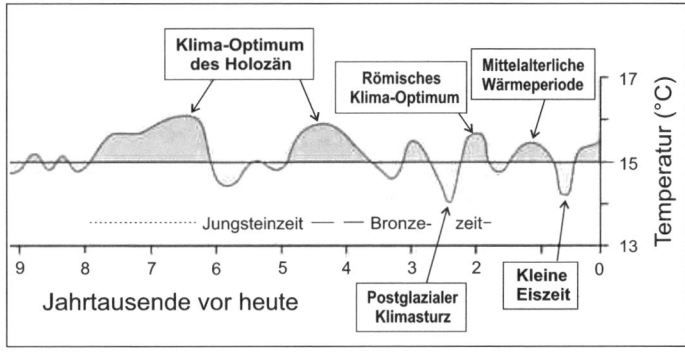

Abb. 111: **BODENNAHE MITTELTEMPERATUREN** in der nördlichen Hemisphäre. Verändert nach Dansgaard, et al. (1969) und Schönwiese (1995).

Laut der Auswertung von Eisbohrkernen soll der Kohlendioxidgehalt der Atmosphäre vor 11 000 Jahren 265 ppmv (Teile pro Million pro Volumen) sowie vor 6500 Jahren und um das Jahr 1500 n. Chr. relativ geringe 260 ppmv betragen haben (Angaben der Universität Bern, online vom 24.09.2009). Eisbohrkerne aus Grönland zeigen jedoch einen Kohlendioxidgehalt von 330 bis 350 ppmv. Der Dye3-Eisbohrkern weist einen Wert von 331 ppmv (± 17) vor etwa 11 500 Jahren auf, im Gegensatz zu früheren Angaben von 265 ppm. Da diese höheren Kohlendioxidgehalte dem von Menschen verursachten Kohlendioxidanstieg widersprechen, wurden diese für Klimaaktivisten zu hohen Werte mit dem Argument weggewischt, dass sie ein Ergebnis chemischer Reaktionen *in situ*, also unmittelbar am Ort sein sollen (Anklin et al., 1997).

Im Gegensatz zu den aus Eisbohrkernen gewonnen Daten, sind die COMNISPA-Daten jedoch verlässlicher, weil das Kalzit in den Höhlen chemisch so gut wie unverändert bleibt. In Bezug auf die Einwände von Klimaaktivisten bleibt festzuhalten, dass die COMNISPA-Kurve nicht nur lokal gültig, sondern für Gesamteuropa repräsentativ ist, wie zahlreiche Vergleiche mit anderen Proxydaten für das Klima beweisen, zum Beispiel die Daten von ins Meer gespülten Sedimenten.

Diese COMNISPA-Temperaturkurve wird jedoch weder in den Medien veröffentlicht noch in Vorlesungen diskutiert, sondern lediglich im Fachmagazin »Geophysical Research Letters« (Mangini, et al., 2007) veröffentlicht. Eine Klimakurve, die offiziell natürlich verschwiegen werden muss, da sie beweist, dass es keinen von Menschen verursachten Klimawandel gibt. Alternativ dazu scheint die Sonne der eigentliche Beeinflusser unseres Klimas zu sein, denn um unseren Planeten aufzuheizen braucht man zusätzliche Energie, die durch die erhöhte Strahlungsbilanz dokumentiert ist.

Frühzeitiges Temperaturhoch

Es wird verschwiegen, dass es Anfang des 19. Jahrhunderts relativ warm war. Da es nur wenige Temperaturreihen gibt, die länger als 120 Jahre zurückreichen, betrachten wir exemplarisch die Temperaturmessungen in Karlsruhe, die bis ins Jahr 1776 zurückgehen. Sie belegen, dass die 1820er-Jahre ähnlich warm waren wie die 1990er-Jahre. 1822 war sogar ähnlich warm wie in den Jahren ab 2000.

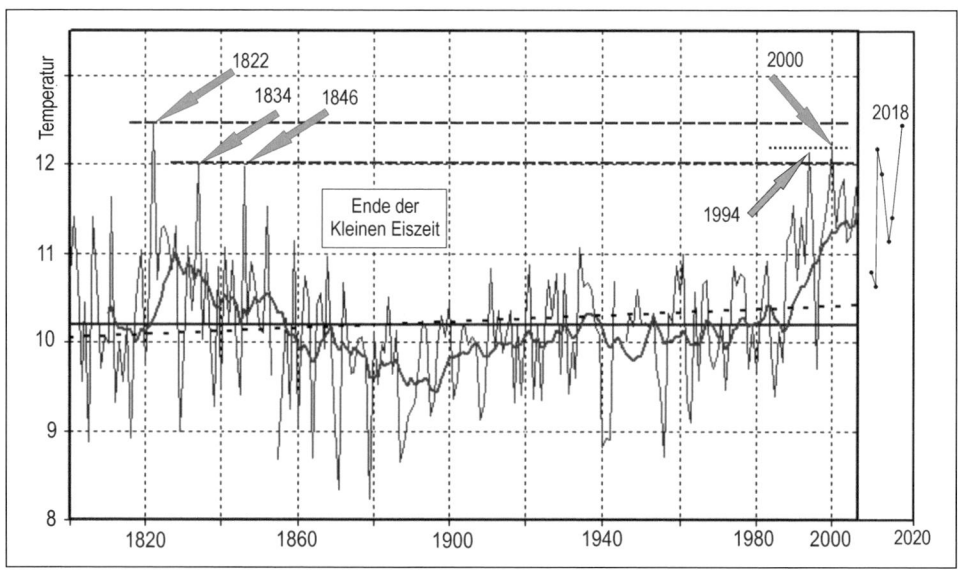

Abb. 112: **JAHRESMITTELTEMPERATUREN IN KARLSRUHE VON 1800 BIS 2018.** 1822 war mit 12,5 Grad Celsius das wärmste Jahr der letzten 200 Jahre in Karlsruhe. Seit dem Jahr 2000 mit 12,2 Grad Celsius ist es bis 2018 mit 12,4 Grad Celsius nicht wärmer geworden.

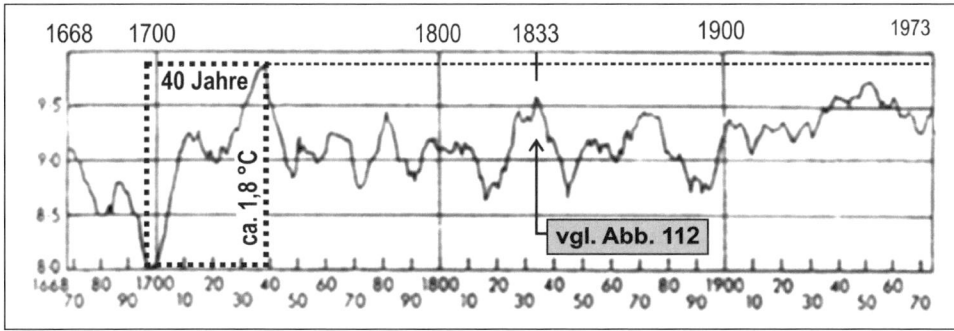

Abb. 113: **MITTELENGLISCHE TEMPERATURREIHE.** Dieser zehnjährig gemittelte Temperaturverlauf seit 1659 zeigt nach dem eiskalten »Maunder Minimum« einen steilen Anstieg der Temperaturen bis 1740 von knapp zwei Grad Celsius innerhalb von nur 40 Jahren, ein Temperaturhoch um 1830 wie in Karlsruhe (Abb. 112) und ein Minimum der Temperaturen um 1890, dem Startzeitpunkt moderner Temperaturkurven. Quelle: Nach Manley, 1974.

Da die Sonne zu Beginn des 21. Jahrhunderts schon ungewöhnlich lange inaktiv ist, also keine Sonnenflecken zeigt, was sich dadurch erklärt, dass die Sonne auf dem Weg durch das Weltall derzeit kaum Energie saugt, sollte es längerfristig eher kälter als wärmer werden. So verlief das Klima bei stark verringerter Sonnenflecken-Aktivität auch während des Maunder Minimums in der zweiten Hälfte des 17. Jahrhunderts, der kältesten Phase der Kleinen Eiszeit, als große Teile der Bevölkerung Mitteleuropas an Hunger und Erfrierungen starben. Gemäß Mittelenglischer Temperaturreihe stiegen die Temperaturen dann nach dieser Kaltzeit zu Beginn des 18. Jahrhunderts in nur 40 Jahren um knapp zwei Grad Celsius an. Klimaaktivisten behaupten gerne, dass die Geschwindigkeit des derzeitigen Temperaturanstiegs seit Beginn der modernen Temperaturmessung noch nie so hoch war. Die mittelenglische Temperaturreihe bezeugt das Gegenteil:

»Ein in 2003 erstmals vorgestelltes Klimamodell (das Hamburger ECHO-G-Modell) macht deutlich, dass die Sonne in hohem Maße das Klima der letzten 1000 Jahre beeinflusst hat und Vulkanausbrüche zu kurzen Perioden kühlerer Temperaturen beigetragen haben. Die berechnete Schwankungsbreite der Temperatur umfasst 1,5 Grad Celsius für die letzten 1000 Jahre. Diese Modellierung mit einem gekoppelten Atmosphären-Ozean-Modell passt sehr gut zu der Vielzahl von Einzelrekonstruktionen des Klimas der letzten 1000 Jahre« (Berner/Streif, 2004, S. 220 f.).

Rätsel Meeresspiegel?

Der durchschnittliche Meeresspiegelanstieg im Zeitraum von 1901 bis 2010 wird im Fünften Sachstandsbericht des IPCC mit 19 Millimeter pro Jahr angegeben. Allerdings soll zwischen 2003 und 2008 ein mittlerer Meeresspiegelanstieg mit einer Rate von 2,5 Millimeter pro Jahr stattgefunden haben, wobei sich, im Gegensatz dazu, die Erwärmung der Ozeane seltsamerweise jedoch in einer Plateauphase befand (Cazenave et al., 2008).

Falls der Mensch durch erhöhten Kohlendioxidausstoß für die Erwärmung der Meere und einen Anstieg des Meeresspiegels verantwortlich sein soll, stellt sich die Frage, aus welchen Gründen dann frühere, extreme Schwankungen des Meeresspiegels zustande gekommen sind.

Während der letzten Kaltzeit vor etwa 20 000 Jahren lag der Meeresspiegel um 120 Meter tiefer als heute (Schubert, et al., 2006). Die globale Durchschnittstemperatur lag damals fünf bis sechs Grad Celsius niedriger als heute (Schneider, et al., 2006). Die Küstenlinie der Nordsee befand sich zeitweilig etwa 350 Kilometer nördlich der Doggerbank (siehe Abb. 19, S. 51). Am Übergang zur gegenwärtigen Warmzeit, dem Holozän, stieg der Meeresspiegel im Laufe von Jahrtausenden sehr rasch an. Als sich die Lufttemperaturen mit einsetzendem Klimaoptimum vor etwa 8000 Jahren stark erhöhten (vgl. Abb. 111, S. 307), verlangsamte sich der Anstieg des Meeresspiegels auf eine Rate, die etwa dem durchschnittlichen Anstieg von 1901 bis 2010 mit 19 ± zwei Zentimeter laut IPCC, also weniger als 2 Millimeter pro Jahr entsprach. Vor etwa 7000 Jahren war dann der Meeresspiegel auf ein Niveau von 15 Meter unter dem heutigen angestiegen, ohne Einfluss des Menschen.

Der Anstieg des Meeresspiegels in der Nordsee verlangsamte sich in der Folgezeit deutlich, kam zeitweise auch zum Stillstand, um dann vor etwa 2000 Jahren einen Stand zu erreichen, der etwas mehr als 1,5 Meter unter dem heutigen Meeresspiegel lag (vgl. ausführliche Beschreibung des Meeresspiegelanstieges in »Die Erde im Umbruch« unter dem Abschnitt »Trockene Nordsee«, Zillmer, 2011, S. 243 ff.).

Für die folgende Zeit bis zum Beginn der Industrialisierung soll es mit 0,2 Millimeter pro Jahr nur noch einen sehr geringen Anstieg des Meeresspiegels gegeben haben (Lambeck, 2002). Diese Angabe soll beweisen, dass der Meeresspiegel fast 2000 Jahre konstant gewesen sei, bevor der Mensch Einfluss nahm.

In bisherigen Untersuchungen dokumentieren jedoch bis zu 2000 Jahre alte Ablagerungen Schicht für Schicht den jeweiligen Stand des Mitteltidehochwassers (MThw) für verschiedene Zeitabschnitte. Zum Beispiel stieg das MThw im Bereich der Insel Juist in der Zeitspanne von vor 2000 Jahren bis vor 550 Jahren derart an, dass es »beim mittelalterlichen Meeresspiegelhochstand eine Marke erreichte, die nahezu dem heutigen an den Küstenpegeln gemessenen MThw entspricht« (Berner/Streif, 2004, S. 159).

Danach sank das MThw vorübergehend um bis zu 0,5 Meter ab, vermutlich aufgrund des Klimaeinbruchs der Kleinen Eiszeit. Verantwortlich für diese Schwankungen sind wahrscheinlich Ausdehnungen und Verkleinerungen des Meerwasservolumens, verursacht durch Temperaturschwankungen, aber auch Landverluste infolge mittelalterlicher Sturmfluten. Mit dem Ende der Kleinen Eiszeit stieg das MThw erneut an, dokumentiert in den 150 Jahre zurückreichenden Messreihen der Wasserstandsänderungen an den Küstenpegeln der Deutschen Bucht:

»Diese Pegelmessungen zeigen, dass das MThw zwischen 1855 und 1990 mit einem linearen Trend von 20 Zentimeter pro Jahrhundert (= 2 Millimeter pro Jahr, d. V.) angestiegen ist (…). Ein beschleunigter Meeresspiegelanstieg, wie er aus Prognosen mancher Klimamodellierungen zu erwarten wäre, ist nach sorgfältiger Analyse der Pegeldaten nicht erkennbar. Diese Befunde belegen klar, dass der jüngste Meeresspiegelanstieg bereits lange vor dem Industriezeitalter begonnen hat. Somit dürfte der derzeit registrierbare Anstieg des Mitteltidehochwassers von 20 Zentimetern pro Jahrhundert im Wesentlichen auf natürliche, vom Menschen unbeeinflusste Prozesse zurückgehen« (Berner/Streif, 2004, S. 160).

Diese im Nacheiszeitalter durch natürliche Prozesse verursachte Rate des Pegelanstiegs in den Ozeanen von etwa 2 Millimetern pro Jahr entspricht in etwa den Messungen, die von Satelliten aus vorgenommen wurden und den Klimagutachten zugrunde liegen. Der Mensch hatte demzufolge keinen nennenswerten Einfluss auf die Erwärmung der Lufttemperaturen seit Beginn der modernen Temperaturmessungen.

Auch das in Zukunft schmelzende Eis wird weniger Einfluss auf die Erhöhung der Meeresspiegel ausüben als von Klimaaktivisten prognostiziert. So führt eine Eisschmelze in der Arktis am Nordpol, wo Eisberge und Eismassen im Wasser schwimmen, zu *keiner* effektiven Erhöhung des Meeresspiegels, da dieser vor und nach dem Schmelzen des Eises gleichbleibt – wie ein Selbstversuch mit einem Eiswürfel in einem Glas Wasser beweist.

In der Antarktis am Südpol liegen die Temperaturen derzeit zwischen minus 15 bis minus 40 Grad. Eine Erhöhung der Lufttemperaturen um wenige Grad Celsius bewirkt dort deshalb auch keine gigantische Eisschmelze. 2019 brach ein D28 genannter Eisberg mit einer Fläche von 1582 Quadratkilometern und einer Masse von 315 Milliarden Tonnen von der vorhandenen Eisdecke ab. Mit der Erderwärmung habe dieser Eisabbruch aber *nichts zu tun*, erklärte die Meeresforscherin Helen Fricker vom Scripps Institut für Ozeanografie bei der »BBC« (online: 30.9.2019). Tatsächlich schwamm D28 schon vor dem Abbruch im Wasser, denn an den Rändern der Antarktis münden nicht nur Gletscher ins Meer, sondern es gibt auch große ebene Flächen mit schwimmendem Eis – das sogenannte Schelfeis. Derart abgebrochene Eisflächen führen nicht zu einer Erhöhung des Meeresspiegels.

Bleiben noch die Gletscher in den Gebirgen. Diese sind jedoch weltweit seit Ende des 19. Jahrhunderts schon zu einem großen Teil stark abgeschmolzen. So hat sich der Mendenhall-Gletscher in Kanada zwischen 1946 und 2005 um 580 Meter zurückgezogen, während der Taku-Gletscher der einzige in Kanada ist, der heute noch wächst.

In der Studie »Klimaänderungen in geologischer Zeit« (Berner, et al., 1995) wird belegt, dass Kohlenstoffdioxid (CO_2) nicht die Hauptursache für die sich beschleunigende, globale Erwärmung ist, sondern der Einfluss der Sonne (Sonnenwind und Wolkenbildung, Sonnenflecken).

Nicht berücksichtigt wird bisher der Fakt einer ausgasenden Erde. Inzwischen wurde in den Atmosphären von Planeten wie Mars, Jupiter, Saturn, Uranus, Neptun und neuerdings auch Pluto, aber auch auf Monden dieser Planeten, wie zum Beispiel auf Titan, und sogar auf Kometen effektiv Methan nachgewiesen, *ohne* dass biologische Prozesse für die Entstehung von Kohlenwasserstoffen verantwortlich gemacht werden können. 2009 wurde sogar über regelrechte Methaneruptionen auf dem Mars berichtet (Mumma, et al., 2009). Wie auf der Erde werden dort inzwischen Schlammvulkane vermutet, die unisono nicht geringe Mengen Methan ausstoßen.

Wie zuvor dokumentiert, gibt es nicht nur viele Schlammvulkane auf der Erde, sondern unzählige Öffnungen in der Erdkruste und Brüche durch die Kohlenwasserstoffgase oder -fluide wie Methan migrieren. Diese, nicht von Menschen erzeugten Gase, oxidieren, das heißt sie reagieren mit Sauerstoff, sodass daraus ein Teil Kohlendioxid und zwei Teile Wasser entstehen. Berücksichtigt man das Molekülgewicht, dann entstehen aus 100 Gramm Methan unter Zutritt von 200 Gramm Sauerstoff letztendlich 275 Gramm Kohlendioxid und 200 Gramm Wasser. Abiogen, das heißt geologisch erzeugtes Methan erhöht somit die Wassermenge in den Ozeanen und den Kohlendioxidgehalt der Erdatmosphäre wesentlich, völlig ohne Zutun des Menschen. Dieser Prozess läuft ständig ab, da Methan eine relativ kurze Verweildauer von angeblich nur neun Jahren in der Erdatmosphäre aufweisen soll (Turner et al., 2017).

Zwischen 1999 und 2007 gab es beispielsweise keinen Anstieg von Methan, zuletzt soll es jedoch wieder angestiegen sein. Ein aktueller Bericht der US-amerikanischen Ozean- und Atmosphärenbehörde NOAA vom 21. Mai 2019 zeigt, dass die weltweite Methankonzentration im Jahr 2018 weniger als etwa 10.77 ppb (Teile pro Milliarde) betragen haben soll. Dies entspricht in etwa 0,0000011 Prozent der Erdatmosphäre. Es erscheint daher geradezu lächerlich, dass Rinder durch »Pupsen« von Methan das Klima messbar beeinflussen können sollen. Aber bei derartigen Aussagen geht es um ganz andere Ziele, die gesellschaftspolitisch im linken Parteienspektrum angesiedelt sind. Im Zuge dessen wurde der Begriff der »gesellschaftlich relevanten Wissenschaften« geboren, die den meisten »zweckfreien«, klassischen Wissenschaftsdisziplinen aufgezwungen wurden. Klimaaktivisten berufen sich dann gerne auf wissenschaftlich bewiesene Tatsachen, wofür jedoch Wissenschaftler verantwortlich sind, die im Sinne einer zweckfrei-klassischen Wissenschaft gar keine sind. Von den Vertretern dieser »Pseudowissenschaften« werden deshalb Fakten *selektiert*, im Sinne des beabsichtigten Ziels bearbeitet, aufbereitet und dann »wissenschaftlich relevant« präsentiert, zu einem einzigen Zweck: den Umbau unserer Gesellschaft, weg vom Kapitalismus und hin zur (finanziellen) Gleichheit möglichst aller Bürger, ohne Fleischkonsum, ohne Autos, ohne Flugreisen ...

Raus aus der Sackgasse

Die zu Beginn dieses Buches dokumentierten Erkenntnisse über Dinosaurier, die auf weicher Steinkohle herumliefen, und das massenhafte Vorkommen von Kohlenwasserstoffen und flüchtigen organischen Verbindungen auf vielen Himmelskörpern unseres Sonnensystems, führten zu einer radikalen Neubewertung auch astronomischer Szenarien. Die moderne Plasmaphysik wird zukünftig die alten Dogmen der modernen Kosmologie bzw. klassischen Astronomie ablösen, denn es ist nicht gelungen, durch rein mechanistische Prinzipien die Wirkungsweisen im Universum zu erklären. Im Gegenteil, durch das Dogma der Gravitation wurden wesentlich mehr Rätsel geschaffen als gelöst.

Schon Albert Einstein hatte Schwierigkeiten, den Kosmos als rein mechanistisch funktionierend zu erklären. Mit seiner speziellen Relativitätstheorie beweist er einerseits einen Äther im Universum, um diesen dann wieder in Abrede zu stellen. Ursprünglich hatte Einstein seine berühmte Formel so formuliert: nicht Energie, sondern Elektrizität gleich Masse mal Lichtgeschwindigkeit zum Quadrat. Berücksichtigt man das sich im Plasmazustand befindliche Gas im Universum, dann kann Elektrizität oder besser Energie durch den angeblich (nahezu) leeren Raum durch das Plasma hinweg übertragen werden. So stehen quasi alle elektrisch leitfähigen Himmelskörper miteinander in Verbindung.

Auf diese Weise empfängt unsere Erde Energie von der Sonne, die ihre Energie wiederum aus dem Universum bezieht. Das Verstehen dieser Mechanismen und des Energieflusses in den Tiefen der Erde helfen uns, die Gründe für die sonderbare Verteilung von Öl und Gas auf unserer Erde zu finden. Die Abläufe im Inneren der Erde zu verstehen und ein der Wirklichkeit möglichst nahekommendes Weltbild zu entwickeln ist lebensnotwendig, um die derzeit sehr extreme, politisch gesehen, linksradikale Klimapolitik als solche zu erkennen. Nur so können wir die daraus resultierende Kostenexplosion für Energie und die damit einhergehende unnötige Verarmung der Gesellschaft vermeiden.

Der Schonung unserer Ressourcen, *einer vernünftigen Einsparung von Energie und einem sinnvollen Umweltschutz ist ohne Abstriche zuzustimmen.* Aber dies hat nichts mit Klimaschutz zu tun. *Leider wird die Klimapolitik immer wieder mit Umweltschutzthemen begründet*, obwohl eine zusätzliche Verschmutzung der Atmosphäre zu einer Abkühlung und eben *nicht zu einer Erwärmung* beiträgt. Im Gegensatz zum Umweltschutz ist der *Klimaschutz abzulehnen,* denn unser Klima steuert die Sonne. Deshalb sollte es langfristig wieder kälter anstatt wärmer werden, obwohl in nächster Zeit noch eine *geringe* Temperaturerhöhung, vielleicht sogar auf das Temperaturniveau der Mittelalterlichen Klimaperiode, möglich erscheint.

Die Ausgasung der Erde ist ein nicht berücksichtigter, wichtiger Faktor in unserem konventionellen Weltbild. Neben Methan steigen auch die höherwertigen Kohlenwasserstoffe Ethan und Propan in die Atmosphäre auf. Gemäß einer im Januar 2009 veröffentlichten Studie beläuft sich der bisher *nicht berücksichtigte* Anteil von geologisch verbreitetem Ethan und Propan auf jeweils *fünf Millionen Tonnen*. Das sind 50 Prozent der bisher von Klimaaktivisten berücksichtigten Menge, die Pflanzen, Bakterien und Menschen emittieren sollen. Diese Studie bestätigt prinzipiell den in diesem Buch diskutierten Ausgasungsprozess der Erde, obwohl ein sehr großer Anteil von Methan noch hinzukommt, denn dieser Kohlenwasserstoff oxidiert zum größten Teil bereits in der Erdkruste. Dadurch entstehen Wasser und auch das sogenannte »Klimagas« Kohlendioxid rein geologisch. Italienische Geologen bestätigen: »Unsere Untersuchungen widerlegen die konventionelle Ansicht, dass geologische Emissionen von Kohlenwasserstoffen einen nur vernachlässigbaren Einfluss auf die Atmosphäre ausüben sollen« (Etiope/Ciccioli, 2009).

Wichtig ist festzustellen, dass zusätzlich zu den heftigen, unmittelbar geologisch erfolgenden Emissionen von Kohlenwasserstoffen, durch Oxidation Kohlendioxid direkt aus Methan entsteht (abiogen), welches in der Atmosphäre sowie in den Ozeanen gespeichert wird. Steigt die Temperatur, dann geben die Meere Kohlendioxid an die Atmosphäre ab. Wird es kälter, dann speichern die Ozeane das »Treibhausgas«.

Auch Methan selbst wird weltweit ständig durch Methanausbrüche und viele Bruchstellen in der Erdkruste unmittelbar in die Atmosphäre entlassen. Viele kleine und gewaltige Naturkatastrophen, wie der Tsunami an Weihnachten 2004 im Indischen Ozean, dürften ihre Ursache in Gasausbrüchen haben. Sogar manche bisher fehlgedeutete, spezifische Landschaftsformen lassen sich auf Gasaufstieg zurückführen. Es ist wichtig, Gasausbrüche zu berücksichtigen und möglichst frühzeitig zu erkennen, sei es aus Sicherheitsgründen, um Flugzeugabstürze zu verhindern oder um Erdbeben früher zu erkennen.

Noch wichtiger aber ist, festzustellen, dass das Klima durch den Menschen kaum messbar beeinflusst werden kann: Die Sonne steuert unser Klima! Die derzeit von interessierter Seite geschürte Angst vor einer Klimakatastrophe dient dazu, weite Kreise der Bevölkerung gefügig zu machen, damit höhere Steuern und Abgaben ohne Widerspruch akzeptiert werden. Nur Drohgebärden und eine Angst-Propaganda können aus politischer Sicht helfen, wobei die Klimakatastrophe erst unsere Kinder und Kindeskinder erleben sollen, nämlich dann, wenn die heutigen, falschen Prognosen lange vergessen sind. Es geht hierbei nicht um Wissenschaft, sondern um Politik, besser gesagt um Ideologie, und ums Geldverdienen (Emissionszertifikate), wie uns der politische Demagoge Al Gore so trefflich vorgeführt hat.

Leider ist diejenige Forschung, die die Erwärmung der Erde durch den Menschen »beweist«, zu einer lukrativen Möglichkeit geworden, Forschungsgelder abzugreifen, weshalb immer mehr Forscher die Seite wechseln. Der große Bluff wird auch zeitlich forciert, da man in wenigen Jahren merken wird, dass die Voraussagen über den Klimawandel so nicht eingetreten sind. Auch die Erdölvorräte werden dann kaum geringer sein als heutzutage, und die Erdgasvorräte werden sich weiter erhöhen. Die Versorgung der Menschheit mit ausreichender, also nicht künstlich verknappter Energie ist auch künftig gesichert.

Eine neue umfassende, 2019 veröffentlichte Studie bestätigt die schon 2010 in diesem Buch dokumentierte Sichtweise, dass Wasserstoff, Methan und ihre Folgeprodukte in der Tiefe der Erde durch geologische Prozesse ständig neu gebildet werden und Gase wie Kohlendioxid permanent großflächig und diffus, aber auch punktuell aus Bruchzonen der Erdkruste entweichen. (Deep Carbon Observatory (DCO) Synthesis Group, 2019, DOI: 10.17863/CAM.44064).

Um einer politischen und wirtschaftlichen Erpressung zu entgehen und eine Abhängigkeit von anderen Ländern zu verhindern, ist es trotz ausreichender Menge an fossilen Energien erforderlich, neue Techniken der Energiegewinnung zu forcieren und diese wirtschaftlich rentabel zu machen. Dazu gehört nicht die Windenergie an Land (im Gegensatz zum Meer), einerseits aus Kostengründen und andererseits wegen mangelnder Versorgungssicherheit. Auch die Solarenergie gehört nicht dazu, da keine Grund- oder Mittellast, sondern fast ausschließlich nicht steuerbare Spitzenlast produziert wird, die dann teuer ins Ausland transferiert werden muss, zum Beispiel in die Schweiz, wo mit unserem grünen Strom tagsüber die Pumpspeicherwerke gefüllt werden. Hierfür müssen wir im Gegensatz zu früher sogar noch bezahlen. Wenn Wind- und Sonnenenergie weiterhin ausgebaut werden soll, wäre es stattdessen sinnvoll, alternativ dazu aus dem überschüssigen grünen Strom Wasserstoff oder auch Methan zu gewinnen, das man in die Erdgasnetze einspeisen könnte.

Die Versorgungssicherheit ist in Deutschland nicht gesichert, falls quasi alle Grundlast-Kraftwerke abgeschaltet werden, denn nachts oder bei bedecktem Himmel scheint keine Sonne und manchmal weht auch kein Wind. Eine große Rolle zur Sicherung der Grundlast könnte eine neue Generation von Atomkraftwerken spielen. Es wird an einer vierten Generation von Kernreaktoren gearbeitet, die effizienter und sicherer sein sollen. Ein neuartiger Flüssigsalzreaktor etwa nutzt statt fester Brennstäbe flüssigen, nuklearen Sprit-Uran in Salzform. Dieser fließt in einem Kreislauf, ähnlich wie Wasser in einer Heizung. Das Uran wird an einer bestimmten Stelle in einer Kettenreaktion gespalten. Anschließend transportiert das Flüssigsalz die Hitze ab, die nun zur Stromerzeugung genutzt werden kann. Die neuen Kraftwerke sollen nebenbei auch noch das Atommüllproblem lösen. Statt neuen Abfall zu produzieren, sollen sie den alten aus den konventionellen Atomkraftwerken schlucken.

Aus den dargelegten Gründen, ist es wichtig, den Energie-Irrtum als solchen zu erkennen, um letztendlich die Zukunft der Menschheit zu sichern.

Zitierte Literatur

Aculus, R. J. und Delano, J. W.: »Implications for the primitive atmosphere of the oxidation state of Earth's upper mantle«, in: »Nature«, Bd. 288, 6. 11. 1980, S. 72–74

Altwegg, K., et al.: »Prebiotic chemicals – amino acid and phosphorus – in the coma of comet 67P/Churyumov–Gerasimenko«, in: »Science Advances«, Bd. 2, Nr. 5, 27. 5. 2016

A'Hearn, M. F., et al.: »Deep Impact: Excavating Comet Tempel 1«, in: »Science«, Bd. 310, 14. 10. 2005, S. 258–264

Anders, E., et al.: »Organic Compounds in Meteorites«, in: »Science«, Bd. 182, 23. 11. 1973, S. 781–790

Anderson, D. L. und Dziewonski, A. M.: »Seismische Tomographie: 3-D-Bilder des Erdmantels«, in: »Die Dynamik der Erde«, Heft: »Spektrum der Wissenschaft: Verständliche Forschung«, Heidelberg 1987, 2. Aufl. 1988

Anklin, M., J., et al.: »CO_2 record between 40 and 8 kyr BP from the GRIP ice core«, in: »Journal of Geophysical Research: Oceans«, Bd. 102, Ausg. C12, 30. 11. 1997, S. 26539–26545

Anthony, H. E.: »Nature's Deep Freeze«, in: »Natural History«, September 1949, S. 300

Archer, D.: 2005. »Destabilization of Methane Hydrates: A Risk Analysis. Externe Expertise für das WBGU«, in: Sondergutachten »Die Zukunft der Meere – zu warm, zu hoch, zu sauer«, unter: http://www.wbgu.de

Arneborg, J., et al.: »Human Diet and Subsistence Patterns in Norse Greenland AD C.980 – AD c. 1450: Archaeological interpretations«, in: »Journal of the North Atlantic«, Bd. 3, Oktober 2012, S. 119–133

Babaev, E., et al.: »A superconductor to superfluid phase transition in liquid metallic hydrogen«, in: »Nature«, Bd. 431, 7. 10. 2004, S. 666–668

Backus, G.: »Dynamo model at a turning point«, in: »Nature«, Bd. 337, 21.9.1995, S. 189–199

Balsley, J. K. und Parker, L. R.: »Cretaceous Wave dominated Delta, Barrier Island, and Submarine Fan Depositional Systems: Book Cliffs east central Utah«, in: »Amer. Assoc. Petrol. Geol. Field Guide«, 1983

Barbos, J. A., et al.: »New dyrosaurid crocodylomorph and evidences for faunal turnover at the K–P transition in Brazil«, in: »Proceedings of the Royal Society B«, DOI 10.1098/rspb.2008.0110, 25. März 2008

Barker, C. und Dickey, P. A.: »Hydrocarbon habitat in main producing areas, Saudi Arabia«, in: »Amerc. Assoc. Petrol. Geol. Bull.«, Bd. 68, 1984, S. 108–109

Bastian, H.: »Du und die Vorzeit«, Frankfurt 1959

Baumgardner, J., et al.: »Imaging the sources and full extent of the sodium tail of the planet Mercury«, in: »Geophyisical Reaearch Letters«, Bd. 35, 2. 2. 2008, L03201

Baumjohann, W.: »Die Erdmagnetosphäre«, in: Glassmeier/Scholer, 1991, S. 105–118

Beck, E.: »80 Jahre CO_2-Gasanalysen der Luft mit chemischen Methoden«, in: »Energy & Environment«, Bd. 18, 2/2007

Belloche, A., et al.: »Detection of amino acetonitrile in Sgr B2(N)«, in: »Astronomy Astrophysics«, Bd. 482/1, 2008, S. 179–196

Berckhemer, H.: »Die Grundlagen der Geophysik«, Darmstadt 1990, 2. Aufl. 1997

Berg, H.C.: »E. coli in motion«, New York 2003

Berner, U., et al.: »Klimaänderungen in geologischer Zeit«, in: »Zeitschrift für angewandte Geologie«, Bd. 41, Nr. 2, 1995, S. 69–82

Berner, U. und Steif, H.: »Klimafakten. Der Rückblick – Ein Schlüssel für die Zukunft«, Hannover 2004, 4. Aufl.

Bianco, F. B., et al.: »The Taos Project: Upper Bounds on the Population of small Kuiper Belt Objects and Tests of Models of formation and Evolution of the Outer Solar System«, in: »The Astronomical Journal«, Bd. 139. Nr. 4, April 2010, S. 1499–1514

Bilham, R.: »A Flying Start, Then a Slow Slip«, in: »Science«, Bd. 308, 20. 5. 2005, S. 1126–1127

Bindemann, I.N.: »Die Urgewalt der Supervulkane«, in: »Spektrum der Wissenschaft«, August 2006, S. 38–45

Borzenkova et al.: »Climate change during Holocene (Pats 12,000 Years), Second Assessment of Climate change for the Baltic Sea Basin«, Heidelberg 2015, S. 25–49

Bostick, W. H.: »Experimental Study of Plasmoids«, in: »Physical Review«, 1957, Bd. 106, S. 404

Brasier, M. D., et al.: »Questioning the evidence for Earth's oldest fossils«, in: »Nature«, Bd. 416, 7. 3. 2002, S. 76–81

Brocks J, et al.: »Archean molecular fossils and the early rise of eukaryotes«, in: »Science«, Bd. 285, 13. 8. 1999, S. 1033–1036

Buffet, B. und Archer, D.: »Global inventory of methane clathrate: sensitivity to changes in the deep ocean«, in: »Earth and Planetary Science Letters«, Bd. 227, 2004, S. 185–199

Burckhardt, B., et al.: »Ikaite tufa towers in Ikka Fjord, southwest Greenland: their formation by mixing of seawater and alkaline spring water«, in: »Journal of sedimentary research«, Bd. 71, 2001, S. 176–189

Cartigny, P., et al. (1998): »Eclogitic diamond formation at Jwaneng: No Room for a Recycled Component«, in: »Science«, Bd. 280, 29. 5. 1998, S. 1421–1424

Cazenave, A. et al. Sea level budget over 2003–2008: A reevaluation from GRACE space gravimetry, satellite altimetry and Argo. In: »Global and Planetary Change«, Bd. 65, Ausg. 1–2, Jan. 2009, S. 83–88

Chekaliuk, E. B.: »The thermal stability of hydrocarbon systems in geothermodynamic systems«, in: Kropotkin, 1976, S. 267–272

Chorlton, W.: »Eiszeiten«, Gütersloh 1983

Christiansen, B und Ljungqvist, F. C.: »The extra-tropical Northern Hemisphere temperature in the last two millennia: reconstructions of low-frequency variability«, in: »Climate of the Past«, Bd. 8, Ausg. 2, April 2012, S. 765–786

Cifci, G., et al.: »Deep and shallow structures of large pockmarks in the Turkish shelf, eastern Black Sea«, in: »Continental Shelf Research«, Bd. 23, 2003, S. 311–322

Collett, T. S.: »Permafrost-associated gas hydrate accumulations«, in: Sloan, E. D., et al.: »International Conference Natural Gas Hydrates: Annals of the New York Academy of Sciences«, Bd. 715, 1994, S. 247–269

Courant, R. und Hilbert, D.: »Methoden der mathematischen Physik«, Band 2, Springer Verlag, 1968, 2. Aufl.

Cremonese, G., et al.: »Neutral Sodium from Comet Hale-Bopp: A Third Type of Tail«, in: »The Astrophysical Journal Letters«, Bd. 490, 1997, S. L199–L202

Csányi, V.: »Evolutionary Systems and Society: A General Theory of Life, Mind, and Culture«, Durham 1989

Dando, P. R., et al.: »Gas venting from submarine hydrothermal areas around the island of Milos, Helenic Volcanic Arc«, in: »Continental Shelf Research«, Bd. 15, 1995, S. 913–929

Dansgaard, W., et al.: »One Thousand Centuries of Climatic Record from Camp Century on the Greenland Ice Sheet«, in: »Science«, Bd. 166, 17. 10. 1969, S. 377–380

Darwin, C.: »The Origin of Species«, London 1859; deutsch: »Die Abstammung der Arten«, Lizenzausgabe Köln 2000
Dawson, F. R.: »Hydrogen production«, in: »Chemical & Engineering News«, Bd. 59 (15), 1981, S. 2
Decker, R. und Decker, B.: »Die Urgewalt der Vulkane«, Weyarn 1997
Deinzer, W.: »Die Sonne«, in: Glassmeier/Scholer, 1991, S. 1–16
Dillow, J. C.: »The Water Above: Earth's Pre Flood Vapor Canopy«, Chicago 1981, S. 371–377
Drujanow, W. A.: »Rätselhafte Biographie der Erde«, Moskau 1981 (russ.), Leipzig 1984 (deutsch)

Egorov, N. N., et al.: »Present-day views on the environmental forming and ecological role of the Black Sea methane gas seeps«, in: »Marine Ecological Journal«, Bd. 2, 2003, S. 5–26
Escher, B. G.: »L'éboulement pré-historique de Tasikmalaja et le volcan Galounggoung (Java)«, Reprint Leidsche Geologische Mededeelingen, 1, 1925, S. 8–21
Etiope, G. und Ciccioli, P.: »Earth's Degassing: A Missing Ethane and Propane Source«, in: »Science«, Bd. 323, 23. 1. 2009, S. 478
Evans, S. E., et al.: »Biological Evans-Evolution«, in: »Proceedings of the National Academy of Sciences«, Bd. 105, 19. 2. 2008, S. 2951–2956
Ewert, K. D.: »Die physikalischen Zwangsläufigkeiten des Kosmos«, Haselünne 1985

Fagan, B: »Die Macht des Wetters«, Düsseldorf 2001
Fahr, H. J.: »Der Urknall kommt zu Fall«, Stuttgart 1992
Fenton, L. K., et al.: »Global warming and climate forcing by recent albedo changes on Mars«, in: »Nature«, Bd. 446, 5. 4. 2007, S. 646–649
Fischer, H.: »Rätsel der Tiefe«, Leipzig 1923
Fleischmann, M., et al.: »Electrochemically Induced Nuclear Fusion of Deuterium«, in: »Journal of Electroanalytical Chemistry«, Bd. 261, 10. 4. 1989, S.301
Fortey, R.: »The Cambrian Explosion Exploded?«, in: »Science«, Bd. 293, 20. 7. 2001, S. 438–439
Friis-Christensen, E. und Lassen, K.: »Length of the Solar Cycle: an Indicator of Solar Activity Closely Associated With Climate«, in: »Science«, Bd. 254, 1. 11. 1991, S. 698–700
Fritsch, W. und Meschede, M.: »Plattentektonik. Kontinentalverschiebung und Gebirgsbildung«, Darmstadt 2005
Fuller, M. L.: »The New Madrid Earthquake«, in: »U. S. Geol. Surv. Bulletin«, 494, 1912
Fyfe, W. S.: »The Biosphere is Going Deep«, in: »Science«, Bd. 273, 26. 7. 1996, S. 448

Gabbard, A.: »Coal Combustion: Nuclear Resource or Danger«, in: »Oak Ridge National Laboratory Review, Bd. 26, Ausg. 3/4 1993
Galimow, E. M.: »Isotopic composition of carbon in gases of the crust«, in: »Internat. Geol. Rev.«, Bd. 11, 1969, S. 1092–1103
Gams, H. und Nordhagen, R.: »Postglaziale Klimaänderungen und Erdkrustenbewegungen in Mitteleuropa«, München 1923
Garcia-Ruiz, J. M., et al.: »Self-Assembled Silica-Carbonate Structures and Detection of Ancient Microfossils«, in: »Science«, Bd. 302, 2003, S. 1194
Gary, S. P., et al.: »Computer simulations of two-ion pickup instabilities in a cementary environment«, in: »J. Geophys. Res.«, Bd. 93, 1988, S. 9584–9596
Gentry, R. V., et al.: »Radiohalos in Coalified Wood: New Evidence Relating to the Time of Uranium Introduction and Coalification«, in: »Science«, Bd. 194, 15. 10. 1976
Gerlich, G.: »Die physikalischen Grundlagen des Treibhauseffekts und fiktiver Treibhauseffekte«, Vortrag auf dem Herbstkongress der Europäischen Akademie für Umweltfragen: »Die Treibhaus-Kontroverse und Ozon-Problem«, Manuskript, Leipzig 9./10. 11. 1995 bzw. 1996, S. 115–147

Gerlich, G.: »Die gesellschaftlich relevanten Wissenschaften«, Vorwort in: Thüne, W.: »Freispruch – für CO_2«, Wiesbaden 2002

Gerlich, G.: »Der Betrug mit dem Globalklima«, Vortragsmanuskript für die Klimakonferenz in Prag am 15. November 2007

Gerlich, G. und Tscheuschner, R.-D.: »Falsification Of The Atmospheric CO_2 Greenhouse Effects Within The Frame Of Physics«, in: »International Journal of Modern Physics«, Bd. 23, Nr. 3, 2009, S. 275–364

Gilette, D. D. und Lockley, M. G.: »Dinosaur Tacks and Traces«, Cambridge University Press 1989

Glasby, G. P.: »Abiogenic Origin of Hydrocarbons: An Historical Overview«, in: »Resource Geology«, Bd. 56, 2006, S. 85–98

Glaser, R.: »Klimageschichte Mitteleuropas«, Darmstadt 2001

Glassmeier, K.-H. und Scholer M. (Hrsg.): »Plasmaphysik im Sonnensystem, Mannheim 1991

Goertz, K. C.: »Staub-Plasma-Wechselwirkungen«, in: »Glassmeier/Scholer, 1991, S. 305–330

Gold, T.: »The origin of natural gas and petroleum, and the prognosis for future supplies«, in: »Annual Review of Energy«, Nov. 1985, Bd. 10, S. 53 ff.

Gold, T.: »Power from the Earth«, London 1987

Gold, T.: »The deep, hot biosphere«, in: »Proceedings of the National Academy of Sciences«, 1992, Bd. 89, S. 6045–6049

Gold, T.: »The Deep Hot Biosphere«, New York 1999

Gold, T. und Held, M.: »Helium-nitrogen-methane-systematics in natural gases of Texas and Kansas«, in: »Journal of Petroleum Geology«, Bd. 10, 1987, S. 415 ff.

Gold, T. und Soter, S.: »The deep-earth gas hypothesis«, in: »Scientific American«, Bd. 242, 1980, S. 154 ff.

Goldberg, R. A., et al.: »Direct observations of magnetospheric electric precipitation stimulated by lightning«, in: »J. Atm. Terr. Phys.«, Bd. 48 1986, S. 293

Gornitz, V. und Fung, I.: »Potential distribution of methane hydrate in the world's oceans«, in: »Global Biogeochem. Cycles«, Bd. 8, 1994 S. 335–347

Greely, A.W.: »Stefansson's Blond Eskimos«, in: »National Geographic Magazine«, Bd. XXIII, Nr. 12, 12. 12. 1912

Gruber, J.: »Kalte Fusion und Raumenergie – eine ›neue‹ erneuerbare Energiequelle: Eine einführende Zusammenfassung nach einer Tagung über Kalte Fusion (Vancouver-Bericht)«. Lehrgebiet Statistik und Ökonometrie, FernUniversität Hagen, 10.06.1998

Guo, G. und Wang, B.: »Cloud anomaly before Iran earthquake«, in: »International Journal of Remote Sensing«, Bd. 29, 7. 4. 2008, S. 1921–1928

Haber, H.: »Unser blauer Planet«, Stuttgart 1965

Haber, H.: »Die Architektur der Erde«, Stuttgart 1970

Halekas, J. S., et al.: »Extreme lunar surface charging during solar energetic particle events«, in: »Geophysical Research Letters«, Bd. 34, 30. 1. 2007, doi: 10.1029/2006GL028517

Hansen, J. et al.: »Earth's energy imbalance: Confirmation and implications«, in: »Science«, Bd. 308, 3. 6. 2005, S. 1431–1435

Harrison, T. M., et al.: »Temperature spectra of zircon crystallization in plutonic rocks«, in: »Geology«, Bd. 35, Juli 2007, S. 635–638

Haywood, J.: »The Natural and Aboriginal History of Tennessee«, Nashville 1823

Herrmann, J.: »Astronomie, die uns angeht«, Gütersloh 1974

Hilgenberg, O. C.: »Vom wachsenden Erdball«, Berlin 1933

Hitchcock, C. H.: »The Albert Coal, or Albertite of New Brunswick«, in: »Amer. J. Sci.«, 2nd Ser. Bd. 39, 1865, S. 267–273

Hoefs, J.: »Is biogenic carbon always isotopically ›light‹, is istotopically ›light‹ carbon‹ always of biogenic origin?«, in: »Adv. Organic Geochem.«, 1971, S. 657–663

Hoffe, K. E. A. von: »Geschichte der durch Überlieferung nachgewiesenen natürlichen Veränderungen der Erdoberfläche«, II. Teil, Gotha 1824

Holländer, E.: »Wunder, Wundergeburt und Wundergestalt in Einblattdrucken des 15. bis 18. Jahrhunderts«, Stuttgart 1921

Hsü, K. J.: Klima macht Geschichte«, Zürich 2000

Huc, M.: »Recollections of a Journey through Tartary, Thibet and China, During the years 1844, 1845 and 1846, Band 2«. New York 1852

Hutko, A. R., et al.: »Seismic detection of folded, subducted lithosphere at the core–mantle boundary«, in: »Nature«, 18.5.2006, Bd. 441, S. 333–336

Ikezi, H.: »Coulomb solid of small particles in a plasma«, in: »Phys. Fluids«, Bd. 29, 1986, S. 1764

IPCC: Pachauri, R. K., et al.: »Climate Change 2014: Synthesis Report«. Contribution of Working Groups I, II and III to the Fifth Assessment Report of the Intergovernmental Panel on Climate Change«, Genf, 2015

Ishii, H. A.: »Comparison of Comet 81P/Wild 2 Dust with Interplanetary Dust from Comets«, in: »Science«, Bd. 319, 25. 1. 2008, S. 447–450

Jacob, K.-H., et al. (Hrsg.): »Lagerstättenbildung durch Energiepotentiale in der Lithosphäre«, in: »Erzmetall«, Bd. 45, 1992, S. 505–513

Jamie E. E., et al.: »Cometary glycine detected in samples returned by Stardust«, in: »Meteoritics & Planetary Science«, Bd. 44, Nr. 9, 2009, S. 1323–1330

Javoy, M., et al.: »Carbon geodynamic cycle«, in: »Nature«, Bd. 300, 11. 11. 1982, S. 171–173

Jensen, P., et al.: »*Bubbling reefs* in the Kattegat: submarine landscapes of carbonate-cemented rocks support a diverse ecosystem at methane seeps«, in: »Marine Ecology Progress Series«, Bd. 83, 16. 7. 1992, S. 103–113

Johnson, D. S.: »Phamtom Islands of the Atlantic«, New Brunswick 1944; deutsch: »Fata Morgana der Meere«, München/Zürich 1999

Jordan, P.: »Die Expansion der Erde«, Braunschweig 1966

Judd, A. G.: »Shallow gas and gas seepages: a dynamic process?«, in: Ardus, D. A. und Green, C. D.: »Safety in Offshore Drilling. The Role of Shallow Gas Surveys«, Dordrecht 1990, S. 27–50

Judd, A. G., et al.: »Contributions to atmospheric methane by natural seepages on the UK continental shelf«, in: »Marine Geology«, Bd. 140, 1997, S. 427–455

Judd, A. G. und Hovland, M.: »Seabed Fluid Flow«, Cambridge 2007

Kaufmann, W.: »Die magnetische und elektrische Ablenkbarkeit der Bequerelstrahlen und die scheinbare Masse der Elektronen«, in: »Göttinger Nachrichten«, Nr. 2, 1901, S. 143–168

Kaufmann, W.: »*Über die elektromagnetische Masse des Elektrons*«, in: »Nachrichten von der Königl. Gesellschaft der Wissenschaften zu Göttingen. Mathematisch-Physikalische Klasse«, Heft 5, 1902, S. 291–296

Kehse, U.: »Mysterium am Meeresgrund«, in: »Bild der Wissenschaft, Ausgabe 6/2000, S. 12–17

Kehse, U.: »Weiß wie Schnee und schwarz wie Ebenholz«, in: »Bild der Wissenschaften«, Online-News 18. 9. 2007

Kelley, Joseph T., et al.: »Giant Sea-Bed Pockmarks: Evidence for Gas Escape from Belfast Bay, Maine«, in: »Geology«, Bd. 22, 1994, S. 59

Kelly, P. M. und Wigley, T. M. L.: »Solar cycle length, greenhouse forcing and global climate«, in: »Nature«, Bd. 360, 26. 11. 1992, S. 328–330

Kenney, J. F., et al.: »The evolution of multicomponent systems at high pressures: VI. The thermodynamic stability of the hydrogen-carbon system: The genesis of hydrocarbons and the origin of petroleum«, in: »Proceedings of the National Academy of Sciences«, Bd. 99, 12. 8. 2002, S. 10976–10981

Kent, P. E. und Warman, H. R.: »An environmental review of the world's richest oil-bearing region – the Middle East«, in: »Internat. Geol. Congr. 24th Sect.«, Bd. 5, 1972, S. 142–152

Kerr, R. A.: »German Super-Deep Hole Hits Bottom«, in: »Science«, Bd. 266, 28.10.1994, S. 545

Kim, K., et al.: »Methane: a real-time tracer for submarine hydrothermal systems«, in: »EOS«, Bd. 64, 1983, S. 724

King, M. B.: »Tapping the Zero-Point Energy«, Kempton 2002; deutsch: »Die Nutzbarmachung der Nullpunktenergie«, Peiting 2003

Kippenhahn R. und Möllenhoff, C.: »Elementare Plasmaphysik«, Zürich 1975

Kissel, J. und Krueger, F. R.: »Urzeugung aus Kometenstaub«, in: »Spektrum der Wissenschaft«, 5/2000, S. 64–71

Kirby, S. H. und McCormick, J. W.: »Inelastic Properties of Rocks and Minerals: Strength and Rheology«, in: »Handbook of Physical Properties of Rocks, Bd. 2«, Boca Raton 1982, S. 151–152, 170

Klauda, J. und Sandler, S. I.: »Global distribution of methane hydrate in ocean sediment«, in: »Energy & Fuels«, Bd. 19 (2), 2005, S. 459–470.

Knauth, L. P. und Lowe, D. R.: »Oxygen isotope geochemistry of cherts from the Onverwacht Group (3.4 billion years), Transvaal, South Africa, with implications for secular variations in the isotopic compositions of cherts«, in: »Earth and Planetary Science Letters«, Bd. 41, 1978, S. 209–222

Köchling, M.: »Es werde Licht! Die Physik des Universums«, Erkrath 2001

Kozlovsky, Y. A.: »Kola Super-Deep: Interim Results and Prospects«, in: »Episodes. Journal of International Geoscience«, Bd. 5, Nr. 4, Dezember 1982

Kraiss A.: »Geologische Untersuchungen über das Ölgebiet von Wietze in der Lüneburger Heide«, Archiv für Lagerstättenforschung, Heft 23, Berlin 1916

Kravtsov, A. I.: »Inorganic generation of oil and criteria for exploration for oil and gas«, in: »Nefti Gaza«, Kiev 1975, S. 38–48

Kropotkin, P. N.: »Earth's Outgassing and Geotectonics« (Degazatsiia Zemli i Geotektonika), Moskau 1976

Kropotkin, P. N. und Valyaev, B. M.: »Tectonic control of Earth outgassing and the origin of hydrocarbons«, in: »Proc. 27th Internat. Geol. Congr.«, Bd. 13, 1984, S. 395–412

Kropotkin, P. N.: »Degassing of the Earth and the origin of hydrocarbons«, in: »Internat. Geol. Rev.«, Bd. 27, 1985, S. 1261–1275

Kropotkin P. N.: »Earth's outgassing and genesis of hydrocarbons«, in: »Mendeleev All-Union Chem. Soc. Jour. – Moscow«, (Khimiya) Chemistry, Bd. XXXI (5), 1986, S. 540–546 (in Russisch)

Krug, H.-J., et al.: »Morphological Instabilities in Pattern Formation by Precipitation and Crystallization Processes«, in: »Geol. Rundschau«, Bd. 85, 1996, S. 19–28

Krug, H.-J. und Jacob, K.-H.: »Genese und Fragmentierung rhythmischer Bänderungen durch Selbstorganisation«, in: »Z. Dt. Geol. Ges.«, Bd. 144, S. 451–460

Krug, H.-J. und Kruhl, J. H.: »Selbstorganisation«, Bd. 11 2000, Berlin 2001

Kudryavtsev N.A.: »Geological proof of the deep origin of Petroleum«, Issledovatel Geologoraz Vedoch, Inst. No.132, 1959, S. 242–262 (in Russisch)

Kukuk, P.: »Geologie des Niederrheinisch-Westfälischen Steinkohlengebietes«, Berlin 1938

Kundt,W.: »Astrophysics. A New Approach«, Berlin/Heidelberg/New York 2001, 2. Aufl. 2005

Lambeck, K. »Sea-level change from mid-Holocene to recent time: An Australian example with global implications«, in: »Ice Sheets, Sea Level and the Dynamic Earth, Geodynamic Series«, Bd. 29, American Geophysical Union, 2002

L'Haridon, S., et al.: »Hot subterranean biosphere in a continental oil reservoir«, in: »Nature«, Bd. 377, 21. 9. 1995, S. 223–224

Landes, K. K.: »Petroleum Geology of the United States«, New York 1970

Lay, T. und Garnero, E. J.: »Core-mantle boundary structures and processes«, in: Sparks, R. S. J. und Hawkesworth, C. J.: »The State of the Planet: Frontiers and Challenges in Geophysics« (Hrsg.), American Geophysical Union, Geophysical Monograph 150, IUGG Volume 19, Washington D. C. 2004, S. 25–41

Lecavalier, B., et al.: »Revised estimates of Greenland ice sheet thinning histories based on ice-core records«, in: »Quaternary Science Reviews«, Bd. 63, März 2013, S. 73–82

Lecavalier, B, et al.: »High Arctic Holocene temperature record from the Agassiz ice cap and Greenland ice sheet evolution«, in: »PNAS«, Bd. 114 (23), 6. 6. 2017, S. 5952–5957

Lechler, J.: »Die Entdecker Amerikas vor Kolumbus«, Leipzig 1939

Lehmann, B.: »Globale chemische Fraktionierungstrends und Lagerstättenbildung«, Berliner Geowissenschaften, Abhandl. A, Bd. 167, 1994, S. 57–65

Liesegang, R. E.: »Geologische Diffusion«, Dresden/Leipzig 1913

Lin, R. P., et al.: »Lunar Surface Magnetic Fields and Their Interaction with the Solar Wind: Results from Lunar Prospector«, in: »Science«, Bd. 281, 4. 9. 1998, S. 1480–1484

Lin, A., et al.: »Co-Seismic Strike-Slip and Rupture Length Produced by the 2001 M_s 8.1 Central Kunlun Earthquake«, in: »Science«, Bd. 296, 14. 6. 2002, S. 2015–2017

Lyell, Ch.: »Principles of Geology«, Bd. 1, New York 1872, 11. Aufl.

Mac-Donald, I. R.: »Bottom line for hydrocarbons«, in: »Nature«, Bd. 385, 30. 1. 1997, S. 389–390

Mahfoud, R. F. und Beck, J. N.: »Why the Middle East fields may produce oil forever«, in: »Offshore«, April 1995, S. 58–64, 106

Manley, G.: »Central England Temperatures: Mounthly Means 1659–1973«, in: »Quat. Journal Roy Meteorol. Soc.«, Ausg. 100, 1974, S. 389–405

Marcus, P. S.: »Prediction of a global climate change on Jupiter«, in: »Nature«, Bd. 428, 22. 4. 2004, S. 828–831

Markson R. und Muir, M.: »Solar Wind Control of the Earth's Electric Field«, in: »Science«, Bd. 208, 30. 5. 1980, S. 979–990

Marty, B. und Jambon, A.: »C/He3 in volatile fluxes from the solid Earth: implications for carbon geodynamics«, in: »Earth Planet. Sci. Lett.«, Bd. 83, 1987, S. 16–26

Maxlow, J.: »Terra non Firma Earth«, Wroclaw 2005

Meier, G.: »Die deutsche Frühzeit war ganz anders«, Tübingen 1999

Meierhenrich, U.: »Amino acids and the asymmetry of life«, Springer-Verlag, 2008

Mendelejew, D. I.: »L'origine du petrole«, in: »Revue Scientifique«, 2e Ser., VII, 1877, S. 409–416

Mereschkowski, K.S.: »Über Natur und Ursprung der Chromatophoren im Pflanzenreiche«, in: »Biol. Centralbl.«, Bd. 25, 1905, S. 593–604 und 689–691

Meyers, R. S. und Malinverno, A.: »Proterozoic Milankovitch cycles and the history of the solar system«, in »PNAS«, Bd. 115 (25), 19. 6. 2018, S. 6363–6368

Merriam, J. C.: »The Fauna of Rancho La Brea«, Memoirs of the University of California, I, Nr. 2, 1911

Meyl, K.: »Elektrische Umweltverträglichkeit, Teil 1«, Villingen-Schwenningen 1966, 3. Aufl. 1998

Meyl, K.: »Elektromagnetische Umweltverträglichkeit. Teil 2«, Villingen-Schwenningen 1998, 3. Aufl. 1999

Middlehurst, M. und Moore, P.: »Lunar Transient Phenomena: Topographical Distribution«, in: »Science«, Bd. 155, 27. 1. 1967, S. 449–451

Milkov, V.: »Global estimates of hydrate-bound gas in marine sediments: how much is really out there?«, in: »Earth-Science Reviews«, Bd. 66, 2004, S. 183–197

Miller, R. V.: »Bacterial gen swapping in nature«, in: »Scientific American«, Jan. 1998, S. 67 ff.

Moini, R., et al.: »An Antenna Theory Model for the Lightning Return Stroke«, in: »Proc. of the 12th Int. Zurich Symp. on EMC, Zurich, Switzerland, February 18-20«, 1997, S. 149–152, R. Moini, V.A. Rakov, M.A. Uman, and B. Kordi.

Moini, R., et al.: »A New Lightning Return Stroke Model Based on Antenna Theory«, in: »J. Geophys. Res.«, Bd. 105, 2000, S. 29693–29702

Moore, R.: »Die Evolution«, in der Reihe: »Life-Wunder der Natur«, 1970

Mühleisen, R.: »The global circuit and its parameters«, in: Dolezalek, H. und Reiter, R.: »Electrical Processes in Atmospheres«, Darmstadt 1977, S. 467

Müller, F.: »Beobachtungen über Pingos«, Kopenhagen 1959

Mukhtarov, A. S., et al.: »Temperature evolution in the Lokbatan Mud Volcano crater (Azerbaijan) after eruption of 25 October 2001«, in: »Energy Exploration & Exploitation«, Bd. 21, 2003, S. 187–207

Mumma, M. J., et al.: »Parent Volatiles in Comet 9P/Tempel 1: Before and After Impact«, in: »Science«, Bd. 310, 14. 10. 2005, S. 270–274

Mumma, M. J., et al.: »Strong Release of Methane on mars in Northern Summer 2003«, in: »Science«, Bd. 323, 20. 2. 2009, S. 1041–1045

Murawski, H. und Meyer, W.: »Geologisches Wörterbuch«, Stuttgart 1937, 10. Aufl. 1998

NASA: »Solar Activity Forecast for Next Decade Favorable for Exploration«, im Internet: https://www.nasa.gov/feature/ames/solar-activity-forecast-for-next-decade-favorable-for-exploration, NASA, 12. 6. 2019

Nelson, F. E.: »(Un)Frozen in Time«, in: »Science«, Bd. 299, 14. 3. 2003, S.1673–1675.

Nelson, J. S. und Simmons, E. C.: »Diffusion of methane and ethane through the reservoir cap rock: Implications for the timing and duration of catagenesis«, in: »American Association of Petroleum Geologists Bulletin«, Juli 1995, Bd. 79, No. 7, S. 1064–1074

Nemchin, A. A., et al.: »A light carbon reservoir recorded in zircon-hosted diamond from the Jack Hills«, in: »Nature«, Bd. 454, 3. 7. 2008, S. 92–95

Němec, F., et al.: »Spacecraft observations of electromagnetic perturbations connected with seismic activity«, in: »Geophysical Research Letters«, Bd. 35, 15. 3. 2008, doi: 10.1029/2007GL032517

Neubauer, F. M.: »Die Magnetosphären anderer Planeten im Sonnensystem«, in: »Glassmeier/Scholer, 1991, S. 184–206

Newton, I: »Optics«, London 1730, 4. Aufl.

Nisbet, E. G. und Fowler, C. M. R.: »Some liked it hot«, in: »Nature«, Bd. 404, 1. 8. 1996, S. 404–405

Oesterle, O. und Jacob, K. H.: »Über Lagerstättenbildung durch elektrische Felder«, in: »Zeitschrift der Förderer des Bergbau- und Hüttenwesens an der TU Berlin«, 1994, S. 21–29

Oesterle, O.: »Kann die Geschwindigkeit des radioaktiven Zerfalls künstlich gesteuert werden?«, in: »RFQ-Magnetik«, Sonderausgabe 1996, Rapperswil (Schweiz)

Oesterle, O.: »Evolution der unbelebten und lebenden Substanz der Erde vom Standpunkt der statistischen Chemie«, in: »Idee der Entwicklung in der Geologie«, 1990, S. 121–131

Oesterle, O.: »Goldene Mitte: Unser einziger Ausweg«, Rapperswil am See 1997

Oort, A. H., et al.: »Historical trends in the surface temperature over the oceans based on the COADS«, in: »Climate Dynamics«, 1987 (2), 29–38

Oppenheimer, C.: »Climatic, environmental and human consequences of the largest known historic eruption: Tambora volcano (Indonesia) 1815«, in: »Progress in Physical Geography. 27, Nr. 2, 2003, S. 230–259

Ourisson, G., et al.: »The microbial origin of fossil fuels«, in: »Sci. Am.«, Bd. 251, 1984, S. 44–51

Overeerm, I., et al.: »The Late Cenozoic delta system in the Southern North Sea Basin: a climate signal in sediment supply?«, in: »Basin Research«, Bd. 13, 2001, S. 293–312

Schultz, P. H., et al.: »Lunar activity from recent gas release«, in: »Nature«, Bd. 444, 9. 11. 2006, S. 184–186

Pailu, C. K., et al.: »Methane-rich plumes on the Carolina continental rise: Associations with gas hydrates«, in: »Geology«, Bd. 23, 1/1995, S. 89

Paret, O.: »Das neue Bild der Vorgeschichte«, Stuttgart 1964

Parker, E. N.: »Dynamics of the interplanetary gas and magnetic fields«, in: »Astrophys. J.«, Bd. 128, 1958, S. 664–675

Parkes, J. und Maxwell, J.: »Some like it hot (and oily)«, in: »Nature«, Bd. 365, 21. 10. 1993, S. 694–695

Pasko, V. P., et al.: »Electrical discharge from a thundercloud top to the lower ionosphere«, in: »Nature«, Bd. 416, S. 152–154

Paull, C. K., et al.: »Assessing methane release from the colossal Storegga submarine landslide«, in: »Geophysical Research Letters«, Bd. 34, 16. 2. 2007, L04601

Pedersen, K. R. und Lam, J.: »Precambrian organic compounds from the Ketilidian of South-West Greenland«, in: »Gronlands Geologiske Unders. Bull.«, 1970, No. 82

Pérez-Peraza, J., et.al.: »Solar, geomagnetic and cosmic ray intensity changes, preceding the cyclone appearances around Mexico«, in: »Advances in Space Research«, Bd. 42, 3. 11. 2008, S. 1601–1613

Peterson, W.: »Dinosaur tracks in the roofs of coal mines«, in: »Nat. Hist.«, Bd. 24 (3), 1924, S. 388

Philippi, G. T.: »On the depth, time and mechanism of origin of the heavy to medium-gravity naphthenic crude oils«, in: »Geochim. Cosmochim«, Bd. 41, 1977, S. 33–52

Pickford, M.: »The expanding Earth hypothesis: a challenge to plate tectonics«, in: Scalera/Jacob, 2003, S. 233–242

Postberg, F., et al.: »Macromolecular organic compounds from the depths of Enceladus«, in: »Nature«, Bd. 558, 2018, S. 564–568

Potonié, H.: »Entstehung der Steinkohle«, Berlin 1905

Prasser, H.-M.: »Gedanken zur Versorgungssicherheit beim Kernbrennstoff«, Referat von Prof. Horst-Michael Prasser, ETH Zürich, anlässlich der Jubiläumsveranstaltung des Nuklearforums Schweiz am 29. Mai 2008 in Lausanne

Pratt, W. E.: »Towards a philosophy of oil-finding«, in : »Bull. Am. Assoc. Petroleum Geologists 36«, Bd. 12, 1952, S. 2231–2236

Price, L. C.: »Organic geochemistry of core samples from an ultradeep hot well«, in: »Chem. Geol.«, Bd. 37, S. 215–228

Raeder, J.: »Grundlagen der numerischen Plasmasimulation«, in: »Glassmeier/Scholer, 1991, S. 331–352

Raffles, T. S.: »The History of Java«, 1817, Bd. 1

Rahmstorf, S. und Schnellnhuber, H. J. : »Der Klimawandel«, München 2006, 4. Aufl. 2007

Rakov, V. A. und Uman, M. A.: »Lightning. Physics and effects«, Cambridge 2003

Ranada, A. F., et al.: »Ball lightning as a force-free magnetic knot«, in: »Phys. Rev. E 62«, 2000, S. 7181–7190

Ranzani, G.: »Astronomie«, Klagenfurt 2001

Raulin, F.: »Planetary science: Organic lakes on Titan«, in: »Nature«, Bd. 454, 30. 7. 2008, S. 587–589

Ritger, S., et al.: »Methane-derived authigenic carbonates formed by subduction-induced porewater expulsion along the Oregon~Washngton margin«, in: »Geol. Soc. Am. Bull.«, Bd. 98 S. 147–156

Robinson, R.: »Duplex Origin of Petroleum«, in: »Nature«, Bd. 199, 13. 7. 1963, S. 113–114

Robinson, R.: »The Origins of Petroleum«, in: »Nature«, Bd. 212. 17. 12. 1966, S. 1291–1295

Rompe, R.: »Der vierte Aggregatzustand«, Leipzig/Jena 1957

Rudenko, A. P.: »Evolutions-Chemie und natürlich-historischer Standpunkt im Problem der Entstehung des Lebens«, in: »Journal chem. Gesellschaft«, UdSSR, Bd. 25/4, S. 390–484, Moskau 1980

Sandberg, C. G. S.: »Ist die Annahme von Eiszeiten berechtigt«, Leiden 1937
Sawenkow, W. J.: »Neue Vorstellungen über das Entstehen des Lebens auf der Erde«, in: »Wyschtscha schkola«, 1-231, Kiew 1991, in russisch (zitiert in Oesterle, 1997)
Scalera, G. und Jacob, K.-H.: »Why expanding Earth?«, Rom 2003
Schack, A.: »Der Einfluß des Kohlendioxid-Gehaltes der Luft auf das Klima der Welt«, in: »Physikalische Blätter I«, Bd. 28, Ausg, 1, S. 26–28
Schidlowski, M., et al.: »Precambrian sedimentary carbonates: Carbon and oxygen isotope geochemistry and implications for the terrestrial Oxygen budget«, in: »Precambrian Research«, Bd. 2, 1975, S. 1–69
Schidlowski, M.: »Die Geschichte der Erdatmosphäre«, in: »Die Dynamik der Erde«, Heft: »Spektrum der Wissenschaft: Verständliche Forschung«, Heidelberg 1987, 2. Aufl. 1988
Schimper, A. F. W.: »Über die Entwicklung der Chlorophyllkörner und Farbkörper«, in: »Botanische Zeitung«, Bd. 41, 1883, Sp. 105–120, 126–131 und 137–160
Schlegel, K.: »Das Polarlicht«, in: Glassmeier/Scholer, Mannheim 1991, S. 164–183)
Schneider, T. von: »How cold was the Last Glacial Maximum?«, in: »Geophysical Research Letters«, Bd. 33, L14709, 27. 7. 2006
Schönwiese, C.-D.: »Klima«, in: »Meyers Forum«, Mannheim, 1994
Schönwiese, C.-D.: »Klimaänderungen. Daten, Analysen, Prognosen«, Berlin-Heidelberg, 1995
Schönwiese, C.-D.: »Klimatologie«. Stuttgart 1994, 3. Aufl. 2008
Schönwiese, C.-D.: »Klimawandel kompakt – Ein globales Problem wissenschaftlich erklärt«, Schweizerbart 2019
Scholer, M.: »Die Magnetopause der Erdatmosphäre«, in: Glassmeier/Scholer, 1991, S. 119–138
Schrödinger, E.: »Was ist Leben? Die lebende Zelle mit den Augen des Physikers betrachtet«, München 1951, 2. Auflage
Schubert, R., et al.: »Die Zukunft der Meere – zu warm, zu hoch, zu sauer«, Sondergutachten: Wissenschaftlicher Beirat der Bundesregierung Globale Umweltveränderungen, Berlin, 2006
Schultz, P. H., et al.: »Lunar activity from recent gas release«, in: »Nature«, Bd. 444, 9. 11. 2006, S. 184–186
Schwarzbach, M.: »Das Klima der Vorzeit«, Stuttgart 1993
Schweigert, I. V. und Schweigert V. A.: »Forces acting on a coulomb crystal of microparticles in plasma«, in: »Journal of Applied Mechanics and Technical Physics«, Bd. 39, Nov. 1998, S. 825–831
Schwenn, R.: »Der Sonnenwind«, in: Glassmeier/Scholer, 1991, S. 17–46
Scott, H. P., et al.: »Generation of methane in the Earth's mantle: In situ high pressue-temperature measurements of carbonate reduction«, in: »Proceedings of the National Academy of Sciences«, Bd. 101, 28. 9. 2004, S. 14023–14026
Sereno, P. C.: »The Evolution of Dinosaurs«, in: »Science«, Bd. 284, 25. 6. 1999, S. 2137–2147
Shcheka, S.: »Carbon in the Earth's Mantle«, Dissertation an der Eberhard-Karls-Universität Tübingen, 2006
Shiga, D.: »Fizzy water powered ›super‹ geysers on ancient Mars«, in: »New Scientist« Online-Dienst, 17. 3. 2008
Silberg, P. A.: »Ball Lightning and Plasmoids«, in: »J. Geophys. Res.«, Bd. 67, Nr. 12, 1962
Singer, S.: »The Nature of Ball Lightning«, New York 1971
Sokolov, V. A., et al.: »The origin of gases of mud volcanoes and the regularities of their powerful eruptions«, in: »Adv. Organic Geochem.«, 1968, S. 473–484
Sokoloff, W.: »Kosmischer Ursprung der Bitumina«, in: »Bull. Soc. Imp. Natural Moscau«, Nouv. Ser. 3, 1889, S. 720–739

Solheim, J.-E., et al.: »The long sunspot cycle 23 predicts a significant temperature decrease in cycle 24«, in: »Journal of Atmospheric and Solar-Terrestrial Physics«, Bd. 80, Mai 2012, S. 287–284

Stallard, T., et al.: »Jovian-like aurorae on Saturn«, in: »Nature«, Bd. 453, 19. 6. 2008, S. 1083–1085

Stehn, C. E.: »The geology and volcanism of the Krakatau group«, in: »Proc. Fourth Pacific Science Congress, Batavia 1929«, S. 1–55

Storey, M., et al.: »Paleocene-Eocene Thermal Maximum and the Opening of the Northeast Atlantic«, in: »Science«, Bd. 316, 24. 4. 2007, S. 587–589

Strugov, A. S.: Die Explosion eines Hydrolakkolithen, in: »Natur 6«, Moskva 1955

Stutzer, O.: »Die wichtigsten Lagerstätten der Nicht-Erze, I. Erdöl«, Berlin 1931

Su, H. T., et al.: »Gigantic jets between a thundercloud and the ionosphere«, in: »Nature«, Bd. 423, 26. 6. 2003, S. 974–976

Subarya, C., et al.: »Plate-boundary deformation associated with the great Sumatra–Andaman earthquake«, in: »Nature«, 2.3.2006, Bd. 440, S. 46–51

Suess, E. und Bohrmann, G., 2002. Brennendes Eis: Vorkommen, Dynamik und Umwelteinflüsse

Suess, E.: »Das Antlitz der Erde« (4 Bände), Leipzig 1885/1909

Suess, E. und Bohrmann, G.: »Brennendes Eis – Vorkommen, Dynamik und Umwelteinflüsse von Gashydraten«, in: Wefer, G. (Hrsg.): »Expedition Erde«. Beiträge zum Jahr der Geowissenschaften 2002, S. 108–116

Suess, H. E.: »Radiocarbon Concentration in Modern Wood«, in: auch »Science«, Bd. 122, 2. 9. 1955, S. 415–417

Supan, A.: »Grundzüge der physischen Erdkunde«, Leipzig 1916

Svensmark, H.: »Cosmic rays and earth's Climate«, in: »Space Science Reviews«, Bd. 93, 2000, S. 155–166

Swain, M. R., et al.: »The presence of methane in the atmosphere of an extrasolar planet«, in: »Nature«, Bd. 452, 20. 3. 2008, S. 329–331

Szewzyk, U., et al.: »Thermophilic, anaerobic bacteria isolated from a deep borehole in granite in Sweden«, in: »Proceedings of the National Academy of Sciences«, Bd. 91, 1. 3. 1994, S. 1810–1813

Tesla Museum: »Nikola Tesla (1956)«, Whitefish 1956

Thorson, R. M., et al.: »Geologic evidence for a large prehistoric earthquake in eastern Connecticut«, in: »Geology«, 14, Boulder 1986

Tobie, G.: »Enceladus' hot springs«, in: »Nature«, Bd. 558, 2018, S. 564–568

Tollmann, A. und E.: »Und die Sintflut gab es doch«, München 1993

Torkar, K., et al.: »An experiment to study and control the Langmuir sheath around INTERBALL-2«, in: »Annales Geophysicae«, Bd. 16, 9/1998, S. 1086–1096

Transehe, N. A.: »The Siberian Sea Road«, in: »The Geographical Review«, Bd. 15, 1925, S. 375

Turner, A.J., et al.: »Ambiguity in the causes for decadal trends in atmospheric methane and hydroxyl.«, in: »Proc. Natl. Acad. Sci.«, Bd. 114, 2017, S. 5367–5372

Ukraintseva, V. V.: »Vegetation Cover and Environment in the Mammoth Epoch in Siberia«, Hot Springs 1993

Usoskin, G, et al.: »Evidence for distinct modes of solar activity«, in: »Astronomy & Astrophysic«, Bd. 562, 20. 2. 2014, Artikel L10

Vereshchagin, N. K. und Baryshnikov, G. F.: »Paleoecology of the Mammoth Fauna in the Eurasian Arctic«, New York 1982

Vogel, A.: »Die Kern-Mantel-Grenze: Schaltstelle der Geodynamik«, in: »Spektrum der Wissenschaft«, 11/1994, S. 64–72

Vogel, K.: »The Expansion of the Earth – An Alternative Model to the Plate Tectonics Theory«, in: »Critical Aspects of the Plate Tectonics Theory«; Bd. II, »Alternative Theories«, Athens 1990, S. 14–34

Vogt, P. R., et al.: »Methane-Generated (?) Pockmarks on Young, Thickly Sedimented Oceanic Crust in the Arctic: Vestnesa Ridge, Fram Strait«, in: »Geology«, Bd. 22, 1994, S. 255

Volland, H.: »Der Plasmazustand der Atmosphäre«, in: Glassmeier/Scholer, 1991, S. 284–304

Vollmer, A.: »Sintflut und Eiszeit«, Obernburg 1989

Walther, J. W.: »Geschichte der Erde und des Lebens«, Leipzig 1908

Wanlass, H. R.: »Studies of field relations of coal beds«, in: »Second Conference on the Origin and Constitution of Coal«, Nova Scotia 1952, S. 148–180

Watson, D. M., et al.: »The development of a protoplanetary disk from its natal envelope«, in: »Nature«, Bd. 448, 30. 8. 2007, S, 1026–1028

Webster, C. R., et al.: »Mars methane detection and variability at Gale crater«, in: »Science«, Bd. 347, 23. 1. 2015, S. 415–417

Wehlan, J. K.: The dynamic migration hypothesis, in: Sea Technology, September 1997, S. 10 ff.

Weiß, E.: »Littrow, Wunder des Himmels«, Berlin 1886, 7. Aufl.

Welhan, J. A. und Craig, H.: »Methan, hydrogen and helium in hydrothermal fluids at 21 N on the East Pacific Rise«, in: Rona, P. A.: »Hydrothermal process at Seafloor Spreading Centers«, 1983, S. 391–409

Wells, D. R.: »Dynamic Stability of Closed Plasma Configurations«, in: J. Plasma Physics, 1970, Bd. 4, S. 654

Whelan, J. K., et al.: »Organic geochemical indicators of dynamic flow process in petroleum basins«, in: »Advances in Organic Chemistry«, Bd. 22, 1993, S. 587 ff.

Whelan, J. K.: »The dynamic migration hypothesis«, in: »Sea Technology«, September 1997, S. 10 ff.

Wibberenz, W.: »Die Kosmische Strahlung im Sonnensystem«, in: »Glassmeier/Scholer, 1991, S. 47–76

Wiegand, G.: »Fossile Pingos in Mitteleuropa«, Würzburg 1965

Wilkening, L.: »Carbonaceous chondritic material in the solar system«, in: »Naturwissenschaften«, Bd. 65, 1978, S. 73–79

Willson, R. C. und Hudson, H. S.: »The Sun's Luminosity Over a Complete Solar Cycle«, in: »Nature«, Bd. 351, 2. 5. 1991, S. 42–44

Zhang, T., et al.: »Statistics and characteristics of permafrost and ground ice distribution in the Northern Hemisphere«, in: »Polar Geography«, Bd. 23(2), 1999, S. 147–169

Zillmer, H.-J.: »Darwins Irrtum«, München 1998, 11. Aufl. 2019

Zillmer, H.-J.: »Die Erde im Umbruch«, München 2011

Zillmer, H.-J.: »Irrtümer der Erdgeschichte«, München 2001, 5. Aufl. 2008

Zillmer, H.-J.: »Dinosaurier Handbuch«, München 2002

Zillmer, H.-J.: »Kolumbus kam als Letzter«, München 2004. 4. Aufl. 2012

Zillmer, H.-J.: »Die Evolutions-Lüge«, München 2005, 6. Aufl. 2013

Zillmer, H.-J.: »Kontra Evolution. Dinosaurier und Menschen lebten gemeinsam«, DVD-Video, Solingen 2007, 2. Aufl. 2008

Zimmermann M. R. und Tedford R. H.: »Histologic Structures Preserved for 21.300 Years«, in: »Science«, Bd. 194, 8. 10. 1976, S. 183–184

Bildnachweis

Fotos:
© Archiv Zillmer. Außer: Ölbild von Frank Gervasi 5; Sigit Pamungkas 6; Arif Hidayat (2007) 7; Naofumi Matsumori 8; Yukinori Fujita 9; Geologisches Institut von Aserbaidschan 10; Dando et al. (1995) 11; Leif Berge in Hovland/Judd (1988) 12; National Oceanic and Atmospheric Administration (2004) 13; Chr. Würgler Hansen 14; Elena Chochkova 15, 17; Ged Dodd 16; Jensen (1992), Insert: Society for Sedimentary Geology 18; H.J.A. Berendsen 20; Hanne Christiansen 21;Oliver Spalt 26; Phil Handy 27; Wolfgang Odendahl 28 unten; NASA/JPL/University of Colorado 29; NASA NASA Goddard Space Flight Center 30; NASA/JPL/Space Science Institute (2005) 31; The Galileo Project, JPL, NASA 32.

Abbildungen:
© Zillmer, außer: Judd/Hovland (2007) 4–6, 21 ob.; Steve Daniels 10; Transehe (1925) 12; NASA/JPL-Caltech/University of Arizona 13; Russische Akademie der Wissenschaften 14; (NASA) Ron Miller, Arizona State University 16 li.; NASA 16 re., 21, 32, 33, 34, 35, 36 re. u. unten, 45, 54, 71, 79, 80, 82; Cifci et al. (2003) 17; Statoil 18; Bastian (1959) 19; PD-USGov-NOAA 20 re.; Gold (1987) 21; Emma Pike 24 li.; NASA/JPL/Space Science Institute 25; Wiegand (1965) 26; Tollmann (1993) 27 links, 28; U.S. Geological Survey (1912) 29, links: Foto 9-A, rechts: Foto 5-B; George W. Housner 30 links; Dr. H. Sulzer 37; ESA 39 rechts; Luc Viator (1999) 41; Detail aus Weiß (1886) 44; aus Vollmer (1989) 47; Glassmeier/Scholer, (1991, S. 130) 49, ergänzt Zillmer; United States Geological Survey 50; Volland (1991) 51; Su et al. (2003) 48; Volland (1991) 51;Fotos: Universität von Florida 55; aus Rompe (1957) 58 links, Lucas Jackson 58 oben Penalba 58 li.; Liesegang (1913) 61; Prof. Jacob 62; Schidlowski (1988) 63 li.; Siano (2206) 63 re.; Hendriks (2006) 65 oben; nach Oesterle (1997) 68, 77, 78; A'Hearn et al. (2005) 81 li; Christian Schmoelz 81 re.; NASA/ESA/H. Weaver (JHU/APL)/M. Mutchler & Z. Levay (STScI) 82; Krug/Kruhl (2001) 83; nach García-Ruiz (2003) 84; Paul Harrison (2005) 85 li., SNP (2006) rechts; Holländer (1921) 87; nach Gold (1987) 88, 89; Landes (1970) 90; nach Gold (1999) 91, 92, 94, 95, 101; Kukuk (1938) 93, 103–105; US NOAA 98 rechts; nach Rich (1923) 99; nach Chekaliuk (1976) 100; Fischer (1923) 102; James L. Moore (1997) 107; Bernhard Mühr (www.klimadiagramme.de, 2009) 112; ergänzt nach Manley (1974) 113

Nachwort
von Prof. Dr. Gerhard Gerlich

**Des Kaisers neue Kleider oder wie Dr. Zillmer
die Pseudowissenschaft der Klimaforscher entlarvt**

Im Alpenparlament.TV gab es ein sehr gutes Video-Interview mit Prof. Michael Vogt und Dr. Hans-Joachim Zillmer über dessen Buch »Der Energie-Irrtum«. Seine Aussagen über das Klima hätten von mir sein können, obwohl ich ja kein Geologe bin. Ich musste neidlos anerkennen, dass der Autor seine Gedanken frei und geordnet sehr viel besser vortragen konnte, als ich es je könnte. Auf Anfrage sandte mir der Autor sein Buch zu. Ich fand wissenschaftliche Erkenntnisse bestätigt, die in eine faszinierende Argumentationskette eingebunden sind. Analog zu dem Märchen von des Kaisers neuen Kleidern erklärt Dr. Zillmer Interessierten in seinem Buch, dass die modern gewordenen, gesellschaftlich relevanten Pseudowissenschaften, wie Umweltphysik oder Umweltmeteorologie, über die Medien »wissenschaftliche Szenarien« abhandeln, um damit anscheinend plausible Hypothesen nicht begründen zu müssen.

Der Mensch kann das Wetter nicht beeinflussen und deshalb auch nicht das aus den Wetterparametern berechnete Klima. Dies ist simple Logik. Genauso ist es simple Logik, dass aus etwas Falschem alles folgen kann, dass also keine falsche Hypothese durch eine richtige Folgerung nachträglich bewiesen werden kann. Diese Regeln kann kein Wissenschaftler außer Kraft setzen.

Aber auf die Anklagebank wurde der Mensch nicht von freien Wissenschaftlern gesetzt, die sich einer zweckfreien, freien Wissenschaft verschrieben haben, sondern es sind die »gesellschaftlich relevanten« Pseudowissenschaften, wie Umweltphysik, Umweltbiologie, Umweltchemie, Umweltmeteorologie, Umweltpolitik, ..., denen erst das bedeutungslose Wort Umwelt gesellschaftliche Relevanz verliehen hat. Dabei sollte nicht vergessen werden, dass es früher einmal wertfreie, freie, nicht korrupte, ehrliche Wissenschaften in Deutschland gegeben hat.

Mehrfach wurde ich aufgefordert, in einer wissenschaftlichen Zeitschrift vom Standpunkt eines theoretischen Physikers darzulegen, dass es keinen atmosphärischen Kohlendioxid-Treibhauseffekt gibt. Dies habe ich immer abgelehnt, weil es sich bei diesem angeblichen Effekt nicht um Physik handelt, sondern um ein modernes Beispiel für das Märchen von des Kaisers neuen Kleidern. Jeder Autofahrer kennt den Treibhauseffekt: Die Luft in einem in der Sonne stehenden Auto ist im Innenraum deutlich wärmer als die Luft außerhalb des Autos. Entsprechendes gilt für ein Gewächshaus oder Treibhaus, wenn die Sonne scheint. Beim atmosphärischen Treibhauseffekt geht es aber gar nicht um diesen Effekt. Bewusst wahrheitswidrig wird von vielen Treibhauseffekt-Funktionären behauptet, der Erwärmungsmechanismus sei beim atmosphärischen Treibhauseffekt der gleiche. Die erhöhte Temperatur im Innenraum des Gewächshauses entsteht primär durch die durch die Wände und Decke eingesperrte erwärmte Luft. Dieser »Effekt« wird von den Menschen im täglichen Leben andauernd genutzt, zum Beispiel bei der Kleidung, beim Einhüllen in Wolldecken, oder eben in einem beheizten Raum: Wenn man alle Türen und Fenster und möglichst noch ein Deckenfenster öffnet, hat man Schwierigkeiten, im Winter im beheizten Innenraum eine ausreichend höhere Temperatur als außerhalb des Raums zu erreichen. Deshalb hat dieser selbstverständliche Effekt auch keinen Namen als physikalischer Effekt.

Beim atmosphärischen Treibhauseffekt werden zwei verschiedene Temperaturen miteinander verglichen. Diese können jedoch *nicht* objektiv gemessen werden, sondern es handelt sich dabei um zwei angeblich berechenbare oder vielmehr berechnete Temperaturen. Die eine Temperatur, Gleichgewichtstemperatur der Erde genannt, wird über das Boltzmann'sche Strahlungsgesetz aus der Strahlungsintensität der Sonne berechnet. Man berechnet dazu die vierte Wurzel aus dem Mittelwert der vierten Potenz der absoluten Temperatur (in Kelvin). Dies ergibt angeblich −18 °C. Die andere Temperatur soll +14 °C betragen und wurde angeblich auf der Erdoberfläche gemessen, indem man gemittelte Messwerte der bodennahen Lufttemperaturen auf der gesamten Erde ermittelt hat. Dies geht schon deshalb nicht, weil siebzig Prozent der Erdoberfläche Ozeane sind, für die praktisch keine Messwerte vorliegen. Die Differenz dieser zugrunde gelegten Zahlen in Höhe von 32 °C nennt man den »natürlichen« (atmosphärischen) Treibhauseffekt (der Erde). An anderer Stelle bin ich ausführlich auf diese Rechnungen eingegangen (»Die physikalischen Grundlagen der Treibhauseffekte und fiktiver Treibhauseffekte«, in: »Treibhaus-Kontroverse und Ozon-Problem«, Europäische Akademie für Umweltfragen [1996], S. 115–147) und habe dort gezeigt, dass man diese Mittelwerte nicht vergleichen darf, dass die vergleichbaren Mittelwerte eine Differenz von über hundert Grad liefern würden und dass es auch den Kohlendioxid-Treibhauseffekt nicht gibt. Hier soll nur eine Beobachtung reichen: Es gibt kein Lehrbuch der Physik, in dem der atmosphärische Treibhauseffekt erklärt wird.

Bei diesem Kenntnisstand stellt sich sofort die Frage: Wieso kann ein nicht existierender, physikalischer Effekt dazu führen, dass mit ihm sogar wirtschaftspolitische Maßnahmen begründet werden können. Durch diese Hintertür soll nämlich weltweit eine globale Planwirtschaft eingeführt werden. Denn ebenso wenig, wie in den Planwirtschaften die Parteifunktionäre das Plansoll garantieren konnten, können dies nun die Regierungen und Industriefunktionäre bei den Kohlendioxid-Quoten. Eines ist aber so sicher wie das Amen in der Kirche: Jede künstliche Verteuerung der Primärenergienutzung ist eine todsicher wirkende Wirtschaftsbremse für jegliches Wirtschaftssystem.

Überzeugend wurde jedem klargemacht, dass die Vorräte an fossilen Brennstoffen endlich wären. Dazu musste man sich aber genauer fragen, wie endlich diese Vorräte tatsächlich waren. Dabei wurde mit falsch geschätzten globalen Zahlen gearbeitet, die sich kein Laie vorstellen konnte. Relativ früh bemerkte man dann aber, dass die verfügbaren Mengen fossiler Brennstoffe durch die neu entdeckten Lager schneller wuchsen als der geschätzte, wachsende globale Verbrauch, was schließlich jede Prognose wertlos machte Die fossilen Brennstoffe seien zu schade zum Verbrennen, war deshalb das neue Argument, das nun aufkam. Dr. Zillmer entlarvt in diesem Buch jedoch dieses Märchen von Kaisers neuen Kleidern eindrucksvoll und zeigt, dass angeblich fossile Brennstoffe anorganisch entstehen und deshalb auch ständig neu gebildet werden. Dies wird durch neue Erkenntnisse der Satellitenforschung bestätigt, da Kohlenwasserstoffe auch auf anderen Planeten, Monden und Kometen nachgewiesen wurden.

Auf der Grundlage von nahezu unbegrenzt vorhandenen, quasi nachwachsenden »fossilen« Kohlenwasserstoffen eröffnet sich die Perspektive für eine gesicherte Zukunft, die durch die sogenannten »gesellschaftlich relevanten« Wissenschaften nicht eröffnet werden kann, im Gegenteil. Häuser und Autos müssen nicht nur gebaut werden, sondern die Häuser müssen in den gemäßigten Breiten im Winter beheizt werden und die Automobile setzen bei Verwendung des herkömmlichen Kraftstoffs Kohlendioxid frei, womit wir zur Kraftstoffalternative Wasserstoff geführt wurden. Wasserstoff wird bekanntlich zu Wasser verbrannt. Aber, oh Schreck, Wasserdampf soll ja ein noch viel schlimmeres »Treibhausgas« sein als Kohlendioxid. Der meiste Wasserdampf wird aber unbestritten über den Ozeanen produziert. Also bleibt als einzige globalpolitische Lösung das Stilllegen der Ozeane und das Einstellen der Atmung aller menschlichen und tierischen Lebewesen. Wesentliche sekundäre angebliche Folgen des Treibhauseffekts hätte man damit automatisch im Griff: Überschwemmungen, Wirbelstürme, Versinken von Inseln. Natürlich bliebe noch das Zurückgehen der Gletscher zu bekämpfen: Man transportiert dazu alles Wasser der Ozeane als Eis auf die Kontinente. Dadurch wird wesentlich mehr Sonnenstrahlung reflektiert und wesentlich weniger absorbiert und von den »Treibhausgasen« reemittiert. Als elegante Lösung böte sich an, die Erde in einen größeren Abstand zur Sonne zu bringen. Dann gefriert alles Wasser und die menschlichen und tierischen Lebewesen stellen von alleine das Atmen ein. Das Pflanzenwachstum würde schwieriger, aber die angebliche »Klimakatastrophe« wäre vermieden.

Betrachtet man diese konsequent durchgeführten angeblichen Klimaschutzmaßnahmen, die alle nur auf die Vernichtung des menschlichen, tierischen und pflanzlichen Lebens aus sind, sollte man froh sein, dass durch das vorliegende Buch »Der Energie-Irrtum« nicht nur mit »gesellschaftlich relevanten« Irrtümern aufgeräumt wird, sondern auch eine plausible Begründung dargelegt wird, für ein von Dr. Zillmer überzeugend dokumentiertes, alternatives Weltbild. Dieses gründet auf der vom Autor brillant entwickelten, faszinierenden Theorie vom »Elektrischen Plasma-Universum«. Sein Fazit: *Die Sonne beeinflusst das Klima der Erde, nicht der Mensch.*

Prof. Dr. Gerhard Gerlich
Institut für Mathematische Physik
Technische Universität Braunschweig

Der Klimawandel bewegt uns alle

In 50 Kapiteln werden deshalb die 50 wichtigsten Fragen zur Klimadebatte beantwortet. Eine wertvolle Wissensgrundlage, um sich konstruktiv und faktenorientiert an der Diskussion über Klimaschutzmaßnahmen beteiligen zu können. Dabei gehen die beiden Klimaexperten auch auf Vereinfachungen, Übertreibungen und Zuspitzungen ein, die in Deutschland ein Klima diffuser Angst erzeugt haben. Von einem Klimanotstand kann keine Rede sein. Es ist ausreichend Zeit, nach technologischen Lösungen zu suchen, um die fossilen Energieträger ohne Wohlstandsverlust und Naturzerstörung abzulösen.

Fritz Vahrenholt · Sebastian Lüning
UNERWÜNSCHTE WAHRHEITEN
352 Seiten, mit 120 Abb. · ISBN 978-3-7844-3553-4
Auch als E-Book erhältlich
5. Auflage mit aktuellem Vorwort

langenmueller.de

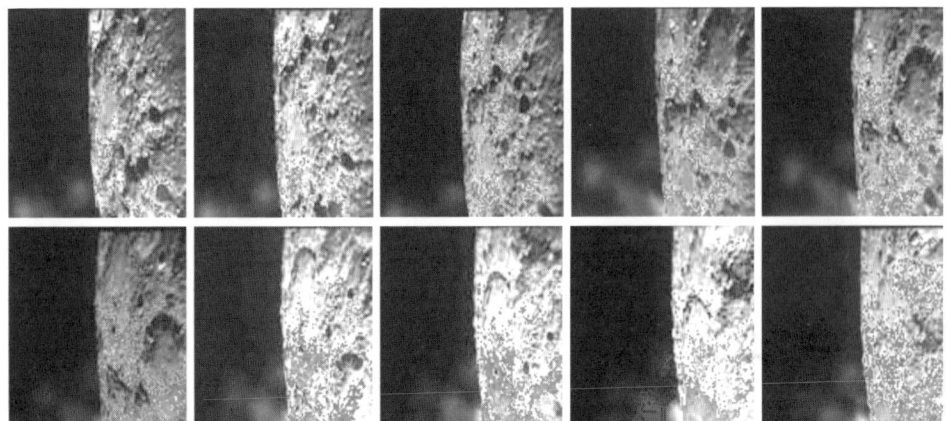

Von »Apollo 10« fotografierte Ausgasungsprozesse auf dem Mond.
Obere Bilder: AS10–33–4955 bis 4964.
Untere Bilder: AS10–32–4790 bis 4795.

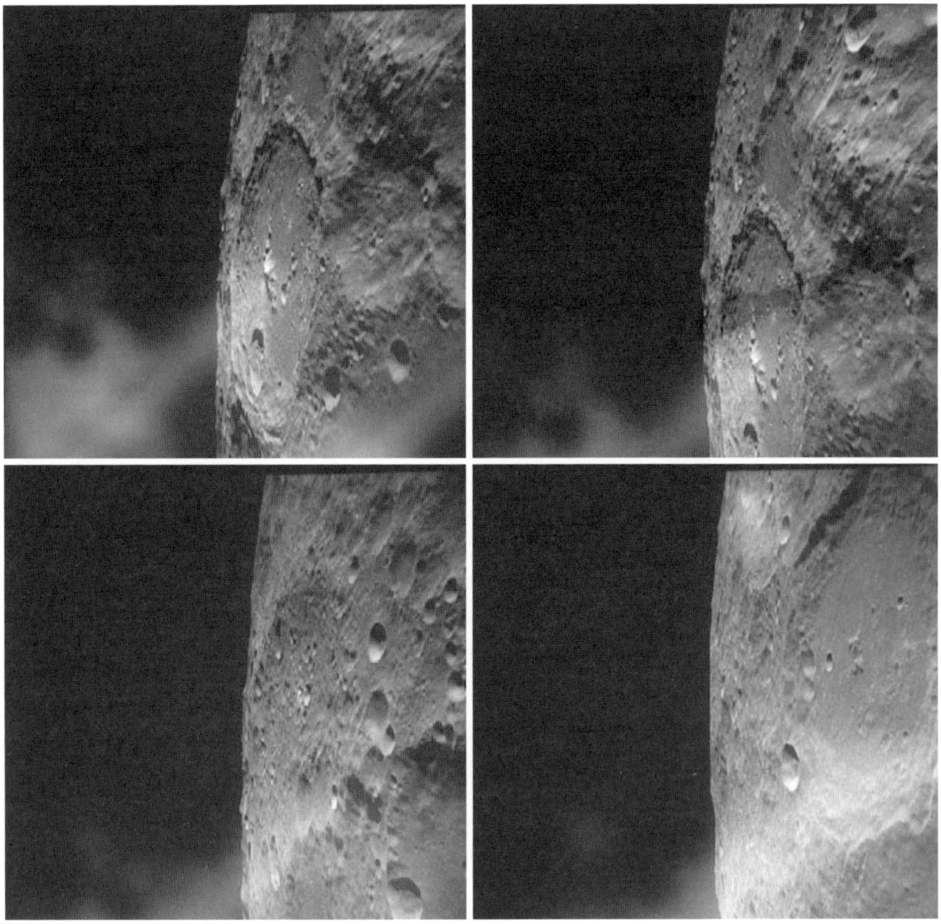